石油和化工行业"十四五"规划教材

高等职业教育本科教材

化工设备机械基础

邹修敏　严世成　主编　　高宗华　副主编

向寓华　主审

化学工业出版社

·北京·

内容简介

本书全面贯彻党的教育方针，落实立德树人根本任务，有机融入党的二十大精神，根据职业本科教育的特点，在研究高等职业教育化工技术类专业特征和教学计划、总结教学改革经验的基础上编写而成。

全书包括化工设备材料及其选择、力学基础知识、常用传动与连接、压力容器基础、塔设备、换热器、反应设备、泵、化工管道与阀门等内容，各模块后有小结、拓展阅读、思考与练习等。

本书可作为高等职业教育本科、专科化工类各专业的通用教材，也可作为成人教育化工及相关专业的教材，还可供从事化工技术工作的人员参考。

图书在版编目（CIP）数据

化工设备机械基础 / 邹修敏，严世成主编 ；高宗华副主编． -- 北京 ：化学工业出版社，2024. 5． --（石油和化工行业"十四五"规划教材）． -- ISBN 978-7-122-44751-7

Ⅰ．TQ05

中国国家版本馆 CIP 数据核字第 2024ZB1105 号

| 责任编辑：提　岩　王海燕　刘心怡 | 装帧设计：关　飞 |

责任校对：张茜越

出版发行：化学工业出版社
　　　　　（北京市东城区青年湖南街 13 号　邮政编码 100011）
印　　刷：北京云浩印刷有限责任公司
装　　订：三河市振勇印装有限公司

787mm×1092mm　1/16　印张 20¾　字数 512 千字
2024 年 10 月北京第 1 版第 1 次印刷

购书咨询：010-64518888　　　　　　　　售后服务：010-64518899
网　　址：http://www.cip.com.cn

凡购买本书，如有缺损质量问题，本社销售中心负责调换。

定　　价：49.80 元　　　　　　　　　　　版权所有　违者必究

序

党的二十大报告提出：建设现代化产业体系。坚持把发展经济的着力点放在实体经济上。石油和化学工业是实体工业中最具生命力，极富创造性的工业领域。现代化学工业以高端化、智能化、绿色化发展为标志，是支撑国民经济发展和满足人民生活需要的重要基础。

行业发展，人才先行。职业教育以建设人力资源强国为战略目标，随着产业结构升级，绿色技术革新，智能化迭代步伐的加速，提高职业教育培养层次，培养一批高层次技术技能型人才和善于解决现场工程问题的工程师队伍，迫在眉睫。职业本科教育应运而生。

职业本科教育旨在培养一批理论联系实际，服务产业数字化转型、先进制造技术、先进基础工艺的人才和具有技术创新能力的高端技术技能型人才，以提高职业教育服务经济建设的能力，满足社会发展的需求。

教材作为教学活动的基础性载体，是落实人才培养方案的重要工具。职业本科教材建设对于推动课程与教学改革在职业本科教育中落地、提高人才培养质量以及促进社会经济发展都具有重要意义。

为满足我国石油和化工行业对高层次技术技能型人才的需求，更好地服务于职业本科专业新标准实施，补充紧缺教材，全国石油和化工职业教育教学指导委员会于 2022 年 6 月发布了《石油和化工行业职业教育"十四五"规划教材（职业本科）建设方案》（中化教协发〔2022〕23 号），并根据方案内容启动了第一批石化类职业本科系列教材的建设工作。本系列教材历经组织申报、专家函评、主编答辩、确定编审团队、组织编写、审稿、出版等环节，现即将面世。

本系列教材是多校联合、校企合作开发的成果，编写团队由来自全国多所职业技术大学、高等职业院校以及普通本科学校、科研院所、企业的优秀教师、专家组成，他们具有丰富的教学、实践及行业经验，对行业发展和人才需求有深入的了解。本系列教材涵盖职业本科石化类专业的专业基础课和专业核心课，能较好地满足专业教学需求。

本系列教材以提高学生的知识应用能力和综合素质为目标，具有以下突出特点：

（1）坚持正确的政治导向，加强教材的育人功能。全面贯彻党的教育方针，落实立德树人的根本任务，在教材中有机融入党的二十大精神和思政元素，展示石化工业在社会发展和科技进步中的重要作用，培养学生树立正确的世界观、人生观和价值观。

(2) 体系完整、内容丰富，可服务于职业本科专业新标准的实施。以职业本科应用化工技术专业教学标准为依据，按照顶层设计、全局总览、课程互联的思路安排教材内容，增强教材与课程、课程与专业之间的联系，为实现模块化、项目化等新型教学模式奠定良好基础。

(3) 突出职业教育类型特征，强调知识的应用能力。紧密结合行业实际，注重培养学生利用所学知识分析问题、解决问题的能力，使其能够胜任生产加工中高端产品、解决较复杂问题、进行较复杂操作，并具有一定的创新能力和可持续发展能力。

(4) 反映石化行业的发展趋势和新技术应用。将学科及相关领域的科研新进展、工程新技术、生产新工艺、技术新规范纳入教材；反映石化工业在经济发展、社会进步、产业发展以及改善人类生活等方面发挥的重要作用，使学生紧跟行业发展步伐，掌握先进技术。

(5) 创新教材编写模式。为适应职业教育"三教"改革的需要，系列教材注重编写模式的创新。根据各教材内容的适应性，采用模块化、项目化、案例式等丰富的编写形式组织教材内容；统一进行栏目设计，利用丰富多样的小栏目拓展学生的知识面，提高学生学习兴趣；将信息技术作为知识呈现的新载体，通过二维码等形式有效拓展教材内容，实现线上线下的互联和互动，以适应新时期的教与学。

(6) 统一设计封面、版式，装帧印刷精良。对封面、版式等进行整体设计，确保装帧精美、质量优良。

期待本系列教材的出版和使用，能为我国石油和化工行业培养高水平、高层次技术技能型人才助力，对推动行业的持续发展和转型升级发挥积极作用。

最后，感谢所有在系列教材建设工作中辛勤付出的专家和教师们！感谢所有关心和支持我国石油和化工行业发展的各界人士！

全国石油和化工职业教育教学指导委员会

前言

工学结合、产教融合已成为高等职业教育人才培养模式，从而带动专业调整与建设，引导课程设置、教学内容和教学方法的改革。

本书围绕高等职业本科教育的特点，紧密结合工程实践，注重跟踪相关新技术、新材料、新工艺的发展，遵循教学规律，将"教、学、做"融为一体，在满足职业岗位需求的基础上，培养"理论扎实、专业素质高、动手能力强"的人才，强化技术应用和技能提升，突出高层次技术技能本科人才特点，主动服务产业基础高级化、产业链现代化。

本书重点突出实用性内容，引导学生对标准、规范的正确理解和熟练应用，有机融入思政元素，培养学生严肃认真、遵守规范、遵章守纪、守正创新、安全生产、责任关怀和环保意识，并引入最新的教学研究与教学改革成果，加强对学生创新能力的培养。

本书为校企合作教材，由具有丰富教学经验的6所高校教师和具有丰富实践经验的企业工程技术人员共同编写。本书由四川化工职业技术学院邹修敏、吉林工业职业技术学院严世成担任主编，兰州石化职业技术大学高宗华担任副主编。其中，模块一由湖南化工职业技术学院张治坤编写；模块二由四川化工职业技术学院李磊编写；模块三、模块四由邹修敏编写；模块五由严世成编写；模块六由高宗华编写；模块七的单元一、单元二由天津市职业大学吴广恒编写；模块七的单元三、单元四由潍坊职业学院葛长涛编写；模块八由四川泸天化股份有限公司熊卫编写；模块九由吉林工业职业技术学院郭晓宇编写。全书由邹修敏统稿，湖南化工职业技术学院向寓华教授主审。

由于编者水平所限，书中不足之处在所难免，敬请广大读者批评指正。

编者
2024 年 1 月

目录

模块一 化工设备材料及其选择 /1

【学习目标】 /1
单元一 材料的性能 /1
 一、物理性能 /2
 二、化学性能 /2
 三、力学性能 /3
 四、工艺性能 /4
单元二 钢的分类及牌号 /5
 一、钢的分类 /5
 二、钢的牌号及表示方法 /6
单元三 碳钢与铸铁 /7
 一、铁碳合金的组织结构 /7
 二、铁碳合金状态图 /8
 三、碳钢 /11
 四、钢的热处理 /11
 五、铸铁 /12
单元四 低合金钢及化工设备用特种钢 /14
 一、合金元素对钢的影响 /14
 二、低合金钢 /18
 三、高合金钢 /18
 四、化工设备常用钢 /20
 五、钢材的品种和规格 /21
 六、有色金属及其合金与非金属材料 /21
单元五 化工设备的腐蚀及防腐措施 /24
 一、金属的腐蚀及其危害 /24
 二、金属腐蚀破坏的形式 /25
 三、晶间腐蚀 /26
 四、金属设备的防腐措施 /27
单元六 化工设备材料的选择 /28
 一、选材的一般原则 /28
 二、选材举例 /29
小结 /29
拓展阅读 先进材料"手撕钢"助基国之重器 /29
思考与练习 /31
思路点拨 /32

模块二 力学基础知识 /33

【学习目标】 /33
单元一 静力学基础 /33
 一、力的概念与基本性质 /33
 二、力在坐标轴上的投影 /35
 三、力矩与力偶 /36
 四、物体的受力分析 /38
 五、平面力系的平衡 /41
单元二 拉伸与压缩 /44
 一、拉伸与压缩的概念 /45
 二、轴向拉伸与压缩时横截面上的内力 /45
 三、轴向拉伸与压缩的强度 /46
 四、轴向拉伸与压缩的变形 /48

五、典型材料拉伸与压缩时的力学性能　/ 49
单元三　剪切与挤压　/ 52
　　一、剪切的概念及其强度　/ 52
　　二、挤压概念及其强度　/ 53
单元四　扭转变形　/ 54
　　一、扭转的概念　/ 54
　　二、圆轴扭转时的内力　/ 55
　　三、圆轴扭转时的强度　/ 56
　　四、圆轴扭转时的刚度　/ 56
单元五　弯曲变形　/ 58
　　一、弯曲变形的概念　/ 58
　　二、直梁弯曲时的内力和弯矩图　/ 59

　　三、直梁弯曲的强度　/ 61
　　四、提高梁弯曲强度的主要措施　/ 63
单元六　压杆稳定　/ 65
　　一、压杆稳定性的概念　/ 65
　　二、压杆的临界力和临界应力　/ 65
　　三、压杆稳定性计算　/ 66
　　四、提高压杆稳定性的措施　/ 69
小结　/ 69
拓展阅读　国际知名力学大师——
　　　　　钱学森　/ 69
思考与练习　/ 70
思路点拨　/ 73

模块三　常用传动与连接　/ 74

【学习目标】　/ 74
单元一　概述　/ 74
　　一、传动的概念　/ 74
　　二、传动的类型及功用　/ 75
　　三、机械传动的传动比和效率　/ 75
单元二　带传动与链传动　/ 76
　　一、带传动的类型　/ 76
　　二、普通V带和V带轮　/ 78
　　三、普通V带传动的安装与维护　/ 80
　　四、链传动　/ 80
单元三　齿轮传动　/ 83
　　一、齿轮传动的特点和类型　/ 83
　　二、渐开线标准直齿圆柱齿轮　/ 84
　　三、齿轮传动的失效形式　/ 86
　　四、齿轮的材料　/ 87
　　五、齿轮传动的润滑　/ 88
单元四　液压传动　/ 88

　　一、液压传动的工作原理　/ 88
　　二、液压传动的特点及应用　/ 89
　　三、液压传动系统的组成　/ 90
单元五　连接　/ 96
　　一、键连接　/ 96
　　二、销连接　/ 100
　　三、螺纹连接　/ 100
　　四、联轴器和离合器　/ 104
单元六　轴和轴承　/ 109
　　一、轴　/ 109
　　二、滑动轴承　/ 113
　　三、滚动轴承　/ 118
小结　/ 124
拓展阅读　盾构机　/ 125
思考与练习　/ 125
思路点拨　/ 127

模块四　压力容器基础　/ 128

【学习目标】　/ 128
单元一　容器的基础知识　/ 129

　　一、压力容器的基本结构　/ 129
　　二、压力容器的分类　/ 130

三、压力容器标准规范 / 133
四、压力容器的安全监察 / 134

单元二　内压薄壁容器 / 135
一、内压薄壁圆筒容器 / 135
二、内压薄壁圆筒边缘应力 / 137
三、内压薄壁球形容器 / 138
四、圆筒和球壳的强度计算 / 139
五、压力容器参数的确定方法 / 140
六、压力试验和气密性试验 / 145

单元三　内压容器封头 / 148
一、椭圆形封头 / 148
二、半球形封头 / 149
三、碟形封头 / 150
四、锥形封头 / 151
五、平板封头 / 152

单元四　外压容器 / 152

一、外压容器的失稳 / 152
二、临界压力及其确定方法 / 153
三、临界长度与计算长度 / 154
四、外压容器的加强圈 / 156

单元五　容器附件 / 158
一、法兰 / 158
二、人孔与手孔 / 162
三、支座 / 162
四、压力容器的开孔与补强 / 169
五、安全装置 / 170
六、其他附件 / 171

小结 / 173
拓展阅读　上天有"天宫"　下海有
　　　　　"蛟龙" / 173
思考与练习 / 174
思路点拨 / 175

模块五　塔设备 / 176

【学习目标】 / 176

单元一　塔设备的结构与应用 / 176
一、塔设备的基本要求 / 176
二、塔设备的总体结构 / 177
三、塔设备的选用原则 / 177

单元二　板式塔 / 178
一、总体结构与基本类型 / 178
二、塔盘结构 / 181
三、除沫装置 / 190
四、进出口管装置 / 191

单元三　填料塔 / 194
一、总体结构 / 194

二、填料 / 194
三、填料支承装置 / 195
四、喷淋装置 / 196
五、液体再分布装置 / 201

单元四　塔设备日常维护与故障处理 / 202
一、塔设备的操作及维护 / 202
二、塔设备常见机械故障及排除方法 / 203

小结 / 204
拓展阅读　亚洲最大单体石化塔器运抵广东石化
　　　　　建设现场 / 204
思考与练习 / 205
思路点拨 / 206

模块六　换热器 / 207

【学习目标】 / 207

单元一　换热器的应用与分类 / 208
一、换热器的应用 / 208

二、换热器的分类及特点 / 208
三、换热器的选用 / 210

单元二　管壳式换热器 / 211

一、管壳式换热器主要结构类型及特点 / 211

　　二、管壳式换热器主要零部件 / 213

　　三、管壳式换热器标准简介及型号表示
　　　　方法 / 218

单元三　其他类型换热器 / 220

　　一、板面式换热器 / 220

　　二、废热锅炉 / 224

　　三、套管式换热器 / 226

　　四、热管换热器 / 226

单元四　换热器日常维护与故障处理 / 228

　　一、换热器的日常维护 / 228

　　二、换热器的压力试验 / 229

　　三、换热器的清洗 / 231

　　四、换热器常见故障与处理方法 / 232

小结 / 233

拓展阅读　我国著名石油化工机械专家——
　　　　　时铭显 / 233

思考与练习 / 234

思路点拨 / 235

模块七　反应设备 / 236

【学习目标】 / 236

单元一　反应设备的应用与分类 / 236

　　一、反应设备的应用 / 236

　　二、反应设备的分类 / 237

单元二　釜式反应器 / 238

　　一、搅拌反应釜的结构 / 238

　　二、釜体及传热装置 / 239

　　三、搅拌装置 / 242

　　四、传动装置 / 247

　　五、轴封装置和内部构件 / 248

单元三　其他类型反应器 / 252

　　一、固定床反应器 / 252

　　二、流化床反应器 / 254

　　三、管式反应器 / 260

单元四　反应器的操作与维护 / 261

　　一、釜式反应器的操作与维护 / 261

　　二、固定床反应器的操作与维护 / 264

　　三、流化床反应器的操作与维护 / 266

小结 / 267

拓展阅读　催化裂化工程技术奠基人——
　　　　　陈俊武 / 267

思考与练习 / 268

思路点拨 / 270

模块八　泵 / 271

【学习目标】 / 271

单元一　泵的类型和主要性能参数 / 271

　　一、泵的应用与分类 / 272

　　二、泵的特性及适用范围 / 272

　　三、泵的主要性能参数 / 273

单元二　离心泵 / 274

　　一、离心泵的结构、类型及编号 / 274

　　二、离心泵的工作原理 / 276

　　三、离心泵的主要零部件 / 276

　　四、离心泵的汽蚀及预防 / 278

　　五、离心泵的操作与维护 / 281

　　六、离心泵的润滑 / 284

　　七、离心泵的常见故障及消除方法 / 284

单元三　其他类型泵 / 286

　　一、其他类型泵简述 / 286

　　二、典型化工用泵的特点和选用要求 / 294

小结 / 296

拓展阅读　泵行业技术的创新与未来的

展望 / 297
思考与练习 / 297

　　思路点拨 / 298

模块九　化工管道与阀门　/ 299

【学习目标】 / 299
单元一　化工管道 / 299
　一、管道分类 / 299
　二、管道布置 / 303
　三、管道安装和连接 / 305
　四、管道配件 / 307
　五、管道的使用与维护 / 308
单元二　阀门 / 309

　一、阀门的分类和型号 / 309
　二、常用阀门的结构及特点 / 312
　三、阀门的操作、维护与检修 / 315
　四、阀门常见故障及排除方法 / 316
小结 / 317
拓展阅读　西气东输四线管道工程 / 317
思考与练习 / 318
思路点拨 / 319

参考文献　/ 320

二维码资源目录

序号	资源名称	资源类型	页码
1	铁碳合金状态图	视频	9
2	合金元素对钢的影响	视频	14
3	金属腐蚀破坏的形式	微课	25
4	力的投影	微课	35
5	力矩与力偶的关系	微课	36
6	杆件变形的基本形式	微课	45
7	轴向拉伸与压缩试验	视频	49
8	铆钉连接时的剪切与挤压	动画	52
9	圆轴扭转时的变形情况	动画	56
10	纯弯曲时的应力分布	动画	61
11	提高梁弯曲强度的工程案例	视频	63
12	认识带传动	微课	76
13	认识齿轮机构	微课	83
14	齿面点蚀	动画	86
15	螺纹连接的应用	微课	102
16	认识轴	微课	109
17	压力容器的结构与分类	微课	129
18	内压薄壁圆筒容器	微课	135
19	厚度附加量C	微课	143
20	开孔补强方式——补强圈补强	动画	169
21	安全阀	动画	170
22	爆破片	动画	171
23	液面计	动画	172
24	填料塔结构及原理	微课	194
25	填料塔的实操演示	视频	202
26	固定管板式换热器	视频	211
27	反应器的选择——釜式反应器	视频	238
28	釜式反应器的搅拌器类型	视频	243

续表

序号	资源名称	资源类型	页码
29	釜式反应器结构——挡板和导流管	视频	246
30	固定床反应器	动画	252
31	多段绝热式固定床反应器	动画	252
32	反应器的选择——流化床反应器	视频	254
33	反应器的选择——管式反应器	视频	260
34	釜式反应器的实操演示	视频	261
35	固定床反应器的实操演示	视频	264
36	轴流泵工作示意	动画	286
37	往复泵的组成	动画	287
38	球阀结构及运行原理	动画	313

模块一
化工设备材料及其选择

 学习目标

知识目标

了解铁碳合金的组织结构及状态图；熟悉工程材料的性能、分类及表示方法、化工腐蚀的本质、形式和防腐措施；掌握化工设备常用材料的基础知识及使用范围、化工设备的选材原则。

技能目标

能查阅化工设备相关手册、标准、规范；能综合分析化工设备的结构形式及工作环境，对设备腐蚀防护提供方案；能综合分析化工设备的工作环境及用材要求，合理选用材料。

素质目标

具有严谨、细致的工作作风；树立节约、环保、创新和安全责任意识；具有强烈的事业心、认真学习的思想，传承弘扬工匠精神，争做大国工匠的信仰者、传承者、求索者，支撑中国制造、中国创造、中国精造。

化工生产的条件苛刻，环境恶劣，它的生产特殊性对化工设备用材提出了更高的要求。不同的化工生产工艺要求不尽相同，如：压力从真空到高压甚至超高压、温度从深冷到高温，介质易燃、易爆，有腐蚀性、有毒甚至剧毒。因此，合理地选用材料是设计及制造化工设备的主要环节。为了保证压力容器安全可靠运行，TSG 21—2016《固定式压力容器安全监察规程》、GB 150.2—2011《压力容器　第 2 部分：材料》、GB 713—2014《锅炉和压力容器用钢板》、GB 3531—2014《低温压力容器用钢板》等都对压力容器用钢作了比较系统的要求和规定。

单元一　材料的性能

金属材料由于品种多，能够满足各种机械产品不同的性能要求，因此在机械制造中广泛应用。为了合理选择和使用金属材料，充分发挥金属材料的潜力，应充分了解和掌握金属材料的有关性能。金属材料的性能一般分为使用性能和工艺性能。金属材料的使用性能反映了金属材料在使用过程中表现出来的特性，包括力学性能、物理性能、化学性能等；金属的工艺性能反映了金属材料在制造加工过程中表现出来的各种特性。

一、物理性能

物理性能是指在重力、电磁场、热力等因素作用下，金属材料表现出来的性能。金属材料的物理性能主要包括密度、熔点、导电性、导热性、热膨胀性、磁性等。

1. 密度

密度是指在一定温度下单位体积物质的质量。根据密度的大小，可将金属分为轻金属（相对密度小于 4.5）和重金属（相对密度大于 4.5）。机械制造中常用的 Al、Mg、Ti 等及其合金属于轻金属；Cu、Fe、Pb、Zn、Sn 等及其合金属于重金属。在机械制造行业中，通常在满足零件力学性能的前提下尽量减轻材料质量，因而常采用密度较小的铝合金、钛合金等替代高密度钢、铜合金等。

2. 熔点

材料在缓慢加热时由固态转变为液态并有一定潜热吸收或放出时的转变温度，称为熔点。纯金属都有固定的熔点，合金的熔点取决于它的化学成分，例如钢是铁、碳合金，其含碳量不同，熔点也不同。熔点是确定热加工工艺参数的重要依据之一。

3. 导热性

材料传导热量的能力称为导热性。导热性能的高低是生产中选择保温或热交换材料的重要依据之一，也是影响工件热处理保温时间的一个主要因素。

4. 磁性

材料在磁场中能被磁化或导磁的能力称为导磁性或磁性。具有显著导磁性的材料称为磁性材料。磁性只存在于一定温度范围内，在高于一定温度时，磁性就会消失，这一温度称为居里点。如铁的居里点为 769℃，镍为 358℃，钴可达 1150℃。工程中常利用材料的磁性制造机械及电气零件。

二、化学性能

金属及合金的化学性能主要是指它们在室温或高温时抵抗各种介质化学侵蚀的能力，一般包括耐腐蚀性、抗氧化性和化学稳定性。

1. 耐腐蚀性

金属材料在常温下抵抗氧气、水及其他化学介质腐蚀破坏的能力称为耐腐蚀性，包括化学腐蚀和电化学腐蚀两种类型。化学腐蚀一般是在干燥气体及非电解液中进行的，腐蚀时没有电流产生；电化学腐蚀是在电解液中进行的，腐蚀时有微电流产生。

金属材料在不同介质及条件下的耐腐蚀性能是不同的。如镍铬不锈钢在稀酸中耐腐蚀，但在盐酸中不耐腐蚀；铜及其合金一般在大气中耐腐蚀，但在氨水中不耐腐蚀（磷青铜除外）。

腐蚀对金属的危害很大，每年因腐蚀损耗了大量的金属材料，这种现象在制药、化肥、制酸、制碱等行业的生产中表现得更为明显。因此，提高金属材料的耐腐蚀性，对于减少金属材料消耗、提高零件使用寿命、降低生产成本具有重要意义。

2. 抗氧化性

金属材料在高温条件下抵抗氧化作用的能力称为抗氧化性。高温下（570℃以上）使用的钢铁材料，表面生成疏松多孔的 FeO，氧原子易通过 FeO 进行扩散，使钢内部不断氧化，温度越高，氧化速度越快，使得钢铁材料在铸造、锻造、焊接等热加工生产时，损耗严重。通过合金化在材料表面形成保护膜，或在工件周围形成一种保护气氛，均能有效减少金属材料的氧化，提高金属材料的抗氧化性。

3. 化学稳定性

化学稳定性是材料耐腐蚀性和抗氧化性的总称。一般在海水、酸、碱等腐蚀环境中工作的零件，应选用化学稳定性良好的材料制造。例如，化工设备的零部件通常采用不锈钢来制造。

三、力学性能

金属的力学性能是指材料在外加载荷作用下表现出来的特性。它取决于材料本身的化学成分和材料的组织结构。当载荷性质、环境温度、介质等外在因素不同时用来衡量材料力学性能的指标也不同。常用的力学性能指标有强度、塑性、硬度、冲击韧性和疲劳强度等。

1. 强度

强度是指材料在外力作用下抵抗塑性变形和断裂的能力。抵抗外力的能力越强，则强度越高。常用的强度指标为在静拉伸试验条件下，材料抵抗塑性变形能力的屈服极限 σ_s 和抵抗断裂能力的强度极限 σ_b。

2. 塑性

塑性是指材料在外力作用下产生塑性变形的能力，常用的塑性指标有两个：断后伸长率 δ 和截面收缩率 Ψ。材料的 δ 或 Ψ 值越大，则材料的塑性越好，易变形。塑性直接影响到零件的成形加工及使用，例如，低碳钢的塑性良好，可以进行压力加工；而灰铸铁的塑性极差，不能进行压力加工。

3. 硬度

硬度是指金属材料抵抗其他物体压入其表面的能力。硬度是表征金属材料性能的一个综合物理量，是反映金属材料软硬程度的性能指标。硬度值越高，材料越硬。常用的硬度指标有布氏硬度、洛氏硬度。

(1) 布氏硬度 布氏硬度的测定是在布氏硬度机上进行的，其试验原理如图 1-1 所示，是用直径为 D 的淬硬钢球或硬质合金球，在规定压力 F 作用下压入被测金属表面至规定时间后，卸除压力，金属表面留有压痕，压力 F 与压痕表面积 A 的比值称为布氏硬度，用符号 HBS（压头为淬硬钢球）或 HBW（压头为硬质合金球）表示，即

$$\mathrm{HBS(HBW)} = \frac{F}{A} \times 0.102$$

式中　F——试验压力，N；
　　　A——压痕表面积，mm^2。

布氏硬度所测定的数据准确、稳定、重复性强，但压痕较大时，对金属表面损伤大，不宜测定太薄零件及成品件的硬度，常用于测量退火、正火后的钢制零件及铸铁和有色金属零件等的硬度。

(2) 洛氏硬度 洛氏硬度的测定是在洛氏硬度试验机上进行的，如图 1-2 所示，它是用一个顶角为 120°的金刚石圆锥，或直径为 1.5875mm 的淬火钢球为压头，在一定载荷下压入被测金属材料表面，根据压痕深度来确定硬度值。压痕深度越小，硬度值越高，材料越

硬。实际测定时，可在洛氏硬度试验机的刻度盘上直接读出洛氏硬度值。洛氏硬度分为HRA（金刚石圆锥压头）、HRB（淬火钢球压头）、HRC（金刚石圆锥压头）三种，以HRC应用最多。

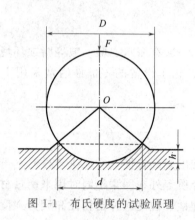

图 1-1　布氏硬度的试验原理

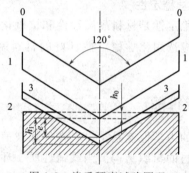

图 1-2　洛氏硬度试验原理

洛氏硬度试验操作简便、迅速，压痕小，不损伤零件表面，可用来测量薄片和成品，常用来测定淬火钢、工具和模具等。

在常用范围内，洛氏硬度值 HRC 近似等于布氏硬度值 HBS 的 10 倍。

4. 冲击韧性

冲击韧性是指金属材料抵抗冲击载荷而不破坏的能力，冲击韧性值用 α_k 表示。α_k 越大，表示材料的韧性越好，材料抗冲击能力越强，在受到冲击时越不容易断裂。冲击韧性高的材料在断裂前要发生明显的塑性变形，由可见的塑性变形到断裂要经过一段较长的时间，能引起人们注意，因此，一般不会造成严重事故。而冲击韧性低的材料，脆性大，材料断裂前没有明显的预兆，因此危险性大。

5. 疲劳强度

疲劳强度是指金属材料抵抗交变载荷作用而不产生破坏的能力。机器和工程结构中有很多零件，如内燃机的连杆、齿轮的轮齿、车辆的车轴，都受到随时间作用周期性变化的应力作用，这种应力称为交变应力。构件在交变应力作用下破坏时构件内的最大应力远低于强度极限，甚至低于屈服极限；因此疲劳破坏无明显的预兆，容易造成严重的后果。所以在设计零件选材时，要考虑金属材料对疲劳断裂的抗力。

为了提高零件的疲劳强度，除改善其结构形状、避免应力集中外，还可以通过降低零件表面粗糙度及对零件表面进行强化处理来达到，如喷丸处理、表面淬火及化学热处理等。

四、工艺性能

工艺性能又叫材料的制造性能，它是反映材料在加工制造过程中所表现出来的特性。材料的工艺性能直接影响着设备的制造工艺和成本。对应不同的制造方法，工艺性能分为铸造性、锻造性、焊接性、切削加工性、热处理性、冷弯性等。

1. 铸造性

金属材料能用铸造方法获得合格铸件的能力称为铸造性。铸造性包括流动性、收缩性和偏析倾向等。流动性是指液态金属充满铸模的能力，流动性愈好，愈易铸造细薄精致的铸件。收缩性是指铸件凝固时体积收缩的程度，收缩愈小，铸件凝固时变形愈小。偏析是指化学成分不均匀，偏析愈严重，铸件各部位的性能愈不均匀，铸件的可靠性愈小。

2. 锻造性

即可锻性，是材料在承受锤锻、轧制、拉拔、挤压等加工工艺时会改变形状而不产生裂纹的性能。它实际上是金属塑性好坏的一种表现，金属材料塑性越高，变形抗力就越小，则可锻性就越好。可锻性好坏主要取决于金属的化学成分、显微组织、变形温度、变形速度及应力状态等因素。

3. 焊接性

焊接性是金属在特定结构和工艺条件下通过常用焊接方法获得预期质量要求的焊接接头的性能。它包括两个方面的内容：一是结合性能，即在一定的焊接工艺条件下，一定的金属形成焊接缺陷的敏感性；二是使用性能，即在一定的焊接工艺条件下，一定的金属焊接接头对使用要求的适用性。焊接性一般根据焊接时产生的裂纹敏感性和焊缝区力学性能的变化来判断。

4. 切削加工性

切削加工性是指金属接受切削加工的能力，也是指金属经过切削加工而成为合乎要求的工件的难易程度。通常可以切削后工作表面的粗糙程度、切削速度和刀具磨损程度来评价金属的切削加工性。

5. 热处理性

热处理是指金属或合金在固态范围内，通过一定的加热、保温和冷却方法，以改变金属或合金的内部组织，而得到所需性能的一种工艺操作。热处理工艺性就是指金属经过热处理后其组织和性能改变的能力，包括淬硬性、淬透性、回火脆性等。

6. 冷弯性

冷弯性是指金属材料在常温下能承受弯曲而不破裂的性能。出现裂纹前能承受的弯曲程度愈大，则材料的冷弯性能愈好。

单元二　钢的分类及牌号

金属和合金的品种繁多，性能复杂，目前已制成的合金约有四万种，实际可用的约有三万种，目前所用的工程材料仍以金属为主。其材料的分类也比较复杂，大类上可以分为黑色金属和有色金属两类。化工设备的金属用材主要是碳钢、合金钢、有色金属及其合金。

一、钢的分类

根据国内实际情况，参照国际标准，我国制定了 GB/T 13304—2008《钢分类》的标准，对钢的分类作了具体规定。常用的分类方法有以下几种。

（1）按化学成分分类　钢分为非合金钢、低合金钢和合金钢。

非合金钢是铁-碳合金，其中含有少量有害杂质元素（如硫、磷等）和在脱氧过程中引进的一些元素（如硅、锰等）。这类习惯上称为碳素钢。

低合金钢是在碳素钢基础上加入少量合金元素（一般 $w_{Me}<3.5\%$），用以提高钢的性能。

合金钢是为了改善钢的某些性能而特意加入一定量合金元素的钢。根据钢中所含合金元素，合金钢又可分为锰钢、铬钢、硅锰钢、铬锰钢、铬锰钼钢等很多类。

（2）按冶炼方法分类　根据冶炼方法和冶炼设备的不同，可分为平炉钢、转炉钢和电炉钢三大类；按照脱氧程度和浇注制度的不同，可分为沸腾钢、半镇静钢、镇静钢和特殊镇静钢。

（3）按冶金质量分类　按冶金质量分类，可分为普通钢、优质钢、高级优质钢、特级优质钢。

（4）按用途分类　按用途不同，可以把钢分为结构钢、工具钢和特殊性能钢三大类，或者进一步细分为碳素结构钢、优质碳素结构钢、低合金高强度结构钢、合金结构钢、弹簧钢、轴承钢、碳素工具钢、合金工具钢、高速工具钢、不锈耐酸钢、耐热钢和电工用硅钢十二大类。

二、钢的牌号及表示方法

我国现行有两个钢铁产品牌号表示方法标准，即 GB/T 221—2008《钢铁产品牌号表示方法》和 GB/T 17616—2013《钢铁及合金牌号统一数字代号体系》。这两种表示方法在现行国家标准和行业标准中并列使用，两者均有效。这里根据 GB/T 221—2008 标准介绍钢铁产品牌号表示方法。

① 产品牌号的表示一般采用汉语拼音字母、化学元素符号和阿拉伯数字相结合的形式。

② 采用汉语拼音字母表示产品名称、用途、特性和工艺方法时，一般情况下从代表产品名称的汉字的汉语拼音中选取第一个字母。当这样选取的字母与另一个产品所取的字母重复时，改取第二个字母或第三个字母，或同时选取两个汉字的第一个拼音字母。采用汉语拼音字母表示，原则上字母数只取一个，不超过两个。暂时没有可采用的汉字及汉语拼音的，采用符号为英文字母。

③ 按钢的冶金质量等级分类的优质钢不另加表示符号；高级优质钢分为 A、B、C、D 四个质量等级；"E"表示特级优质钢。等级间的区别为：碳含量范围；硫、磷及残余元素的含量；钢的纯净度和钢的力学性能及工艺性能的保证程度。

常用钢材的牌号表示方法见表 1-1。

表 1-1　常用钢材的牌号表示方法

	产品名称	牌号举例	表示方法说明
结构钢	碳素结构钢 低合金结构钢	Q235A·F Q390E	Q 代表钢的屈服强度，其后数字表示屈服强度值(MPa)，必要时数字后标出质量等级(A、B、C、D、E)和脱氧方法(F、b、Z、TZ)
	碳素铸钢	ZG200-400	ZG 代表铸钢，第一组数字代表屈服强度值(MPa)，第二组数字代表抗拉强度值(MPa)
	优质碳素结构钢	08F,45,40Mn 20G	钢号头两位数字代表平均碳含量的万分之几；锰含量较高($w_{Mn}=0.70\%\sim1.20\%$)的钢在数字后标出"Mn"，脱氧方法或专业用钢也应在数字后标出（如 G 表示锅炉用钢）
	合金结构钢	20Cr 40CrNiMoA 60Si2Mn	钢号头两位数字代表平均碳含量的万分之几；其后为钢中主要合金元素符号，它的含量以百分之几数字标出，若其含量<1.5%不标，当其含量≥1.5%，≥2.5%…，则相应数字为 2,3…；若为高级优质钢或特级优质钢，则在钢号最后标"A"或"E"

续表

	产品名称	牌号举例	表示方法说明
结构钢	滚动轴承钢	GCr15 GCr15SiMn	G代表滚动轴承钢,碳含量不标出,铬含量以千分之几数字标出,其他合金元素及其含量表示同合金结构钢
	易切削钢	Y15Pb	Y代表易切削钢,阿拉伯数字表示平均碳含量的万分之几,钢中锰含量较高者($\geqslant 1.20\%$),或含易切削元素铅、钙、锡时,在牌号后分别加注符号Mn、Pb、Ca、Sn
工具钢	碳素工具钢	T8,T8Mn,T8A	T代表碳素工具钢,其后数字代表平均碳含量的千分之几,锰含量较高者在数字后标出"Mn",高级优质钢标出"A"
	合金工具钢	9SiCr CrWMn	当平均碳含量$\geqslant 1.0\%$时不标;平均碳含量$<1.0\%$时,以千分之几数字标出,合金元素及含量表示方法基本上与合金结构钢相同。低铬($w_{Cr}<1\%$)合金工具钢,在铬含量(以千分之几计)前加数字0
	高速工具钢	W6Mo5Cr4V2	钢号中一般不标出碳含量,只标合金元素及含量,方法与合金结构钢相同
不锈钢和耐热钢		12Cr18Ni9 20Cr13 022Cr17Ni7	钢号头两位或三位阿拉伯数字表示碳含量的万分之几或十万分之几。只规定碳含量上限者,当含量$\leqslant 0.10\%$时,以其上限的3/4表示碳含量,当含量$\geqslant 0.10\%$时,以其上限的4/5表示碳含量;规定碳含量上、下限者,用平均碳含量×100表示;当碳含量$\leqslant 0.030\%$时,用三位阿拉伯数字表示,合金元素及含量表示方法同合金结构钢

单元三　碳钢与铸铁

铁碳合金是指主要由铁和碳两种元素组成的合金,机械工业上使用最为广泛的碳钢和铸铁即属于这一范畴。铁碳合金相图是研究铁碳合金的重要工具,掌握铁碳合金相图,了解铁碳合金的成分、组织和性能之间的关系,对于钢铁材料的合理使用、各种热加工工艺的制订及工艺废品的分析等都具有重要的指导意义。

一、铁碳合金的组织结构

铁碳合金的基本组成元素铁和碳之间的相互作用而形成的固溶体(铁素体、奥氏体)和化合物(渗碳体)构成了合金的基本组成相,从而对合金的组织与性能产生影响。

1. 铁素体

碳在α-Fe中的间隙固溶体称为α铁素体,具有体心立方结构,通常简称为铁素体,用符号F表示。由于α-Fe晶体结构中的间隙半径远小于碳的原子半径,铁素体的溶碳能力很小,最大溶碳量为727℃时的$w_C=0.0218\%$,最小为室温时的$w_C=0.0008\%$。铁素体的硬度和强度很低,而塑性和韧性很高,其力学性能指标大致为:抗拉强度(R_m)180~280MPa,屈服强度(R_{eL})100~170MPa,伸长率(A)30%~50%,冲击吸收能量(KU_2)128~160J,硬度约为80HBW。

碳在δ-Fe中形成的间隙固溶体称为δ铁素体或高温铁素体,用符号δ表示,其最大溶碳量为1495℃时的$w_C=0.09\%$。

2. 奥氏体

碳在 γ-Fe 中形成的间隙固溶体称为奥氏体，用符号 A 表示，具有面心立方结构，由于 γ-Fe 晶体结构中的晶格间隙与碳原子的直径比较接近，所以具有比铁素体大得多的溶碳能力，其最高溶碳量为1148℃时的 $w_C=2.11\%$。随温度的下降其溶碳能力减小，至727℃时，溶碳量降为 $w_C=0.77\%$。奥氏体具有高塑性、低硬度和低强度，其力学性能指标大致为：抗拉强度（R_m）400MPa，伸长率（A）40%~50%，硬度 170~220HBW。

对于碳钢来说，奥氏体主要存在于727℃以上的高温范围内，利用这一特性，工程上常将钢加热到高温奥氏体状态下进行塑性成形。

3. 渗碳体

渗碳体是指晶体点阵为正交点阵，化学式近似于 Fe_3C 的一种间隙式化合物，用符号 Fe_3C 表示，其碳含量为 $w_C=6.69\%$。渗碳体在性能上具有很高的硬度和耐磨性，脆性很大，其力学性能指标大致为：硬度 800HV，抗拉强度（R_m）30MPa，伸长率（A）和冲击吸收能量近似为0。

由于渗碳体的上述力学特性，在铁碳合金中不能单独被应用，而是与铁素体混合在一起。铁碳合金在缓慢冷却条件下，其中的碳除少量固溶于铁素体中外，大部分以渗碳体的形式存在。渗碳体根据生成条件不同有条状、网状、片状、粒状等多种形态，从而对铁碳合金的力学性能产生重大影响。

渗碳体中的铁、碳原子可被其他元素的原子置换，形成合金渗碳体，如 $(Fe,Mn)_3C$。

二、铁碳合金状态图

铁碳合金中，当碳含量超过 6.69% 时合金的脆性很大，没有实用价值，所以通常只对铁碳相图上 $w_C<6.69\%$ 的 $Fe-Fe_3C$ 部分进行研究。$Fe-Fe_3C$ 相图如图 1-3 所示，由于 $Fe-Fe_3C$ 相图左上角的包晶转变过程对合金的室温组织与性能影响不大，将其略去不会影响其实用意义，因此，为便于讨论，将 A 点和 E 点、C 点直接相连得到简化的 $Fe-Fe_3C$ 相图，

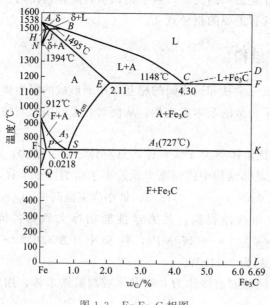

图 1-3 $Fe-Fe_3C$ 相图

如图 1-4 所示。

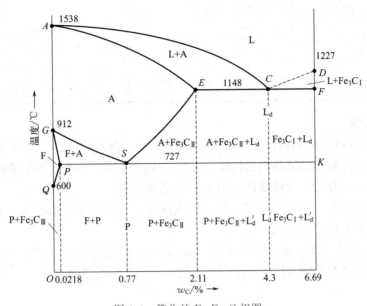

图 1-4 简化的 Fe-Fe$_3$C 相图

简化的 Fe-Fe$_3$C 相图中各特性点的温度、碳含量及含义示于表 1-2 中，特性点的符号为国际通用，不能随意更换。

1. 相图中的点

A 点为纯铁的熔点。

D 点为渗碳体的熔点。

E 点为在 1148℃ 时碳在 γ-Fe 中最大溶解度，能溶碳 2.11%。钢与生铁以 E 点含碳量为界，凡含碳量小于 2.11% 的铁碳合金，称为钢，含碳量大于 2.11% 的铁碳合金，称为生铁。

C 点为共晶点。该点上的液态合金将在恒温下同时结晶出奥氏体和渗碳体所组成的细密的机械混合物（共晶体）。

G 点为 α-Fe→γ-Fe 同素异构转变温度。

P 点为在 727℃ 时碳在 α-Fe 中最大溶解度。

S 点为共析点。该点上的奥氏体将在恒温下同时析出铁素体和渗碳体的细密的机械混合物。

表 1-2 简化的 Fe-Fe$_3$C 相图中各特性点的温度、碳含量及含义

点的符号	温度/℃	碳含量/%	含义
A	1538	0	纯铁熔点
C	1148	4.30	共晶点，L_C→A_E+Fe$_3$C
D	1227	6.69	渗碳体熔点
E	1148	2.11	碳在 γ-Fe 中的最大溶解度
F	1148	6.69	渗碳体
G	912	0	α-Fe→γ-Fe 同素异构转变点（A_3）

续表

点的符号	温度/℃	碳含量/%	含义
K	727	6.69	渗碳体成分点
P	727	0.0218	碳在 α-Fe 中的最大溶解度
S	727	0.77	共析点,$A_S \rightarrow F_P + Fe_3C$
Q	600	0.0057	600℃时,碳在 α-Fe 中的溶解度

2. 相图中的线

ACD 线为液相线。在此线以上合金处于液体状态,即液相(L)。含碳小于 4.3% 的合金冷却到 AC 线温度时开始结晶出奥氏体(A),含碳大于 4.3% 的合金冷却到 CD 线温度时开始结晶出渗碳体,称为一次渗碳体,用 Fe_3C_I 表示。

$AECF$ 线为固相线。在此线以下,合金完成结晶,全部变为固体状态。AE 线是合金完成结晶,全部转变为奥氏体的温度线。

ECF 线叫共晶线,是一条水平恒温线。液态合金冷却到共晶线温度(1148℃)时,将发生共晶转变而生成莱氏体(L_d)。含碳为 2.11%~6.69% 的铁碳合金结晶时均会发生共晶转变。

ES 线是碳在奥氏体中的溶解度曲线,通常称为 A_{cm} 线。碳在奥氏体中的最大溶解度是 E 点(含碳 2.11%),随着温度的降低,碳在奥氏体中的溶解度减小,将在奥氏体中析出二次渗碳体,用 Fe_3C_{II} 表示。

GS 线是奥氏体冷却时开始向铁素体转变的温度线,通常称为 A_3 线。

PSK 叫共析线,通常称为 A_1 线。奥氏体冷却到共析线温度(727℃)时,将发生共析转变为珠光体(P),含碳大于 0.0218% 的铁碳合金均会发生共析转变。

PQ 线是碳在铁素体中的溶解度曲线。碳在铁素体中最大溶碳量是 P 点(含碳 0.0218%),当温度下降时,铁素体中的溶碳量沿 PQ 线逐渐减少,600℃时铁素体中的溶碳量为 0.0057%。

从 727℃冷却到室温的过程中,铁素体内多余的碳将以渗碳体的形式析出,称为三次渗碳体,用 Fe_3C_{III} 表示。

表 1-3 归纳了 $Fe-Fe_3C$ 合金相图的特性线及其意义。

表 1-3 $Fe-Fe_3C$ 相图中各主要特性线

特性线	特性线含义
ACD	铁碳合金的液相线
$AECF$	铁碳合金的固相线
ECF	共晶线 $L_C \longrightarrow A_E + Fe_3C$ 共晶转变线
PSK	共析线 $A_S \longrightarrow F_P + Fe_3C$ 共析转变线
ES	碳在奥氏体中的溶解度线(A_{cm})
GS	奥氏体向铁素体转变开始温度线(A_3)

3. 相图中的相区

① 四个单相区:ACD 线以上区为液相区(L),$AESG$ 区为奥氏体相区(A),GPQ 区为铁素体相区(F),DFK 垂线为渗碳体相区(Fe,C)。

② 五个两相区：L+A 区、L+Fe₃C 区、A+F 区、A+Fe₃C 区和 F+Fe，C 区。
③ 两个三相线：ECF 为（L+A+Fe₃C）三相线、PSK 为（A+F+Fe₃C）三相线。
④ 相图中铁碳合金的分类。Fe-Fe₃C 相图中，不同成分的铁碳合金具有不同的显微组织和性能。根据碳含量及组织特征的不同，可将铁碳合金分为工业纯铁、钢、白口铸铁。

三、碳钢

碳钢（非合金钢）是指含碳量小于 2.11% 的铁碳合金。除了铁和碳之外，碳钢中还含有少量的锰、硅、硫、磷等，它们是冶炼过程中不可避免的杂质元素。其中锰、硅是在炼钢后期为了防止氧化铁的危害，进行脱氧处理而有意加入的，能提高钢的强度和硬度，属有益元素。硫、磷属有害元素，是从原材料和燃料中带入的。硫具有热脆性，钢在高温时易脆裂；磷具有冷脆性，钢在低温时易脆裂。碳钢具有良好的力学性能和工艺性能，冶炼方便，价格低廉，在许多工业部门中得到广泛的应用。

按碳的质量分数分为：①低碳钢：$w_C \leqslant 0.25\%$；②中碳钢：$0.25\% < w_C < 0.60\%$；③高碳钢：$w_C \geqslant 0.60\%$。

四、钢的热处理

钢的性能不仅取决于钢的化学成分，还取决于其内部组织结构。钢在高温下的溶碳能力比低温下大，因此，在高温钢的冷却过程中，不仅要进行晶格（表示原子在晶体中按一定次序有规则地排列的空间格子）转变，同时还伴随着碳原子的扩散。并且晶格发生转变的温度还受冷却速度的影响。冷却速度越快，晶格发生转变的温度越低，碳原子的扩散能力越弱。所以不同的冷却速度将改变钢的组织及组织的含碳量，从而改变钢的性能。

钢的热处理就是将钢在固态下通过加热、保温和不同的冷却方法，从而改变其组织结构，满足性能上的要求的一种加工工艺。

热处理在机械零件加工制造过程中具有重要意义。通过热处理可以改善机械零件的性能，充分发挥其潜力，提高产品的质量，延长使用寿命，节省金属材料，改善工件的加工工艺性，提高劳动生产率。

1. 钢的整体热处理

钢的整体热处理是指对工件进行穿透性加热，以改善工件的整体组织和性能的热处理工艺。一般分为退火、正火、淬火、回火。

(1) 退火 是将金属或合金加热到适当温度，保持一定时间，然后缓慢冷却的热处理工艺。其实质是将钢加热奥氏体化后进行珠光体转变，退火后的组织，对亚共析钢是铁素体+片状珠光体，对共析钢或过共析钢则是粒状珠光体。工业上常用的退火工艺主要有完全退火、等温退火、球化退火、均匀化退火、去应力退火等。总之，退火组织是接近平衡状态的组织。

(2) 正火 是将钢加热到 A_{C3}（或 A_{C1}）以上 30～50℃，保温适当时间后，在静止的空气中冷却的热处理工艺。正火冷却速度比退火稍快，过冷度较大，因而组织中的珠光体量增多，片间距变小，反映在力学性能上，正火后的强度、硬度、韧性都高于退火，且塑性基本不降低。通过正火细化晶粒，钢的韧性可显著改善，对低碳钢正火可提高硬度以改善切削加工性能，对焊接件则可以通过正火改善焊缝及热影响区的组织和性能。

(3) 淬火　是将钢件加热到 A_{C3} 或 A_{C1} 以上某一温度，保持一定时间后以适当速度冷却，获得马氏体和（或）贝氏体组织的热处理工艺。淬火的目的是提高钢的力学性能，是一种强化钢件、更好地发挥钢材性能潜力的主要手段。

(4) 回火　是指钢件淬硬后加热到 A_{C1} 以下某一温度，保温一定时间然后冷却到室温的热处理工艺。其主要目的：一是降低脆性、消除或降低残余应力；二是赋予工件所要求的力学性能，通过适当的回火配合来调整硬度、降低脆性，得到所需要的韧性、塑性，满足工件的不同性能要求；三是稳定工件尺寸。利用回火处理可以使组织转变到一定程度，并使其组织结构稳定化，使钢的组织在工件使用过程中不发生变化，以保证工件在以后的使用过程中不再发生尺寸、形状和性质的改变。按照回火的温度可以分为低温回火、中温回火、高温回火。通常把淬火再进行高温回火的热处理方法称为调质处理。

2. 钢的表面热处理

在机械设备中，有许多零件是在交变载荷或冲击载荷及表面受摩擦条件下工作的，如齿轮、曲轴等，这些零件不仅要求表面具有高的硬度和耐磨性，而且要求心部具有足够塑性和韧性。要满足这些要求，采用整体热处理方法是难以达到的，而采用表面热处理则能达到。

钢常用的表面热处理包括表面淬火和化学热处理两种。

(1) 表面淬火　是仅对工件表层进行淬火以改变表层组织和性能的热处理工艺，它是通过快速加热与立即淬火冷却相结合的方法来实现的，即利用快速加热使工件表面很快地加热到淬火温度，在不等热量充分传到心部时，即迅速冷却，使表层得到马氏体组织而被淬硬，而心部仍保持为未淬火状态的组织，即原来塑性、韧性较好的退火、正火或调质状态的组织。常用的表面淬火方法有感应加热淬火和火焰加热淬火等。

(2) 化学热处理　是将金属或合金工件置于一定温度的活性介质中保温，使一种或几种元素渗入它的表层，以改变其化学成分、组织和性能的热处理工艺。常见的化学热处理有渗碳、渗氮、碳氮共渗等。与表面淬火相比，化学热处理的主要特点是：表层不仅有组织的变化，而且有成分的变化，故性能改变的幅度大。其主要作用是强化和保护金属表面。

3. 钢的先进热处理

先进热处理技术是指通过采用新的加热方法、新的冷却方法以及新的对加热及冷却过程的控制方法而开发出的现代热处理工艺技术。

(1) 真空热处理　是指金属工件在压力为 $1.333\times10^{-1}\sim1.333$ Pa 或 $1.333\sim1.333\times10$ Pa 的真空度加热的热处理工艺。金属材料（金、铂除外）在真空中加热，金属表面氧化物被升华分解、释放内部有害气体、分解表面油脂，形成的氧气及油脂类分解蒸汽被真空泵吸除，使金属表面净化纯度提高，提高材料的疲劳强度、塑性和韧性、耐腐蚀性，即可获得光亮的优质金属表面。真空热处理主要有真空退火、真空淬火、真空渗碳。

(2) 可控气氛热处理　为了一定的目的，向热处理炉内通入某种经过制备的气体介质，称为可控气氛。工件在可控气氛中进行的各种热处理称为可控气氛热处理。按可控气氛中的气体与钢铁发生化学反应的性质，可将它们分为具有氧化和脱碳作用的气体、具有还原性的气体、具有强烈渗碳作用的气体及中性气体。根据气体制备的特点，可分为吸热式气氛、放热式气氛、氨分解气氛以及氮气和惰性气体等。

五、铸铁

铸铁是指含碳量大于 2.11% 的铁碳合金。含有较多锰、硫、磷等元素。工业上常用铸铁含碳量一般为2.5%~4.0%，含硅量为0.8%~3%，为改善铸铁的某些性能，有时也加入一定量的其他合金元素，从而获得合金铸铁。

铸铁具有良好的铸造性、耐磨性、吸振性和切削加工性，生产设备简单、价格低廉，并且经合金化后可以获得良好的耐热性或耐蚀性。但是，铸铁的塑性、韧性较差，不能用压力方法成形零件，只能用铸造方法成形零件。广泛地用于制作机器底座、箱体、缸套和轴承座等零件。

根据碳在铸铁中的存在形式不同，铸铁可以分为白口铸铁、灰铸铁、可锻铸铁、球墨铸铁和蠕墨铸铁。

1. 白口铸铁

碳在白口铸铁中几乎全部以渗碳体（Fe_3C）的形式存在，断口呈白亮色，故称为白口铸铁。由于渗碳体组织硬而脆，使得白口铸铁非常脆硬，切削加工极为困难。因此工业上很少直接用白口铸铁来制造机械零件，而主要用作炼钢的原料。

2. 灰铸铁

灰铸铁中碳主要以石墨形式存在，其断口呈暗灰色，故称灰铸铁。常用的热处理工艺有去应力退火，消除白口组织的退火和表面淬火。灰铸铁中碳以片状石墨分布在基体组织上。

灰铸铁的牌号用"灰铁"两字的汉语拼音首字母"HT"和一组数字表示。数字表示其最低抗拉强度极限值。例如HT200表示最低抗拉强度极限σ_b为200MPa的灰铸铁。灰铸铁共分为HT100、HT150、HT200、HT250、HT300、HT350和HT400七种牌号。

3. 可锻铸铁

可锻铸铁是将一定成分的白口铸铁经长时间退火处理，使渗碳体分解，形成团絮状石墨的铸铁。由于石墨呈团絮状，对基体的割裂作用比片状石墨小。因此，与灰铸铁相比，可锻铸铁具有较高的强度和较好的塑性、韧性，并由此得名"可锻"，但实际上并不可锻。可锻铸铁可分为铁素体可锻铸铁（用"KTH"来表示）和珠光体可锻铸铁（用"KTZ"来表示）两种。

4. 球墨铸铁

铁液经球化处理和孕育处理，使石墨全部或大部分呈球状的铸铁称为球墨铸铁。生产中球墨铸铁常用的热处理方式有退火、正火、调质及等温淬火。

球墨铸铁的牌号是用"球铁"两字的汉语拼音首字母"QT"与两组数字表示，前组数字表示最低抗拉强度极限σ_b值，后组数字表示最小延伸率。如QT450-10表示$\sigma_b \geqslant$450MPa、$\delta \geqslant 10\%$的球墨铸铁。

5. 蠕墨铸铁

蠕墨铸铁是近代发展起来的一种新型结构材料，蠕墨铸铁的力学性能介于灰铸铁与球墨铸铁之间，其铸造性、切削加工性、吸振性、导热性和耐磨性接近于灰铸铁，抗拉强度和疲劳强度相当于铁素体球墨铸铁。常用于制造复杂的大型铸件、高强度耐压件和冲击件，如立柱、泵体、机床床身、阀体、汽缸盖等。

蠕墨铸铁的牌号是用"蠕铁"两字的汉语拼音字首"RuT"与一组数字表示，数字表示最低抗拉强度极限σ_b值。例如RuT420表示最低抗拉强度极限为420MPa的蠕墨铸铁。

单元四　低合金钢及化工设备用特种钢

由于碳钢的性能难以满足工业生产对钢的更高要求，于是人们向碳钢中有目的地加入某些元素，使得到的多元合金具有所需的性能。这种在碳钢中加入合金元素所得到的钢种，称为合金钢。当合金总量低于5％时称为低合金钢，普通合金钢一般在3.5％以下，合金含量在5％～10％之间称为中合金钢，大于10％的称为高合金钢。

与碳钢相比，合金钢的淬透性好、强度高，有的还有某些特殊的物理和化学性能。尽管它的价格高一些，某些加工工艺性能较差，但因其具备特有的优良性能，在某些用途中，合金钢是可以满足工程需要的材料。因此，合理使用合金钢，既能保证使用性能的要求，又能产生良好的经济效益。

向钢中加入的合金元素可以是金属元素，也可以是非金属元素。常用的有：锰（>0.8％）、硅（>0.4％）、铬、镍、钨、钼、钒、钴、钛、铌、铝、铜、硼、氮等。

一、合金元素对钢的影响

合金元素在钢中的作用，表现为合金元素与钢中铁和碳两个基本组元发生作用，以及合金元素之间的相互作用。钢中加入合金元素后，由于成分变化影响了相变过程和组织，从而使钢的性能发生了一系列的改变。

合金元素对钢的影响

1. 合金元素在钢中的存在形式

合金元素与碳的作用直接决定其在钢中的存在形式。按与碳的亲和力大小，可将合金元素分为两类。非碳化物形成元素与碳的亲和力很弱，一般不与碳化合，如镍、硅、铝等。碳化物形成元素与碳的亲和力依次由弱到强的元素有铁、锰、铬、钼、钨、钒等，与碳的亲和力越强，所形成的碳化物越稳定。

不同的合金元素在钢中存在的形式不同，主要有以下三种存在形式。

① 溶于铁素体（或奥氏体），形成合金铁素体。非碳化物形成元素及大多数合金元素都能溶于铁素体（间隙溶入或置换溶入）。

② 溶于渗碳体，形成合金渗碳体。弱碳化物形成元素或较低含量的中强碳化物形成元素能置换渗碳体中的铁原子，溶于渗碳体。如 $(Fe,Mn)_3C$、$(Fe,Cr)_3C$、$(Fe,W)_3C$ 等。

③ 与碳化合，形成特殊碳化物。强碳化物形成元素或较高含量的中强碳化物形成元素能够形成合金碳化物，如 $Cr_{23}C_6$、WC、VC、TiC 等。

2. 合金元素对钢的性能的影响

(1) 合金元素对钢的力学性能的影响　提高强度是钢中加入合金元素的主要目的之一，合金元素对钢的强化作用主要通过以下几方面表现出来。

① 形成合金铁素体，产生固溶强化。当合金元素溶于铁素体时，由于合金元素与铁的晶格类型和原子半径的差异，引起铁素体晶格畸变，产生固溶强化，使铁素体的强度和硬度提高，而塑性和韧性却有所下降。图1-5为几种合金元素对铁素体硬度和冲击韧度的影响。

由图1-5看出，硅、锰能显著提高铁素体的强度和硬度；但含硅量超过1％、含锰量超过1.5％时，会降低铁素体的韧性。镍比较特殊，在其含量不超过5％的范围内，能显著强化铁素体，同时又提高了韧性。

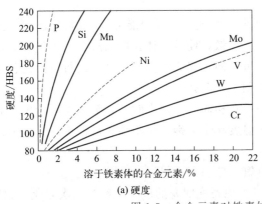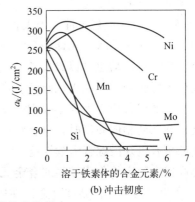

图 1-5　合金元素对铁素体力学性能的影响

② 形成合金碳化物，产生弥散强化。合金渗碳体和特殊碳化物统称为合金碳化物，前者的硬度和稳定性略高于渗碳体，而后者具有更高的熔点、硬度和耐磨性，并且更为稳定。当合金碳化物以弥散质点在钢中分布时，将显著增加钢的强度、硬度与耐磨性，而不降低韧性，这就是弥散强化。

③ 阻碍奥氏体晶粒长大，产生细晶强化。强碳化物形成元素钛、铌、钒等形成的稳定化合物及铝形成的稳定化合物 AlNb、Al_2O_3 质点，在奥氏体晶界上弥散分布，对奥氏体晶粒长大有强烈的阻碍作用。

合金钢（除锰钢外）在淬火加热时不易过热，有利于获得细马氏体，也有利于提高加热温度，使奥氏体中溶入更多的合金元素，能够更好地发挥合金元素的有益作用。

④ 提高钢的淬透性，保证马氏体强化。合金元素能降低铁、碳原子的扩散速度。除了钴元素外，所有溶入奥氏体中的合金元素都在不同程度上增加过冷奥氏体的稳定性，使 C 曲线位置右移（图 1-6），临界冷却速度减小，从而使钢的淬透性提高。这说明合金元素能使大截面工件淬火后的马氏体层深度增加（淬透），保证了淬火组织的一致性，能实现复杂工件在缓慢冷却介质中的淬火，有效地减少了变形与开裂的倾向。

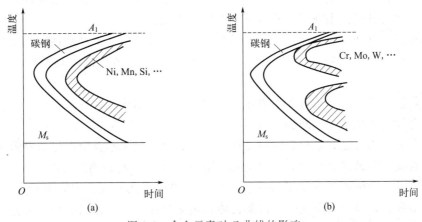

图 1-6　合金元素对 C 曲线的影响

提高淬透性作用显著的元素有钼、锰、铬，其次是镍；微量的硼（＜0.005％）可明显提高淬透性。多种元素同时加入,对钢淬透性的提高远比各元素单独加入时为大,故淬火钢应采用多元少量的合金化原则。

⑤ 提高钢的回火稳定性。淬火钢在回火时抵抗硬度下降的能力称为钢的回火稳定性。

由于合金元素溶入马氏体中,阻碍原子的扩散,使马氏体在回火过程中不易分解,碳化物不易析出,析出后也难以聚集长大,因此可使回火提高到更高温度下进行。因此合金钢回火时硬度下降较慢,其回火稳定性较高,如图 1-7 所示。

合金钢的回火稳定性高于碳钢,这表明,在相同温度回火时,合金钢能保持更高的强度和硬度;在达到相同硬度时,合金钢的回火温度高于碳钢,使塑性和韧性更好。合金钢回火后,比碳钢有更好的综合力学性能。

提高回火稳定性作用较强的合金元素有钒、硅、钼、钨等。

⑥ 产生二次硬化。某些合金钢在回火时出现硬度回升的现象,称为二次硬化,如图 1-7 所示。

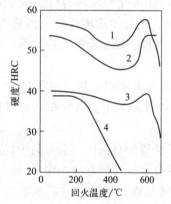

图 1-7 合金元素对钢回火硬度的影响
1—C 0.43%, Mo 5.6%; 2—C 0.32%, V 1.36%;
3—C 0.11%, Mo 2.14%; 4—C 0.10%

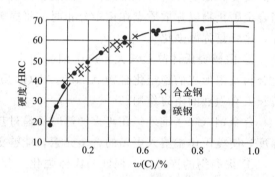

图 1-8 合金钢与碳钢淬硬性的比较

产生二次硬化的原因是,含钒、钼、钨等强碳化物形成元素的合金钢在高温回火时,析出了与马氏体保持共格关系并高度弥散分布的特殊碳化物。

高的回火稳定性和二次硬化使合金钢具有很好的高温强度,如红硬性,红硬性是指合金在高温下保持高硬度(≥60HRC)的能力。这种性能对于高速切削刀具及热变形模具等有重要意义。

合金材料的主要强化方法有固溶强化、弥散强化、细晶强化和位错强化等。各种不同的强化方法对金属的强化产生不同程度的影响。

在以上所分析的合金元素对钢的强化作用中,成分合金化本身所产生的固溶强化的效果是有限的(强化量不超过 200MPa),还远远不能满足工程对高强钢的要求。

对钢而言,马氏体强化概括了各种强化机制:淬火形成马氏体时,其中的位错密度增高,产生位错强化;马氏体形成时分割奥氏体,生成马氏体束,相当于细晶强化;马氏体中的合金元素和过饱和的碳原子产生固溶强化;马氏体回火时析出的碳化物质点造成了强烈的弥散强化。

因此,马氏体强化(含回火)是最经济、最有效的综合强化钢的手段。实际上,不论是碳钢，还是合金钢，在完全淬成马氏体的条件下，两者的强度基本相同，如图 1-8 所示。

可见，合金元素最重要的作用是提高钢的淬透性，保证钢的马氏体强化。合金元素的强化作用通过淬火与回火的热处理得到充分发挥，合金钢优良的力学性能主要表现在热处理之后。

(2) 合金元素对钢的工艺性能的影响

① 对铸造性能的影响。铸造性能是金属在铸造时的流动性、收缩性和偏析倾向等方面的综合工艺性能，它主要与结晶温度及其范围有关。由于合金元素对相变过程产生影响，一般使铸造性能变差。

② 对锻造性能的影响。锻造性能主要取决于金属在锻造时的塑性及变形抗力。许多合金钢，特别是含有大量碳化物的合金钢，锻造性能明显下降。

③ 对焊接性能的影响。焊接性能中主要有焊接区的硬度和焊后开裂的敏感性。碳、磷、硫等元素使焊接性能恶化，钛、锆、铌、钒可使其改善。但总的说来，合金钢的焊接性能不如碳钢。

④ 对切削性能的影响。合金钢的强韧性一般较高，故大多数合金钢的切削性能比钢差。但适量的硫、磷、铝等元素能促使断屑和产生润滑作用，改善切削加工性，成为所谓"易切削钢"（见 GB/T 8731—2008）。

⑤ 对热处理工艺性能的影响。加热时，合金元素一般使临界点提高，增加了组织稳定性。因此可将加热温度提高、加热时间延长，能在奥氏体中溶入更多的合金元素，并仍保证组织细化。

但是锰等元素降低了钢的临界点，增加了钢的过热敏感性，使钢容易过热而产生晶粒粗化；硅是促进石墨化元素，使钢在加热时容易表面脱碳而降低表面硬度。通过加入钼、钨、钒、钛等碳化物形成元素，可以减小锰和硅带来的过热和表面脱碳的倾向。

淬火冷却时，合金元素（除钴外）使 C 曲线右移，M_s 线下降。合金元素提高了钢的淬透性，可将大截面的工件在缓和的介质（如油）中淬火，既获得马氏体，又避免了工件变形和开裂，这对金属强化的意义重大。但钴使钢的淬火组织中残余奥氏体数量增多。这虽然可以减小淬火内应力和淬火变形，但对钢的硬度和尺寸稳定性有不良影响，应采取措施来减少残余奥氏体数量。合金元素对残余奥氏体量的影响如图 1-9 所示。

随回火温度的提高，钢的强度和硬度下降，塑性提高，但冲击韧度并不是单调增加。图 1-10 表示了某些合金钢在回火时冲击韧度的变化规律。由图可见，某些合金钢不但在 260～400℃ 范围回火时与碳钢相似，出现第一类回火脆性，而且在 450～650℃ 范围回火时，又出现明显的韧性下降，称为第二类回火脆性。

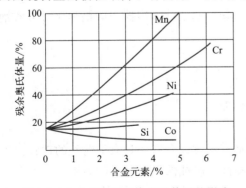

图 1-9　合金元素对残余奥氏体量的影响

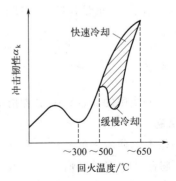

图 1-10　回火温度对某些合金钢冲击韧度的影响

第一类回火脆性可能是由薄片状ε碳化物沿马氏体晶界析出所造成，防止办法常常是避免在此温度范围内回火。

第二类回火脆性主要发生在含铬、镍、锰、硅等元素的合金钢中，一般认为是杂质元素在晶界处偏聚所产生，而这些合金元素促进了这种偏聚。

当回火后快冷时，杂质元素来不及偏聚，可消除这类回火脆性，这一点从图1-10可以看出。当回火后不能快冷时，如大型工件，应在钢中加入钼、钨等合金元素，它们能阻碍杂质元素的偏聚，降低第二类回火脆性。同时，应降低杂质元素锑、磷、锡、砷的含量，提高钢的纯度。

（3）合金元素对钢的特殊性能的影响　钢的特殊性能一般指钢的某些物理性能和化学性能，合金元素加入后对它们产生不同程度的影响。

① 提高耐蚀性　铬、镍等元素影响钢的相变临界温度，使钢在室温下能获得单相组织；足够量的铬将明显提高钢基体的电极电位；铬、硅、铝等元素能在钢表面形成稳定致密的氧化膜以防钢被介质腐蚀。合金化使钢本身的抗蚀性提高，从根本上防止腐蚀，这对于"不锈钢"有重要意义。

② 提高抗氧化性　铬、硅、铝等元素能够优先与氧化合，形成致密高熔点的氧化膜（Cr_2O_3、SiO_2、Al_2O_3）覆盖在钢的表面，防止钢在高温时生成松脆的FeO氧化皮，提高了钢的耐热性。

③ 提高高温强度　高熔点金属铁、镍、钴等的原子间结合力大，高温下不易产生塑性变形（抗蠕变），因此常作为耐热合金的基体。钨、钼等碳化物形成元素形成的弥散分布的稳定碳化物既提高了钢的强度，又提高了钢的再结晶温度。合金元素增大了钢的抗蠕变能力，故提高了钢的高温强度（又称热强性）。

④ 影响电磁性　合金元素将对钢的电、热、磁等物理性能产生影响。如加入硅、铝等元素会明显提高电阻率。硅、镍等元素能减小铁的磁晶各向异性常数，从而增大磁导率，减少磁损耗，利用这个特性制成的电工硅钢片作为磁性材料而广泛应用。

二、低合金钢

低合金钢是结合我国资源情况开发的一种合金钢。它是在优质碳素钢的基础上加少量合金元素（铬、镍、钛、锰、铝）熔合而成的。含碳量为0.1%～0.25%，合金元素的含量小于5%。由于合金元素的作用，低合金钢具有优良的综合力学性能和加工性能，如可焊性、冷加工性能好，并且有较好的耐腐蚀性和低温性能，因此在化工设备上应用广泛。大型化工容器采用16MnR后，重量比碳钢可减轻1/3，用15MnV制造球形容器与碳钢相比可节省钢材45%。

三、高合金钢

化工设备中使用的高合金钢主要指不锈钢和耐热钢。

1. 不锈钢

不锈钢是不锈耐酸钢的简称，耐空气、蒸汽、水等弱腐蚀介质或具有不锈性的钢种称为不锈钢，而将耐化学腐蚀介质（酸、碱、盐等化学浸蚀）腐蚀的钢种称为耐酸钢。

不锈钢常按组织状态分为马氏体钢、铁素体钢、奥氏体钢、奥氏体-铁素体（双相）不锈钢及沉淀硬化不锈钢等，按成分分为铬不锈钢、铬镍不锈钢和铬锰氮不锈钢等。还有用于压力容器用的专用不锈钢《承压设备用不锈钢钢板及钢带》(GB 24511—2009)。

(1) 铁素体不锈钢　含铬 15%～30%。其耐蚀性、韧性和可焊性随含铬量的增加而提高，耐氯化物应力腐蚀性能优于其他种类不锈钢，属于这一类的有 Cr17、Cr17Mo2Ti、Cr25、Cr25Mo3Ti、Cr28 等。铁素体不锈钢因为含铬量高，耐腐蚀性能与抗氧化性能均比较好，但力学性能与工艺性能较差，多用于受力不大的耐酸结构及作抗氧化钢使用。这类钢能抵抗大气、硝酸及盐水溶液的腐蚀，并具有高温抗氧化性能好、热膨胀系数小等特点，用于硝酸及食品工厂设备，也可制作在高温下工作的零件，如燃气轮机零件等。

(2) 奥氏体不锈钢　含铬大于 18%，还含有 8%左右的镍及少量钼、钛、氮等元素。综合性能好，可耐多种介质腐蚀。奥氏体不锈钢的常用牌号有 1Cr18Ni9、0Cr19Ni9 等。0Cr19Ni9 钢的碳含量<0.08%，钢号中标记为"0"。这类钢中含有大量的 Ni 和 Cr，使钢在室温下呈奥氏体状态。这类钢具有良好的塑性、韧性、焊接性、耐蚀性能和无磁或弱磁性，在氧化性和还原性介质中耐蚀性均较好，用来制作耐酸设备，如耐蚀容器及设备衬里、输送管道、耐硝酸的设备零件等，另外还可用作不锈钢钟表饰品的主体材料。奥氏体不锈钢一般采用固溶处理，即将钢加热至 1050～1150℃，然后水冷或风冷，以获得单相奥氏体组织。

(3) 奥氏体-铁素体双相不锈钢　兼有奥氏体和铁素体不锈钢的优点，并具有超塑性，奥氏体和铁素体组织各约占一半的不锈钢。在含碳量较低的情况下，铬（Cr）含量在 18%～28%，镍（Ni）含量在 3%～10%。有些钢还含有 Mo、Cu、Si、Nb、Ti、N 等合金元素。该类钢兼有奥氏体和铁素体不锈钢的特点，与铁素体相比，塑性、韧性更高，无室温脆性，耐晶间腐蚀性能和焊接性能均显著提高，同时还保持有铁素体不锈钢的 475℃脆性以及热导率高，具有超塑性等特点。与奥氏体不锈钢相比，强度高且耐晶间腐蚀和耐氯化物应力腐蚀有明显提高。双相不锈钢具有优良的耐孔蚀性能，也是一种节镍不锈钢。

(4) 沉淀硬化不锈钢　基体为奥氏体或马氏体组织，沉淀硬化不锈钢的常用牌号有 04Cr13Ni8Mo2Al 等。它是能通过沉淀硬化（又称时效硬化）处理使其硬（强）化的不锈钢。

(5) 马氏体不锈钢　强度高，但塑性和可焊性较差。马氏体不锈钢的常用牌号有 1Cr13、3Cr13 等，因含碳量较高，故具有较高的强度、硬度和耐磨性，但耐蚀性稍差，用于力学性能要求较高、耐蚀性能要求一般的一些零件上，如弹簧、汽轮机叶片、水压机阀等。这类钢是在淬火、回火处理后使用的。锻造、冲压后需退火。

(6) 承压设备用不锈钢钢板及钢带　压力容器专用不锈钢，其分类和代号、尺寸、外形及允许偏差、技术要求、试验方法、检验规则、包装、标志及产品质量证明书等有明确要求。常用牌号有 06Cr19Ni10、022Cr17Ni12Mo2，数字代号为 S30408、S31603 等。主要用于食品机械、制药机械等卫生级设备。

2. 耐热钢（高温用钢）

高温用钢是指工作温度在 600～1200℃以下，具有优良的综合力学性能和抗腐蚀性能的一大类钢种。这类钢之所以能耐高温是在钢中加入了 Cr、Mo、V、Si、Al 等合金元素，以强化金属金相组织、提高金属的再结晶温度。高温用钢按其使用性能的不同，大致可分为热强钢和抗氧化钢两大类。现执行标准为 GB/T 4238—2015《耐热钢钢板和钢带》。

热强钢具有很好的热强性和优异的承受高温气体腐蚀的能力。常用的有 16Mo、

15CrMo、12Cr1MoV、12Cr3MoVSiTiB 等。

抗氧化钢在高温下具有较好的抗氧化、不起皮的特性，常用的有 Cr5Mo、1Cr13Si3、1Cr13SiAl、1Cr18Si2、1Cr23Ni8、Cr25Ni20 等。

四、化工设备常用钢

1. 锅炉钢和容器钢

锅炉用钢板常处于中温（350℃以下）高压状态下工作，它除承受较高内压以外，还受冲击、疲劳载荷及水和蒸汽介质的腐蚀作用。在制造过程中，还要经过各种冷加工，因此，对锅炉钢板提出了如下较高的要求。材料应具有足够的蠕变强度和持久强度；承受疲劳载荷的容器材料应有足够的疲劳强度。材料应具有良好的塑性、韧性和冷弯性能，较低的缺口敏感性，良好的焊接性能和其他加工工艺性能及冶金质量。要求钢板有良好的低倍组织，要求钢的分层、非金属夹杂物、疏松等缺陷尽可能少，不允许有白点和裂纹。

由于化工生产所用容器的操作条件比较复杂，再加上制造技术要求比较严格，因而对压力容器用钢板有比较严格的要求。目前对压力容器用钢板在技术条件、检验方法、验收等方面均按 GB/T 3274—2017《碳素结构钢和低合金结构钢热轧钢板和钢带》、GB/T 713—2014《锅炉和压力容器用钢板》与 YB（T）40—1987《压力容器用碳素钢和低合金钢厚钢板》所规定的要求执行。

GB 150—2011《压力容器》推荐使用的容器钢板有：普通低碳钢 Q235B、Q235C；优质低碳钢 Q245（在 GB/T 713—2014 新标准中代替 20R 和 20G）；低合金高强度钢 Q345R（在 GB/T 713—2014 新标准中代替 16MnR、16Mng 和 19Mng）、15MnVR、Q370（在 GB/T 713—2014 和 GB 19189—2011 新标准中代替 15MnVNR）、18MnMoNbR、13MnNiMoR（在 GB/T 713—2014 和 GB 19189—2011 新标准中代替 13MnNiMoNbR 和 13MnNiCrMoNbg）等。

2. 低温压力容器专用钢

通常把工作温度在 $-269 \sim -20$℃ 之间使用的压力容器用钢称为低温用钢。低温用钢的特点是：具有良好的韧性、良好的加工工艺性和可焊性。为了保证这些性能，低温用钢的含碳量应尽可能地降低，其平均含碳量 $0.08\% \sim 0.18\%$，再加入适量的锰（Mn）、铝（Al）、钒（V）等元素以改善钢的综合力学性能。现执行标准 GB 3531—2014《低温压力容器用钢板》、GB 19189—2011《压力容器用调质高强度钢板》，常用低温钢的主要牌号、化学成分见表 1-4。

表 1-4 常用低温钢的主要牌号、化学成分

牌号	化学成分（质量分数）/%								P	S
	C	Si	Mn	Ni	Mo	V	Nb	Alt	不大于	
16MnDR	≤0.20	0.15~0.50	1.20~1.60	≤0.40	—	—	—	≥0.020	0.020	0.010
15MnNiDR	≤0.18	0.15~0.50	1.20~1.60	0.20~0.60	—	≤0.05	—	≥0.020	0.020	0.008

续表

牌号	化学成分(质量分数)/%								P	S
	C	Si	Mn	Ni	Mo	V	Nb	Alt	不大于	
15MnNiNbDR	≤0.18	0.15~0.50	1.20~1.60	0.30~0.70	—	—	0.015~0.040		0.020	0.008
09MnNiDR	≤0.12	0.15~0.50	1.20~1.60	0.30~0.80	—	—	≤0.040	≥0.020	0.020	0.008
08Ni3DR	≤0.12	0.15~0.35	0.30~0.80	3.25~3.70	≤0.12	≤0.05	—	—	0.015	0.005
06Ni9DR	≤0.10	0.15~0.35	0.30~0.80	8.5~10.0	≤0.10	≤0.01	—	—	0.008	0.004

五、钢材的品种和规格

钢材的品种有钢板、无缝钢管、型钢、铸钢和锻钢等。

（1）钢板　分冷轧与热轧薄钢板（厚度4mm）和热轧厚钢板（厚度大于4mm）两种，冷轧薄钢板的尺寸精度（指厚度允许偏差）比热轧钢板高。

（2）无缝钢管　有冷轧和热轧两种。冷轧无缝钢管外径和厚度的尺寸精度均较热轧管高。化工设备常用的普通无缝钢管材料有10、15、20、16Mn等，另外还有专门用途的无缝钢管。

（3）型钢　有圆钢、方钢、扁钢、等边角钢、不等边角钢、工字钢和槽钢等。

（4）铸钢和锻钢　铸钢有ZG200-400、ZG230-450、ZG310-570等，可用作泵壳、阀门、泵叶轮及齿轮等。压力容器用钢锻件现有以下标准：NB/T 47008—2017《承压设备用碳素钢和合金钢锻件》、NB/T 47010—2017《承压设备用不锈钢和耐热钢锻件》。

六、有色金属及其合金与非金属材料

1. 有色金属及其合金

压力容器使用的有色金属及其合金的种类很多，常用的有铜、铝、铅、钛、镍等及其合金。在石油化工中，由于腐蚀、低温、高温、高压等特殊工艺条件的要求，有色金属具有很多优越性，例如，铜有良好的导电性和低温韧性，铝的相对密度小，铅能防辐射、耐稀硫酸等多种介质的腐蚀。但由于这些有色金属尚属稀有金属而且价贵，只有在低压场合作整体材料使用；若是高压，则往往作为衬里材料。

（1）铜及其合金　铜及其合金塑性好，导电性和导热性很高，有足够的强度、弹性和耐磨性，在低温下可保持较高的塑性和冲击韧性，铜耐不浓的硫酸、亚硫酸，稀的和中等浓度的盐酸、乙酸、氢氟酸及其他非氧化性酸的腐蚀。铜不耐各种浓度的硝酸。在氨和铵溶液中，会形成可溶性的铜铵离子，故不耐腐蚀。

① 纯铜　纯铜又称紫铜。纯铜塑性好，导电性和导热性很高，在低温下可保持较高的塑性和冲击韧性。铜用于深度冷冻分离气体的装置中，也用于有机合成及有机酸工业。多用来作深冷设备和高压设备的垫片。纯铜可作蒸发器、蒸馏釜、蒸馏塔、蛇管、管子、离心机

的转鼓。

② 黄铜　铜与锌组成的合金称为黄铜。它的铸造性能良好，强度比纯铜高，价格也便宜，耐蚀性也高于纯铜。但在中性、弱酸性介质中，因锌易溶解而被腐蚀，为了改善黄铜的性能，在黄铜中加入锡、锰、铝等成为特殊黄铜。

③ 青铜　铜与锡、铝、铅等元素组成的合金统称为青铜。它具有良好的耐腐蚀性、耐磨性，主要用作耐腐蚀及耐磨零件，如泵壳、阀门、轴承、蜗轮、齿轮及旋塞等。常用的锡青铜有 ZQSn6-6-3 和 ZQSn10-1 等。锡青铜分为铸造和压力加工两种，其中以铸造青铜用得最多。

(2) 铝及其合金　铝是轻金属，相对密度小，导电性、导热性都很高。铝的塑性高，强度低，因而压力加工性能良好，可以焊接和切削。纯铝中有高纯铝 L01、L02，可以用来制作浓硝酸储存设备；工业纯铝 L2、L3、L4 等用来制作热交换器、塔、储罐、深冷设备和防止污染产品的设备。铝合金在石油化工中用得较多的是铸造铝合金（ZL）和防锈铝（LF）。铸造铝合金可以制作泵、阀、离心机等。防锈铝的耐腐蚀性能好，有足够的塑性，强度比纯铝高得多，常用来制作与液体介质相接触的零件和深冷设备中液气吸附过滤器、分离塔等。铝制化工设备具有钢所没有的优越性能，它在化工生产中有许多特殊用途。如铝的导热性能好，适于作换热设备；铝不会产生火花，可作储存易挥发性介质的容器；铝不会使食物中毒，不污染物品，不改变物品颜色，在食品工业中可广泛用以代替不锈钢作有关设备；高纯铝可作高压釜、漂白塔设备及浓硝酸储槽、槽车、管道、泵、阀门等。

(3) 钛及其合金　纯钛是银白色的金属，密度小、熔点高、热胀系数小、塑性好、强度低、容易加工。在 500℃ 以下有很好的耐腐蚀性，不易氧化，在海水和水蒸气等许多介质中的抗腐蚀能力比铝合金、不锈钢还高很多。在钛中添加锰、铝或铬、钒等金属元素能获得性能优良的钛合金。钛还是种很好的耐热材料。钛及其合金是一种很有前途的材料，但目前价格还太贵。

(4) 铅及其合金　铅强度低、硬度低、不耐磨、非常软，不适于单独制造化工设备，只能作设备衬里。铅耐硫酸，特别是在含有 SO_2、H_2 的大气中具有极高的耐蚀性，铅还有耐辐射的特点。不耐甲酸、乙酸、硝酸和碱溶液等腐蚀。铅和锑的合金称为硬铅，强度、硬度都比纯铅高，可用来作加料管、鼓泡器、耐酸泵和阀门等零件。

(5) 镍及其合金　镍及其合金是化工、石油化工、有色金属冶炼、航空航天工业、核能工业等领域中耐高温、高压、高浓度或混有不纯物质等各种苛刻腐蚀环境下比较理想的金属结构材料。纯镍强度高，塑性、韧性好。对除含硫气体、浓氨水、含氧酸和盐酸等介质外的几乎所有介质都具有良好的耐蚀性。主要用于制作碱性介质设备和某些有机合成设备。

以镍为基体（$w_{Ni} \geqslant 50\%$），适当加入铜、铬、钼、铁和钨等元素组成的二元或多元合金称为镍基合金。镍基合金具有强度高、塑性好、耐蚀性强、焊接性较好等优点。

2. 常见非金属材料

非金属材料具有优良的耐蚀性，原料来源丰富，品种多样，适合于因地制宜，就地取材，是一种有着广阔发展前景的化工材料。非金属材料既可以用作单独的结构材料，又能作金属设备的保护衬里、涂层，还可作设备的密封材料、保温材料和耐火材料。

应用非金属材料作化工设备，除要求有良好的耐蚀性外，还应有足够的强度，渗透性、孔隙及吸水性要小，热稳定性好，加工制造容易，成本低以及来源丰富。

非金属材料分为无机非金属材料（主要包括陶瓷、搪瓷、岩石、玻璃等）、有机非金属材料（主要包括塑料、涂料、橡胶等）及复合材料（玻璃钢、不透性石墨等）。

(1) 化工陶瓷　陶瓷是一类无机非金属材料。它是人类制造和使用最早的材料之一。随着生产和科学技术的发展，陶瓷的使用范围已逐步扩大，特别是近几十年来陶瓷发展迅速。陶瓷性能硬而脆，耐介质腐蚀。陶瓷的种类很多，按原料和用途分为普通陶瓷和特种陶瓷两大类。

普通陶瓷是用黏土、长石和石英等天然硅酸盐为原料经粉碎、制坯成形和烧结制成的具有优异的耐蚀性（除氢氟酸和浓热碱外）。主要缺点：质脆，机械强度不高和耐冷热急变性差。

特种陶瓷采用纯度较高的氧化物、碳化物、氮化物、氟化物等人工化合物为原料制成。它们具有特殊的力学、物理、化学性能。如氮化硅瓷（Si_3N_4）和氮化硼瓷（BN）有接近金刚石的硬度，是比硬质合金更优良的刀具材料，因为它们不但在室温下不氧化，而且在1000℃以上的高温也不氧化，仍能保持很高的硬度；氧化铝（刚玉，Al_2O_3）可耐1700℃高温，能制成耐高温的坩埚。

(2) 化工搪瓷　化工搪瓷由含硅量高的玻璃瓷釉喷涂在钢板或铸铁表面，经900℃左右高温煅烧，使瓷釉密着在金属表面而成。化工搪瓷设备兼具金属设备的力学性能和瓷釉的耐蚀性双重优点，除了氢氟酸和含氟离子的介质以及高温磷酸或强碱外，能耐各种浓度的无机酸、有机酸、盐类、有机溶剂和弱碱的腐蚀，表面光滑易清洗，并有防止金属离子化学反应干扰和沾污产品的作用，但比基体金属材料脆，不耐冲击。广泛应用于石油、化工、医药生产中，常见于反应釜、管路及阀门等。

(3) 玻璃　玻璃有耐蚀性好、清洁、透明、阻力小、价格低等特点，但质脆、耐冷热急变性差，不耐冲击和振动。化工用的玻璃不是一般的钠钙玻璃，而是硼玻璃或高铝玻璃，它们有很好的热稳定性和耐蚀性。在化工生产中可用作管道、管件、隔膜阀、视镜、液面计等。

(4) 不透性石墨　石墨材料包括天然石墨和人造石墨两类。天然石墨矿物杂质含量大，不易精选，可作为表面涂料和胶体润滑剂等。不透性石墨以一般人造石墨制品为基体，浸渍树脂填充基体中孔隙而成，或以石墨粉加树脂为黏结剂，压制或浇注成形，也称塑料石墨。不透性石墨具有耐蚀性优越、导热性好、线胀系数小、耐热冲击性强、加工性能好等特点，但强度低、性脆。常用于化工设备，如块、管式和径向式石墨热交换器。

(5) 塑料　塑料是以高分子合成树脂为主要原料，在一定的温度、压力条件下塑制而成的型材或产品。塑料的主要成分是树脂，它是决定塑料性质的主要因素。除树脂外，为了满足各种应用领域的要求，往往加入添加剂以改善产品性能。在工业生产中广泛应用的塑料即为"工程塑料"。塑料的品种很多，根据受热后的变化和性能的不同，可分为热塑性塑料和热固性塑料两大类。热塑性塑料的特点是遇热软化或熔融，冷却后又变硬，这过程可反复多次。典型产品有聚氯乙烯、聚乙烯等。热固性塑料的特点是在一定温度下，经过一定时间加热或加入固化剂即可固化，质地坚硬，既不溶于溶剂，也不能用加热的方法使之再软化，典型的产品有酚醛树脂、氨基树脂等。由于工程塑料一般具有良好的耐蚀性能、一定的机械强度、良好的加工性能和电绝缘性能、价格较低，因此广泛应用在化工生产中，常用的主要有聚氯乙烯（PVC）、聚乙烯（PE）、聚丙烯（PP）、聚四氟乙烯（F-4）等。

(6) 涂料　涂料是一种高分子胶体的混合物溶液，涂在物体表面，能形成一层附着牢固的涂膜，用来保护物体免遭大气腐蚀及酸、碱等介质的腐蚀。大多数情况下用于涂刷设备、管道的外表面，也常用于设备内壁的防腐涂层。采用防腐涂层的特点是品种多，选择范围广、适应性强、使用方便、价格低、适于现场施工等。常用的防腐涂料有防锈漆、底漆、大漆、酚醛树脂漆、环氧树脂漆以及某些塑料涂料，如聚乙烯涂料、聚氯乙烯涂料等。

涂料常采用静电喷涂方法喷涂在零件表面上。这种方法是借助于高压电场的作用，使喷枪喷出的漆雾化并带电，通过静电引力而沉积在带异电的零件表面上。用该方法涂料利用率高，容易进行机械化、自动化的大型生产，减少溶剂和涂料的挥发和飞溅，涂膜质量稳定。缺点是因零件形状不同、电场强弱不同造成涂层不够均匀，流平性差。

单元五　化工设备的腐蚀及防腐措施

材料的腐蚀是指材料在周围介质的作用下发生物理、化学的相互作用而引起的破坏或变质。"材料"包括金属材料和非金属材料，"介质"指的是与材料接触的所有的水、水汽、土壤、各种化工介质等，材料与介质的作用包括化学反应、电化学反应等。

一、金属的腐蚀及其危害

1. 金属的腐蚀

腐蚀是指金属在周围介质的作用下，由于化学变化、电化学变化或物理溶解而产生的破坏，由于单纯的机械原因而引起的破坏是不属于腐蚀的。

根据腐蚀介质是电解介质或非电解介质的不同，金属的腐蚀有两种：化学腐蚀与电化学腐蚀。另外还有晶间腐蚀和应力腐蚀。

(1) 化学腐蚀　是指金属与介质之间发生纯化学作用而引起的破坏。其反应历程的特点是，非电解质中的粒子直接与金属原子相互作用，电子的传递是在它们之间直接进行的，因而没有电流产生。实际上单纯化学腐蚀的例子是较少见到的。

(2) 电化学腐蚀　指金属与电解质溶液因发生电化学作用而产生的破坏。反应过程中均包括阳极反应和阴极反应两个过程，在腐蚀过程中有电流流动（电子和离子的运动）。

金属不断地以离子状态进入介质，而将电子遗留在金属上（$Me \longrightarrow M^+ + e^-$），这是一个失去电子的氧化反应，叫做阳极反应。

金属上遗留下的电子被介质中的某些物质取走，这些取走电子的物质叫去极剂，介质中的 H^+、氧都是去极剂，若用 D 表示去极剂，则这一反应可用 $D + e^- \longrightarrow De$ 表示。这是一个得到电子的还原反应，叫阴极反应。在绝大多数情况下，由于金属表面组织结构不均匀，上述的一对电化学反应分别在金属表面的不同区域进行。例如当把碳钢放在稀盐酸中时，在钢表面铁素体处进行的是阳极反应（即 $Fe \longrightarrow Fe^{2+} + 2e^-$），而在钢表面碳化铁处进行的则是阴极去极化反应（即 $2H^+ + 2e^- \longrightarrow H_2 \uparrow$）。在这一对电化学反应进行的同时，则有电子不断地从铁素体流向碳化铁。把发生阳极反应的区域叫阳极区，铁素体是阳极；把发生阴极反应的区域叫阴极区，碳化铁是阴极；而在阳极与阴极之间不断地有电子流动。这种情况和电池的工作情况极为类似，只不过这里的阳极（铁）和阴极（碳化铁）的数目极多，面积极小，靠得极近而已，所以通常称它为腐蚀微电池。

电化学腐蚀是最普遍、最常见的腐蚀，有时单独造成腐蚀，有时和力、生物共同作用产生腐蚀。当某种金属在特定的电解质溶液中同时又受到拉应力作用时，将可能发生应力腐蚀破裂，例如奥氏体不锈钢在含氯化物水溶液的高温环境中会发生这种类型的腐蚀。金属在交变应力和电解质的共同作用下会产生腐蚀疲劳，例如酸泵泵轴的腐蚀。金属若同时受到电解质和机械磨损的共同作用，则可发生磨蚀，例如管道弯头处和热交换器管束进口端因受液体湍流作用而发生冲击腐蚀，高速旋转的泵的叶轮由于在高速流体作用下产生空泡腐蚀等。

微生物的存在能促进金属的电化学腐蚀。例如土壤中的硫酸盐还原菌可把硫酸根还原成硫化氢，从而大大加快了土壤中碳钢管道的腐蚀速度。

2. 腐蚀的危害

腐蚀危害到国民经济的各个部门，腐蚀不但造成巨大的经济损失，而且严重地阻碍科学技术的发展，同时对人的生命、国家财产及环境构成极大威胁，对能源造成巨大浪费。

世界上不管是发达国家还是发展中国家都遭受腐蚀之苦，只是程度不同而已。世界上每年被腐蚀的钢铁占当年钢产量的 1/3，其中 2/3 可以通过回炉再生，而另 1/3 则被完全腐蚀，即每年被完全腐蚀的钢铁约占当年钢产量的 10%。新工艺总是受到业主的欢迎，它可以提升产品质量、降低能耗、减少污染及极大地提高劳动生产率。但许多新工艺研制出来后，因为腐蚀问题得不到解决而迟迟不能大规模工业化生产。

腐蚀的发生是悄悄进行的，一刻也不会停止，即便灾害即将发生往往也毫无征兆。多数石油化工设备是在高温高压下运行，里面的介质易燃、易爆、有毒，一旦腐蚀产生穿孔、开裂，常常引发火灾、爆炸、人员伤亡及环境污染，这些损失比起设备的价值通常要大得多，有时无法统计清楚。

二、金属腐蚀破坏的形式

1. 全面腐蚀

腐蚀分布在整个金属表面上，它可以是均匀的，也可以是不均匀的，但总的来说，腐蚀的分布和深度相对较均匀。碳钢在强酸中发生的腐蚀就属于均匀腐蚀，这是一种质量损失较大而危险性相对较小的腐蚀，可按腐蚀前后重量变化或腐蚀深度变化来计算腐蚀率，并可在设计时将此因素考虑在内。

2. 局部腐蚀

腐蚀主要集中在金属表面某些极其小的区域，由于这种腐蚀的分布、深度很不均匀，常在整个设备较好的情况下，发生局部穿孔或破裂而引起严重事故，所以危险性很大。常见的局部腐蚀有以下一些形式，如图 1-11 所示。

（1）应力腐蚀破裂　在局部腐蚀中出现得最多，造成的损失也最大。例如，碳钢、低合金钢处在熔碱、硫化氢或海水中，奥氏体不锈钢（18-8 型）在热氯化物水溶液中（NaCl、$MgCl_2$ 等溶液）会发生此种破坏。裂纹特征在显微观察下呈枯树枝状，断口是脆性断裂，如图 1-11(a) 所示。

（2）点蚀（小孔腐蚀）　破坏主要集中在某些活性点上并向金属内部深处发展，通常腐蚀深度大于孔径，严重的可使设备穿孔。不锈钢和铝合金在含 Cl^- 的水溶液中常发生此种破坏形式，如图 1-11(b) 所示。

（3）晶间腐蚀　腐蚀发生在晶界上，并沿晶界向纵深处发展，如图 1-11(c) 所示，从金属外观看不出明显变化，而被腐蚀的区域强度丧失。通常晶间腐蚀出现于奥氏体不锈钢、铁素体不锈钢和铝合金的构件中。

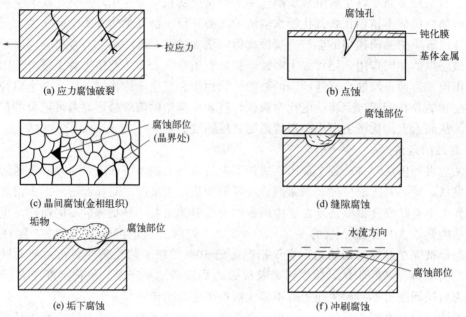

图 1-11　局部腐蚀常见形式

（4）电偶腐蚀　不同金属在同一电解质中互相接触所发生的腐蚀。例如，热交换器的不锈钢管和碳钢管板连接处，碳钢将加速腐蚀。

（5）缝隙腐蚀　在电解质溶液中，腐蚀发生在具有一定宽度的缝隙内，如法兰连接面、焊缝等处。多数金属材料会发生此种腐蚀，如图 1-11(d) 所示。如发生在沉积物下面，则为垢下（沉积物）腐蚀，如图 1-11(e) 所示。

其他局部腐蚀还有冲刷腐蚀［如图 1-11(f) 所示］、选择性腐蚀（例如黄铜脱锌）、氢脆、空泡腐蚀等。

三、晶间腐蚀

绝大多数金属材料由多晶体组成。晶间腐蚀就是金属材料在适宜的腐蚀介质中沿晶界发生和发展的局部腐蚀破坏形态。晶间腐蚀见图 1-12。

晶间腐蚀的金属损失量很小，但晶粒间的结合力大大被削弱了，宏观上表现为强度的丧失。遭受晶间腐蚀的不锈钢，表面看来还很光亮，但轻轻敲击便破碎。

不锈钢、镍基合金、铝合金、镁合金等都是晶间腐蚀敏感性高的材料。热处理温度控制不当、在受热情况下使用或焊接过程都会引起晶间腐蚀。在有拉应力的情况下，晶间腐蚀又可诱发晶间应力腐蚀。

不锈钢多用于氧化性或弱氧化性的环境，晶间腐蚀是不锈钢常见的局部腐蚀形态，下面以不锈钢发生晶间腐蚀为例阐述晶间腐蚀机理。

奥氏体不锈钢中含有少量碳，碳在不锈钢中的溶解度随温度的下降而降低。500～700℃时，1Cr18Ni9Ti 不锈钢中碳在奥氏体里的平衡溶解度不超过 0.02%。因此，当奥氏体不锈钢经高温固溶处理后，其中的碳处于过饱和状态，当在敏化温度（500～850℃）范围内受热时，奥氏体中过饱和的碳就会迅速向晶界扩散，与铬形成碳化物 $Cr_{23}C_6$ 而析出。由于铬的扩散速度较慢且得不到及时补充，因此晶界周围发生严重贫铬，如图 1-13 所示。

图 1-12　晶间腐蚀

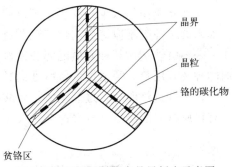
图 1-13　不锈钢敏化态晶界析出示意图

贫铬区（阳极）和处于钝态的钢（阴极）之间建立起一个具有很大电位差的活化-钝化电池。在晶界上析出的 $Cr_{23}C$。并不被侵蚀，而贫铬区的小阳极（晶界）和未受影响区域的大阴极（晶粒）构成了局部腐蚀电池，因而使贫铬区受到了晶间腐蚀。

四、金属设备的防腐措施

为了防止化工设备被腐蚀，除选择合适的耐腐蚀材料制造设备外，还可以采用多种防腐蚀措施对设备进行防腐。具体措施有以下几种。

1. 涂覆保护层

① 金属保护层是用耐腐蚀性能较强的金属或合金覆盖在耐腐蚀性能较弱的金属上。常见的有电镀法（镀铬、镀镍等）、喷镀法及衬不锈钢衬里等。

② 非金属保护层常用的有金属设备内部衬以非金属衬里和涂防腐涂料。在金属设备内部衬砖、板是行之有效的非金属防腐方法。常用的砖、板衬里材料有酚醛胶泥衬瓷板、瓷砖、不透性石墨板，水玻璃胶泥衬辉绿岩板、瓷板、瓷砖。

除砖、板衬里之外，还有橡胶衬里和塑料衬里。

2. 电化学保护

（1）阴极保护　阴极保护又称牺牲阳极保护。主要用来保护受海水、河水腐蚀的冷却设备和各种输送管道，如卤化物结晶槽、制盐蒸发设备。

图 1-14 所示为阴极保护，把盛有电解液的金属设备和一直流电源的负极相连、电源正极和一个辅助阳极相连。当电路接通后，电源便给金属设备以阴极电流，使金属设备的电极电位向负的方向移动，当电位降至腐蚀电池的阳极起始电位时，金属设备的腐蚀即可停止。

外加电流阴极保护的实质为整个金属设备被外加电流极化为阴极，而辅助电极为阳极，称为辅助阳极。辅助阳极的材料必须是良好的导电体，在腐蚀介质中耐腐蚀，常用的有石墨、硅铸铁、废钢铁等。

（2）阳极保护　阳极保护是把被保护设备接阳极直流电源，使金属表面生成钝化膜而起保护作用。阳极保护只有当金属在介质中能钝化时才能应用，且技术复杂，使用得不多。

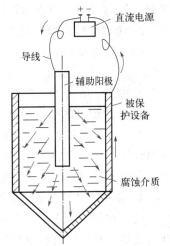
图 1-14　阴极保护

3. 添加缓蚀剂

在腐蚀介质中加入少量物质，可以使金属的腐蚀速度降低甚至停止，这种物质称为缓蚀剂。加入的缓蚀剂不应该影响化工工艺过程的进行，也不应该影响产品质量。缓蚀剂要严格选择，一种缓蚀剂对某种介质能起缓蚀作用，对另一种介质则可能无效，甚至有害。选择缓蚀剂的种类和用量，须根据设备所处的具体操作条件通过试验来确定。

缓蚀剂有重铬酸盐、过氧化氢、磷酸盐、硫酸氢钙等无机缓蚀剂和生物碱、氨基酸、酮类、有机胶体、醛类等有机缓蚀剂两大类。

单元六　化工设备材料的选择

化工设备及压力容器设计的首要问题是选材，选材不当，不仅会增加总成本，而且可能会导致事故发生。选材时应综合考虑设备的使用和操作条件，材料的制造加工工艺性，设备的使用功能，材料的来源与价格等，同时选材的质量和规格还必须符合 GB 150—2011 等现行的压力容器标准与规范。

一、选材的一般原则

1. 考虑设备使用和操作条件

使用和操作条件主要是指操作压力、操作温度、介质特性等。选用材料时，首先要考虑使用和操作条件对设备的影响，例如对一台操作压力很高的设备，选用高强度钢可相应减小壁厚，减少制造难度，同时注意强度与韧性的匹配，在满足强度要求的前提下，尽量选用塑性和韧性较好的材料；对于高温、有氢介质作用的设备，选材时除考虑满足高温下的热强性（考虑蠕变和持久性极限）和抗高温氧化性能外，还要考虑抗氢腐蚀及氢脆性能，通常应选用抗氢腐蚀的钢材，如 15CrMnR 等；对于工作温度低于或等于 -20℃ 的环境，应考虑钢材的低温脆性及低温时的冲击韧性，应选用低温专用钢，如 16MnDR；介质无腐蚀性时，可根据温度、压力等情况合理选用 Q235B、Q235C 及 Q245R，有弱腐蚀性可选用低合金高强度钢，如 Q345R，有强腐蚀性则必须选用不锈钢。

2. 考虑材料的制造加工工艺性

由于压力容器绝大多数采用焊接成型，同时制造中避免不了要进行冷（热）卷、冷（热）冲等加工。因此，在满足操作条件的基础上，应尽量选择具有良好的塑性、焊接工艺性及冷热加工成型性的钢材，并保证伸长率在 15%~20%。

3. 考虑设备的使用功能

如对换热设备，所选材料不仅要考虑介质的压力、温度、腐蚀性等，还应考虑有良好的导热性能；对压力容器支座，主要功能是支撑和固定设备，属非受压元件，且不与介质接触，所以，可以考虑选用一般的钢材，如普通碳素钢中的 Q235A、Q235B 等。

4. 考虑材料的来源与价格

选用材料应考虑有较多的生产厂家，供货应比较方便，并有成功的材料使用实例。另外，还要分析影响材料价格的因素，选用材料的性价比应较高。在必须使用不锈钢及其他贵重合金材料时，如厚度较厚可采用以碳素钢或低合金钢为基层的复合钢板或金属衬里，经济性更显著。

二、选材举例

设计任何设备在选材时均应进行认真的调查研究，综合考虑进行选材。

例如，某磷肥厂需要一个浓硫酸储罐，容积为 $40m^3$。考虑浓硫酸的腐蚀，可以选用灰铸铁、高硅铸铁、碳钢、18-8 不锈钢和碳钢用瓷砖等衬里。连续使用和间歇使用情况又不同，间歇使用罐内硫酸时有时无，遇到潮湿天气罐壁上的酸可能吸收空气中的水分而变稀，这样腐蚀情况严重得多。了解各种材料的性能才能做到合理地选用。从耐硫酸腐蚀角度考虑，上述几种材料都能使用，但是铸铁、高硅铸铁质脆，抗拉强度低，又不能铸造 $40m^3$ 的大型设备，故不宜选用。碳钢质韧、机械强度高、焊接加工性能比较好，但稀硫酸对设备腐蚀较严重，也不能用碳钢。不锈钢各方面性能良好，但价格昂贵，对中、小厂选用有些困难，因而可以用碳钢制作罐壳来满足机械强度要求，内部衬非金属材料来解决耐腐蚀问题，较为适宜。

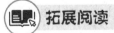

小结

金属材料的性能分为使用性能和工艺性能。金属的使用性能包括力学性能、物理性能、化学性能等；金属的工艺性包括铸造性、锻造性、焊接性、切削加工性、热处理性等。

化工设备的金属用材主要是碳钢、合金钢、有色金属及其合金。碳钢一般在工程机械、普通机械的零件、工具及日常轻工产业使用。低合金钢是在优质碳素钢的基础上加少量合金元素熔合而成的，具有优良的综合力学性能和加工性能，在化工设备广泛使用。

腐蚀是指金属在周围介质的作用下，由于化学变化、电化学变化或物理溶解而产生的破坏，主要分为化学腐蚀与电化学腐蚀。另外还有晶间腐蚀和应力腐蚀。

化工设备材料选用时一定要考虑设备使用和操作条件、材料的制造加工工艺性、设备的使用功能、材料的来源与价格等因素。

拓展阅读

先进材料"手撕钢"助基国之重器

手撕钢（图 1-15），从字面上看就是能够用手直接撕开的钢，这说的并不是钢的硬度和强度降低了，而是厚度非常小，仅有 0.02mm，比普通的 A4 纸还要薄很多。在我们的印象中，钢材以其高硬度、高强度和高稳定性，一直以来都是建筑、桥梁、机械制造等领域的核心材料，而这么薄、看上去"弱不禁风"的"手撕钢"有什么用途呢？

"手撕钢"的学名叫做宽幅超薄精密不锈带钢，是不锈钢领域的一个重要组成部分，准确地说是不锈钢板带领域的高端产品。那么，既然是属于精密产品，而且是板带领域的高端产品，那么就必须要满足严格的尺寸精度、光亮度、力学性能等方面的要求，所以质控要求非常高，生产的难度非常大，长期以来世界上仅有几个国家能够生产。

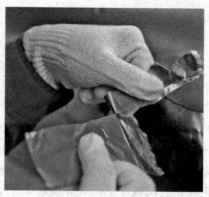

图 1-15　手撕钢

从尺寸精度上看，要达到"手撕钢"的标准，其厚度必须控制在 0.025mm 以下，误差要控制在千分之一毫米的水平。从力学性能看，其晶粒度要控制在 7～9 级之间，达到 9 级表明已经属于超细精粒度了，精粒越小，则代表着强度和硬度越高，同时延展性和韧性也越强，虽然"手撕钢"可以用手直接撕开，主要原因还是太薄，并非由于其强度和硬度导致。从光亮度来看，由于表面粗糙度很低，其发射光线的能力非常强，甚至可以拿来当"镜子"用。

从 2016 年开始，太原钢铁公司组建了"手撕钢"科研攻关团队，利用 2 年多的时间，经过 700 多次试验失败，攻克了 600 多项设备和工艺难题，最终实现了制造技术的重大突破，成功生产出宽度在 600mm、厚度仅 0.02mm 的"手撕钢"，达到了国际领先水平，并且荣获了中国国际工业博览会大奖和冶金科学技术特等奖。

正是由于"手撕钢"的生产工艺极为复杂，技术标准极为严格，其成品也具有高强度、韧性强、耐腐蚀、抗氧化、高屏蔽性等优异的特性，在以下诸多领域都可以看到应用的情景。

在军事领域，由于其重量非常轻、屏蔽性能好，所以可以用来屏蔽信号干扰，在与敌方开展电子信息战时能够发挥重要的作用。

在航空航天领域，由于"手撕钢"的高耐热性，可以作为制造喷气式发动机燃烧室叶片的重要组成材料，避免因高热环境对发动机工况产生不利影响，同时也可以作为压力传感器膜片。

在能源领域，由于其强大的耐腐蚀、抗氧化、耐热等功能，可以作为制造柔性太阳能光伏发电基板、锂电池等储能电池的包裹层和线圈等的重要材料。

在电子产品领域，由于其强大的韧性和强度，可以用来制造折叠显示屏，折叠式手机将是未来手机市场中不可忽视的一种发展趋势，大大提升人们使用手机的时尚感、舒适度和操作体验。通过应用"手撕钢"作为显示屏，可以实现屏幕的自由翻转，平常作为手机使用，必要时屏幕可以拉伸到原来的两倍大，摇身一变成为一台小型的平板电脑。同时，"手撕钢"还可以应用在智能穿戴设备、智能家居等电子产品核心部件的生产上。

在军工核电领域，由于其很强的屏蔽性和阻热性，可以用来制造高强度的防护服，从而避免高热、高放射环境对身体健康的危害。

另外，"手撕钢"在石油化工、计算机、医疗器械、家装五金等领域也有非常广阔的使用前景。随着这种性能优异的特殊材料的不断发展应用，不但会推动材料科学的飞速发展，而且将会快速带动高新科学技术、信息、能源等领域的技术革命。

思考与练习

一、选择题

1. 材料的性能可以分为_____性能和_____性能。
   A. 使用　　　　B. 化学　　　　C. 工艺　　　　D. 物理
2. 金属材料的_____是指材料在外加载荷作用下表现出来的特性。
   A. 力学性能　　B. 化学性能　　C. 工艺性能　　D. 物理性能
3. 金属材料按照_____和_____的不同，可分为沸腾钢、半镇静钢、镇静钢和特殊镇静钢。
   A. 脱氧程度　　B. 浇注制度　　C. 冶金方法　　D. 冶炼设备
4. 渗碳体是指晶体点阵为正交点阵的一种间隙式化合物，用符号 Fe_3C 表示，其碳含量为_____。渗碳体在性能上具有很高的硬度和耐磨性，脆性很大。
   A. 2.11%　　　B. 4.30%　　　C. 6.69%　　　D. 0.77%
5. 在金属材料局部腐蚀中出现得最多，造成损失最大的腐蚀形式是_____。
   A. 点蚀　　　　B. 电偶腐蚀　　C. 应力腐蚀破裂　D. 缝隙腐蚀
6. 金属材料可以通过_____等途径来改善性能。
   A. 热处理　　　B. 合金化　　　C. 冷变形强化　　D. 细晶强化

二、判断题

1. 根据腐蚀介质是电解介质或非电解介质的不同，金属的腐蚀主要是指化学腐蚀。（　　）
2. 通常将碳含量大于 2.11% 的铁碳合金称为铸铁，其使用价值与铸铁中碳的存在形式有着密切的关系。（　　）
3. 所有金属材料在拉伸试验时都会出现显著的屈服现象。（　　）
4. 金属材料的硬度是指材料在常温、静载下抵抗产生塑性变形或断裂的能力。（　　）
5. 化学稳定性是材料耐腐蚀性和抗氧化性的总称。（　　）
6. 不锈钢具有很好的热强性和优异的承受高温气体腐蚀的能力。（　　）
7. 在金属设备内部衬砖、板是行之有效的非金属防腐方法。（　　）
8. 不锈钢、铜合金、镁合金等都是晶间腐蚀敏感性高的材料。（　　）

三、简答题

1. 什么叫材料的使用性能？什么叫工艺性能？
2. 什么是强度？强度有哪些常用的判据？
3. 金属腐蚀破坏的形式有哪些？
4. 化工设备的选材应考虑哪些因素？
5. 简要说明下列钢号的含义及其主要用途：Q235A·F、Q345R、06Cr19Ni10、40Cr、20G。

四、案例分析

某化工企业烧碱生产线需要一台盛装高浓度烧碱溶液的中间罐,其参数为:容积 $3m^3$、工作温度 65~95℃、最高工作压力 0.6MPa。根据参数及使用要求进行分析,参照 GB 150 标准,选取合适的金属材料并说明选材依据。

 思路点拨

1. 介质特性分析:考虑材料的耐腐蚀性能(具有耐碱性腐蚀的材料)。
2. 压力、温度及容积综合分析:明确是否属于压力容器;选用标准推荐的材料。
3. 经济性:选出合适的几种材料,从寿命及造价成本综合考虑。
4. 确定选材。(可以选取 1~2 种金属材料,对选材综合说明)

模块二

力学基础知识

 学习目标

知识目标

熟悉力学相关的概念和基本公理；掌握常见约束的类型、性质及约束反力的特征、受力图的画法、掌握平面汇交力系的平衡条件、轴向拉伸与压缩、剪切与挤压、扭转、弯曲变形时的内力、应力及强度计算。

技能目标

能对物体进行受力分析，画出受力图；能运用平面力系的平衡方程求解力的大小；能运用强度条件解决简单工程结构的强度计算和校核。

素质目标

实施科教兴国战略，强化现代化建设人才支撑；培养辩证思维、系统思维、创新思维能力；形成团队协作意识，强化新时代工匠精神和劳动精神。

化工机器、设备及管路在工作时都会受到力的作用。为了解决它们在工作时的承载能力，必须对其组成构件及零件进行静力分析和变形分析。

单元一 静力学基础

一、力的概念与基本性质

1. 力的概念

力是物体间相互的机械作用，这种作用使物体的运动状态发生改变（外效应），或使物体产生变形（内效应）。力对物体的作用效果，取决于力的三要素：力的大小、方向、作用点的位置。

力是矢量，用一个带箭头的线段表示，如图 2-1 所示。线段的长度按一定比例表示力的大小，箭头的指向表示力的方向，线段的起点或终点表示力的作用点。力的单位为牛顿

（N）或千牛顿（kN）。

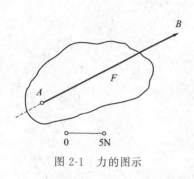

图 2-1 力的图示

作用在物体上的一组力称为力系。如果两个力系对同一个物体的作用效果相同，则这两个力系彼此互称为等效力系。如果一个力 F_R 对物体的作用效果和一个力系对该物体的作用效果相同，则力 F_R 称为该力系的合力，力系中的每个力都称为合力 F_R 的分力。

作用在物体上的力，通常有集中力和分布力两种形式。

(1) 集中力　如果力作用在物体上的面积很小，可近似看成集中作用在某一点上，这种力称为集中力，如图 2-2(a) 所示。

(2) 分布力　连续分布在较大面积或体积上的力称为分布力，如图 2-2(b) 所示。如果载荷是均匀分布的，则称为均布力，如图 2-2(c) 所示。均布力的大小用载荷集度 q 表示，即单位长度上承受的力，其单位是牛顿/米（N/m）。均布力的合力用 Q 表示，合力 Q 的作用点在受载区域的中心，方向与载荷集度 q 同向，大小等于载荷集度 q 与受载部分长度 l 的乘积（即 $Q=ql$）或与受载部分的面积 S 的乘积（即 $Q=qS$）与受载部分的体积 V 的乘积（即 $Q=qV$）。

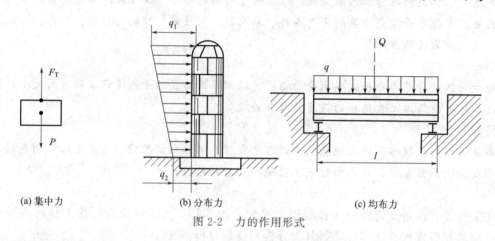

(a) 集中力　　(b) 分布力　　(c) 均布力

图 2-2 力的作用形式

2. 刚体与平衡的概念

在外力作用下形状和大小保持不变的物体称为刚体。刚体是一种理想的力学模型，实际上，任何物体在外力作用下都会发生变形，但变形极其微小时，对研究结果不会产生显著影响，可以视为刚体。

平衡是指物体相对于地球处于静止或匀速直线运动的状态。若物体在力系的作用下处于平衡状态，则该力系为平衡力系。

3. 力的基本性质

力的基本性质即静力学公理，是研究力系简化和平衡的理论依据。

公理一：二力平衡公理　一个刚体在两个力作用下保持平衡状态的必要和充分条件是：这两个力大小相等，方向相反，且作用在同一直线上，如图 2-3 所示。

须注意，二力平衡公理仅适用于刚体，不适用于变形体。如一段绳索，在两端受到一对

图 2-3 二力平衡

等值、反向、共线的压力时，并不能保持平衡状态。

在不考虑重力的情况下，只受两个力作用而平衡的构件称为二力构件。由二力平衡公理可知，作用在二力构件上的两个力，它们必定通过两个力作用点的连线，且大小相等、方向相反，与其形状无关。

公理二：加减平衡力系公理　在刚体已知力系上加上或减去任意平衡力系，不会改变原力系对刚体的作用效应。

由公理一和公理二，推出力的可移性原理：作用于刚体上某点的力，可沿着力的作用线移动到刚体内任意一点，移动后并不改变力对刚体的作用效应。如图2-4所示，作用于小车 A 点的力 F 和 B 点的力 F'，对小车的作用效应相同。

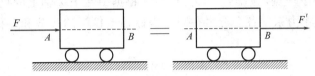

图2-4　力的可移性

由力的可移性原理可看出，作用于刚体上的力的三要素可表述为：力的大小、方向和作用线位置。

公理三：力的平行四边形公理　作用于物体上某点的两个力，可以合成一个力，其合力也作用于该点，合力的大小和方向由这两个力为邻边所构成的平行四边形的对角线决定。如图2-5所示，F_1 和 F_2 可合成合力 F_R，即

$$F_1 + F_2 = F_R \tag{2-1}$$

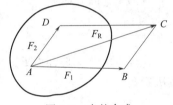

图2-5　力的合成

力的平行四边形公理是力系合成与分解的理论依据，常利用该公理，将一个力分解成相互垂直的两个分力，这种分解叫作力的正交分解。

公理四：作用力与反作用力公理　两物体间的作用力与反作用力总是大小相等、方向相反、作用在同一直线上，且分别作用在两个不同的物体上。

需要注意，作用力与反作用力是分别作用在两个不同的物体上，而二力平衡公理中的两个力是作用在同一物体上。

二、力在坐标轴上的投影

如图2-6所示，过力 F 的端点 A、B 分别向 x 轴和 y 轴作垂线，垂足分别为 a、b 和 a'、b'，则线段 ab 和 $a'b'$ 分别为力 F 在 x 轴和 y 轴上的投影，分别用 F_x 和 F_y 表示。力在坐标轴上的投影，其大小等于此力沿该轴方向分力的大小。力在坐标轴上的投影是代数量，其正负号规定如下：若此力沿坐标轴的分力指向与坐标轴正向一致，则力 F 在该坐标轴上的投影为正；反之为负。

力的投影

若已知力 F 与 x 轴的夹角为 α，则 F_x 和 F_y 可通过式（2-2）计算。

$$\left. \begin{array}{l} F_x = F\cos\alpha \\ F_y = F\sin\alpha \end{array} \right\} \tag{2-2}$$

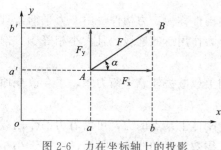
图 2-6 力在坐标轴上的投影

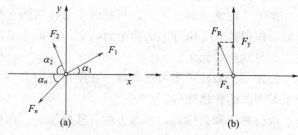
图 2-7 平面汇交力系的合成

设有 n 个力汇交于一点，如图 2-7(a) 所示。根据力在坐标轴上的投影，可知：合力在坐标轴上的投影，等于力系中各个分力在同一坐标轴上投影的代数和，称为合力投影定理，可表示为

$$F_{Rx}=F_{1x}+F_{2x}+\cdots+F_{nx}=\sum F_x \\ F_{Ry}=F_{1y}+F_{2y}+\cdots+F_{ny}=\sum F_y \quad (2-3)$$

根据合力在 x 轴、y 轴上的投影，可计算出合力 F_R 的大小和方向，如图 2-7(b) 所示。

合力 F_R 的大小：

$$F_R=\sqrt{(\sum F_x)^2+(\sum F_y)^2} \quad (2-4)$$

合力 F_R 的方向：

$$\tan\alpha=\left|\frac{\sum F_y}{\sum F_x}\right| \quad (2-5)$$

式(2-5) 中 α 是合力 F_R 与 x 轴所夹的锐角，合力 F_R 的具体指向由 $\sum F_x$、$\sum F_y$ 的正负决定。

三、力矩与力偶

力对物体作用的外效应，分为移动效应和转动效应两种。力产生的移动效应由力矢量决定，力产生的转动效应由力矩决定。

1. 力矩

(1) 力对点之矩　如图 2-8 所示，用扳手拧紧螺母时，力 F 使扳手和螺母绕 O 点产生转动效应。螺母转动效应的强弱与力 F 的大小和转动中心 O 点到力 F 的距离 d 有关，F 与 d 的乘积越大，转动效应越强，螺母拧得越紧。用物理量 Fd 及其转向来描述力 F 对物体绕 O 点的转动效应，定义为力 F 对 O 点之矩，简称力矩，用符号 $M_O(F)$ 表示，即

$$M_O(F)=\pm Fd \quad (2-6)$$

式(2-6) 中，O 点为转动中心，称为力矩的中心，简称矩心；d 为矩心 O 点到力 F 的

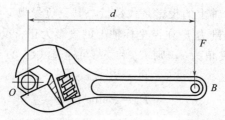
图 2-8 力对点之矩

作用线的距离,简称力臂;"±"表示力使物体绕矩心旋转的方向,通常规定逆时针旋转时力矩为正值,顺时针旋转时力矩为负值。

力矩的单位由力和力臂的单位决定,常用单位为牛·米(N·m)或千牛·米(kN·m)。

(2) 合力矩定理　设一平面力系由 F_1、F_2、…、F_n 组成,其合力为 F_R,根据合力的定义,合力对物体的作用效果等于力系中各分力对物体作用效果的总和,因此力对物体的转动效果亦等于力系中各分力对物体转动效果的总和。而力对物体的转动效应是用力矩来度量的,所以合力对平面内某点的力矩,等于力系中各分力对该点力矩的代数和。这一结论称为合力矩定理,合力矩定理主要用于力臂不易确定的场合,写成表达式为:

$$M_O(F_R)=M_O(F_1)+M_O(F_2)+\cdots+M_O(F_n)=\sum M_O(F) \tag{2-7}$$

2. 力偶

(1) 力偶的概念　由一对大小相等、方向相反、作用线平行但不重合的力所组成的力系称为力偶,如图 2-9 所示,常用符号 (F、F') 表示。力偶中两个力所在的平面称为力偶的作用面,两力作用线之间的垂直距离称为力偶臂。

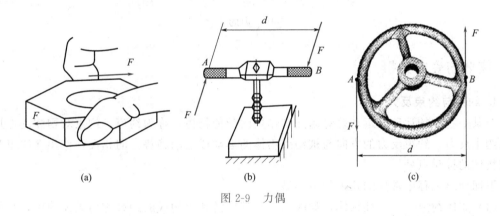

图 2-9　力偶

(2) 力偶矩　力偶对物体的转动效应,记作 $M(F,F')$ 或 M,力偶矩的大小等于力的大小乘以力偶臂,即

$$M=M(F,F')=\pm Fd \tag{2-8}$$

式(2-8)中,"±"表示力偶的转向,力偶使物体逆时针转动时,力偶矩为正,反之为负。力偶矩的单位和力矩相同,常用单位为牛·米(N·m)或千牛·米(kN·m)。

力偶对物体的转动效应取决于力偶的作用面、力偶矩的大小、力偶的转向,称为力偶的三要素。

(3) 力偶的性质

① 力偶无合力,力偶只能与力偶平衡;

② 力偶对物体的转动效应与矩心的位置无关;

③ 作用在同一平面内的两个力偶,若二者的力偶矩大小相等、转向相同,则两力偶等效。

(4) 平面力偶系的合成　作用在同一物体上的多个力偶组成一个力偶系。作用在同一平面内的力偶系称为平面力偶系。平面力偶系可以合成为一个合力偶,合力偶的力偶矩等于各分力偶矩的代数和。即

$$M = M_1 + M_2 + \cdots + M_n = \sum M \tag{2-9}$$

3. 力的平移定理

如图 2-10(a) 所示,设有一力 F 作用在刚体上的 A 点,欲将 F 平移到刚体内任意一点 O,由加减平衡力系公理,可在 O 点加上两个大小相等、方向相反的力 F'、F'',并且使它们的大小与 F 相等,作用线与 F 平行,如图 2-10(b) 所示。在 F、F'、F'' 三个力中,F 和 F'' 组成力偶,称为附加力偶,其力偶矩 $M=Fd$,也等于 F 对 O 点的力矩 $M_O(F)$。由此,作用在刚体上的力,可以平移到刚体内任意一点,但平移后必须附加一个力偶,如图 2-10(c) 所示,其力偶矩等于原力对新作用点的力矩,这就是力的平移定理。力的平移定理只适用于刚体。

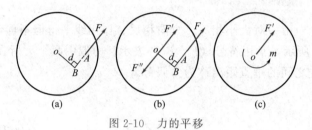

图 2-10 力的平移

四、物体的受力分析

1. 约束与约束反力

对某一物体的运动或运动趋势起限制作用的其他物体,称为约束。约束对物体的作用力称为约束反力。约束反力的方向与被约束物体的运动或运动趋势方向相反,作用在约束与被约束物体的接触点处。

下面介绍工程中常见的几种约束类型。

(1) 柔体约束 由柔性物体,如绳索、胶带或链条等构成的约束称为柔体约束,只能承受拉力,不能承受压力。柔体约束的约束反力过柔体与被约束物体的接触点,沿柔体方向并背离被约束物体。如图 2-11 所示,用绳索悬挂一重物,绳索对重物的约束即为柔体约束,约束反力用 F_T 表示。

(2) 光滑面约束 由光滑的表面(或摩擦力小可忽略不计)构成的约束称为光滑面约束。光滑面约束只能限制物体沿接触处公法线方向的运动,因此,光滑面约束反力过约束与被限制物体的接触点处,沿接触面公法线方向并指向被约束物体。如图 2-12 所示,重物置于光滑面上,光滑面对重物的约束即为光滑面约束,约束反力用 F_N 表示。

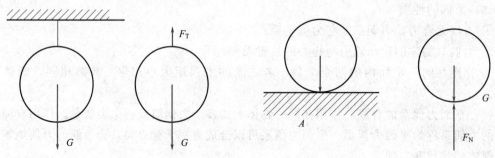

图 2-11 柔体约束　　　　图 2-12 光滑面约束

（3）固定铰链约束　铰链支座的典型构造如图2-13（a）所示，两个带孔的构件，通过圆柱销连接（接触面光滑或摩擦力小可忽略不计）而构成的约束称为光滑铰链约束。圆柱销连接的两个构件中，若其中一个构件固定，则构成固定铰链约束，其简化画法如图2-13（b）所示。

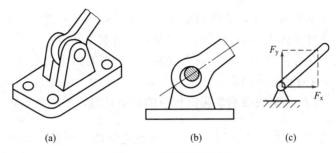

图2-13　固定铰链约束

固定铰链约束反力的作用线一定通过铰链中心，但方向是未知的，常用一对正交的分力 F_x 和 F_y 表示，如图2-13（c）所示。但二力构件上的固定铰链约束反力（以及二力构件的反作用力）的作用线沿着两个铰链中心的连线，如图2-14所示。

（4）活动铰链约束　在铰链支座底部安装几个滚子，就构成了活动铰链支座。活动铰链约束只能限制物体垂直于支承面的运动，其约束反力过铰链中心并垂直于支承面，指向被约束的物体，如图2-15所示。

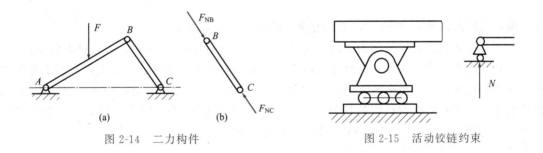

图2-14　二力构件　　　　　　图2-15　活动铰链约束

（5）固定端约束　如图2-16（a）所示，物体的一部分固嵌于另一物体所构成的约束，称为固定端约束，例如，插入地面的电线杆、夹在卡盘上的工件以及建筑物中的阳台等。固定端约束限制了构件的移动和转动，其约束反力常用一对正交的分力 F_x、F_y 及一个约束反力偶矩 M 来表示，如图2-16（b）所示。

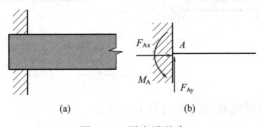

图2-16　固定端约束

2. 受力分析与受力图

物体的受力分析就是确定物体上受到的所有外力，以及这些外力的位置和方向。为了清楚地表示物体的受力情况，把要研究的物体从周围物体中分离出来，这种解除约束后的物体称为分离体。画出分离体所受全部作用力（包括主动力和约束反力）的图称为受力图。画受力图的一般步骤如下：

① 取分离体。明确研究对象，去除约束按原有方位画出分离体。
② 画主动力。在分离体上，画出研究对象受到的所有主动力。
③ 画约束反力。在分离体上，画出研究对象受到的所有约束反力。

研究对象往往同时受到多个约束，为了不漏画约束反力，应先判明存在几处约束，各处约束属于什么类型，然后根据约束类型画出相应的约束反力，不能随意画。

【例 2-1】 一重为 P 的球体，用绳子 BC 系在光滑的斜面上，如图 2-17(a) 所示。试画出球体的受力图。

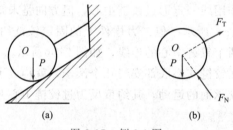

图 2-17 例 2-1 图

解：(1) 取球体 O 为研究对象，去除约束后，画出分离体。

(2) 画主动力。球体受到的主动力为重力 P，作用点在球心 O 点，方向竖直向下。

(3) 画约束反力。球体在两处受到约束：一处是绳构成的柔体约束，其约束反力作用在绳与球体的接触点 B，方向沿着绳的方向并且离开球体。第二处是墙壁构成的光滑面约束，其约束反力作用在墙壁与球体的接触点 A，方向沿着墙壁与球体的公法线方向（即与墙壁垂直并指向球心 O 点）。由此，得到球体 A 的受力图，如图 2-17(b) 所示。

【例 2-2】 如图 2-18(a) 所示，其上作用有均布载荷 q 和集中力 F。A 端为固定铰链支座，B 端为活动铰链支座，梁重不计，试画梁 AB 的受力图。

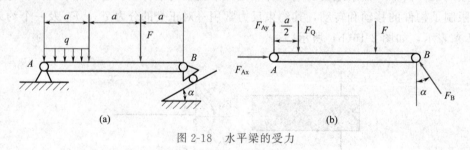

图 2-18 水平梁的受力

解：(1) 取梁 AB 为研究对象，画出其分离体。

(2) 画主动力。作用在梁 AB 上的主动力有集中力 F 和均布载荷 q，均布载荷的合力大

小为 $F_Q=qa$，作用在距 A 点 $a/2$ 处。

(3) 画约束反力。A 处为固定铰链约束，约束反力用一对正交分力 F_{Ax}、F_{Ay} 表示，B 处为活动铰链约束，约束反力垂直于支承面并通过铰链中心，用 F_B 表示。其受力图如图 2-18(b) 所示。

【例 2-3】 如图 2-19(a) 所示三铰拱桥，由左、右两半拱铰接而成。设半拱自重不计，在半拱 AB 上作用有载荷 F，试画出左半拱片 AB 的受力图。

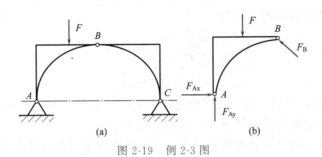

图 2-19 例 2-3 图

解：(1) 取半拱片 AB 为研究对象，画出其分离体。

(2) 画主动力。画出半拱片 AB 受到的主动力 F。

(3) 画约束反力。半拱片 AB 受到的约束有两个：一个是为固定铰链约束 A，其约束反力过铰链中心 A，用两个相互垂直的分力 F_{Ax} 和 F_{Ay} 来表示。另一个是固定铰链约束 B，由于右半拱片 BC 是二力构件，铰链约束 B 又在其上，故其约束反力过 B、C 两点的连线，其受力图如图 2-19(b) 所示。

五、平面力系的平衡

静力学中，根据力系中各力的作用线是否在一个平面内，可把力系分为平面力系和空间力系。其中，平面力系是指力系中各力的作用线均在一个平面内的力系。若各力的作用线不在同一个平面内，这样的力系称为空间力系。本节主要研究平面力系。

1. 平面任意力系

在平面力系中，如果各力作用线任意分布，这样的力系称为平面任意力系。

(1) 平面任意力系的简化 如图 2-20(a) 所示，作用于刚体上的一平面任意力系 F_1、F_2、$\cdots$、F_n，力系中各力的作用点分别为 A_1、A_2、$\cdots$、A_n。在力系所在平面中任选一点 O 作为简化中心，运用力的平移定理，将力系中所有力向 O 点平移，得到如图 2-20(b) 所示的一平面汇交力系（F_1'、F_2'、$\cdots$、F_n'）和一平面力偶系（M_1、M_2、$\cdots$、M_n）。

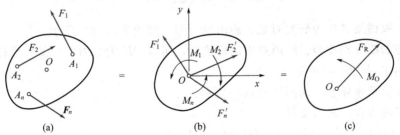

图 2-20 平面任意力系的简化

平面汇交力系（F_1'、F_2'、…、F_n'）可合成为一个合力 F_R，F_R 称为平面任意力系的主矢，平面力偶系（M_1、M_2、…、M_n）可合成为一个合力偶，其合力偶矩 M_O 称为平面任意力系的主矩。因此，平面任意力系可向一点简化，简化后得到作用于简化点的一个主矢 F_R 和一个主矩 M_O。

（2）平面任意力系的平衡　由平面任意力系的简化可知，平面任意力系可简化为一个主矢 F_R 和一个主矩 M_O，当二者同时为零时，力系作用的物体处于平衡状态，由此，可得平面任意力系平衡的充分必要条件是：主矢 F_R 和主矩 M_O 同时为零，即 $F_R=0$ 且 $M_O=0$。由此可得平面任意力系的平衡方程为

$$\left.\begin{array}{l}\sum F_x=0\\ \sum F_y=0\\ \sum M_O(F)=0\end{array}\right\} \tag{2-10}$$

由式（2-10）可知，平面任意力系平衡时，力系中各力在 x 轴、y 轴上投影的代数和分别等于零；力系中各力对平面内任意一点力矩之和等于零。

平面任意力系独立的平衡方程数有三个，应用平面任意力系的平衡方程可以求解三个未知量。

【例 2-4】　某工厂自行设计的简易起重吊车如图 2-21(a) 所示。横梁采用 22a 号工字钢，长为 3m，重量 $P=0.99$kN 作用于横梁的中点 C，$\alpha=20°$。电机与起吊工件共重 $F_P=10$kN，试求吊车运行到图示位置时，拉杆 DE（自重不计）所受的力及销钉 A 处的约束反力。

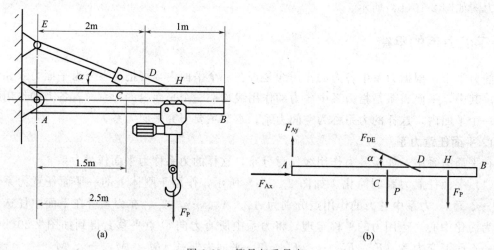

图 2-21　简易起重吊车

解：（1）取横梁 AB 为研究对象，画出受力图，如图 2-21(b) 所示。

由于拉杆 DE 分别在 D、E 两点用销钉连接，所以 DE 为二力杆，受力沿杆的轴线，销钉处 A 的约束反力用一对正交分力 F_{Ax}、F_{Ay} 表示。

（2）建立直角坐标系，如图 2-21(b) 所示。

（3）列平衡方程，求未知量。

$\sum m_A(F)=0 \quad F_{DE}AD\sin\alpha-PAC-F_P AH=0$

$$\sum F_x = 0 \quad F_{Ax} - F_{DE}\cos\alpha = 0$$
$$\sum F_y = 0 \quad F_{Ay} + F_{DE}\sin\alpha - P - F_P = 0$$

解方程组并将有关数据代入得：$F_{DE} = 38.72\text{kN}$
$$F_{Ax} = 36.38\text{kN}$$
$$F_{Ay} = -2.25\text{kN}$$

负号说明 F_{Ay} 的实际指向与图示假设方向相反。

通过此例，可归纳出用平衡方程解题的一般步骤：
① 选择研究对象。所选的研究对象尽量是既受已知力作用又受未知力作用的物体。
② 画出研究对象的受力图。
③ 建立直角坐标系。所建坐标系应与各力的几何关系要清楚，并尽可能让坐标轴与未知力垂直。
④ 列出平衡方程，求解未知力。矩心应尽可能选在未知力的交点处，以便解题。如求出某未知力为负值，则表示该力的实际方向与假设方向相反。在这种情况下，不必修改受力图中该力的方向，只需在答案中加以说明即可。如以后用到该力的数值，应将负号一并代入即可。

2. 平面汇交力系

力系中各力的作用线汇交于一点的力系为平面汇交力系。若平面汇交力系的合力 F_R 等于零，力系作用下的物体的运动状态不会发生改变，即物体处于平衡状态，因此，平面汇交力系平衡的充分必要条件是合力 $F_R = 0$，由此可得平面汇交力系的平衡方程为

$$\left. \begin{array}{l} \sum F_x = 0 \\ \sum F_y = 0 \end{array} \right\} \tag{2-11}$$

平面汇交力系平衡时，力系中各力在 x 轴、y 轴投影的代数和分别等于零。

平面汇交力系独立的平衡方程数有两个，应用平面汇交力系的平衡方程可以求解两个未知量。

【例 2-5】 圆筒形容器重 $P = 30\text{kN}$，置于托轮 A、B 上，如图 2-22(a) 所示。

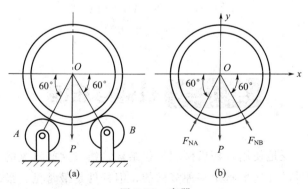

图 2-22 容器

试求托轮对容器的约束反力。

解：(1) 选容器为研究对象，其受力图如图 2-22(b) 所示，显然为一平面汇交力系。

(2) 建立直角坐标系 xOy，如图 2-22(b) 所示。

(3) 列平衡方程，求解未知力。

$$\sum F_x = 0 \quad F_{NA}\cos60° - F_{NB}\cos60° = 0$$

$$\sum F_y = 0 \quad F_{NA}\sin60° + F_{NB}\sin60° - P = 0$$

解方程组并将有关数据代入得：$F_{NA} = F_{NB} = P/(2\sin60°) = 17.32\text{kN}$

3. 平面力偶系

若平面力系中仅有力偶，则称该力系为平面力偶系。平面力偶系合成的结果为一个合力偶，其合力偶矩 $M_R = \sum M$。当合力偶矩等于零时，物体处于平衡状态，因此，平面力偶系的平衡条件为：

$$\sum M = 0 \tag{2-12}$$

平面力偶系平衡时，力系中各力偶矩的代数和等于零。

【例 2-6】 如图 2-23(a) 所示，用四轴钻床加工一工件上的四个孔，每个钻头作用于工件的切削力偶矩为 20N·m，固定工件的两螺栓 A、B 与工件呈光滑接触，且 $AB = 0.2\text{m}$。求两螺栓所受的力。

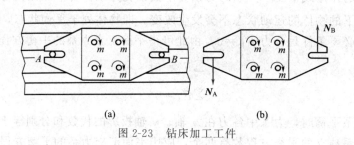

图 2-23 钻床加工工件

解：(1) 选工件为研究对象，其受力如图 2-23(b) 所示。

(2) 工件所受的外力为四个力偶，因力偶只能用力偶平衡，所以两个螺栓对工件的约束反力必组成一个力偶与这四个外力偶平衡，由平面力偶系的平衡条件得：

$$\sum M = 0 \quad N_A AB - 4m = 0$$

$$F_{NA} = F_{NB} = 400\text{N}$$

单元二　拉伸与压缩

在工程实际中，广泛地使用各种机械和工程结构。组成这些机械的零件和工程结构的元件，统称为构件。构件的几何形状是多种多样的，但杆件是最常见、最基本的一种构件。所谓杆件，就是指其长度尺寸远大于其他两个方向尺寸的构件。大量的工程构件都可以简化为杆件，如工程结构中的柱、梁，机器中的传动轴。杆件的各个截面形心的连线称为轴线，垂直于轴线的截面称为横截面。构件在工作时所受载荷情况各不相同，受载后产生的变形也随之而异。

一、拉伸与压缩的概念

轴向拉伸与压缩是构件最简单、最常见的一种基本变形。如图 2-24 所示的支架中，BC 杆受到轴向拉伸，AB 杆受到轴向压缩。这类杆件的受力特点是，杆件所受到的外力（或合外力）与杆件的轴线重合；变形特点是，杆件沿轴线伸长或缩短。

杆件变形的基本形式

二、轴向拉伸与压缩时横截面上的内力

1. 内力的概念

杆件受到的力分为外力和内力。杆件以外的物体对杆件的作用力称为外力，即作用在杆件上的载荷和约束反力。杆件在外力的作用下内部产生的抵抗外力作用的力，称为内力。在一定范围内，内力随外力的增大而增大，但内力的增大是有限度的，超过这一限度，杆件就会发生破坏。因此，在对杆件进行强度分析时，首先应计算出杆件在外力作用下产生的内力。

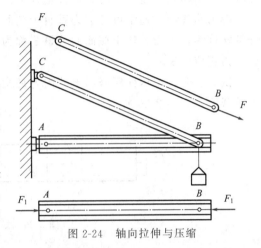

图 2-24 轴向拉伸与压缩

2. 内力的计算

内力计算常用截面法。如图 2-25(a) 所示，欲求杆件某一横截面 m-m 上的内力，可假想将杆件沿所求内力截面 m-m 截开，杆件被分为左右两段，取其中一段为研究对象（如左段），另一段则舍去，如图 2-25(b) 所示，将舍去部分对保留部分的作用以内力代替，设其合力为 F_N。由于整个杆件原来处于平衡状态，那么截取出来的任一部分也应保持平衡，因此截取的左段处于平衡状态，由平衡方程可得

$$\sum F_x = 0, F_N - F = 0$$

即 $F_N = F$。若取截面右段为研究对象，如图 2-25(c) 所示，同理可得 $F_N = F$。因外力 F 的作用线与杆件的轴线重合，故内力 F_N 的作用线也必然与杆件轴线重合，这种内力称为轴力，常用 F_N 表示。轴力方向规定：当轴力的方向离开截面时，杆件受拉，轴力为正；当轴力的方向指向截面时，杆件受压，轴力为负。

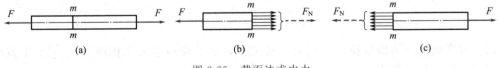

图 2-25 截面法求内力

3. 轴力图

为形象直观表示出杆件轴力沿轴线的变化情况，用平行于杆件轴线的坐标轴 x 轴表示截面的位置，用垂直于杆件轴线的坐标轴 y 轴表示轴力的大小，绘制得到的图形称为轴力图。

三、轴向拉伸与压缩的强度

1. 应力的概念

杆件的强度，不仅取决于内力，而且还与横截面的尺寸有关。在材料相同的情况下，判断杆件破坏的依据不是内力的大小，而是内力分布集度，即内力在截面上各点处分布的密集程度。内力的集度即单位截面面积上的内力，称为应力，应力表示了截面上某点受力的强弱程度，应力达到一定程度时，杆件就发生破坏。

应力是矢量，通常可分解为垂直于截面的分量 σ 和切于截面的分量 τ。把垂直于截面的分量 σ 称为正应力，切于截面的分量 τ 称为切应力。拉压杆横截面上各点的应力与横截面垂直，为正应力 σ。

试验表明，拉压杆横截面上的内力是均匀分布的，各点处的应力大小相等，且方向垂直于横截面，如图 2-26 所示。

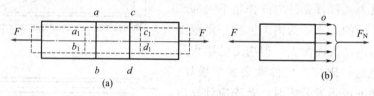

图 2-26 横截面上的正应力

设横截面面积为 A，横截面上的轴力为 F_N，则横截面上各点的正应力 σ 为

$$\sigma = \frac{F_N}{A} \tag{2-13}$$

正应力的正负号与轴力对应，即拉应力为正，压应力为负。应力的单位是 N/m^2，称为帕（Pa），因帕单位太小，常用 MPa（兆帕）和 GPa（吉帕），$1MPa = 10^6 Pa = 1N/mm^2$，$1GPa = 10^9 Pa$。

2. 轴向拉伸与压缩时的强度计算

（1）极限应力与许用应力　试验表明，当应力达到某一极限值时，材料就会发生破坏，这个造成材料丧失正常工作能力的应力，称为极限应力，用 σ^0 表示。为保证构件具有足够的强度，要求构件的工作应力小于极限应力。从充分利用材料强度出发，构件的工作应力应接近材料的极限应力，但出于构件安全运行，要求构件具有一定的强度余量。因此在工程设计中，将材料的极限应力除以一个大于1的系数 n（称为安全系数）作为允许采用的应力数值，该应力称为许用应力，用 $[\sigma]$ 表示，即

$$[\sigma] = \frac{\sigma^0}{n} \tag{2-14}$$

（2）强度条件　为保证拉、压杆的正常工作，要求杆内最大工作应力 σ_{max} 小于或等于材料在拉、压时的许用应力 $[\sigma]$，即

$$\sigma_{max} = \left(\frac{F_N}{A}\right)_{max} \leqslant [\sigma] \tag{2-15}$$

上式称为拉（压）的强度条件，是拉（压）强度计算的依据。

根据强度条件可解决强度校核、设计截面尺寸及确定承载能力三方面的问题。

在工程计算中，工作应力可略大于许用应力，根据有关设计规范，只要不超过许用应力

的 5% 也是允许的。

【例 2-7】 如图 2-27(a) 所示，活塞受气体压力 $F_P=100\text{kN}$，曲柄 OA 长度为 120mm，连杆长度 AB 为 $L=300\text{mm}$，截面尺寸 $b=50\text{mm}$，$h=65\text{mm}$，材料许用应力为 $[\sigma]=50\text{MPa}$，当 OA 与 AB 垂直时，试校核连杆的强度。

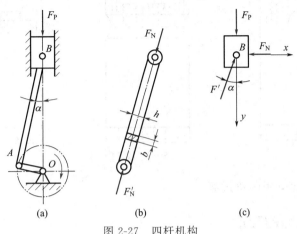

图 2-27 四杆机构

解：连杆、活塞受力如图 2-27(b)、(c) 所示。

$$\sum F_y = 0 \quad F_N'\cos\alpha - F_P = 0$$

$$F_N' = \frac{F_P}{\cos\alpha} = \frac{F_P}{L}\sqrt{L^2+(OA)^2} = \frac{100}{300}\sqrt{300^2+120^2} = 130.12(\text{kN})$$

计算截面面积 $A = bh = 50 \times 65 = 3250(\text{mm})^2$

校核连杆的强度：

$$\sigma = \frac{F_N}{A} = \frac{130.12 \times 10^3}{3250} = 40.04(\text{MPa}) < [\sigma]$$

所以连杆强度足够。

3. 应力集中

产生轴向拉伸或压缩变形的等截面直杆，其横截面上的应力是均匀分布的。但对截面尺寸有急剧变化的杆件来说，通过实验和理论分析证明，在杆件截面发生突然改变的部位，其上的应力就不再均匀分布。这种因截面突然改变而引起应力局部增高的现象，称为应力集中。如图 2-28 所示，在杆件上开有孔、槽、切口处，将产生应力集中，离开该区域，应力迅速减小并趋于平均。截面改变越剧烈，应力集中越严重，局部区域出现的最大应力就越大。

将截面突变的局部区域的最大应力与平均应力的比值，称为应力集中系数，通常用 α 表示，即

$$\alpha = \frac{\sigma_{\max}}{\sigma}$$

应力集中系数 α 表示了应力集中程度，α 越大，应力集中越严重。为了减少应力集中程度，在截面发生突变的地方，尽量过渡得缓和一些。为此，杆件上应尽可能避免用带尖角的

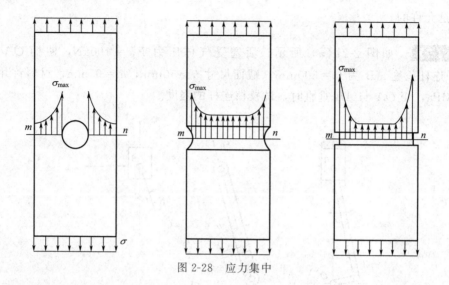

图 2-28 应力集中

槽和孔,圆轴的轴肩部分用圆角过渡。

四、轴向拉伸与压缩的变形

1. 变形与应变

试验表明,轴向拉伸时杆件沿轴向伸长,其横向尺寸缩短;轴向压缩时,杆件沿轴向缩短,其横向尺寸增加,如图 2-29 所示。杆件沿轴向方向的变形称为纵向变形,垂直于轴线方向的变形称为横向变形。

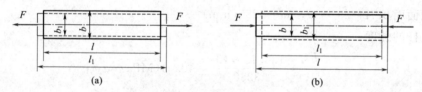

图 2-29 拉压变形

设杆件原始长度为 l,横向尺寸为 d,其拉伸或压缩后的长度为 l_1,横向尺寸为 d_1,则杆件的纵向变形 Δl 和横向变形 Δd 为

$$\Delta l = l_1 - l$$
$$\Delta d = d_1 - d$$

Δl 称为绝对变形,原始长度不同的杆件,即使绝对变形量相等,但它们的变形程度并不相同,因此绝对变形量并不能反映杆件的变形程度。为消除原始杆长的影响,用单位长度内杆件的变形量来反映杆件的变形程度。将单位长度内杆件的变形量称为相对变形,也称应变。纵向应变 ε 和横向应变 ε' 如下

$$\varepsilon = \frac{\Delta l}{l} = \frac{l_1 - l}{l}$$

$$\varepsilon' = \frac{\Delta d}{d} = \frac{d_1 - d}{d}$$

应变是一个无量纲的量。

2. 虎克定律与泊松比

杆件在载荷作用下的变形与材料的性能有关,试验证明,当杆件的应力不超过材料的比例极限时,杆件的绝对变形 Δl 与轴力 F_N、杆长度 l 成正比,而与其横截面面积 A 成反比,引入与材料有关的比例常数 E,则有

$$\Delta l = \frac{F_N l}{EA} \qquad (2\text{-}16)$$

式(2-16)可改写为

$$\frac{\Delta l}{l} = \frac{1}{E} \times \frac{F_N}{A}$$

即

$$\varepsilon = \frac{\sigma}{E} \quad \text{或} \quad \sigma = E\varepsilon \qquad (2\text{-}17)$$

式(2-16)和式(2-17)称为虎克定律。

比例常数 E 称为材料的弹性模量,它是材料的刚度指标,E 值的大小反映在拉、压时材料抵抗弹性变形的能力,由式(2-16)可知,当其他条件不变时,弹性模量 E 越大,杆件的绝对变形 Δl 就越小。

当杆件轴向尺寸发生变化时,横向尺寸也将发生变化。试验表明,当应力不超过材料的比例极限时,横向线应变 ε' 和纵向线应变 ε 之比的绝对值为一常数,该值称为泊松比,用符号 μ 表示。

泊松比是一个无量纲的量,其值与材料有关。工程上常用材料的弹性模量和泊松比列于表 2-1 中。

表 2-1 常用材料的 E、μ 值

材料名称	$E \times 10^2$/GPa	μ	材料名称	$E \times 10^2$/GPa	μ
低碳钢	2~2.2	0.25~0.33	铜及其合金	0.74~1.30	0.31~0.42
合金钢	1.9~2.0	0.24~0.33	橡胶	0.00008	0.47
灰铸铁	1.15~1.6	0.243~0.27			

五、典型材料拉伸与压缩时的力学性能

材料的力学性能,主要指材料受外力作用时,在强度和变形方面所表现出来的性能。材料的力学性能通常是通过做静载荷试验手段获得的,这里主要介绍低碳钢和铸铁两种典型材料在常温静载下受拉伸和压缩时所表现出的力学性能。

轴向拉伸与压缩试验

1. 低碳钢的拉伸试验

低碳钢在做拉伸试验时,试验采用的是国家统一规定的标准试件,l_0 为标距长度,标距有 $l_0 = 10d$ 和 $l_0 = 5d$ 两种规格。

拉伸试验一般在万能试验机上进行,将低碳钢制成的标准试件安装在试验机上,开动机器缓慢加载,直至试件拉断为止。试验机的自动绘图装置将试验中的载荷 F 和对应的伸长量 Δl 绘成 $F\text{-}\Delta l$ 曲线图,称为拉伸曲线,如图 2-30 所示。

(1) 弹性阶段 在拉伸的初始阶段,为一直线 Oa 段,说明在这一阶段内 σ 与 ε 成正比。直线的斜率

$$\tan\alpha = \frac{\sigma}{\varepsilon} = E$$

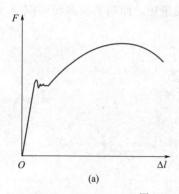
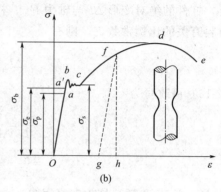

图 2-30 低碳钢的 F-Δl 和 σ-ε 曲线

由上式可以看出，材料的弹性模量即为直线的斜率。直线 Oa 的最高点 a 对应的应力，即为应力与应变成正比的最大应力，称为材料的比例极限 σ_p。Q235A 钢的 σ_p=200MPa。

超过比例极限 σ_p 后，从 a 点到 a' 点，σ 与 ε 关系不再是直线，但变形仍是弹性的，即解除拉力后变形能完全消失。a' 点所对应的应力是产生弹性变形的最大极限值，称为弹性极限，用 σ_e 表示。由于 a、a' 两点非常接近，工程上对弹性极限和比例极限并不严格区分。

（2）屈服阶段 超过 b 点后，σ-ε 曲线上出现一段接近水平线的小锯齿形曲线 bc，说明这一阶段应力几乎没有增加，而应变却依然在增加，好像材料丧失了抵抗变形的能力。这种应力不增加而应变显著增加的现象，称为材料的屈服现象或流动。图形上 bc 段称为屈服阶段。屈服阶段曲线最低点所对应的应力称为屈服极限（屈服点），用 σ_s 表示。Q235A 钢的 σ_s=235MPa。

当应力达到屈服极限时，材料将出现显著的塑性变形。由于零件的塑性变形将影响机器的正常工作，所以屈服极限 σ_s 是衡量材料强度的重要指标。

（3）强化阶段 经过屈服阶段之后，从 c 点开始曲线逐渐上升起，这表明要应变继续增加，必须增加应力，说明材料重新产生了抵抗能力，这种现象称为强化。cd 段称为强化阶段。曲线最高点 d 对应的应力，称为抗拉强度（或强度极限），用 σ_b 表示。Q235A 钢的强度极限 σ_b=400MPa。强度极限 σ_b 是试件断裂前材料能承受的最大应力值，故是衡量材料强度的另一重要指标。

（4）局部颈缩阶段 在强度极限前，试件的变形是均匀的。过 d 点后，在试件比较薄弱的某一局部（材质不均匀或有缺陷处），纵向变形显著增加，横截面面积急剧缩小，形成颈缩现象。试件出现颈缩现象后将迅速被拉断，所以 de 段称为缩颈断裂阶段。

低碳钢的上述拉伸过程，经历了弹性、屈服、强化、局部颈缩四个阶段，存在四个特征点，其相应的应力依次为比例极限、弹性极限、屈服极限、强度极限。

2. 材料的塑性度量

试件拉断后弹性变形消失，只剩下塑性变形。工程中常用伸长率 δ 和断面收缩率 Ψ 作为材料的塑性指标。分别为

$$\delta = \frac{l_1 - l_0}{l} \times 100\% \tag{2-18}$$

$$\Psi = \frac{A_0 - A_1}{A_0} \times 100\% \tag{2-19}$$

式(2-18)中，l_1 为试件拉断后的标距长度，l_0 为原标距长度，A_0 为试件横截面原面积，A_1 为试件被拉断后在颈缩处测得的最小横截面面积。

δ、Ψ 值反映材料的塑性性能，值越大，则材料的塑性越好。在工程中，经常将伸长率 $\delta \geq 5\%$ 的材料称为塑性材料，$\delta < 5\%$ 的材料称为脆性材料。

3. 低碳钢的压缩试验

低碳钢压缩时的 σ-ε 曲线如图 2-31 所示，与图中虚线所示的拉伸时的 σ-ε 曲线相比，在屈服以前，二者大致重合。这表明低碳钢压缩时的弹性模量 E、比例极限和屈服极限都与拉伸时基本相同。因此，低碳钢的抗拉性能与抗压性能是相同的。屈服阶段以后，试件产生显著的塑性变形，越压越扁，先是压成鼓形，最后变成饼状，故不能达到压缩时的强度极限。因此，对于低碳钢一般不作压缩试验。

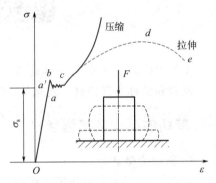

图 2-31 低碳钢压缩时的 σ-ε 曲线

4. 铸铁在拉伸时的力学性能

铸铁是工程上广泛应用的脆性材料，其拉伸时的应力-应变图是一段微弯曲线，如图 2-32 所示。图中没有明显的直线部分，但应力较小时，σ-ε 曲线与直线相近似，说明在应力不大时可以近似地认为符合虎克定律。铸铁在拉伸时，没有屈服和颈缩现象，在较小的拉应力下就被突然拉断，断口平齐并与轴线垂直，断裂时变形很小，应变通常只有 0.4%～0.5%。铸铁拉断时的最大应力，即为其抗拉强度极限，是衡量铸铁强度的唯一指标。

5. 铸铁在压缩时的力学性能

铸铁压缩时的 σ-ε 曲线如图 2-33 所示，其线性阶段不明显，强度极限 σ_b 比拉伸时高 2～4 倍，试件在较小的变形下突然发生破坏，断口与轴线大致成 45°～55° 的倾角，表明试件沿斜面因相对错动而破坏。其他脆性材料，如混凝土、石料等，抗压强度也远高于抗拉强度，因此，常将铸铁等脆性材料作承受压缩时的构件。

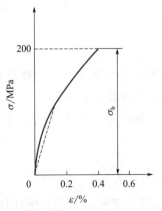

图 2-32 铸铁拉伸时的 σ-ε 曲线

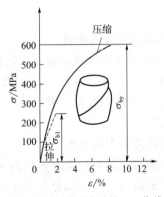

图 2-33 铸铁压缩时的 σ-ε 曲线

综上所述，塑性材料和脆性材料的力学性能的主要区别是：

① 塑性材料破坏时有显著的塑性变形，断裂前有的出现屈服现象；而脆性材料在变形很小时突然断裂，无屈服现象。

② 塑性材料拉伸时的比例极限、屈服极限和弹性模量与压缩时相同。由于塑性材料一般不允许达到屈服极限，所以在拉伸和压缩时具有相同的强度；而脆性材料则不相同，其压缩时的强度都大于拉伸时的强度，且抗压强度远远大于抗拉强度。

单元三 剪切与挤压

工程中构件之间常采用键连接、螺栓连接、销连接等方式彼此相连，键、螺栓和销称为连接件。连接件在工作中主要承受剪切和挤压。

铆钉连接时的剪切与挤压

一、剪切的概念及其强度

1. 剪切的概念

如图 2-34 所示，用剪床剪钢板时，剪床的上下刀刃以大小相等、方向相反、作用线平行且相距很近的两个力 F 作用于钢板上，使钢板在两力作用线间的各个截面发生相对错动，直至最后被剪断。这种截面发生相对错动的变形称为剪切变形。产生相对错动的截面称为剪切面，剪切面总是位于两个反向外力之间并且与外力作用线平行。

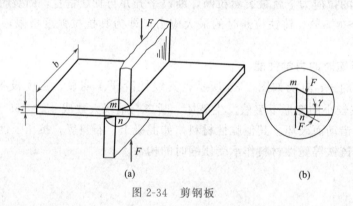

图 2-34 剪钢板

2. 切应力与剪切强度条件

图 2-35 为两块用螺栓连接起来的钢板，当钢板受外力 F 作用时，则螺栓两侧也受到外力 F 作用，螺栓产生剪切变形。假想沿截面 m-m 处将螺栓截成两段，任选一段为研究对象。因为外力 F 平行于截面，所以截面上的内力 F_Q 也一定平行于截面，这个平行于截面的内力称为剪力。

由平衡条件得剪力的大小
$$F_Q = F$$

构件受剪切时，其剪切面上单位面积的剪力称为切应力 τ。

切应力在剪切面上的实际分布规律比较复杂，工程上通常采用"实用计算法"，即假定它在剪切面上是均匀分布的，其计算公式为

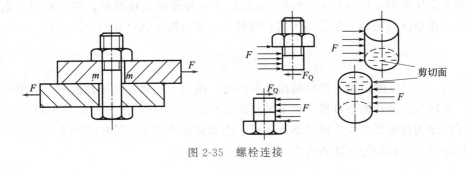

图 2-35 螺栓连接

$$\tau = \frac{F_Q}{A} \tag{2-20}$$

式中 τ——切应力，MPa；

F_Q——剪切面上的剪力，N；

A——剪切面面积，mm^2。

为了保证构件工作时安全可靠，则剪切的强度条件为

$$\tau = \frac{F_Q}{A} \leqslant [\tau] \tag{2-21}$$

式中，$[\tau]$ 是材料的许用切应力，其数值由试验测得，亦可从有关手册中查取。

二、挤压概念及其强度

1. 挤压的概念

螺栓、铆钉、销钉、键等连接件，除了承受剪切外，在连接件和被连接件的接触面上还将相互压紧，这种接触面之间相互压紧的变形称为挤压。如图 2-36 所示的铆钉连接，上面钢板孔左侧与铆钉上部左侧，下面钢板孔右侧与铆钉下部右侧产生的相互挤压。

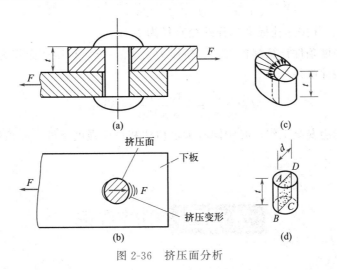

图 2-36 挤压面分析

2. 挤压应力与挤压强度条件

构件产生挤压变形时，其相互挤压的接触面称为挤压面。挤压面是两物体的接触面，一般垂直于外力方向。作用于挤压面上的压力称为挤压力，用符号 F_{jy} 表示。单位挤压面上的

挤压力称为挤压应力，用符号 σ_{jy} 表示。挤压应力的分布也比较复杂，在工程中，也近似认为挤压应力在挤压面上的分布是均匀的，则挤压应力可按下式计算

$$\sigma_{jy} = \frac{F_{jy}}{A_{jy}} \tag{2-22}$$

式中 A_{jy} 是挤压面面积。当接触面是平面时，接触面积就是挤压面面积；当挤压面为圆柱面时，通常以接触柱面在直径平面上的投影面积 dt 作为挤压面积，如图 2-36(d) 所示。

为了保证构件局部不发生挤压塑性变形，必须使构件的工作挤压应力小于或等于材料的许用挤压应力，即挤压的强度条件为

$$\sigma_{jy} = \frac{F_{jy}}{A_{jy}} \leqslant [\sigma_{jy}] \tag{2-23}$$

式中 $[\sigma_{jy}]$ 是材料的许用挤压应力，其数值由试验测得，亦可从有关手册中查取。

【例 2-8】 如图 2-35 所示，两块厚 $\delta = 8\text{mm}$ 的钢板，用一个螺栓连接，受载荷 $F = 10\text{kN}$。螺栓的许用切应力 $[\tau] = 60\text{MPa}$；钢板与螺栓的许用挤压应力 $[\sigma_{jy}] = 180\text{MPa}$。求螺栓的直径 d。

解：螺栓在载荷 F 的作用下，发生剪切和挤压变形。

(1) 按剪切强度条件计算螺栓直径。如图 2-35 所示，沿截面 m-m 将螺栓切开。用截面法求得剪力为

$$F_Q = F = 10\text{kN}$$

剪切面面积

$$A = \frac{\pi d^2}{4}$$

由剪切强度条件可得

$$d \geqslant \sqrt{\frac{4F}{\pi [\tau]}} = \sqrt{\frac{4 \times 10 \times 10^3}{3.14 \times 60}} = 14.6(\text{mm})$$

取 $d = 15\text{mm}$，并按螺栓标准选择螺栓直径为 M16。

(2) 按挤压强度条件计算螺栓直径。挤压力为 $F_{jy} = F$，挤压面面积为 $A_{jy} = d\delta$

由挤压强度条件可得

$$d \geqslant \frac{F}{\delta [\sigma_{jy}]} = \frac{10 \times 10^3}{8 \times 180} = 7(\text{mm})$$

为了保证螺栓能安全工作，必须同时满足剪切和挤压强度条件，故按螺栓标准选择螺栓直径为 M16。

单元四 扭转变形

一、扭转的概念

在工程中，有很多杆件是承受扭转作用而传递运动的，如图 2-37(a) 所示的某设备传动

轴。扭转杆件的受力特点是：杆件两端受到一对大小相等、转向相反、作用面垂直于杆件轴线的力偶作用。杆件在此力偶的作用下产生扭转变形，其变形特点是：杆件上各横截面围绕轴线发生相对转动。由于工程中发生扭转变形的构件大多数为具有圆形或圆环形截面的圆轴，故本部分只研究圆轴的扭转。

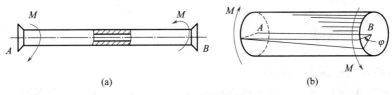

图 2-37　圆轴扭转

二、圆轴扭转时的内力

1. 外力偶矩的计算

圆轴扭转时所受的外力作用方式很多，但都可简化为作用面与轴线垂直的力偶，如图 2-37(b) 所示。工程实际中，圆轴上外力偶矩的大小往往不直接给出，通常给出圆轴传递的功率 $P(\text{kW})$ 和圆轴转速 $n(\text{r/min})$，可通过下式计算出外力偶矩的大小

$$M = 9550 \frac{P}{n} \tag{2-24}$$

式(2-24) 中，M 为作用在轴上的外力偶矩，N·m；P 为轴传递的功率，kW；n 为轴的转速，r/min。

由式(2-24) 可知，功率 P 一定时，力偶矩 M 和转速 n 成反比，因此，在同一台机器中，高速轴转速高力偶矩小，轴可以细些，而低速轴转速低力偶矩大，轴须粗些。

2. 内力的计算

用一个假想截面 n-n 将圆轴截成两段，取左段研究，如图 2-38 所示。由于整个圆轴处于平衡状态，故截开后左段也必然平衡。又因为外力偶的作用面垂直于轴线，所以在 m-n 截面上的内力也是作用面垂直于轴线的力偶，此内力偶的力偶矩称为扭矩，用符号 M_n 表示。

通过分析可以推知，某截面上的扭矩，等于该截面任意一侧所有外力偶矩的代数和，即

$$M_n = \sum M_{\text{截面一侧}} \tag{2-25}$$

扭矩的正负按右手螺旋法则确定，即在截面处，用右手握住轴，并让四指弯曲方向与扭

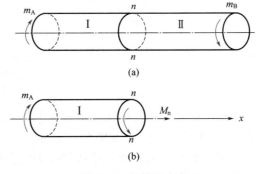

图 2-38　扭转的内力

矩的转向一致，若大拇指的指向离开该截面，扭矩取正，反之取负。

3. 扭矩图

为了形象地表示出扭矩随截面而变化的情况，常用平行于轴线的坐标轴 x 轴表示横截面的位置，用垂直于 x 轴的坐标轴 y 轴表示相应横截面扭矩的大小，绘制出扭矩随截面位置变化的图形称为扭矩图。

三、圆轴扭转时的强度

1. 圆轴扭转时横截面上的应力

根据理论和实验可以推出，圆轴扭转时横截面上只有切应力，而且各点的切应力方向与该点所在半径垂直，各点的切应力大小与该点到圆心的距离成正比，圆心处切应力为零，轴表面处切应力最大，其分布情况如图 2-39 所示。

圆轴扭转时横截面上最大切应力为

$$\tau_{max} = \frac{M_n}{W_n} \tag{2-26}$$

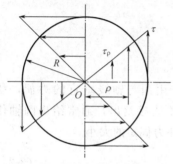

图 2-39 圆轴扭转的应力分布

式中 τ_{max} ——横截面上的最大切应力，MPa；
  M_n ——横截面上的扭矩，N·mm；
  W_n ——抗扭截面模量，是仅与截面形状和尺寸有关的几何量，mm³。

实心圆轴的抗扭截面模量计算公式为

$$W_n = \frac{\pi D^3}{16} \approx 0.2 D^3$$

空心圆轴的抗扭截面模量计算公式为

$$W_n = \frac{\pi D^3 (1-\alpha^4)}{16} \approx 0.2 D^3 (1-\alpha^4)$$

式中 α ——空心圆轴内外径之比，即 $\alpha = d/D$。

2. 强度条件

圆轴扭转时，最大切应力所在的截面称为危险截面，危险截面上应力最大的点称为危险点。为了保证圆轴扭转时的正常工作，应使最大切应力不超过材料的许用切应力，由此得圆轴扭转时的强度条件为

$$\tau_{max} = \frac{M_{nmax}}{W_n} \leqslant [\tau] \tag{2-27}$$

四、圆轴扭转时的刚度

1. 圆轴扭转时的变形

圆轴扭转时，各截面绕着轴线相对转动，扭转变形常用轴的两端横截面绕轴线相对转过的角度来表示，即扭转角 φ，如图 2-40 所示。

扭转角 φ 表示圆轴扭转变形的大小，但不能反映扭转变形的程度。在工程上，扭转变形的程度常用单位长度扭转角 θ 来表示，即

圆轴扭转时的变形情况

$$\theta = \frac{\varphi}{l} = \frac{M_n}{GI_p}(\text{rad/m}) \qquad (2\text{-}28)$$

式(2-28)中，G 为材料的剪切弹性模量，GI_p 称为轴的抗扭刚度，其值越大，材料的抗扭变形能力就越强。

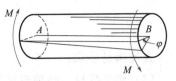

图 2-40　圆轴扭转时的变形

2．圆轴扭转时的刚度计算

对于轴类零件，如果扭转变形过大，将会影响机械传动精度，或引起振动。因此，为了保证轴的正常工作，除应满足强度条件外，对扭转变形也要加以限制，通常要求轴的最大单位长度扭转角 θ_{max} 不超过许用单位长度扭转角 $[\theta]$。因此，轴扭转时的刚度条件为

$$\theta_{max} = \frac{M_n}{GI_p} \leqslant [\theta] \qquad (2\text{-}29)$$

工程中，许用单位长度扭转角 $[\theta]$ 习惯上用 $(°)/m$，则

$$\theta_{max} = \frac{M_n}{GI_p} \times \frac{180°}{\pi} \leqslant [\theta] \qquad (2\text{-}30)$$

许用单位长度扭转角 $[\theta]$ 的数值，可从机械手册中查询。

【例 2-9】　一阶梯形圆轴如图 2-41 所示。已知轮 B 输入的功率 $N_B = 45\text{kW}$，轮 A 和轮 C 输出的功率分别为 $N_A = 30\text{kW}$，$N_C = 15\text{kW}$；轴的转速 $n = 240\text{r/min}$，$d_1 = 60\text{mm}$，$d_2 = 40\text{mm}$；许用扭转角 $[\theta] = 2°/m$，材料的 $[\tau] = 50\text{MPa}$，$G = 80\text{GPa}$，试校核轴的强度和刚度。

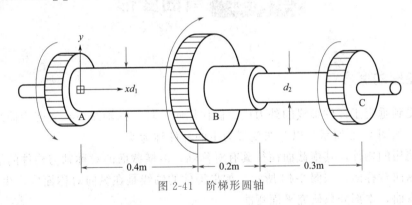

图 2-41　阶梯形圆轴

解：（1）设 AB、BC 段承受的力矩为 T_1、T_2 计算外力偶矩：

$$m_A = 9550 \frac{N_A}{n} = 1193.8\text{N·m}$$

$$m_C = 9550 \frac{N_C}{n} = 596.9\text{N·m}$$

那么 AB、BC 段的扭矩分别为：$T_1 = -m_A = -1193.8\text{N·m}$

$$T_2 = m_C = 596.9\text{N·m}$$

（2）强度校核。圆轴扭转的强度条件为：$\tau_{max} = \dfrac{T_{max}}{W_t} \leqslant [\tau]$

可知 $W_t = \dfrac{\pi d^3}{16}$，$d_1 = 60\text{mm}$，$d_2 = 40\text{mm}$

代入 $\tau_{1max} = \dfrac{T_{1max}}{W_t}$ 和 $\tau_{2max} = \dfrac{T_{2max}}{W_t}$ 得：

$$\tau_{1\max}=28.2\text{MPa}, \quad \tau_{2\max}=47.5\text{MPa}$$

故：
$$\tau_{\max}=47.5\text{M}<[\tau]$$

强度满足要求。

(3) 刚度校核。圆轴扭转的刚度条件式为：

$$\theta_{\max}=\frac{T_{\max}}{GI_p}\times\frac{180°}{\pi}=\frac{T_{\max}}{G\times\frac{\pi}{32}d^4}\times\frac{180°}{\pi}\leqslant[\theta]$$

所以：
$$\theta_{1\max}=\frac{T_{1\max}}{G\dfrac{\pi d_1^4}{32}}\times\frac{180°}{\pi}=0.67°/\text{m}$$

$$\theta_{2\max}=\frac{T_{1\max}}{G\dfrac{\pi d_1^4}{32}}\times\frac{180°}{\pi}=1.7°/\text{m}$$

故：
$$\theta_{\max}=1.7°/\text{m}<[\theta]$$

刚度满足要求。

单元五 弯曲变形

一、弯曲变形的概念

当杆件受到垂直于杆件轴线的外力或力偶作用时，杆件的轴线由直线变为曲线，这种变形称为弯曲，如图 2-42 所示。以弯曲变形为主的杆件称为梁。

工程中使用的构件，其横截面往往具有对称轴，由横截面的对称轴与构件的轴线所构成的平面称为纵向对称面，如图 2-43 所示。如果构件的轴线是在纵向对称面内产生弯曲变形，则称为平面弯曲，本部分只研究平面弯曲。

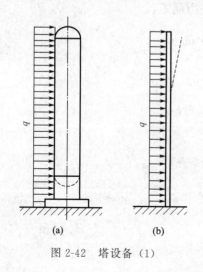

图 2-42 塔设备（1）

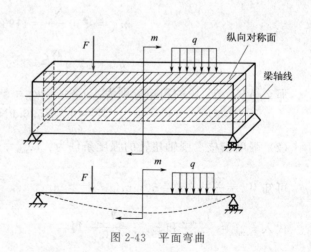

图 2-43 平面弯曲

按照梁的支座情况将梁分为三种基本形式，如图 2-44 所示。

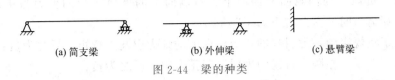

(a) 简支梁　　　　(b) 外伸梁　　　　(c) 悬臂梁

图 2-44　梁的种类

① 简支梁：梁的一端为固定铰链支座，另一端为活动铰链支座。
② 外伸梁：其支座与简支梁相同，但梁的一端（或两端）伸出支座以外。
③ 悬臂梁：梁的一端固定，另一端自由。
梁两个支座之间的距离称为跨度。

二、直梁弯曲时的内力和弯矩图

1. 剪力和弯矩

当梁在外力作用下时，其内部将产生内力。如图 2-45 所示，用一个假想截面将梁截成两段，取左段为研究对象。由于整个梁处于平衡，因此截开后的左段也必然平衡。由于外力垂直于梁的轴线，所以在截面 m-m 上必有一沿截面的内力 F_Q 来与外力平衡。这种作用线切于截面的内力 F_Q 称为剪力。同时，由于外力在纵向对称面内对截面还要产生力矩，所以，在纵向对称面内，截面 m-m 上一定还有内力偶来与外力矩平衡。这种作用在纵向对称面内的内力偶矩称为弯矩，用符号 M 表示。因此，梁弯曲时内力包括剪力 F_Q 和弯矩 M。

运用静力平衡方程可求图 2-45 中 m-m 截面上的剪力 F_Q 和弯矩 M。

通过静力平衡方程可以先求得图 2-45(a) 中的约束反力 F_A 和 F_B。由静力平衡方程可得

$$\sum F_y = 0 \quad F_A - F + F_B = 0$$
$$\sum M_A = 0 \quad -Fa + F_B l = 0$$

求得

$$F_B = \frac{a}{l}F \quad F_A = \frac{b}{l}F$$

取 m-m 截面左段为研究对象，如图 2-45(b) 所示。

由静力平衡方程可得

$$\sum F_y = 0 \quad F_A - F_Q = 0$$

得

$$F_Q = F_A = \frac{b}{l}F$$

对 m-m 截面形心求力矩

$$\sum M = 0 \quad -F_A x + M = 0$$

得

$$M = F_A x = \frac{b}{l}Fx$$

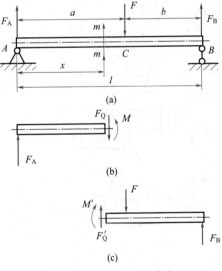

图 2-45　弯曲变形的内力

若取右段为研究对象，用同样的方法可求得横截面 m-m 上的剪力 F'_Q 和弯矩 M'，分别与左段截面上的剪力 F_Q 和弯矩 M 互为作用力与反作用力的关系。

为了使同一截面取左、右不同的两段求得的内力正负号一致，对剪力和弯矩的正负号规

定如下。

把剪力的正负规定为：截面左侧向上、右侧向下的外力产生的剪力为正；反之为负。即，由外力计算剪力时"左上右下为正"。

把弯矩的正负规定为：力引起的弯矩，向上的外力引起正弯矩，反之为负；

力偶引起的弯矩，左顺、右逆的力偶引起正弯矩，反之为负。

由截面法可得剪力、弯矩计算的第二种方法（简称记忆法），法则如下：

某截面上的剪力，等于该截面一侧所有外力的代数和。

某截面上的弯矩，等于该截面一侧所有外力（包括外力偶）对截面形心取矩的代数和，即：

$$F_Q = \sum F \tag{2-31}$$

$$M = \sum M_O(F) \tag{2-32}$$

2. 剪力图和弯矩图

为形象直观表示出梁横截面上的剪力和弯矩随横截面位置的变化情况，以坐标轴 x 轴表示横截面在梁轴线上的位置，则各截面上的剪力和弯矩可以分别表示为 x 的函数 $F_Q = F_Q(x)$，$M = M(x)$，即剪力方程和弯矩方程。用横坐标表示各截面的位置，用纵坐标表示相应截面上的剪力值或弯矩值，绘出剪力 F_Q 或弯矩 M 随截面位置变化的图形称为剪力图或弯矩图。

【例 2-10】 试作出图 2-46(a) 所示剪力图和弯矩图。

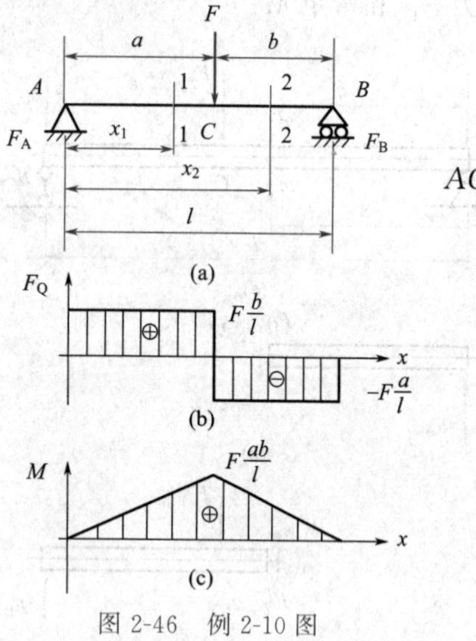

解：(1) 求约束反力。通过静力平衡方程可求出

$$F_A = \frac{b}{l}F \qquad F_B = \frac{a}{l}F$$

(2) 列剪力方程和弯矩方程。由前面分析可知，梁 AC 段的剪力方程和弯矩方程为

$$F_{Q1} = \frac{b}{l}F \quad (0 < x_1 < a)$$

$$M_1 = \frac{b}{l}Fx_1 \quad (0 \leqslant x_1 \leqslant a)$$

梁 CB 段的剪力方程和弯矩方程为

$$F_{Q2} = -\frac{a}{l}F \quad (a < x_2 < l)$$

$$M_2 = \frac{a}{l}F(l - x_2) \quad (a \leqslant x_2 \leqslant l)$$

(3) 绘制剪力图和弯矩图。

由剪力方程可知，AC、CB 段梁的剪力均为常函数，因此剪力图为平行于 x 轴的直线，AC 段位于 x 轴上方，CB 段位于 x 轴下方。如图 2-46(b) 所示。

由弯矩方程可知，AC、CB 段梁的弯矩均为 x 的一次函数，故弯矩图均为斜直线，只需求出该直线两端点就可作图。作出的弯矩图如图 2-46(c) 所示。

图 2-46 例 2-10 图

【例 2-11】 如图 2-47(a) 所示，填料塔内支承填料用的栅条可简化为受均布载荷作用的简支梁。已经梁所受的均布载荷集度为 $q(\mathrm{N/m})$，跨度为 $l(\mathrm{m})$。试作该梁的剪力图和弯矩图。

解：（1）求支座反力。由静力学平衡方程及梁的对称性可知

$$F_A = F_B = \frac{1}{2}ql$$

（2）列剪力方程和弯矩方程。取梁左端 A 为坐标原点，以梁的轴线为 x 轴。在距离梁左端 x 处将梁沿截面 1-1 截开。取梁左端为研究对象，根据静力学平衡条件，得到剪力方程和弯矩方程分别为

$$F_Q = F_A - qx = \frac{ql}{2} - qx \quad (0 < x < l)$$

$$M = F_A x - qx \cdot \frac{x}{2} = \frac{ql}{2}x - \frac{q}{2}x^2 \quad (0 \leqslant x \leqslant l)$$

（3）作剪力图和弯矩图。

由剪力方程可知，剪力 F_Q 为 x 的一次函数，故剪力图为一斜直线，只需求出该直线两端点就可作图。作出的剪力图如图 2-47(b) 所示。

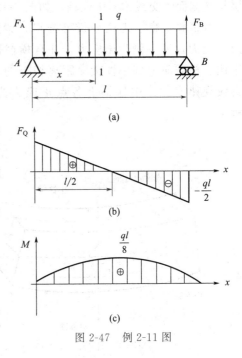

图 2-47　例 2-11 图

由弯矩方程可知，弯矩 M 为 x 的二次函数，故弯矩图为一抛物线。因此，至少要定出抛物线上的三个点，才能近似画出弯矩图。当 $x=0$ 时，$M=0$；当 $x=l$ 时，$M=0$；当 $x=\frac{l}{2}$ 时，M 得最大值为 $\frac{1}{8}ql^2$。由于二次项系数为负，所以抛物线开口向下。作出的弯矩图如图 2-47(c) 所示。

三、直梁弯曲的强度

1. 弯曲正应力

梁横截面上既有剪力又有弯矩的弯曲变形称为横力弯曲。梁横截面上只有弯矩的弯曲变形称为纯弯曲。本处只讨论纯弯曲时的应力，但其应力计算公式对横力弯曲的弯矩产生的应力仍适用。

纯弯曲时的应力分布

为了分析弯曲时的应力及其分布规律，首先观察梁纯弯曲时的变形情况。如图 2-48 所示，取一矩形截面梁，在它的侧面画上很多间距相等的纵向线和横向线，然后在梁的两端各作用一个力偶，使其发生纯弯曲。结果表明：

① 侧面的纵向线弯曲成了弧线，向外凸出一侧的纵向线伸长，凹进一侧的纵向线缩短，中间一条纵向线长度不变；

② 侧面上的横向线仍保持为直线，且仍垂直于梁的轴线。

设想梁由许多纵向纤维组成，那么梁凸出一侧的纤维伸长，梁凹进一侧的纤维缩短。中间一层纤维既不伸长也不缩短，称为中性层。中性

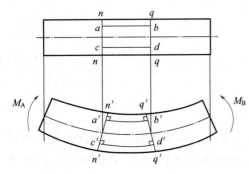

图 2-48　梁的纯弯曲变形

层与横截面的交线称为中性轴,如图 2-49 所示。

由试验观察、理论分析可推得,梁纯弯曲时,其横截面上只有正应力,中性轴一侧为拉应力,另一侧为压应力,并且横截面上各点的正应力与该点到中性轴 z 的距离 y 成正比。横截面上到中性轴 z 距离相等的各点,其正应力相同;沿截面高度方向正应力按直线规律变化,中性轴上各点正应力为零,离中性轴最远的点正应力最大,如图 2-50 所示。

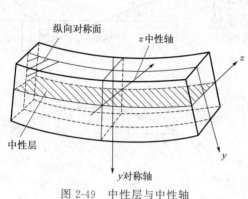

图 2-49　中性层与中性轴　　　　图 2-50　纯弯曲时应力分布规律

纯弯曲时横截面上任意一点的正应力的计算公式,经推导为

$$\sigma = \frac{My}{I_z} \tag{2-33}$$

式中　σ——横截面上距中性轴为 y 的各点的正应力;

M——横截面上的弯矩;

y——计算正应力的点至中性轴的距离,mm;

I_z——横截面对中性轴 z 的惯性矩,它表示截面的几何性质,是一个仅与截面形状和尺寸有关的几何量,反映了截面的抗弯能力,常用单位有 m^4、cm^4 和 mm^4。

横截面上距离中性轴最远处,其正应力最大。由式(2-33),得最大正应力 σ_{max} 为

$$\sigma_{max} = \frac{M_{max}}{I_z} y_{max} \tag{2-34}$$

令

$$W_z = \frac{I_z}{y_{max}}$$

则

$$\sigma_{max} = \frac{M_{max}}{W_z} \tag{2-35}$$

式中　σ_{max}——横截面上最大正应力,MPa;

M_{max}——横截面上的最大弯矩,N·mm;

W_z——横截面对中性轴 z 的抗弯截面模量,它是与截面形状、大小有关的几何量,反映了截面的抗弯能力,单位为 mm^3 或 m^3。常见截面的轴惯性矩 I_z 和抗弯截面模量 W_z 如表 2-2 所示。工程上常用的各种型钢的抗弯截面模量可查有关手册。

表 2-2　常见截面的轴惯性矩 I_z 和抗弯截面模量 W_z

截面	矩形截面	圆形截面	圆环截面	大口径的设备或管道
I_z	$\dfrac{b}{12}h^3$	$\dfrac{\pi d^4}{64} \approx 0.05 d^4$	$\dfrac{\pi}{64}(D^4-d^4)$	$\dfrac{\pi}{8}d^3\delta$
W_z	$\dfrac{b}{6}h^2$	$\dfrac{\pi d^3}{32} \approx 0.1 d^3$	$\dfrac{\pi}{32D}(D^4-d^4)$	$\dfrac{\pi}{4}d^2\delta$

2. 梁的正应力强度

对于等截面梁，各横截面的抗弯截面模量相同，弯矩最大的横截面就是危险截面。因此，为了确保梁安全工作，应限制危险截面的最大应力不超过材料的许用弯曲应力 $[\sigma]$。因此，梁的正应力强度条件为

$$\sigma_{\max} = \frac{M_{\max}}{W_z} \leqslant [\sigma] \tag{2-36}$$

利用梁的正应力强度条件，可以对梁进行强度校核；确定梁的截面尺寸和形状；计算梁的许可载荷。

【例 2-12】 如图 2-51 所示，分馏塔高 $H=20\text{m}$，作用于塔上的风载荷分两段计算：$q_1=420\text{N/m}$，$q_2=600\text{N/m}$；塔内径为 1000mm，壁厚 6mm，塔与基础的连接方式可看成固定端。塔体的许用应力 $[\sigma]=100\text{MPa}$。试校核塔体的弯曲强度。

解：（1）求最大弯矩。将塔简化为受均布载荷 q_1、q_2 作用的悬臂梁，画出其弯矩图，如图 2-51(b) 所示。由图可见，在塔底截面弯矩值最大，其值为

$$\begin{aligned}M_{\max} &= q_1 H_1 \frac{H_1}{2} + q_2 H_2 \left(H_1 + \frac{H_2}{2}\right) \\ &= 420 \times 10 \times \frac{10}{2} + 600 \times 10 \times \left(10 + \frac{10}{2}\right) \\ &= 111 \times 10^6 (\text{N} \cdot \text{mm})\end{aligned}$$

（2）校核塔的弯曲强度。塔体抗弯截面模量为

$$W_z = \frac{\pi d^2 \delta}{4} = \frac{\pi \times 1000^2 \times 6}{4} = 4.7 \times 10^6 (\text{mm}^3)$$

塔体因风载荷引起的最大弯曲应力为

$$\sigma_{\max} = \frac{M_{\max}}{W_z} = \frac{111 \times 10^6}{4.7 \times 10^6} = 23.6 (\text{MPa}) < [\sigma] = 100 \text{MPa}$$

因此塔体在风载荷作用下强度足够。

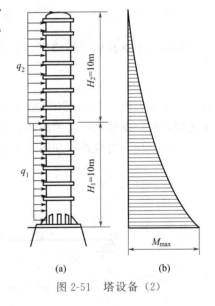

图 2-51　塔设备（2）

四、提高梁弯曲强度的主要措施

提高梁的弯曲强度就是指在材料消耗最少的前提下，提高梁的承载能力。从弯曲强度条件可以看出，提高梁的弯曲强度，应从两方面考虑。一方面是在截面面积不变的情况下，采用合理的截面形状，以提高抗弯截面模量 W_z；另一方面则是在载荷不变的情况下，合理安排梁的受力，以降低最大弯矩 $M_{\max}$ 值。

提高梁弯曲强度的工程案例

1. 选择合理的截面形状

从梁横截面的正应力分布情况（图 2-50）来看，应尽可能使材料远离中性轴，以充分利用材料的性能。因此同样大小的截面积，截面形状做成工字形、箱形和槽形比圆形和矩形的抗弯能力强，例如汽车的大梁由槽钢制作，铁路的钢轨制成工字形都是应用这个道理。

2. 降低最大弯矩 M_{max}

（1）合理安排梁的支座　如图 2-52(a) 所示，在均布载荷作用下的简支梁，其最大弯矩为

$$M_{max} = \frac{1}{8}ql^2$$

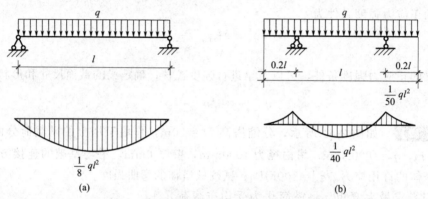

图 2-52　合理安排梁的支座

若将支座各自向里移动 $0.2l$，得到图 2-52(b)，则最大弯矩减小为

$$M_{max} = \frac{1}{40}ql^2$$

后者只是前者的 1/5，故其弯曲强度得以提高。化工厂的卧式容器和龙门吊车大梁的支承不在两端，而向里移动一定的距离，就是利用这个道理。

（2）合理布置载荷　如图 2-53 所示，集中力 F 作用在简支梁中点时，其最大弯矩为

$$M_{max} = \frac{1}{4}Fl$$

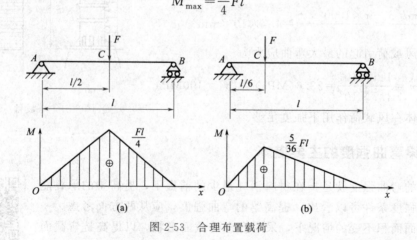

图 2-53　合理布置载荷

将集中力 F 移至距 A 支座 $l/6$ 处时，得到图 2-53(b)，其最大弯矩为

$$M_{\max}=\frac{5}{36}Fl$$

比前者的最大弯矩减少了近一半，故其弯曲强度得以提高。例如传动轴上的齿轮靠近轴承安装就是利用了这个道理。

比较图 2-52(a) 和图 2-53(a) 可知，将集中力分散作用，亦可明显降低最大弯矩值。例如吊车增加副梁，运输大型设备的多轮平板车都是将集中力分散作用的实例。

单元六 压杆稳定

一、压杆稳定性的概念

如图 2-54(a) 所示，在细长直杆两端作用有一对大小相等、方向相反的轴向压力，杆件处于平衡状态。若施加一个横向干扰力，则杆件变弯，如图 2-54(b) 所示。当轴向压力 F 小于某一数值 F_{cr} 时，若撤去横向干扰力，压杆能恢复到原来的直线平衡状态，如图 2-54(c) 所示，这种平衡称为稳定平衡；当轴向压力 F 大于某一数值 F_{cr} 时，若撤去横向干扰力，压杆不能恢复到原来的直线平衡状态，如图 2-54(d) 所示，此时压杆处于不稳定平衡状态，称为丧失稳定或简称失稳。

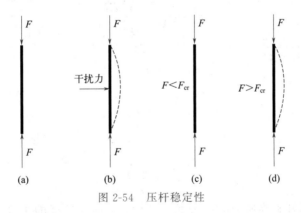

图 2-54　压杆稳定性

二、压杆的临界力和临界应力

1. 压杆的临界力

如上所述，杆件所受压力逐渐增加到某个极限值时，压杆将由稳定状态转化为不稳定状态。这个压力的极限值称为临界压力 F_{cr}。它是压杆保持直线稳定形状时所能承受的最大压力。只要杆件的轴向工作压力小于压杆的临界压力，压杆就不会失稳。

压杆的临界压力大小可由理论推导得出，此公式又称欧拉公式

$$F_{cr}=\frac{\pi^2 EI}{(\mu L)^2} \qquad (2\text{-}37)$$

式中　E——材料的弹性模量，MPa；

I——压杆横截面的轴惯性矩，mm^4；

l——压杆的长度，mm；

μ——支座系数，取决于压杆两端支座形式，见表2-3。

表 2-3　不同支座形式下的支座系数

支座形式	两端铰支	一端固定一端自由	一端固定一端铰支	两端固定
简图				
μ	1	2	0.7	0.5

轴惯性矩是表示截面形状和尺寸的几何量，大小取决于截面的形状和尺寸。工程中常用的型钢，如工字钢、槽钢、角钢等，它们的形状和几何尺寸均已标准化，因此其轴惯性矩可以从型钢规格表中查取。

2. 压杆的临界应力

设压杆横截面面积为 A，则压杆的临界应力为

$$\sigma_{cr} = \frac{F_{cr}}{A} = \frac{\pi^2 EI}{(\mu l)^2 A} \tag{a}$$

将压杆截面的惯性半径

$$i = \sqrt{\frac{I}{A}}$$

代入上式，并令

$$\lambda = \frac{\mu l}{i} \tag{b}$$

推导得

$$\sigma_{cr} = \frac{\pi^2 E}{\lambda^2} \tag{2-38}$$

式(2-38)称为压杆临界应力欧拉公式。式中，λ 称为压杆的柔度，它综合反映了压杆的支承情况、长度、截面形状与尺寸等对临界应力的影响，是一个无量纲的量。由式(b)及式(2-38)可以看出，如压杆的长度 l 愈大，惯性半径 i 愈小，即压杆愈细长，且两端约束较弱时，λ 就愈大，σ_{cr} 愈小，则压杆越易失稳。所以 λ 是度量压杆失稳难易的重要参数。

三、压杆稳定性计算

临界力和临界应力是压杆丧失工作能力时的极限值。为了保证压杆具有足够的稳定性，不但要求压杆的轴向压力或工作应力小于其极限值，而且还应考虑适当的安全储备。因此压杆的稳定条件为

$$F \leqslant \frac{F_{cr}}{n_{cr}} \tag{2-39}$$

式中，n_{cr} 称为稳定安全系数。由于考虑压杆的初曲率、加载的偏心以及材料不均匀等因素对临界力的影响，n_{cr} 值一般比强度安全系数规定的高些。静载下，其值一般为：

钢类 $n_{cr} = 1.8 \sim 3.0$

铸铁 $n_{cr} = 4.5 \sim 5.5$

木材 $n_{cr} = 2.5 \sim 3.5$

若将式(2-39)改写成如下形式

$$n = \frac{F_{cr}}{F} \geqslant n_{cr} \tag{2-40}$$

此式为用安全系数表示的压杆的稳定条件，称为安全系数法。式中，n 为工作安全系数，它等于临界力与工作压力之比值。

若将式(2-39)的两边同时除以压杆的横截面面积 A，则可得

$$\frac{F}{A} \leqslant \frac{F_{cr}}{A n_{cr}}$$

或

$$\sigma \leqslant \frac{\sigma_{cr}}{n_{cr}} = [\sigma_{cr}] \tag{2-41}$$

此即为用应力形式表示的压杆稳定条件。式中，$[\sigma_{cr}]$ 为压杆的稳定许用应力。由于临界应力 σ_{cr} 随柔度 λ 而变化，所以稳定许用应力 $[\sigma_{cr}]$ 也随 λ 而变。为计算方便起见，通常将稳定许用应力 $[\sigma_{cr}]$ 表示为压杆材料的强度许用应力 $[\sigma]$ 乘上一个系数 φ，即

$$[\sigma_{cr}] = \varphi [\sigma]$$

于是式(2-41)可写成

$$\sigma = \frac{F}{A} \leqslant \varphi [\sigma] \tag{2-42}$$

式中，φ 称为折减系数。由于 $[\sigma_{cr}] < [\sigma]$，所以 φ 必是一个小于等于 1 的系数。表 2-4 中列出了几种常用材料制成的压杆在不同柔度 λ 下的折减系数 φ 值。

表 2-4 压杆在不同柔度 λ 下的折减系数 φ 值

柔度 $\lambda = \frac{\mu l}{i}$	φ 值			柔度 $\lambda = \frac{\mu l}{i}$	φ 值		
	低碳钢	铸铁	木材		低碳钢	铸铁	木材
0	1.000	1.00	1.00	110	0.536	—	0.25
10	0.995	0.97	0.99	120	0.466	—	0.22
20	0.981	0.91	0.97	130	0.401	—	0.18
30	0.958	0.81	0.93	140	0.349	—	0.16
40	0.927	0.69	0.87	150	0.306	—	0.14
50	0.888	0.57	0.80	160	0.272	—	0.12
60	0.842	0.44	0.71	170	0.243	—	0.11
70	0.789	0.34	0.60	180	0.218	—	0.10
80	0.731	0.26	0.48	190	0.197	—	0.09
90	0.669	0.20	0.38	200	0.180	—	0.08
100	0.604	0.16	0.31				

利用公式(2-42)进行压杆稳定计算的方法，称为折减系数法。

【例 2-13】 如图 2-55 所示的立式储罐总重为 $G=260\text{kN}$，由四根支柱对称地支承。已知每根支柱的高度为 $l=2.8\text{m}$，由 $\phi76\text{mm}\times5\text{mm}$ 钢管制成。其许用应力为 $[\sigma]=120\text{MPa}$，支柱两端的约束可简化为铰支。试对该支柱进行稳定性校核。

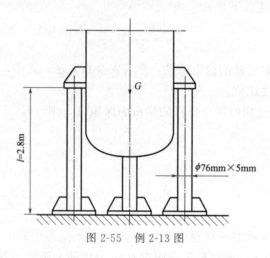

图 2-55　例 2-13 图

解：根据题意，支柱承受储罐总重 G 的作用，可视为两端铰支的压杆。

(1) 计算支柱的柔度 λ。已知钢管外径 $D=76\text{mm}$，内径 $d=76-2\times5=66(\text{mm})$，而钢管的横截面面积为

$$A=\frac{\pi}{4}(D^2-d^2)=\frac{\pi}{4}(0.076^2-0.066^2)=0.00112(\text{m}^2)$$

钢管横截面的惯性半径为

$$i=\sqrt{\frac{I}{A}}=\sqrt{\frac{\frac{\pi}{64}(D^4-d^4)}{\frac{\pi}{4}(D^2-d^2)}}=\frac{\sqrt{(D^2+d^2)}}{4}=\frac{\sqrt{(0.076^2+0.066^2)}}{4}=0.025(\text{m})$$

因支柱两端的约束简化为铰支，故其长度系数 $\mu=1$，由此求得支柱的柔度 λ 为

$$\lambda=\frac{\mu l}{i}=\frac{1\times2.8}{0.025}=112$$

(2) 计算支柱的稳定许用应力 $[\sigma_{cr}]$。由表 2-4 查得钢管的折减系数为 $\varphi=0.522$。说明：钢管的 $\lambda=112$，介于 110 和 120 之间，根据插值法，$\lambda=112$ 对应的折减系数为 $\varphi=0.536+\dfrac{(0.466-0.536)\times(112-110)}{120-110}=0.522$。故得

$$[\sigma_{cr}]=\varphi[\sigma]=0.522\times120=62.64(\text{MPa})$$

(3) 校核支柱的稳定性。由于四根支柱对称地支承，故可假定每根支柱所承受的轴向压力相等，其值为

$$F=\frac{G}{4}=\frac{260}{4}=65(\text{kN})$$

支柱的工作应力 σ 为

$$\sigma = \frac{F}{A} = \frac{65 \times 10^3}{0.00112} = 58.04 \times 10^6 (\text{N/m}^2) = 58.04(\text{MPa})$$

由 $\sigma = 58.04\text{MPa} < 62.64\text{MPa}$，所以该支柱的稳定性足够。

四、提高压杆稳定性的措施

提高细长杆的稳定性，可通过以下措施来实现。

（1）减小压杆长度　临界力与杆长平方成反比，在允许情况下，减小杆长，可大大提高稳定性。

（2）改善支座形式　临界力与支座形式有关。固定端比铰链支座的稳定性好，自由端最差。强化杆端约束的刚性，可使压杆的稳定性得到相应提高。

（3）合理选择截面形状　临界力与截面的轴惯性矩成正比。选择轴惯性矩大的截面，比如圆环形截面比圆形截面合理，型钢截面比矩形截面合理，可提高压杆的稳定性。

（4）合理选用材料　临界力与材料的弹性模量 E 成正比。由于钢材的弹性模量比铸铁、铜、铝大，因此压杆宜选用钢材，可提高压杆稳定性。

小结

力是物体间相互的机械作用。力对物体的作用效果，由力的大小、力的方向、力的作用点决定，这三个要素称为力的三要素。

由一对大小相等、方向相反、作用线平行但不重合的力所组成的力系称为力偶，力偶对物体的转动效应用力偶矩来度量。

力的性质即静力学公理，是研究力系简化和平衡的理论依据，常用的静力学公理有二力平衡公理、加减平衡力系公理、作用力与反作用力公理、力的平行四边形公理、力的平移定理。

物体受到的力分为主动力和约束反力，约束反力由约束类型决定，工程中常见的约束类型有柔体约束、光滑面约束、光滑铰链约束和固定端约束。

平面任意力系平衡的充分必要条件是：主矢 R' 和主矩 M_O 同时为零。

材料力学中，构件的基本变形有四种，即拉伸与压缩、剪切与挤压、扭转、弯曲。计算杆件内力常用截面法，截面法分为截、弃、代、平四步。单位横截面面积上的内力称为应力，应力反映了横截面上内力分布的密集程度，对构件的破坏分析具有重要意义。常用强度条件来判断构件是否可安全工作，强度条件可用于校核，也可以指导设计。

国际知名力学大师——钱学森

钱学森先生是国际知名的力学大师，他的许多力学著作堪称经典文献，他对近代力学以至技术科学的内涵和发展方向发表过全面系统的论述，对于指导我国实现科学和技术的现代化具有重要的现实意义。

在1939—1953年这十多年的时间里，钱学森在应用力学领域中，紧密联系高速飞行，为突破"声障"和"热障"所面临的前沿难题，几乎全方位地进行探索，并做出重大贡献。下面将介绍他在薄壳稳定性方面的研究工作。

钱学森研究球壳失稳问题。他认为经典理论之所以失败，在于没有考虑到在加载过程中球壳除了保持球形位形以外，还可能存在位能更低的其他位形。壳体在受到外界干扰时，会从球形位形跃变到位能较低的某个位形。他认为，有必要区分经典线性理论所给出的"上"屈曲载荷以及壳体发生有限变形而屈曲的"下"屈曲载荷。前者可以在试验中小心避免不对称等初始缺陷而达到，而设计所需的临界载荷只能是后者。钱学森运用上述能量跃变原则，计算得到的"下"屈曲载荷值确实和试验值很接近。紧接着，钱学森把能量跃变原则推广到应用更为广泛的柱壳的情况。上述研究结果很快被设计师所采用。

钱学森先生不但是一位造诣广博而精深的应用力学家和技术科学家，而且是一位具有远见卓识的战略科学家。他的深远的科学思想为我们这个时代的科学事业提供了丰硕的宝藏。我们不仅应当珍惜它，更应该深入学习它和充分应用它，建设起一支强大的科技队伍，在新世纪里把祖国建成繁荣富强的科技强国。

思考与练习

一、选择题

1. 物体上的力系位于同一平面内，若各力既不汇交于一点，又不全部平行，则该力系为（　　）。

   A. 平面汇交力系　　B. 平面平行力系　　C. 平面力偶系　　D. 平面任意力系

2. 梁弯曲时，横截面上存在的内力是（　　）。

   A. 剪力和扭矩　　B. 轴力和弯矩　　C. 轴力和扭矩　　D. 剪力和弯矩

3. 下列说法不正确的是（　　）。

   A. 力可以平移到刚体内的任意一点

   B. 力偶在坐标轴上的投影为零

   C. 作用力和反作用总是作用在两个不同物体上

   D. 平面汇交力系可以合成一个力

4. 下列说法中，正确的是（　　）。

   A. 内力随外力的增大而增大　　B. 内力的单位是 N 或者 kN

   C. 内力与外力无关　　D. 内力沿着杆轴线

5. 轴向拉伸或压缩时，关于轴力的说法，错误的是（　　）。

   A. 轴力的作用线沿轴线方向　　B. 拉伸或压缩时内力只有轴力

   C. 轴力与轴的材料无关　　D. 轴力是外力

二、判断题

1. 二力平衡的必要和充分条件是：二力等值、反向、共线。（　　）

2. 只受两个力的物体但不保持平衡的物体不是二力体。（ ）
3. 力的作用点沿作用线移动后，其作用效果改变了。（ ）
4. 力偶可以合成一个合理。（ ）
5. 作用力与反作用力总是作用在同一物体上。（ ）
6. 约束反力的方向总是与约束所限制的非自由体的运动方向相反。（ ）

三、作图题

试画出下图中每个标注符号的构件的受力图。设各接触面均为光滑面，未标注重力的不计重力。

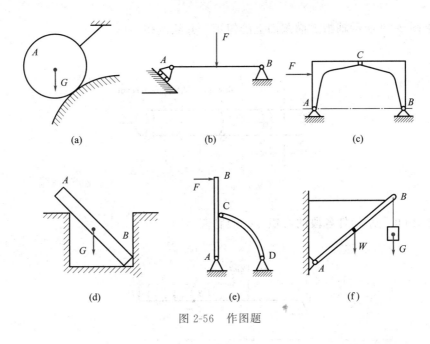

图 2-56　作图题

四、计算题

1. 人字梯由 AB、AC 两杆在 A 铰接，又在 D、E 两点用水平绳连接。梯子放在光滑的水平面上，其一边有人攀登而上，人的重力为 G，尺寸如图 2-57 所示。如不计人字梯自重，求绳的张力铰接点 A 的内力。

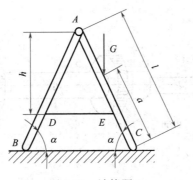

图 2-57　计算题 1

2. 阶梯状直杆受力如图 2-58 所示。已知 AD 段横截面面积 $A_{AD}=1000\mathrm{mm}^2$，DB 段横截面面积 $A_{DB}=500\mathrm{mm}^2$，材料的弹性模量 $E=200\mathrm{GPa}$。求各截面的应力和该杆的总变形量 Δl_{AB}。

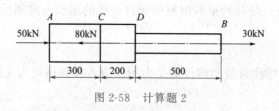

图 2-58　计算题 2

3. 试求图 2-59 所示轴指定横截面上的扭矩，并绘制扭矩图。

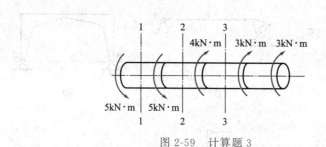

图 2-59　计算题 3

4. 求图 2-60 所示构件各段的弯矩，并绘制弯矩图。

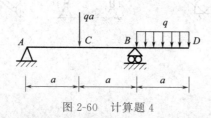

图 2-60　计算题 4

5. 如图 2-61 所示，阶梯形圆轴直径分别为 $d_1=40\mathrm{mm}$，$d_2=70\mathrm{mm}$，轴上装有三个齿轮。已知由轮 1、轮 3 处输入的功率分别为 13kW、30kW。轴作匀速转动，转速为 200r/min，材料的剪切许用应力 $[\tau]=60\mathrm{MPa}$，$G=80\mathrm{GPa}$，许用单位扭转角 $[\theta]=1.5°/\mathrm{m}$，试校核轴的强度和刚度。

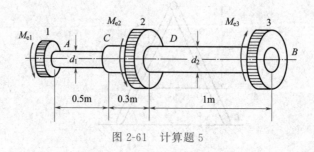

图 2-61　计算题 5

五、案例分析

搅拌反应釜是用于化学反应的设备，搅拌装置是其重要组成部分之一。现需设计某搅拌反应釜搅拌装置搅拌轴。已知搅拌装置配置的电机功率 $P=3.0\text{kW}$，搅拌轴的转速 $n=85\text{r/min}$，材料为 45 钢，$[\tau]=40\text{MPa}$，剪切弹性模量 $G=8\times10^4\text{MPa}$，许用单位扭转角 $[\theta]=1.0°/\text{m}$，试设计该搅拌轴轴径。

 思路点拨

由电机功率和轴的转速计算该轴的输入扭矩，根据轴的强度条件计算该轴最小轴径，并初选轴径。初选轴径后，对轴进行刚度校核和稳定性校核，从而最终确定轴径，完成搅拌轴轴径设计。

模块三 常用传动与连接

学习目标

知识目标

掌握带传动、链传动、齿轮传动、液压传动的组成、工作原理、类型、特点、应用、失效形式及传动比计算，掌握轴承的种类、结构、代号、应用及润滑；熟悉连接的类型、特点及其应用；了解联轴器和离合器的作用、类型及应用，了解轴的作用、类型及应用。

技能目标

根据所学知识，能分析工厂生产中主要传动装置的工作原理；能够根据工程需要选择合适类型的传动装置；能计算传动比；能分析工厂中各类机器要求的连接方式；能够根据需要选择轴承。

素质目标

树立严肃认真、遵守规范、遵章守纪意识；具有严肃认真、踔厉奋进的精神；像雷锋一样愿做一颗小小的螺丝钉，虽然渺小，但处处离不了，不因事小而不为，自始至终坚持从小事做起、从我做起，最终会成为栋梁之材。

人们无论在日常生活中，还是在工业各领域，都离不开机械。传动与连接是机械最基础也是最重要的组成部分。本模块将对常用传动与连接的基础知识作介绍。

单元一 概述

一、传动的概念

如图 3-1 所示的带式运输机，在电动机的驱动下，通过联轴器和减速器将运动和动力传递给运输机，实现自动输送物料的功能。

在带式运输机中，电动机 1 提供机械能，是机器的动力来源，称为原动机部分；运输机 5 直接完成输送物料的任务，是执行部分；联轴器 2、4，齿轮减速器 3 等是将原动机输出的运动和动力传递给运输机的中间环节,称为传动部分,简称传动;电动机开关等起操纵作用,是操纵或控制部分。

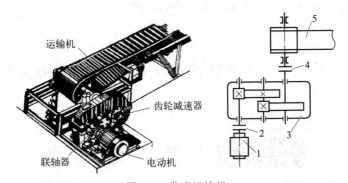

图 3-1 带式运输机
1—电动机;2,4—联轴器;3—齿轮减速器;5—运输机

机器主要由原动机部分、传动部分、执行部分和操纵或控制部分组成。传动部分在机器中占有重要地位,对机器的结构、外形有重大影响。

二、传动的类型及功用

1. 传动的类型

(1) 机械传动 采用机械零件组成的传动装置来传递运动和动力,如带传动、链传动及齿轮传动等。

(2) 液压传动 采用液压元件,利用液体作为工作介质,以其压力来传递运动和动力。

(3) 气压传动 采用气压元件,利用气体作为工作介质,以其压力来传递运动和动力。

(4) 电气传动 采用电力设备、电气元件,利用调整其电参数来传递运动和动力。

在工业领域应用最多的是机械传动。常用的机械传动有带传动、链传动、齿轮传动、螺旋传动等。

2. 传动的功用

① 传递动力。通过传动部分,把原动机部分的机械能传递给执行部分,使执行部分获得动力,从而完成任务。

② 改变运动形式。将原动机的运动形式转变为执行部分所需要的运动形式,如将直线运动改变为旋转运动。

③ 实现运动的合成与分解。

④ 改变运动速度。将原动机输出速度降低或增高,以满足执行部分的需要。

三、机械传动的传动比和效率

(1) 传动比 当机械传动传递回转运动时,主动件的转速 n_1 与从动件转速 n_2 的比值,称为传动比,用 i 表示,即

$$i = \frac{n_1}{n_2} \tag{3-1}$$

当传动比 $i<1$ 时,$n_1<n_2$,为增速传动,i 值越小,机械传动增大转速的能力越强;

当传动比 $i>1$ 时，$n_1>n_2$，为减速传动，i 值越大，机械传动降低转速的能力越强。

（2）效率　由于摩擦等原因，机械传动中有能量损耗，传动输出功率 P_2 小于输入功率 P_1，二者的比值称为机械传动的效率，用 η 表示，即

$$\eta = \frac{P_2}{P_1} \tag{3-2}$$

机械传动的效率显示动力机驱动功率的有效利用程度，是反映机械传动装置性能的指标。

单元二　带传动与链传动

一、带传动的类型

认识带传动

带传动由主动带轮 1、从动带轮 2 和套在带轮上的挠性传动带 3 组成，如图 3-2 所示。根据工作原理不同可分为啮合带传动和摩擦带传动。

1. 啮合带传动

啮合带传动是利用带内侧的齿或孔与带轮表面上的齿相互啮合来传递运动和动力的。有同步齿形带传动和齿孔带传动两种形式（图 3-3）。由于是啮合传动，带与带轮之间无相对滑动，因此能保证准确传动比，能适应的速度、功率范围大，传动效率较高。常用于传动比要求较准确的中、小功率的传动，如电影放映机、打印机、录音机、磨床及医用机械中。

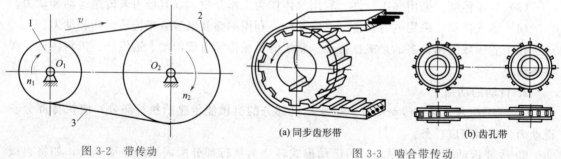

图 3-2　带传动
1—主动带轮；2—从动带轮；3—传动带

图 3-3　啮合带传动
(a) 同步齿形带　　(b) 齿孔带

2. 摩擦带传动

摩擦带传动中的带紧套在主、从动带轮上（图 3-2），使带与带轮的接触面间产生一定正压力，当主动轮转动时，依靠带与带轮接触面间产生的摩擦力来驱动从动轮转动，从而将主动轴的运动和动力传递给从动轴。

（1）摩擦带传动的类型　按带的截面形状，可分为平带传动、V 带传动、圆带传动及多楔带传动等，如图 3-4 所示。

① 平带传动　如图 3-4(a) 所示，平带的横截面为矩形，带的内表面为工作面。结构简单、带轮制造容易，平带比较薄，挠曲性好，可形成开口传动和交叉传动。通常用于传递功率在 30kW 以下、带速不超过 30m/s、传动比 $i<5$ 的场合。传动效率通常为 0.92～0.98。

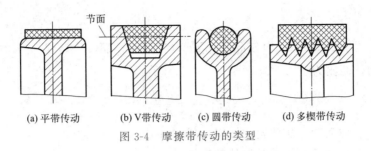

(a) 平带传动　　(b) V带传动　　(c) 圆带传动　　(d) 多楔带传动

图 3-4　摩擦带传动的类型

② V带传动　如图 3-4(b) 所示，V带的横截面为梯形，是没有接头的环形带；带轮的轮缘与 V 带横截面相匹配。V 带紧套在带轮槽内，两侧面为工作面。在相同条件下，V 带传动的摩擦力比平带传动的摩擦力约大 3 倍，因而传递功率较大，应用广泛。通常用于传递功率在 40～75kW 以下、带速在 5～25m/s、传动比 $i<7$～15 的场合。传动效率通常为 0.90～0.96。

③ 圆带传动　如图 3-4(c) 所示，圆带的截面为圆形，一般用皮革或棉绳制成。结构简单，传递功率小，柔韧性好，常用于低速轻载场合。

④ 多楔带传动　如图 3-4(d) 所示，多楔带是以平带为基体并且内表面具有等距的纵向楔的传动带，楔侧面为工作面，兼有平带与 V 带的优点，柔韧性好，工作接触面数多，传递功率大，效率高，带速范围为 20～40m/s，传动比大，主要用于要求结构紧凑、传动平稳、传递功率较大的场合。

(2) 摩擦带传动的打滑与弹性滑动

① 打滑　如图 3-5 所示，摩擦带传动工作时，带两边的拉力发生了变化，进入主动轮的一边被拉紧，称为紧边，其拉力将增大；离开主动轮的一边被放松，称为松边，其拉力将减小。松、紧边的拉力差为有效圆周力，有效圆周力等于带与带轮间摩擦力的总和，当传递的圆周力超过该极限摩擦力时，带就会沿带轮表面发生全面滑动，这种现象称为打滑。打滑时，传动带的速度下降，使带传动失效。

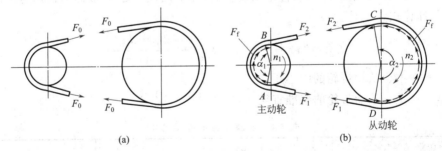

图 3-5　带的受力分析

② 弹性滑动　带具有一定弹性，受拉后产生弹性变形，拉力大则伸长量大。因带的弹性以及松、紧边的拉力差致使带与带轮间产生微小的相对滑动，这种现象称为带的弹性滑动。弹性滑动是不可避免的。弹性滑动使传动效率降低，磨损加剧，并导致从动轮的圆周速度小于主动轮的圆周速度，使传动比不准确。

③ 传动比　虽然弹性滑动将导致从动轮的圆周速度小于主动轮圆周速度，使传动比不准确。但弹性滑动很微小，可认为两带轮的圆周速度 v_1、v_2 近似相等，即

而

$$v_1 \approx v_2$$

$$v_1 = \frac{\pi d_1 n_1}{60 \times 100} \quad v_2 = \frac{\pi d_2 n_2}{60 \times 1000}$$

故摩擦带传动的传动比为

$$i = \frac{n_1}{n_2} = \frac{d_{d2}}{d_{d1}} \tag{3-3}$$

式中 n_1，n_2——主动轮、从动轮的转速，r/min；

d_{d1}，d_{d2}——主动轮、从动轮的基准直径，mm。

当主动轮的基准直径 d_{d1} 小于从动轮的基准直径 d_{d2} 时，传动比 $i>1$，$n_1>n_2$，为减速传动。反之，$i<1$，$n_1<n_2$，为增速传动。

(3) 摩擦带传动的特点

① 传动带有良好的弹性，能缓和冲击，吸收振动，传动平稳无噪声。

② 传动带与带轮通过摩擦力来传递运动和动力，当传递的动力超过许用负荷时，传动带会在带轮上打滑，从而避免其他零件的损坏，起到过载保护作用。

③ 带传动可以用在中心距较大的场合。结构简单、制造容易、成本低廉、维护方便。

④ 带传动因存在弹性滑动，不能保证恒定的传动比，传动效率较低，寿命较短。

⑤ 带传动外廓尺寸较大，轴向压力较大。带传动不适宜用在高温、易燃和易爆的场合。

由此可知，摩擦带传动通常用于要求传动比不十分准确、结构不紧凑的中小功率传动。一般多用于原动机部分至执行部分的高速传动。

二、普通 V 带和 V 带轮

1. 普通 V 带

当 V 带绕过 V 带轮时将产生弯曲变形，其上层受拉而变窄，下层受压而变宽，其间有宽度不变的一层称为节面，节面的宽度称为节宽 b_p，如表 3-1 所示，与之对应的带轮直径称为带轮的基准直径，V 带轮的基准直径见表 3-2。在节面位置处 V 带的周长称为带的基准长度，其近似计算式为

$$L_{d0} = 2a_0 + \frac{\pi}{2}(d_{d1} + d_{d2}) + \frac{(d_{d2} - d_{d1})^2}{4a_0} \tag{3-4}$$

式中 a——主、从动带轮的中心距；

d_{d1}，d_{d2}——主、从动带轮的基准直径。

表 3-1 普通 V 带的截面尺寸

型号	Y	Z	A	B	C	D	E
节宽 b_p/mm	5.3	8.5	11.0	14.0	19.0	27.0	32.0
顶宽 b/mm	6.0	10.0	13.0	17.0	22.0	32.0	38.0
高度 h/mm	4.0	6.0	8.0	11	14	19.0	23
楔角 θ	40°						
截面面积 A/mm²	47	81	138	230	470	682	1170
每米长质量 q/kg·m⁻¹	0.02	0.06	0.10	0.17	0.30	0.62	0.90

由 L_{d0} 值按标准（见表 3-3）选取带的基准长度 L_d。

普通 V 带已实现标准化，GB/T 11544—2012 按截面尺寸由小到大分为 Y、Z、A、B、C、D、E 七种型号，各型号的截面尺寸如表 3-1 所示，其基准长度系列如表 3-3 所示。V 带标记内容和顺序为型号、基准长度和标准号。例如标记为"B1000 GB/T 11544—2012"表示 B 型 V 带，基准长度为 1000mm。V 带标记通常压印在带的顶面上。

表 3-2　V 带轮的最小直径及基准直径系列　　　　　　　　　　　　　　mm

带型	Y	Z	A	B	C	D	E
$d_{d\min}$	20	50	75	125	200	355	500
d_d 系列	20　22.4　25　28　31.5　35.5　40　45　50　56　63　71　75　80　85　90　95　100　106　112　118　125　132　140　150　160　170　180　200　212　224　236　250　265　280　300　315　335　355　375　400　425　450　475　500　530　560　600　630　670　710　750　800　900　1000　1060　1120　1250　1400　1500　1600　1800　1900　2000　2240　2500						

表 3-3　普通 V 带的基准长度　　　　　　　　　　　　　　　　　　mm

带的型号	Y	Z	A	B	C	D	E
基准长度 L_d	200～500	406～1540	630～2700	930～6070	1565～10700	2740～15200	4660～16800
基准长度系列	200　224　250　280　315　355　400　450　500　560　630　710　800　1000　1120　1250　1400　1600　1800　2000　2240　2500　2800　3150　3550　4000　4500　5000　5600　7100　8000　9000　10000　11200　12500　14000　16000						

2. 普通 V 带轮

普通 V 带轮外圈环形部分称为轮缘，在其表面制有与带的根数、型号相对应的轮槽，轮槽尺寸均已标准化（GB/T 13575.1—2022），各型号的轮槽尺寸如表 3-4 所示。由于轮槽尺寸与带的型号相对应，因此，可通过测量轮槽的尺寸来推测带的型号。为使带轮自身惯性力尽可能平衡，高速带轮的轮缘内表面也应加工。

表 3-4　普通 V 带轮轮槽尺寸　　　　　　　　　　　　　　　　　　mm

型号		Y	Z	A	B	C	D	E
轮槽顶宽 b		6.3	10.1	13.2	17.2	23	32.7	38.7
基准线上槽深 $h_{a\min}$		1.6	2.0	2.75	3.5	4.8	8.1	9.6
基准线下槽深 $h_{f\min}$		4.7	7.0	8.70	10.8	14.3	19.9	23.4
槽间距 e		8±0.3	12±0.3	15±0.3	19±0.4	25.5±0.5	37±0.6	44.5±0.7
槽中心至轮端面距离 $f_{\min}$		6	7	9	11.5	16	23	28
槽底至轮缘厚度 $\delta_{\min}$		5	5.5	6	7.5	10	12	15
轮缘宽度 B		$B=(Z-1)e+2f$　　　Z—轮槽数						
$\varphi=32°$	对应基准直径 d	≤60	—	—	—	—	—	—
$\varphi=34°$		—	≤80	≤118	≤190	≤315	—	—
$\varphi=36°$		>60	—	—	—	—	≤475	≤600
$\varphi=38°$		—	>80	>118	>190	>315	>475	>600

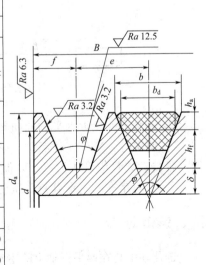

普通 V 带轮的结构如图 3-6 所示。

实心式　　　腹板式　　　孔板带轮　　　轮辐式
(直径较小)　(中等直径)　(中等直径)　(直径大于350mm)

图 3-6　普通 V 带轮的结构

当 $v \leqslant 30 \mathrm{m/s}$ 时，用灰铸铁 HT150 或 HT200 制造带轮；当 $v \geqslant 25 \sim 45 \mathrm{m/s}$ 时，则宜采用铸钢或用钢板冲压焊接带轮；小功率传动可以用铸铝或塑料，以减轻带轮重量。

三、普通 V 带传动的安装与维护

为保证传动的正常运行，延长带的使用寿命，应正确安装、使用和维护带传动。

① 选用 V 带时要注意型号应和带轮轮槽尺寸相符合。

② 新旧不同的 V 带不能混用，一根带损坏后应更换同组的所有 V 带。

③ 两带轮轴线应平行，为避免带侧面磨损加剧，相对应轮槽的中心线重合误差不得超过 20′，如图 3-7 所示。

④ 装拆时不能硬撬带，应先缩小中心距，套上带后再增大中心距，将带张紧到合适的程度，对于中等中心距的带传动，凭经验判断，即以大拇指按下 15mm 左右为宜，如图 3-8 所示。

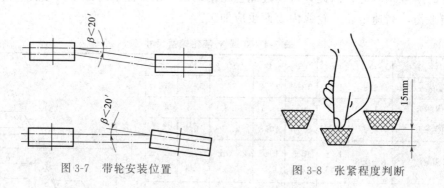

图 3-7　带轮安装位置　　　　图 3-8　张紧程度判断

⑤ 在水平或接近水平的同向传动中，一般应保证带的松边在上，紧边在下。

⑥ 使用时，V 带应注意防日晒雨淋，工作温度不应超过 60℃，避免与酸、碱、油等接触。带传动装置应设护罩，以保护带传动的工作环境和防止意外事故发生。

⑦ 带的存放应注意避免受压变形。

四、链传动

链传动由装在两平行轴上的主动链轮、从动链轮和绕在链轮上的链条所组成，如图 3-9 所示。工作时，主动链轮转动，依靠链条的链节与链轮齿的啮合把运动和动力传递给从动链轮。

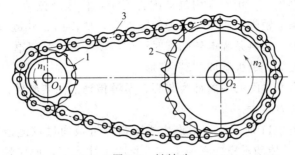

图 3-9 链转动
1—主动链轮；2—链条；3—从动链轮

1. 链传动的特点和应用

（1）链传动的特点

① 无弹性滑动和打滑现象，平均传动比准确。

② 属于啮合传动，传动效率较高。

③ 无需很大的张紧力，对轴的作用力较小。

④ 对环境的适应性强，能在恶劣环境条件下工作。

⑤ 瞬时传动比不为常数，所以传动平稳性差，有一定的冲击和噪声。

（2）链传动的应用

链传动主要用于工作可靠、两轴平行且相距较远的传动，特别适合环境恶劣的场合以及大载荷的低速传动，或具有良好润滑的高速传动等场合，如汽车、摩托车、自行车，建筑机械、农业机械、运输机械、石油化工机械等机械传动。

通常链传动的传递功率 $P \leqslant 100\text{kW}$；链速 $v \leqslant 5\text{m/s}$；传动比 $i \leqslant 8$；中心距 $a \leqslant 6\text{m}$；传动效率 $\eta = 95\% \sim 98\%$。

2. 链传动的类型

机械中传递动力的传动链主要有齿形链和滚子链两种。

（1）滚子链　滚子链的结构如图 3-10 所示，两片内链板 1 与套筒 2 用过盈配合连接，

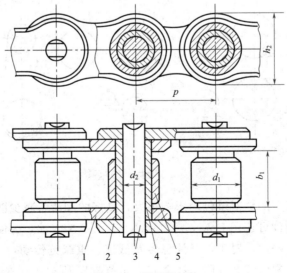

图 3-10 滚子链结构

构成内链节；两片外链板 4 与销轴 5 用过盈配合连接，构成外链节；销轴穿过套筒，将内、外链节交替连接成链条。销轴与套筒之间为间隙配合，所以内、外链节可相对转动。滚子 3 与套筒之间为间隙配合，使链条和链轮啮合时形成滚动摩擦，减轻磨损。为了减轻重量、使链板各截面强度接近相等，链板制成"8"字形。

链条相邻两销轴中心之间的距离称为节距，是链传动的主要参数。节距越大，链条的各零件尺寸越大，承载能力越大。

(2) 齿形链 如图 3-11 所示，齿形链由许多齿形链板通过铰链连接而成，链板两侧为直边，夹角 60°，齿形链传动平稳、噪声小，承受冲击性能好，但质量大、结构复杂、价格较高。一般用于速度较高（$v \leqslant 30 \text{m/s}$）或运动精度较高的传动中。

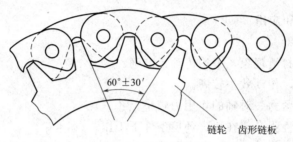

图 3-11 齿形链

3. 链传动的布置、张紧与润滑

(1) 链传动的布置

① 两轮轴线应平行，两轮运转平面应处于同一平面，两轮中心连线尽量水平布置，需要倾斜时，中心线与水平线夹角 $\leqslant 45°$。

② 为了保证良好啮合，传动链应紧边在上，松边在下。

(2) 链传动的张紧 链传动需适当张紧，以防止松边垂度过大而引起啮合不良、松边颤动和跳齿等现象。一般将其中心距设计成可调形式，通过调整中心距来张紧链轮。也可采用张紧轮来张紧，如图 3-12 所示，张紧轮一般设在松边。

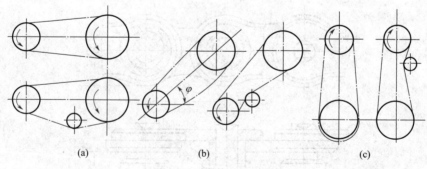

图 3-12 链传动的张紧

(3) 链传动的润滑 润滑对链传动影响很大，良好的润滑将减少磨损，缓和冲击，延长链条的使用寿命。润滑油可选用 L-AN32、L-AN46、L-AN68 油，为使润滑油能渗入各运动接触面，润滑油应加在松边。对工作条件恶劣及低速、重载链传动，当难以采用油润滑时，可采用脂润滑，但应经常清洗并加脂。润滑方式如图 3-13 所示。

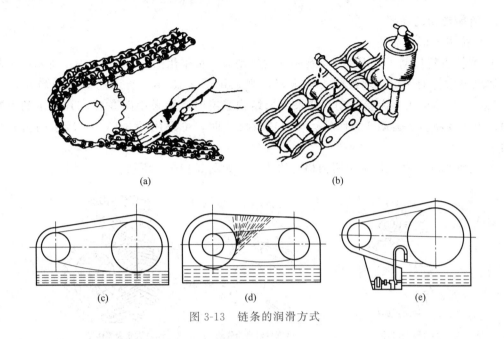

图 3-13 链条的润滑方式

单元三　齿轮传动

齿轮传动是机械传动中应用最广泛的一种，由主动齿轮 1、从动齿轮 2 及机架组成，如图 3-14 所示。当主动齿轮转动时，通过主、从动齿轮的轮齿直接接触（啮合）产生法向反力来推动从动齿轮转动，从而传递运动和动力。

认识齿轮机构

一、齿轮传动的特点和类型

1. 齿轮传动的特点

① 适用的圆周速度和功率范围大，其圆周速度可达 300m/s，传递功率可达 10^5 kW，齿轮直径可从 1mm 到 150m 以上。

② 能保证恒定的瞬时传动比，传递运动准确可靠。

③ 具有中心距可分性，由于制造、安装或轴承磨损等原因，造成中心距有偏差，但渐开线齿轮传动的传动比仍然保持不变的特性，这一特性对渐开线齿轮的制造和安装十分有利。

④ 结构紧凑，体积小，使用寿命长，能实现两轴平行、相交、交叉的各种运动。

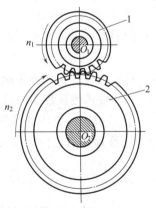

图 3-14　齿轮传动
1—主动齿轮；2—从动齿轮

⑤ 传动效率较高，一般为 0.92～0.98，最高可达 0.99。

⑥ 制造、安装精度要求高，成本高，对冲击和振动比较敏感，没有过载保护作用，不适合两轴距离较远的传动。

2. 齿轮传动的类型

（1）按齿轮形状分类

① 圆柱齿轮传动　当用于两平行轴间的传动时，可采用图 3-15(a)～(d) 所示的齿轮传动。如果要求传动平稳、承载能力较大时，则采用图 3-15(b) 所示的圆柱斜齿轮传动和图 3-15(c) 所示的人字齿轮传动，如果要求结构紧凑时，则采用图 3-15(d) 所示的内啮合传动；当需要将直线运动变为回转运动（或反之）时，可采用图 3-15(e) 所示的齿轮齿条传动。

② 圆锥齿轮传动　常用于两轴相交的传动，如图 3-15(f) 所示。

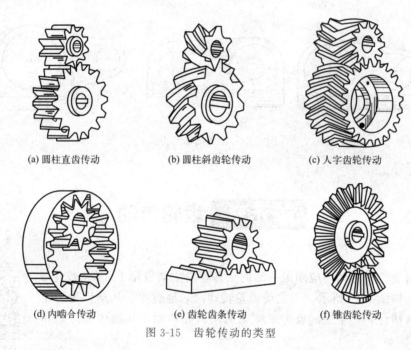

图 3-15　齿轮传动的类型

（2）按齿轮传动的工作条件分类

① 开式齿轮传动　指暴露在箱体之外的齿轮传动，工作时易落入灰尘杂质，不能保证良好的润滑，轮齿容易磨损。多用于低速或不太重要的场合。

② 闭式齿轮传动　指安装在封闭的箱体内的齿轮传动，润滑和维护条件良好，安装精确。重要的齿轮传动都采用闭式齿轮传动。

（3）按齿面硬度不同分类

① 软齿面齿轮传动（硬度≤350HB）。

② 硬齿面齿轮传动（硬度>350HB）。

二、渐开线标准直齿圆柱齿轮

1. 渐开线标准直齿圆柱齿轮的几何要素

如图 3-16 所示，直齿圆柱齿轮的几何要素有：齿顶圆 d_a、齿根圆 d_f、分度圆 d、齿距 p、齿厚 s、齿槽宽 e、齿顶高 h_a、齿根高 h_f、全齿高 h、齿宽 b。

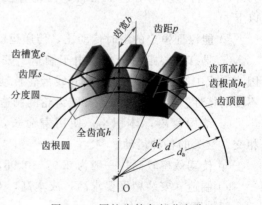

图 3-16　圆柱齿轮各部分名称

2. 渐开线标准直齿圆柱齿轮的基本参数

(1) 齿数 z 齿数是齿轮上轮齿的个数。一般 $z \geq 17$，推荐 $z_1 = 24 \sim 40$。z_1、z_2 应互为质数。

(2) 模数 m 分度圆上有 $\pi d = pz$，则分度圆直径 $d = pz/\pi$，令 $m = p/\pi$，单位为 mm，称为模数。模数反映轮齿的大小。模数越大，轮齿越大，承载能力越大。分度圆直径 $d = mz$。

(3) 压力角 α 渐开线齿轮啮合时，啮合点的速度方向与啮合点的受力方向之间所夹的锐角，称为压力角。通常所说的压力角是指分度圆上的压力角，用 α 表示，国标规定 $\alpha = 20°$。

(4) 齿顶高系数 h_a' 和顶隙系数 c' 这两个参数已标准化，国标规定：正常齿 $h_a' = 1$，$c' = 0.25$；短齿 $h_a' = 0.8$，$c' = 0.3$。

将模数 m、压力角 α、齿顶高系数 h_a' 和顶隙系数 c' 皆为标准值的齿轮称为标准齿轮。

根据齿轮的基本参数结合公式即可算出齿轮各部分的尺寸，见表 3-5。

表 3-5 渐开线标准直齿圆柱齿轮主要几何尺寸的计算公式

名称	符号	计算公式
齿顶高	h_a	$h_a = h_a^* m$
齿根高	h_f	$h_f = (h_a^* + c^*)m$
全齿高	h	$h = h_f + h_a = (2h_a^* + c^*)m$
顶隙	c	$c = c^* m$
齿距	p	$p = \pi m$
齿厚	s	$s = p/2 = \pi m/2$
齿槽宽	e	$e = p/2 = \pi m/2$
分度圆直径	d	$d = mz$
基圆直径	d_b	$d_b = d\cos\alpha$
齿顶圆直径	d_a	$d_a = d \pm 2h_a = m(z \pm 2h_a^*)$
齿根圆直径	d_f	$d_f = d \mp 2h_f = m(z \mp 2h_a^* \mp 2c^*)$
标准中心距	a	$a = r_1' \pm r_2' = r_1 \pm r_2 = \frac{1}{2}(d_2 \pm d_1) = \frac{1}{2}m(z_2 \pm z_1)$

注：式中上边算符适用于外齿轮、外啮合，下边算符适用于内齿轮、内啮合。

3. 渐开线标准直齿圆柱齿轮的传动比计算

设主动齿轮、从动齿轮的齿数分别为 z_1、z_2，转速分别为 n_1、n_2，则齿轮的平均传动比为

$$i = \frac{n_1}{n_2} = \frac{z_2}{z_1} \tag{3-5}$$

说明齿轮传动的平均传动比等于两齿轮齿数的反比。当主动齿轮齿数 z_1 小于从动齿轮的齿数 z_2 时，$i > 1$，为减速传动；反之，为增速传动。

4. 渐开线标准直齿圆柱齿轮传动的正确啮合条件

可以论证，直齿圆柱齿轮传动的正确啮合条件为两齿轮的模数、压力角分别相等，即

$$m_1 = m_2 = m, \alpha_1 = \alpha_2 = \alpha$$

三、齿轮传动的失效形式

齿轮在传动过程中，由于某种原因而不能正常工作，从而失去了正常的工作能力，称为失效。齿轮传动的失效主要是指轮齿的失效。由于存在各种类型的齿轮传动，而各种传动的工作状况、所用材料、加工精度等因素各不相同，所以造成齿轮轮齿出现不同的失效形式。

1. 轮齿折断

齿轮的轮齿沿齿根整体折断或局部折断。轮齿在重复变化的弯曲应力作用下或齿根处的应力集中导致轮齿疲劳折断；当轮齿受到短时过载或意外冲击而产生过载折断，如图 3-17 所示。轮齿折断是闭式硬齿面齿轮传动的主要失效形式。

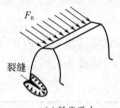
(a) 轮齿受力

(b) 全齿折断

(c) 局部齿折断

图 3-17　轮齿折断

防止轮齿折断的方法是选择恰当的模数和齿宽，采用合适的材料和热处理工艺，增大齿根圆角半径并减小齿面的粗糙度，使齿根弯曲应力不超过许用值等，均能有效地避免轮齿折断。

2. 齿面点蚀

齿面接触应力是交变的，应力经多次重复后，靠近齿根一侧的节线附近出现细小裂纹，裂纹逐渐扩展，导致表层小片金属剥落而形成麻点状凹坑，称为齿面疲劳点蚀，如图 3-18 所示。齿面点蚀是闭式软齿面齿轮传动的主要失效形式。出现点蚀的轮齿，产生强烈的振动和噪声，导致齿轮失效。

齿面点蚀

防止齿面点蚀的方法是提高齿面硬度，采用黏度高的润滑油，选择正变位齿轮等，均可减缓或防止点蚀产生。

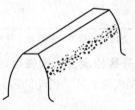

图 3-18　齿面点蚀

3. 齿面磨损

灰尘、金属屑等杂质进入轮齿的啮合区，由于两齿面产生相对滑动引起摩擦磨损，如图 3-19 所示。齿面磨损是开式齿轮传动的主要失效形式，磨损后，正确的齿形遭到破坏，齿厚减薄，最后导致轮齿因强度不足而折断。润滑油不清洁的闭式传动也可能出现齿面磨损。

防止齿面磨损的方法是提高齿面的硬度,降低齿面粗糙度,保持润滑油的清洁,尽量采用闭式传动等均能有效地减轻齿面的磨损。

4. 齿面胶合

在高速重载的传动中,由于啮合区的压力很大,润滑油膜因温度升高容易破裂,造成两金属表面直接接触,产生瞬时高温,使齿面接触区熔化并黏结在一起。当齿面相对滑动时,将较软的金属表面沿滑动方向撕下一部分,形成沟纹,这种现象称为胶合,如图 3-20 所示。

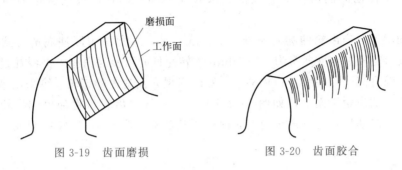

图 3-19　齿面磨损　　　　　图 3-20　齿面胶合

防止齿面胶合的方法是采用黏度较大或有添加剂的抗胶合润滑油;加强散热措施;提高齿面硬度和改善粗糙度;尽可能采用不同成分的材料制造配对的齿轮等。

5. 齿面塑性变形

未经硬化的软齿面齿轮在啮合过程中,沿摩擦力方向发生塑性变形,导致主动轮节线附近出现凹沟,从动轮节线附近出现凸棱,这种现象称为齿面塑性变形,如图 3-21 所示。由于轮齿的塑性变形,破坏了渐开线齿形,造成传动失效。齿面塑性变形常在低速重载、启动频繁、严重过载的传动中出现。

图 3-21　齿面塑性变形

防止齿面塑性变形的方法是提高齿面硬度,采用黏度大的润滑油,可以减轻或防止齿面塑性流动。

四、齿轮的材料

由失效形式分析可知,对齿轮材料轮的基本要求为:齿面应具有较高硬度,以抵抗齿面磨损、点蚀、胶合以及抗塑性变形等;齿芯应具有足够的强度和冲击韧性,以抵抗齿根的折断和冲击载荷;应具有良好的加工工艺性能和热处理性能,以便于加工、提高其综合力学性能。小齿轮齿根厚度较薄、应力循环次数多及磨损大等,选择材料时,小齿轮优于大齿轮的材料,当齿面硬度≤350HBS 时,应使小齿轮的齿面硬度比大齿轮的齿面硬度高出 30～50HBS 或更多。

齿轮常用材料是锻钢,其次是铸钢和铸铁,有时也采用一些非金属材料制造齿轮。锻钢强度高、韧性好、利于加工和热处理等,大多数齿轮都采用锻钢制造。软齿面齿轮材料常用中碳钢(45、50)和中碳合金钢(40Cr、42SiMn),其齿坯经调质或正火处理后再切齿。软齿面齿轮适用于强度、精度要求不高的场合,其加工工艺简单,生产便利,成本较低。硬齿面齿轮材料常用中碳钢和中碳合金钢,齿轮切齿制造后进行表面淬火处理;或采用低碳钢和低碳合金钢(20Cr、20CrMnTi)渗碳淬火处理,热处理后需磨齿。不便磨齿时可采用热处理变形较小的表面渗氮齿轮。硬齿面齿轮适用于结构尺寸要求紧凑、强度和精度要求高的场合，生产成本较高。

五、齿轮传动的润滑

齿轮传动润滑目的是减少摩擦、减轻磨损，延缓齿轮传动的寿命，保证齿轮传动的工作能力。闭式齿轮传动的润滑方式有浸油润滑和喷油润滑两种，根据齿轮的圆周速度进行选择。

(1) 浸油润滑　当齿轮的圆周速度 $v \leqslant 12\text{m/s}$ 时，通常采用浸油润滑方式，如图 3-22 (a) 所示。大齿轮浸油深度通常为 10～30mm，转速低时可浸深一些，但浸油过深会增大运动阻力并使油温升高。在多级齿轮传动中，对于未浸入油池内的齿轮，可采用带油轮将油带到未浸入油池内的齿轮齿面上，如图 3-22(b) 所示。浸油齿轮可将油甩到齿轮箱壁上，有利于冷却。注意浸油齿轮的齿顶至油箱底面的距离 $\geqslant 30\sim50\text{mm}$，以免搅起油泥，且储油太少不利于散热。

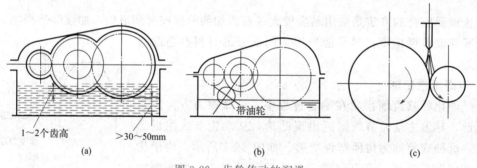

图 3-22　齿轮传动的润滑

(2) 喷油润滑　当齿轮的圆周速度 $v > 12\text{m/s}$ 时，由于圆周速度大，齿轮搅油剧烈，且黏附在齿廓面上的油易被甩掉，不宜采用浸油润滑，而应采用喷油润滑，如图 3-22(c) 所示。喷油润滑是用油泵将具有一定压力的润滑油经喷嘴喷到啮合的齿面上。

对于开式齿轮传动，由于其传动速度较低，通常采用人工定期加油的润滑方式。

单元四　液压传动

一、液压传动的工作原理

液压传动装置是一种能量转换装置，它以液体作为工作介质，通过动力元件液压泵将原动机（如电动机）的机械能转换为液体的压力能，然后通过管道、控制元件（液压阀）把有压液体输往执行元件（液压缸或液压马达），将液体的压力能又转换为机械能，以驱动负载实现直线或回转运动，完成动力传递。

图 3-23 是常见的液压千斤顶的工作原理图，它由大、小两个液压缸和必要的辅助设备

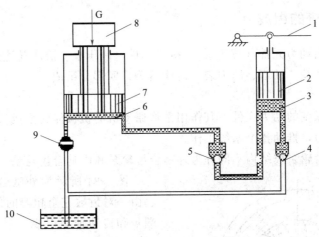

图 3-23 液压千斤顶的工作原理

1—杠杆;2—小活塞;3—小液压缸;4,5—钢球;6—大液压缸;
7—大活塞;8—重物;9—卸油阀;10—油箱

组成。提起杠杆 1 使小活塞 2 向上移动,小活塞下面的油腔容积增大,形成局部的真空。此时,单向阀钢球 5 的上方压力大于下方压力,其钢球在上、下压力差的作用下,将该处的油路关闭。油箱 10 中的油液在大气压力作用下,顶开单向阀钢球 4 的,沿吸油孔路进入小缸体的下腔,完成一次吸油动作。下压杠杆 1 使小活塞 2 向下移动,小液压缸 3 下腔的密封容积减小,腔内油压升高。此时,单向阀的上方压力大于下方压力,其钢球在上、下压力差的作用下,将吸油孔路关闭。将卸油阀 9 旋转 90°,在重物 8 的自重作用下,大缸内的油液可通卸油阀过小孔慢慢流回油箱,从而重物缓慢回落到原来高度。

二、液压传动的特点及应用

1. 液压传动的特点

与机械传动相比,液压传动有如下特点:

① 易于在较大范围内实现无级调速。在传递相同功率的情况下,液压传动装置的体积小、重量轻、结构紧凑。

② 运动比较平稳,反应快,惯性小,冲击小,能快速启动、制动和频繁换向。易于实现过载保护,元件的自润滑性好,使用寿命长。调整控制方便,易于自动化。

③ 液压元件易于实现系列化、标准化和通用化。

④ 对温度的变化比较敏感,不宜在高温和低温下工作。由于存在液体的泄漏和可压缩性等,使得传动比不准确,效率低。

⑤ 液压元件的制造精度高,系统安装、调整和维护要求高,出现故障时,不易查找原因。

2. 液压传动的应用

由于液压传动具有许多独特的特点,因此在机械设备中应用非常广泛。有的设备利用了它操纵控制方便的优点,如起重机械、轻工机械、金属切削机械等;有的利用了它能传递大动力的优点,如冶金机械、矿山机械、工程机械等。

三、液压传动系统的组成

液压传动系统由动力元件（液压泵）、执行元件（液压缸、液压马达）、控制元件（各种阀）及辅助元件（油箱、油管、压力表、过滤器等）四部分组成。

1．动力元件

液压泵是液压系统的动力元件，其作用是将原动机的机械能转换成液体的压力能，向整个液压系统提供动力，推动整个系统工作。

（1）齿轮泵　齿轮泵按结构不同分为外啮合齿轮泵和内啮合齿轮泵。

图3-24所示为外啮合齿轮泵工作原理，它由一对齿数完全相等的外啮合齿轮、泵体、端盖和传动轴等组成。泵体的内部类似"8"字形，两个齿轮装在里面，齿轮的外径及两侧与泵体紧密配合，在齿轮的各个齿间形成了密封腔，两齿轮的齿顶和啮合线将密封腔分为互不相通的两个油腔。泵体有两个油口，一个是吸油口（入口），另一个是压油口（出口）。当电动机驱动主动齿轮转动时，两齿轮按图示方向转动。这时吸油腔的轮齿逐渐分离，由齿间所形成的密封容积逐渐增大，形成真空，因此，油箱中的油液在大气压力作用下进入吸油腔。吸入到齿间的油液随齿轮的旋转带到压油腔，这时压油腔侧轮齿逐渐进入啮合，齿间密封容积逐渐缩小，油液受

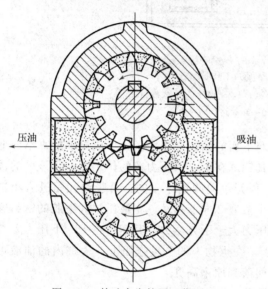

图3-24　外啮合齿轮泵工作原理

挤压从压油腔中挤出，完成压油过程。主动齿轮连续旋转，吸油腔的轮齿连续脱离啮合不断吸油，压油腔侧轮齿连续进入啮合不断压油，从而实现油泵的连续供油。

齿轮泵结构简单、紧凑，制造容易，维护方便，价格便宜，有自吸能力，但流量、压力脉动较大，且噪声大，流量不可调，一般用在低压轻载系统。

（2）叶片泵　叶片泵可分为单作用叶片泵和双作用叶片泵。当转子旋转一周，单作用叶片泵完成一次吸、排油液，双作用叶片泵则完成两次吸、排油液。

单作用叶片泵由转子、定子、叶片、端盖和泵体等组成。定子具有圆柱形内表面，定子和转子间有偏心距。叶片装在转子槽中，并可在槽内滑动。当转子回转时，由于离心力的作用，使叶片紧靠在定子内壁，这样在定子、转子、每两个叶片和两侧配油盘间就形成若干个密封的工作空间。

叶片泵的结构较齿轮泵复杂，吸油特性不太好，对油液的污染也比较敏感。但其工作压力较高，且流量脉动小，工作平稳，噪声较小，寿命较长。所以它被广泛应用于机械制造中的专用机床、自动线等中低液压系统中。

（3）柱塞泵　柱塞泵是靠柱塞在缸体中作往复运动造成密封容积的变化来实现吸油与压油的液压泵，按柱塞的排列和运动方向不同，可分为径向柱塞泵和轴向柱塞泵两大类。

与齿轮泵和叶片泵相比，柱塞泵压力高，结构紧凑，效率高，流量调节方便，故适用于需要高压、大流量、大功率的系统中和流量需要调节的场合。

2. 执行元件

执行元件的作用是将液压泵输入的液压能转换为工作部件运动的机械能,并输出直线运动或回转运动。液压系统的执行元件有液压缸、液压马达。

(1) 液压缸 液压缸结构简单、工作可靠。按作用方式可分为单作用式和双作用式。在单作用式液压缸中,压力油只能在液压缸的一腔,使缸实现单方向的运动,返程必须依靠外力(如弹力、自重力等)。双作用式液压缸中,压力油则交替供入液压缸的两腔,使缸实现正反方向的运动。

按结构形式可分为活塞式、柱塞式、摆动式和组合式等类型。活塞式和柱塞式液压缸实现往复直线运动,输出速度和推力;摆动式液压缸实现往复摆动,输出角速度和转矩;组合式液压缸实现往复直线运动、旋转运动及直线运动和旋转运动的复合运动。

① 双杆活塞式液压缸 特点是被活塞分隔开的液压缸两腔都有活塞杆伸出,且两活塞杆直径相等。当两腔相继供油且压力和流量不变时,活塞(或缸体)往返运动的速度和推力相等。

图 3-25 所示为实心双杆活塞式液压缸,主要由缸体 4、活塞 5、端盖 3、两根活塞杆 1 等组成。缸体是固定的,当液压缸左腔进油、右腔回油时,活塞向右移;反之,活塞向左移动。

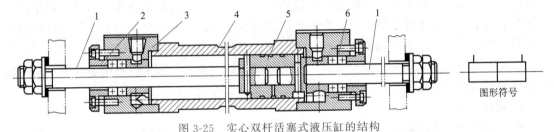

图 3-25 实心双杆活塞式液压缸的结构
1—活塞杆;2—压盖;3—端盖;4—缸体;5—活塞;6—密封圈

图 3-26 所示为空心双杆活塞式液压缸,其活塞 3 及活塞杆 1 是固定的,缸体与工作台连接在一起,开有进出油口的活塞杆做成空心,以便进油和回油。当压力油进入液压缸右腔时,缸体连同工作台向右移动;反之,缸体向左移动。

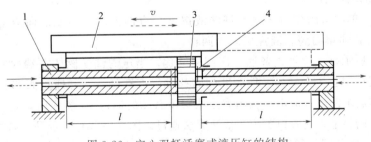

图 3-26 空心双杆活塞式液压缸的结构
1—活塞杆;2—工作台;3—活塞;4—缸体

② 单杆活塞式液压缸 这种液压缸的结构如图 3-27 所示,一端有活塞杆伸出,而另一端没有活塞杆伸出,所以活塞两端的有效面积不相等。当两腔相继供油时,即使压力和流量都相同,活塞(或缸体)往返运动的速度和推力也不相等。当无杆腔进油时,因活塞有效面

积大,所以速度小,推力大;当有杆腔进油时,因活塞有效面积小,所以速度大,推力小。

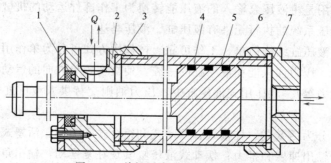

图 3-27 单杆活塞式液压缸的结构
1,6—密封圈;2,7—端盖;3—垫圈;4—缸体;5—活塞

(2) 液压马达　液压马达是将液压能转化成机械能,并能输出旋转运动的液压执行元件。按机构形式的不同,可分为齿轮式、叶片式、柱塞式等。按额定转速不同,可分为高速和低速两大类。额定转速高于 500r/min 的属于高速液压马达,额定转速低于 500r/min 的属于低速液压马达。

液压马达与液压泵的作用和工作原理相反,同类型的液压泵与液压马达在结构上相似,都具有同样的基本结构要素——密闭,且容积周期变化和相应的配油机构。但是,由于液压马达和液压泵的工作条件不同,对它们的性能要求也不一样,所以同类型的液压马达和液压泵之间,仍存在许多差别。如液压马达应能够正、反转,因而要求其内部结构对称,其进、出油口大小相等;而液压泵一般是单向运转的,没有这一要求,为了改善吸油性能,其吸油口往往大于压油口。因此,液压马达与液压泵一般不能可逆工作。

3. 控制元件

控制元件是用来控制液压系统中油液的流动方向或调节其压力和流量的液压阀。按用途分为方向控制阀、压力控制阀和流量控制阀;按安装连接方式分为螺纹连接阀、法兰连接阀、板式连接阀、集成连接阀;按阀的控制方式分为开关(或定值)控制阀、比例控制阀、伺服控制阀、数字控制阀;按结构形式分为滑阀(或转阀)、锥阀、球阀等。

(1) 方向控制阀　控制液压系统中油液流动方向的阀称为方向控制阀,简称方向阀,常用的有单向阀和换向阀两类。

① 单向阀　单向阀的作用是只允许油液按一个方向流动,不能反向流动。液压系统中常见的单向阀有普通单向阀和液控单向阀两种。

图 3-28(a) 所示是一种管式普通单向阀的结构。当压力油从阀体左端的通口 P_1 流入时,克服弹簧 3 作用在阀芯 2 上的力,使阀芯向右移动,打开阀口,并通过阀芯 2 上的径向孔 a、轴向孔 b 从阀体右端的通口流出。当压力油从阀体右端的通口 P_2 流入时,它和弹簧力一起使阀芯锥面压紧在阀座上,使阀口关闭,油液无法通过。图 3-28(b) 所示是单向阀的图形符号。

② 换向阀　换向阀是利用阀芯相对于阀体的相对运动,使油路接通、关断,或变换油流的方向,从而使液压执行元件启动、停止或变换运动方向。当阀芯和阀体处于图 3-29 所示的位置时,液压缸不通压力油,活塞处于停止状态。若对阀芯施加一个从右往左的力,使其左移,则阀体上的油口 P 和 A 连通、B 和 T 连通,压力油经 P、A 进入液压缸左腔,活塞右移;反之,若对阀芯施加一个从左往右的力,使其右移,则油口 P 和 B 连通、A 和 T 连通,压力油经 P、B 进入液压缸右腔,活塞左移。

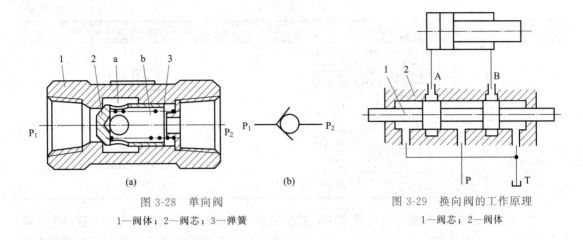

图 3-28 单向阀
1—阀体；2—阀芯；3—弹簧

图 3-29 换向阀的工作原理
1—阀芯；2—阀体

换向阀按其阀芯工作位置数目分为二位、三位或多位换向阀；按其阀体上的通油口数分为二通、三通、四通或多通换向阀；按控制阀芯移动的方式分为手动、机动、液动、电动换向阀或电液换向阀。

国家标准对换向阀的图形符号规定如下：

a. 用方框表示阀的工作位置，有几个方框就表示几个工作位置。

b. 每个换向阀都有一个常态位，即阀芯未受外力时的位置。

c. 常态位与外部连接的油路通道数表示换向阀通道数。

d. 方框内的箭头表示该位置时油路接通情况，并不表示油液实际流向。

e. 换向阀的控制方式和复位方式的符号应画在换向阀的两侧。

换向阀的结构原理和图形符号如表 3-6 所示。

表 3-6 换向阀的结构原理和图形符号

名称	结构原理	图形符号
二位二通	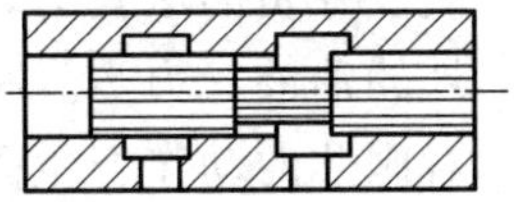	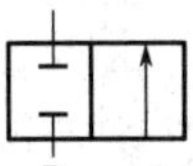
二位三通	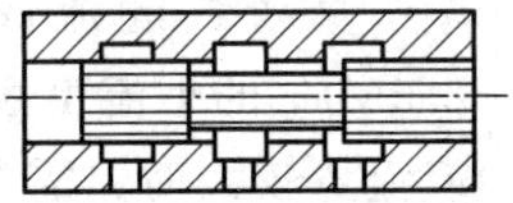	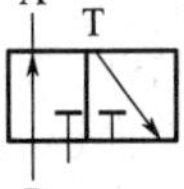
二位四通	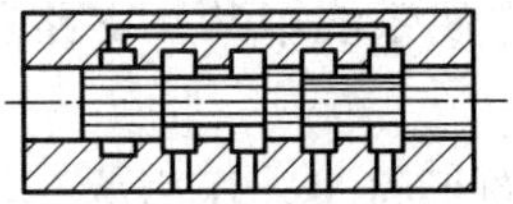	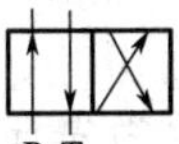
三位四通	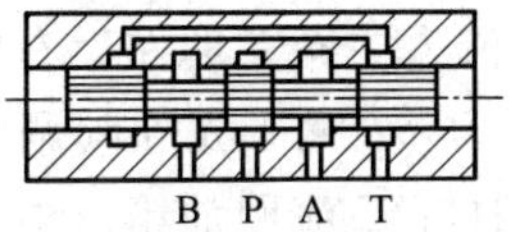	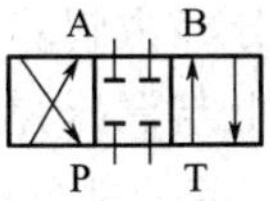

续表

名称	结构原理	图形符号
二位五通	T_1 A P B T_2	A B T_1 P T_2
三位五通	T_1 A P B T_2	A B T_1 P T_2

(2) 压力控制阀 在液压传动系统中，控制油液压力高低的液压阀称为压力控制阀，简称压力阀。这类阀的共同点是利用作用在阀芯上的液压力和弹簧力相平衡的原理来进行工作的。常用的有溢流阀、减压阀、顺序阀等。

① 溢流阀 溢流阀是液压系统中必不可少的控制元件，其作用是保持液压系统压力稳定或防止系统过载。溢流阀按其结构原理分为直动式和先导式两种。

图 3-30 所示为直动式溢流阀的结构和图形符号，压力油经进油口 P 进入溢流阀，经阀芯的径向孔 f 和中间的阻尼孔 g 进入油腔，作用在阀芯的下端。当进油压力较小时，阀芯在弹簧力的作用下处于下端位置，将 P 和 T 两油口隔开。当油压力升高，在阀芯下端所产生的作用力超过弹簧的压紧力，此时，阀芯上升，阀口被打开，系统中多余的油液便经回油口 T 排回油箱（溢流），实现溢流稳压作用。调节手轮可以改变弹簧的压紧力，便可调整溢流阀进口处的油液压力 p。阀芯上的阻尼孔 g 用来对阀芯的动作产生阻尼，以提高阀的工作平衡性。

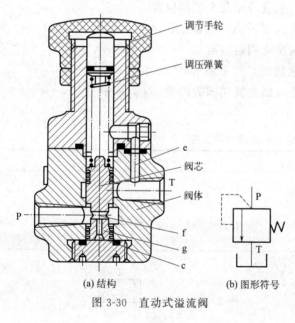

图 3-30 直动式溢流阀

直动式溢流阀一般用于压力小于 2.5MPa 的小流量场合。因控制压力较高或流量较大时，需装刚度较大的硬弹簧，致使手动调节困难。

② 减压阀 减压阀在液压系统中可减压，它使系统中某一支路获得比系统压力低的稳定压力。

图 3-31 所示为先导式减压阀的工作原理和图形符号。压力为 p_1 的高压油从进油口 A 进入主阀，经减压缝隙 f 减压后，压力降低为 p_2。压力为 p_2 的低压油一部分从出油口 B 流出，另一部分经主阀芯 1 内的径向孔和轴向孔流入主阀芯的左、右腔，右腔的低压油作用在先导阀芯 3 上与调压弹簧 4 相平衡。当出口压力 p_2 大于先导阀调整压力值时，先导阀芯 3 顶开，主阀右腔的部分油液便经先导阀口和泄油口 Y 流回油箱。由于主阀阀芯内部阻尼孔 d 的作用，主阀右腔的油压降低，阀芯失去平衡向右移动，减压缝隙 f 减小，减压作用增

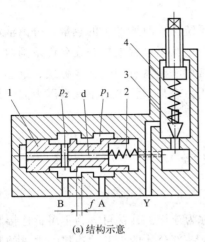
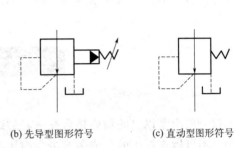

(a) 结构示意　　　　　　　　　(b) 先导型图形符号　　　(c) 直动型图形符号

图 3-31　减压阀
1—主阀芯；2—主弹簧；3—先导阀芯；4—调压弹簧

强，使出口压力 p_2 降低至调整的压力值。当出口压力 p_2 小于先导阀调整压力值时，先导阀口关闭，阻尼孔 d 不起作用，主阀芯 1 左、右腔的油压相等，主阀芯被主弹簧 2 推至最左端，减压缝隙 f 开至最大，出口压力与进油口压力基本相同，减压阀处于非工作状态。

减压阀和溢流阀比较，主要不同在于：

a. 减压阀保持出口压力基本不变，而溢流阀保持进口处压力基本不变。

b. 在不工作时，减压阀进、出油口互通（常开），而溢流阀进出油口不通（常闭）。

③ 顺序阀　顺序阀是利用液压系统中的压力变化对执行元件的动作顺序进行自动控制的阀。依控制压力的不同，顺序阀又可分为内控式和外控式两种。前者用阀的进口压力控制阀芯的启闭，后者用外来的控制压力油控制阀芯的启闭（即液控顺序阀）。顺序阀也有直动式和先导式两种，前者一般用于低压系统，后者用于中高压系统。

图 3-32 所示为直动式顺序阀的工作原理和图形符号。压力油从 A 经阀体 4 和下盖 7 的小孔流到控制活塞 6 的下方，使阀芯受到一个向上的推力。当进油口压力 p_1 较低时，阀芯 5 在弹簧 2 作用下处于下端位置，进油口和出油口不相通。当作用在阀芯下端的油液的液压力大于弹簧的预紧力时，阀芯 5 向上移动，阀口打开，油液便经阀口从出油口流出，从而操纵执行元件或其他元件动作。

由图 3-32 可见，顺序阀和溢流阀的结构基本相似，不同的只是顺序阀的出油口通向系统的另一压力油路，而溢流阀的出油口通油箱。此外，由于顺序阀的进、出油口均为压力油，所以它的泄油口 Y 必须单独外接油箱。

4. 辅助元件

辅助元件包括油箱、过滤器、管件及压力表

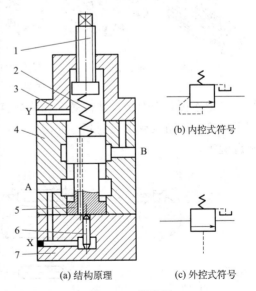

(a) 结构原理　　　(c) 外控式符号

图 3-32　顺序阀
1—调压螺钉；2—弹簧；3—上盖；4—阀体；
5—阀芯；6—控制活塞；7—下盖

等，是液压系统正常工作的重要保证。

油箱的作用是储存系统工作所需要的油液，散发系统工作时所产生的热量，分离油液中的一部分气体和杂质。过滤器的作用是不断净化油液，使其污染程度控制在允许范围内。其原理是采用带有一定尺寸滤孔的滤芯来过滤污染物。常用滤油器有网式、线隙式、纸芯式和烧结式等。管件的作用是连接液压元件和输送油液。压力表是系统中用于观察压力的元件。

单元五 连接

将两个或两个以上的物体接合在一起的组合结构称为连接。连接可分为不可拆连接和可拆连接。不可拆连接指的是或多或少会损坏连接中的某一部分才能拆开的连接，常见的有铆接、焊接、胶接和过盈配合等。可拆连接指的是不损坏连接中的任一零件就可拆开的连接，一般具有通用性强、可随时更换、维修方便、允许多次重复拆装等优点，常见的有键连接、销连接、螺纹连接和轴间连接等。

一、键连接

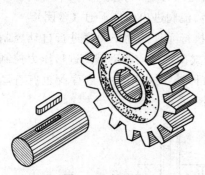

图 3-33 键连接

如图 3-33 所示，键连接由键、开有键槽的轴和轮毂组成，主要用来实现轴和轴上零件的周向固定并用来传递运动和转矩，有的还可实现轴上零件的轴向固定或轴向移动。键连接是一种可拆连接，其结构简单，工作可靠，并已标准化。键的材料通常采用 45 钢，抗拉强度不低于 600MPa。

1. 键连接的类型、特点及应用

按结构特点和工作原理，键连接可分为平键、半圆键、楔键、切向键与花键连接五种类型。

（1）平键连接　平键连接的结构如图 3-34 所示，键的上表面与轮毂键槽的底面间有一定的间隙，其工作面为键的两侧面，靠键与键槽侧面的挤压来传递运动和转矩。平键连接对中性好，结构简单，装拆容易，但不能承受轴向力。平键连接应用最广，适用于高速、高精度或承受变载、冲击的场合。按用途不同，平键可分为普通平键、导向平键和滑键等。

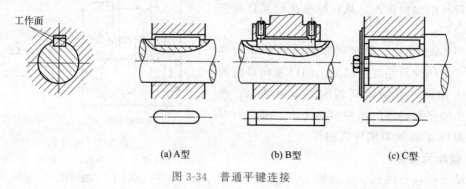

图 3-34 普通平键连接

① 普通平键连接　普通平键连接用于静连接，即轴和轮毂之间无轴向相对移动。根据键端部形状不同，普通平键分为圆头（A型）、方头（B型）和半圆头平键（C），如图3-34所示。A型和C型键的轴上键槽用端铣刀加工，如图3-35(a) 所示，键在槽中无窜动，应用最广，但轴槽引起的应力集中较大；B型键的轴上键槽用盘铣刀加工，如图3-35(b)所示，键在槽中的轴向固定不好。A型键应用最广泛，C型键用于轴端。

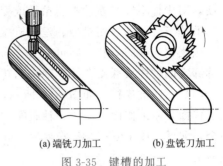

(a) 端铣刀加工　　(b) 盘铣刀加工

图3-35　键槽的加工

② 导向平键连接　导向平键连接用于动连接，导向平键用螺钉固定在轴上（图3-36），键的中部设有起键螺孔。导向平键与毂槽间为间隙配合，轮毂可沿键作轴向滑移，用于轴向移动量不大的场合，如变速箱中换挡齿轮与轴的连接。

③ 滑键连接　当轴上零件轴向移动距离较大时，可用滑键连接（图3-37）。滑键固定在轮毂上，与轴槽间为间隙配合，键随轮毂一起沿轴槽滑动。

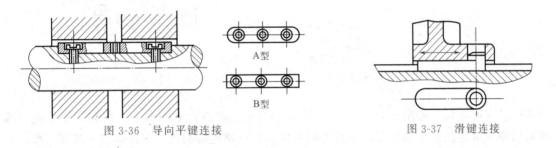

图3-36　导向平键连接　　　　图3-37　滑键连接

（2）半圆键连接　如图3-38所示，键的底部呈半圆形，在轴上铣出相应的键槽，轮毂槽开通。半圆键连接的工作面也是两侧面，靠键与键槽侧面的挤压来传递运动和转矩。半圆键和轴槽间为间隙配合，键能在轴槽内摆动，以适应毂槽底面的倾斜。半圆键连接的对中性好，装拆方便，但轴槽较深，对轴的强度削弱大。适于轻载，特别适合于锥形轴端连接。

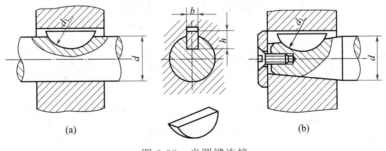

图3-38　半圆键连接

（3）楔键连接　如图3-39所示，楔键的上表面及毂槽底面均有1∶100的斜度，装配时将楔键打入轴和轮毂的键槽内，其工作面为上、下面，主要靠键与轴及轮毂的槽底之间、轴与毂孔之间的摩擦力传递运动和转矩。能承受单向轴向力，并起单向轴向固定作用，但拆卸不便,对中性不好,在冲击、振动或变载荷作用下易松脱。适用于对中性要求不高、载荷平稳的低速场合,如农用机械、建筑机械等。

按楔键端部的形状不同可分为普通楔键和钩头楔键。钩头楔键装拆方便,装配时,应留有拆卸空间,钩头裸露在外随轴一起转动,易发生事故,应加防护罩。

(4) 切向键连接 如图 3-40 所示,切向键由两个普通楔键组成,两个相互平行的窄面是工作面,靠工作面的挤压和轴毂间的摩擦力来传递转矩。单向切向键只能传递单向转矩。两个切向键互成 120°～135°安装时,可双向传递转矩。适用于对中性要求不高、载荷很大的重型机械。

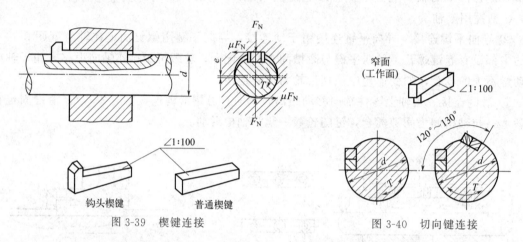

图 3-39 楔键连接　　图 3-40 切向键连接

(5) 花键连接 如图 3-41 所示,花键连接由轴上和毂孔上的多个键齿和键槽组成,因而可以说花键连接是平键连接在数目上的发展。与平键连接相比,花键连接承载能力强,有良好的定心精度和导向性能,适用于定心精度要求高、载荷大的连接。按齿形不同,花键分为渐开线花键和矩形花键。矩形花键齿廓为直线,加工方便,应用广泛;渐开线花键采用齿侧定心,其齿根部厚,强度高,寿命长,且受载时键齿上有径向力,能起到自动定心的作用,适用于尺寸较大、载荷较大、定心精度要求高的场合。

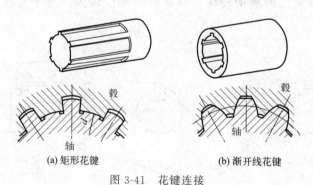

(a) 矩形花键　　(b) 渐开线花键

图 3-41 花键连接

2. 平键连接的失效形式及尺寸选择

(1) 失效形式 平键连接的主要失效形式为工作表面被压坏,因此,需对普通平键连接进行挤压强度校核。

(2) 尺寸选择 键已标准化,其尺寸按国家标准确定。键的宽度 b 和高度 h 根据轴径 d 查表 3-7 确定。键的长度 L 一般略短于轮毂的宽度 5～10mm,且应符合标准规定的长度系列。导向平键的长度按轮毂的长度及其滑动距离确定。轴和轮毂的键槽尺寸可由表 3-7 查取。

表 3-7 平键连接尺寸   mm

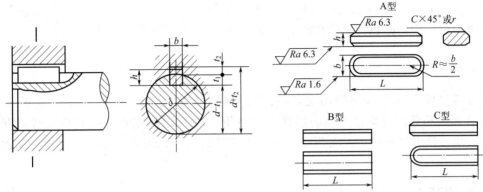

标记示例：普通 B 型平键 $b=16$mm，$h=10$mm，$L=100$mm 键 B16×100 GB/T 1096（A 型可不标出"A"）

轴径	键		键槽								半径 r	
			宽度 b				深度					
			极限偏差									
			松连接		正常连接		紧密连接	轴 t_1		毂 t_2			
d	b×h	L	轴/H9	毂/D10	轴/N9	毂/Js9	轴和毂/P9	公称尺寸	极限偏差	公称尺寸	极限偏差	最小	最大
6～8	2×2	6～28	+0.025 0	+0.060 +0.020	−0.001 −0.029	±0.0125	−0.006 −0.031	1.2	+0.1 0	1	+0.1 0	0.08	0.16
>8～10	3×3	6～36						1.8		1.4			
>10～12	4×4	8～45	+0.030 0	+0.078 +0.030	0 −0.030	±0.015	−0.012 −0.042	2.5		1.8		0.16	0.25
>12～17	5×5	10～56						3.0		2.3			
>17～22	6×6	14～70						3.5		2.8			
>22～30	8×7	18～90	+0.036 0	+0.098 +0.040	0 −0.036	±0.018	−0.015 −0.051	4.0		3.3		0.16	0.25
>30～38	10×8	22～110						5.0		3.3			
>38～44	12×8	28～140	+0.043 0	+0.120 +0.050	0 −0.043	±0.0215	−0.018 −0.061	5.0	+0.2 0	3.3	+0.2 0	0.25	0.40
>44～50	14×9	36～160						5.5		3.8			
>50～58	16×10	45～180						6.0		4.3			
>58～65	18×11	50～200						7.0		4.4			
>65～75	20×12	56～220	+0.052 0	+0.149 +0.065	0 −0.052	±0.026	−0.022 −0.074	7.5		4.9		0.40	0.60
>75～85	22×14	63～250						9.0		5.4			
>85～95	25×14	70～280						9.0		5.4			
>95～110	28×16	80～320						10.0		6.4			
L 系列	8 10 12 14 16 18 20 22 25 28 32 36 40 45 50 56 70 80 90 100 110 125 140 160 180 200 220 250 280 320 360 400 450 500												

注：1. 工作图中，轴槽深用 t_1 或 $(d-t_1)$ 标注，但 $(d-t_1)$ 的公差应取负号；轮毂槽深用 t_2 或 $(d+t_2)$ 标注。
2. 松键连接用于导向平键，一般用于载荷不大的场合；紧密键连接用于载荷较大、有冲击和双向转矩的场合。

【例 3-1】 试选择某减速器中一钢制齿轮与钢轴的平键连接。已知传递的转矩 $T=600\text{N·m}$，载荷有轻微冲击，与齿轮配合处的轴径 $d=75\text{mm}$，轮毂长度 $L_1=80\text{mm}$。

解：（1）选择键型　该连接为静连接，为了便于安装固定，选 A 型普通平键。

（2）确定尺寸　根据轴的直径 $d=75\text{mm}$，由表 3-7 查得：键宽×键高 $=b×h=20×12$。根据轮毂长度 $L_1=80\text{mm}$ 和键长系列，取键长 70mm。

该键的标记为：键 $20×70$　GB/T 1096—2003

二、销连接

销连接主要有三个方面的用途，一是用来固定零件之间的相互位置，称为定位销，它是组合加工和装配时的重要辅助零件；二是用于轴与轮毂或其他零件的连接，并传递不大的载荷，称为连接销；三是用作安全装置中的过载剪断元件，称为安全销。如图 3-42 所示。

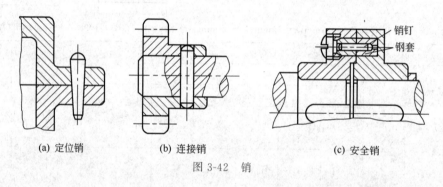

(a) 定位销　　(b) 连接销　　(c) 安全销

图 3-42　销

销是标准件，其材料一般采用 Q235、35、45 钢。按销形状可分为圆柱销、圆锥销和异形销三类，使用时可根据工作要求选用。圆柱销与销孔为过盈配合，经常拆装会降低其定位精度和可靠性。圆锥销和销孔均有 1∶50 的锥度，定位精度高，自锁性好，多用于经常拆装处。端部带螺纹的圆锥销（图 3-43）可用于盲孔或拆卸困难的场合。圆柱销和圆锥销的销孔均需配铰。异形销种类很多，如图 3-44 所示的开口销，工作可靠、拆卸方便，开口销穿过螺杆的小孔和槽形螺母的槽，可防止螺母松脱。

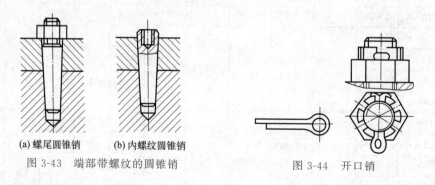

(a) 螺尾圆锥销　　(b) 内螺纹圆锥销

图 3-43　端部带螺纹的圆锥销　　　图 3-44　开口销

三、螺纹连接

螺纹连接是利用带螺纹的零件构成的一种可拆连接。螺纹连接结构简单、装拆方便、工作可靠、成本低，应用极为广泛。绝大多数螺纹连接件已标准化，并由专业厂家成批量生产。

1. 螺纹连接的类型

螺纹连接应用广泛，在不同的场合，使用不同类型的螺纹连接。螺纹连接的基本类型有螺栓连接、双头螺柱连接、螺钉连接和紧定螺钉连接等。

（1）螺栓连接　螺栓连接是将螺栓穿过两个被连接件的通孔，套上垫圈，拧紧螺母，将两个被连接件连接起来，如图 3-45 所示。螺栓连接分为普通螺栓连接和铰制孔用螺栓连接。前者螺栓杆与孔壁之间留有间隙，螺栓承受拉伸变形；后者螺栓杆与孔壁之间没有间隙，常采用基孔制过渡配合，螺栓承受剪切和挤压变形。

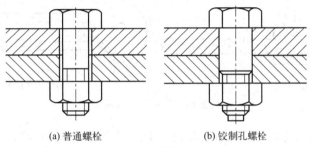

图 3-45　螺栓连接

（2）双头螺柱连接　螺杆两端无钉头，但均有螺纹，装配时一端旋入被连接件，另一端配以螺母，如图 3-46 所示。拆装时只需拆装螺母，而无需将双头螺柱从被连接件中拧出。适用于被连接件之一较厚、盲孔且经常拆卸的场合。

（3）螺钉连接　螺钉连接是将螺钉穿过一被连接件的光孔，再旋入另一被连接件的螺纹孔中，然后拧紧，如图 3-47 所示。螺钉连接不用螺母，用于被连接件之一较厚且不经常拆卸的场合。

（4）紧定螺钉连接　紧定螺钉连接是将紧定螺钉旋入被连接件之一的螺纹孔中，螺钉末端顶住另一被连接件的表面或顶入其相应的凹坑内，从而固定两被连接件的相对位置，并可传递不大的轴向力或扭矩，常用于轴和轴上零件的连接，如图 3-48 所示。

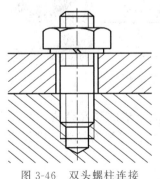 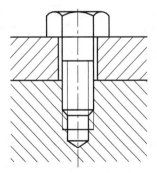 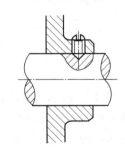

图 3-46　双头螺柱连接　　　图 3-47　螺钉连接　　　图 3-48　紧定螺钉连接

2. 螺纹连接的预紧与防松

（1）螺纹连接的预紧　螺纹连接在装配时一般要拧紧，从而起到预紧的作用。预紧的目的是增加连接的可靠性、紧密性和紧固性，防止受载后被连接件间出现缝隙和相对滑动。预

紧时螺栓所受拉力 F_0 称为预紧力。预紧力要适度，控制预紧力的方法可采用测力矩扳手或定力矩扳手，如图 3-49 所示。

（2）螺纹连接的防松　一般螺纹连接具有自锁性，在静载荷作用下，工作温度变化不大时，这种自锁性能防止螺母松脱。但在实际工作中，当外载荷有振动、变化时，或材料高温蠕变等会造成摩擦力减少，螺纹副中正压力在某一瞬间消失，摩擦力为零，从而使螺纹连接松动，经过反复作用，螺纹连接就会松弛而失效。因此，必须进行防松，否则会影响正常工作，造成事故。因此，机器中的螺纹连接在装配时应考虑防松措施。

螺纹连接的应用

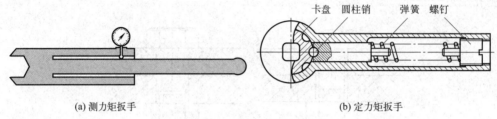

图 3-49　预紧力控制扳手

螺纹连接防松的原理就是消除（或限制）螺纹副之间的相对运动，或增大相对运动的难度。常用的防松方法有摩擦防松、机械防松和永久防松。

① 摩擦防松　其原理是拧紧螺纹连接后，使内外螺纹间有不随外加载荷而变的压力，因而始终有一定的摩擦力来防止螺旋副的相对转动。

图 3-50 所示为对顶螺母防松装置。利用两螺母的对顶作用，保持螺纹间的压力。外廓尺寸大，防松不可靠。适用于平稳、低速、重载的连接。

图 3-51 所示为弹簧垫圈防松装置。弹簧垫圈装配后被压平，其反弹力使螺纹间保持压紧力和摩擦力。结构简单，尺寸小，工作可靠。广泛用于一般连接。

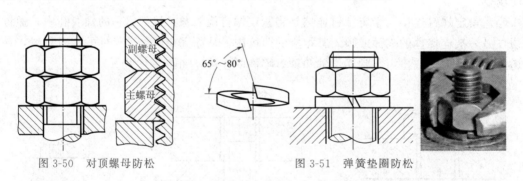

图 3-50　对顶螺母防松　　　　图 3-51　弹簧垫圈防松

图 3-52 所示为弹性锁紧螺母防松装置。在螺母的上部做成有槽的弹性结构，装配前这一部分的内螺纹尺寸略小于螺栓的外螺纹。装配时利用弹性，使螺母稍有扩张，螺纹之间得到紧密的配合，保持表面摩擦力。可多次装拆而不降低防松性能。

② 机械防松　其原理是利用止动零件直接防止内外螺纹间的相对转动。

图 3-53 所示为开口销和槽形螺母防松装置。槽形螺母拧紧后，开口销穿过螺栓尾部小孔和螺母槽，开口销尾部掰开与螺母侧面贴紧。防松可靠。适用于较大冲击、振动的高速机械中运动部件的连接。

模块三 常用传动与连接

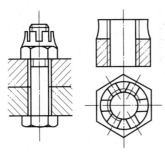

图 3-52 弹性锁紧螺母防松

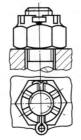

图 3-53 开口销和槽形螺母防松

图 3-54 所示为单耳片止动垫圈防松装置。将垫圈折边，以固定六角螺母和被连接件的相对位置。结构简单，防松可靠。用于受力较大的场合。

图 3-55 所示为圆螺母与止动垫圈防松装置，装配时将垫圈内齿插入轴上的槽内，将垫圈外齿嵌入圆螺母的槽内，螺母被锁紧。常用于滚动轴承的轴向固定。

图 3-56 所示为串联金属丝防松装置。用低碳钢丝穿入各螺钉头部的孔内，将螺钉串联起来，使其相互牵制。防松可靠，拆卸不便。适用于螺钉组连接。

③ 永久性防松　其原理是将螺旋副变为不可拆卸的连接，从而排除相对运动的可能。

图 3-57 所示为焊接和冲点防松，螺母拧紧后，在螺栓末端与螺母的旋合缝处冲点或焊接来防松。防松可靠，但拆卸后连接不能再用。适用于装配后不再拆开的场合。

图 3-58 所示为粘接防松，在旋合螺纹间涂以黏结剂，使螺纹副紧密胶合。防松可靠，且有密封作用。

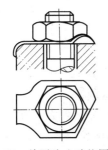

图 3-54 单耳片止动垫圈防松

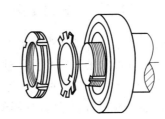

图 3-55 圆螺母与止动垫圈防松

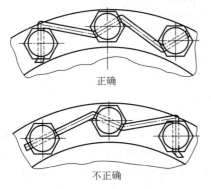

图 3-56 串联金属丝防松

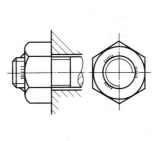
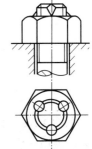

(a) 焊接防松　　(b) 冲点防松

图 3-57 焊接、冲点防松

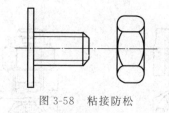

图 3-58 粘接防松

四、联轴器和离合器

联轴器和离合器用来连接两根轴或轴与回转件，使其一同运转，传递运动和转矩。联轴器和离合器不同之处在于：联轴器连接的两轴，只能在停机后经拆卸才能分离；离合器可在机器运转时随时使两轴结合或分离。常用的联轴器和离合器大多已标准化和系列化，一般从标准中选择所需的型号和尺寸。

1. 联轴器

由于制造和安装误差、受载后的变形、温度变化和局部地基的下沉等因素，使连接的两轴产生一定的相对位移，如图 3-59 所示。因此要求联轴器能补偿这些位移，否则会在轴、联轴器和轴承中引起附加载荷，导致工作情况恶化。联轴器种类很多，按有无补偿两轴相对位移的能力，可分为刚性联轴器和挠性联轴器两大类。

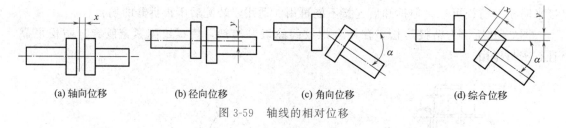

(a) 轴向位移　　　(b) 径向位移　　　(c) 角向位移　　　(d) 综合位移

图 3-59 轴线的相对位移

（1）刚性联轴器　刚性联轴器不能补偿两轴的相对位移，要求所连接两轴对中性要好，对机器安装精度要求高。常用的刚性联轴器有套筒联轴器和凸缘联轴器。

① 套筒联轴器　如图 3-60 所示，套筒联轴器是利用套筒、键或圆锥销将两轴端连接起来，其结构简单、容易制造、径向尺寸小，但装拆不便（需作轴向位移），用于载荷不大、转速不高、工作平稳、两轴对中性好、要求联轴器径向尺寸小的场合。

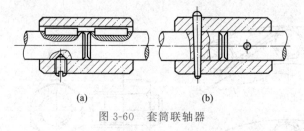

(a)　　　(b)

图 3-60 套筒联轴器

② 凸缘联轴器　如图 3-61 所示，凸缘联轴器由两个带凸缘的半联轴器通过键分别与两轴相连接，再用一组螺栓把两个半联轴器连接起来。凸缘联轴器有两种对中方式，图 3-61（a）所示是用一个半联轴器上的凸肩与另一个半联轴器上的凹槽相配合来实现两轴的对中，用普通螺栓连接来连接两半联轴器，依靠两半联轴器接合面上的摩擦力传递转矩，因而，其

对中性好，传递的转矩较小，但装拆时需移动轴。图 3-61(b) 所示是通过铰制孔螺栓连接来实现两轴的对中，依靠螺栓杆产生剪切和挤压来传递转矩，故传递的转矩大，装拆时不需移动轴，但铰制孔加工较复杂，两轴对中性稍差。

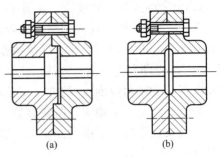

图 3-61 凸缘联轴器

凸缘联轴器的全部零件都是刚性的，不能缓冲吸振，不能补偿两轴间的位移，制造、安装精度要求高，但结构简单、对中性好、传递转矩大、价格低廉，适用于连接低速、载荷平稳、刚性大的轴。

③ 夹壳联轴器 夹壳联轴器由两个半圆筒形的夹壳及连接它们的螺栓所组成，在夹壳的两个凸缘之间留有间隙 c，如图 3-62 所示。当拧紧螺栓时，使两个夹壳紧压在轴上，靠接触面的摩擦力来传递转矩。为了可靠起见，在夹壳和轴间加一平键连接。由于这种联轴器是剖分的，装拆时轴不需要轴向移动，故装拆方便。它主要用于速度低、工作平稳以及轴的直径小于 200mm 的场合。

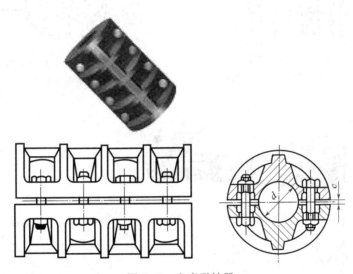

图 3-62 夹壳联轴器

（2）挠性联轴器 挠性联轴器能补偿两轴的相对位移，按是否具有弹性元件可分为无弹性元件的挠性联轴器和有弹性元件的挠性联轴器两类。

① 无弹性元件的挠性联轴器 这类联轴器利用内部工作元件间构成的动连接实现位移的补偿，但其结构中无弹性元件，不能缓和冲击与振动。常用的有十字滑块联轴器、十字轴式万向联轴器、齿式联轴器等。

a. 十字滑块联轴器。如图 3-63 所示，十字滑块联轴器由两个端面开有径向凹槽的半联轴器 1、3 和一个两面带有凸块的中间盘 2 组成。中间盘两端面上互相垂直的凸块嵌入 1、3 的凹槽中并可相对滑动，以补偿两轴间的相对位移。为了减少滑动面间的摩擦、磨损，在凹槽与凸榫的工作面应注入润滑油。

十字滑块联轴器结构简单、径向尺寸小、制造方便，但工作时中间盘因偏心而产生较大的离心力，故适用于低速、工作平稳的场合。

b. 十字轴式万向联轴器。如图 3-64 所示，十字轴 3 的四端分别与固定在轴上的两个叉形接头 1、2 用铰链相连。当主动轴转动时，通过十字轴驱使从动轴转动。两轴在任意方向可偏移 α 角，并且轴运转时，即使偏移角 α 发生改变仍可正常转动。偏移角 α 一般不能超过 $35°\sim45°$，否则零件可能相碰撞。当两轴偏移一定角度后，虽然主动轴以角速度 ω_1 作匀速转动，但从动轴角速度 ω_2 将在一定范围内作周期性变化，因而引起附加动载荷。为了消除这一缺点，常将十字轴式万向联轴器成对使用，如图 3-65 所示。在安装时应使中间轴 3 的两叉形接头位于同一平面，并使主、从动轴与中间轴的夹角相等，从而使主动轴与从动轴同步转动。

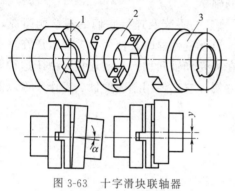

图 3-63　十字滑块联轴器
1,3—半联轴器；2—中间盘

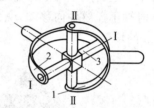

图 3-64　十字轴式万向联轴器
1,2—叉形接头；3—十字轴

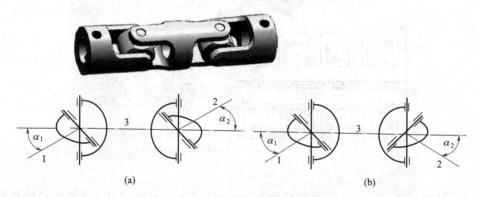

(a)　　　　　　　　　　(b)

图 3-65　双向轴式万向联轴器
1,2—叉形接头；3—中间轴

十字轴式万向联轴器结构紧凑，维护方便，能传递较大转矩，能补偿较大的综合位移，广泛应用于汽车、拖拉机和金属切削机床中。

c. 齿式联轴器。如图 3-66 所示，它由两个具有外齿的半联轴器 1、2 和两个具有内齿的外壳 3、4 组成。两个半联轴器用键分别与主动轴和从动轴连接，外壳 3、4 的内齿轮分别与半联轴器 1、2 的外齿轮相互啮合，两外壳用螺栓连接在一起。为了使其具有补偿轴间综合位移的能力，齿顶和齿侧均留有较大的间隙，并把外齿的齿顶制成球面。联轴器内注有润滑油，以减少齿间磨损。

齿式联轴器有较多的齿同时工作，能传递很大的转矩，能补偿较大的综合位移，结构紧凑，工作可靠，但结构复杂、比较笨重、制造成本较高，广泛应用于传递平稳载荷的重型机械。

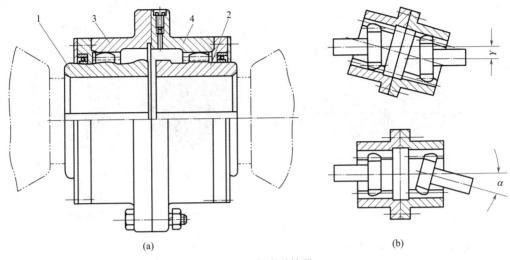

图 3-66　齿式联轴器
1,2—半联轴器；3,4—外壳

② 有弹性元件的挠性联轴器　这类联轴器利用内部弹性元件的弹性变形来补偿轴间相对位移，能缓和冲击、吸收振动。

a. 弹性套柱销联轴器。如图 3-67 所示，弹性套柱销联轴器的结构与凸缘联轴器相似，不同之处在于用装有弹性套圈的柱销代替了螺栓。安装时一般将装有弹性套的半联轴器作动力的输出端，并在两半联轴器间留有轴向间隙，使两轴可有少量的轴向位移。这种联轴器的结构简单、重量较轻、安装方便、成本较低，但弹性套易磨损、寿命较短，主要应用于冲击小、有正反转或启动频繁的中、小功率传动的场合。

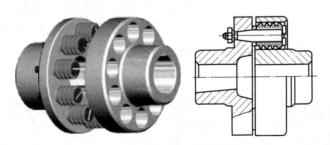

图 3-67　弹性套柱销联轴器

b. 弹性柱销联轴器。如图 3-68 所示，弹性柱销联轴器与弹性套柱销联轴器相类似，不同的是用尼龙柱销代替弹性套柱销，柱销形状一段为柱形，另一段为腰鼓形，以增大补偿两轴间角位移的能力。为防止柱销脱落，两侧装有挡板。其结构简单，制造、安装、维护方便，传递转矩大、耐用性好，适用于轴向窜动较大、正反转及启动频繁、使用温度在-20～70℃的场合。

c. 轮胎式联轴器。如图 3-69 所示，轮胎式联轴器是用压板 2 和螺钉 4 将轮胎式橡胶制品 1 紧压在两半联轴器 3 上。工作时通过轮胎传递转矩。为便于安装，轮胎通常开有径向切口 5。其结构简单，具有较大的补偿位移的能力，良好的缓冲防振性能，但径向尺寸大。适用于潮湿、多尘、冲击大、正反转频繁、两轴间角位移较大的场合。

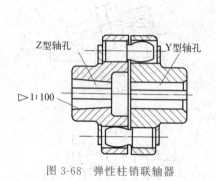

图 3-68　弹性柱销联轴器

图 3-69　轮胎式联轴器
1—轮胎式橡胶制品；2—压板；3—联轴器；4—螺钉；5—径向切口

2. 离合器

在机器运转过程中，因联轴器连接的两轴不能分开，所以在实际应用中受到制约。如汽车从启动到正常行驶过程中，要经常换挡变速。为保持换挡时的平稳，减少冲击和振动，需要暂时断开发动机与变速箱的连接，待换挡变速后再逐渐接合。显然，联轴器不适用于这种要求。若采用离合器即可解决这个问题，离合器类似开关，能方便地接合或断开动力的传递，如图 3-70 所示。

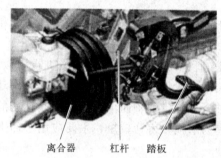

图 3-70　离合器

（1）牙嵌式离合器　如图 3-71 所示牙嵌式离合器，是用爪牙状零件组成嵌合副的离合器。有正三角形、正梯形、锯齿形、矩形。牙嵌式离合器结构简单，外廓尺寸小，两轴接合后不会发生相对移动，但接合时有冲击，只能在低速或停车时接合，否则凸牙容易损坏。

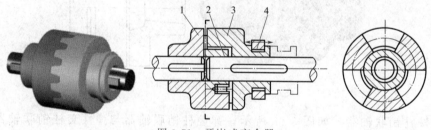

图 3-71　牙嵌式离合器
1,3—半离合器；2—对中环；4—滑环

（2）摩擦式离合器　如图 3-72 所示，摩擦式离合器通过操纵机构可使摩擦片紧紧贴合在一起，利用摩擦力的作用，使主、从动轴连接。这种离合器需要较大的轴向力，传递的转矩较小，但在任何转速条件下，两轴均可以分离或接合，且接合平稳，冲击和振动小，过载时摩擦片之间打滑，起保护作用。为了提高离合器传递转矩的能力，可适当增加摩擦片的数量。

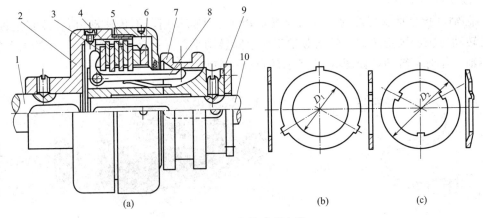

图 3-72 摩擦式离合器
1—主动轴；2—外套筒；3—压板；4—外摩擦片；5—内摩擦片；
6—螺母；7—操纵滑环；8—角形杠杆；9—内套筒；10—从动轴

（3）特殊功用离合器
① 安全离合器　如上述摩擦式离合器在过载时，摩擦片打滑可以起到安全保护作用。
② 超越离合器　超越离合器是通过主、从动部分的速度变化或旋转方向的变化，而具有离合功能的离合器，超越离合器属于自控离合器。

单元六　轴和轴承

认识轴

一、轴

轴是组成机器的重要零件之一，作回转运动的零件都要装在轴上才能传递运动和动力。轴的主要功用是支承轴上零件，使其具有确定的工作位置，并传递运动和动力。

1. 轴的分类和材料

（1）轴的分类

① 按轴线形状分类　按照轴线形状的不同，可将轴分为曲轴（图 3-73）、直轴（图 3-74）和软轴（图 3-75）。曲轴常用于往复式机械，如内燃机中的曲轴。软轴用于有特殊要求的场合，如管道疏通机、电动工具等。直轴被广泛应用在各种机器上，直轴按其外形不同可分为光轴和阶梯轴，在一般机械中阶梯轴的应用最为广泛。

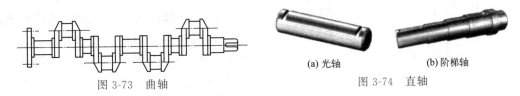

图 3-73　曲轴　　　　(a) 光轴　　　(b) 阶梯轴
　　　　　　　　　　　　　图 3-74　直轴

② 按受载情况分类

a. 芯轴　指只承受弯矩的轴（仅起支承转动零件的作用，不传递动力）。按其是否转动又分为转动芯轴和固定芯轴。转动芯轴工作时随转动零件一起转动，如图 3-76 的火车轮轴；固定芯轴工作时不转动，如图 3-77 所示的自行车前轮轴。

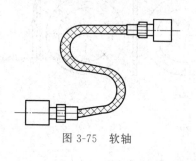

图 3-75　软轴

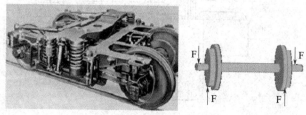

图 3-76　火车轮轴

b. 传动轴　指工作时主要承受转矩而不承受弯矩或承受很小弯矩的轴（只传递运动和动力）。如图 3-78 所示，将汽车前置变速器的运动和动力传至后桥，使汽车后轮转动的轴就是传动轴。

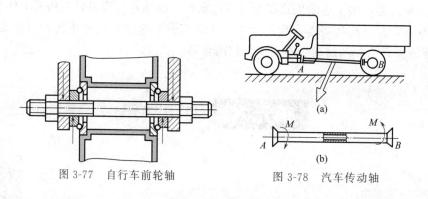

图 3-77　自行车前轮轴

图 3-78　汽车传动轴

c. 转轴　指既承受弯矩又承受转矩的轴（既支承转动零件又传递运动和动力），是机器中最常用的轴。如图 3-79 所示齿轮减速器中的轴就是转轴。

（2）轴的材料　轴的材料主要采用优质碳素结构钢和合金钢。轴的材料应当满足强度、刚度、耐磨性和耐腐蚀性等要求，采用何种轴材料取决于轴的工作性能及工作条件。

① 优质碳素结构钢　对应力集中敏感性小，价格相对便宜，具有较好的机械强度，主要用于制造不重要的轴或受力较小的轴，应用最为广泛。常用的优质碳素结构钢有 35、40、45 钢。为了提高材料的力学性能和改善材料的可加工性，优质碳素结构钢要进行调质或正火热处理。

② 合金钢　对应力集中敏感性强，价格较碳素钢高，但机械强度较碳素钢高，热处理性能好，多用于高速、重载和耐磨、耐高温等特殊场合。常用合金钢有 40Cr、35SiMn、40MnB 等。

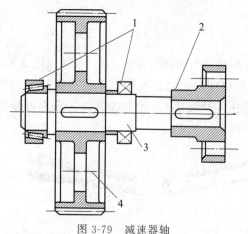

图 3-79　减速器轴

1—轴承；2—联轴器；3—轴；4—齿轮

对于形状复杂的轴也可以采用铸钢或球墨铸铁。轴的毛坯一般采用热轧圆钢和锻件。对于直径相差不大的轴通常采用热轧圆钢,对于直径相差较大或力学性能要求高的轴采用锻件。

2. 轴的结构

图 3-80 所示为齿轮减速器中的高速轴,为便于轴上零件拆卸和装配,轴的结构应是两头小中间大的阶梯轴,主要由轴头、轴颈、轴身组成,其次还有轴肩和轴环。轴的结构应考虑轴上零件的定位、固定、轴的加工及轴承类型等因素。

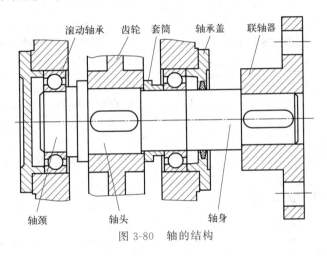

图 3-80 轴的结构

(1) 轴的组成部分

① 轴头 轴上安装旋转零件的轴段,用于支承传动零件,是传动零件的回转中心。

② 轴颈 轴上安装轴承的轴段,用于支承轴承,通过轴承将轴和轴上零件固定于机身上。

③ 轴身 是连接轴头和轴颈部分的非配合轴段。

④ 轴肩 是轴两段不同直径之间形成的台阶端面,用于确定轴承、齿轮等轴上零件的轴向位置或者便于装拆。

⑤ 轴环 是直径大于其左右两个直径的轴段,其作用与轴肩相同。

(2) 轴上零件的固定

① 轴上零件的轴向固定 轴上零件的轴向固定是为了防止轴上零件沿轴向窜动。常用的固定方法及其特点见表 3-8。

② 轴上零件的周向固定 轴上零件的周向固定是为了避免轴上零件与轴发生相对转动,便于传递运动和转矩。常用的轴上零件的周向固定方法,如图 3-81 所示。

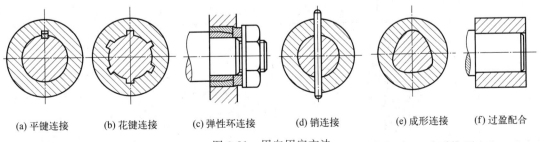

图 3-81 周向固定方法

表 3-8 轴向固定方法

方法	图例	特点及说明
轴肩与轴环		结构简单,固定可靠,能承受较大轴向力 轴肩高度 $h \geq R(C_1)$,一般 $h_{min} \geq (0.07 \sim 0.1)d$。安装轴承的轴肩高度 h 必须查轴承标准中的安装尺寸,以便拆卸轴承;轴环宽度 $b \approx 1.4h$;定位轴肩圆角半径 r 必须小于零件孔端的圆角半径 R 或倒角 C_1
套筒		结构简单,定位可靠,能承受较大轴向力。能同时固定两个零件的轴向位置,但两零件相距不宜太远,不宜高速 为了使套筒(圆螺母、轴端挡圈等)可靠地贴紧轴上零件的端面,与轴上零件轮毂相配的轴头长度 L 应略短于轮毂长度 $2 \sim 3$mm
圆螺母与止动垫圈		固定可靠,能承受较大轴向力,能实现轴上零件的轴向调整 螺纹对轴的强度削弱较大,应力集中严重,应采用细螺纹
双螺母		固定可靠,能承受较大轴向力,能实现轴上零件的轴向调整,常用于不便使用套筒的场合
轴端挡圈		固定可靠,能承受较大的轴向力,用于轴端
锥面		能消除轴与轮毂间的径向间隙,能承受冲击载荷。常用于高速轴端且对中性要求高或需经常拆卸的场合
弹性挡圈		结构紧凑,装拆方便,但受力较小,常用作滚动轴承的轴向固定

续表

方法	图例	特点及说明
紧定螺钉		承受轴向力很小,亦可起周向固定作用。用于转速很低或仅为防止零件偶动的场合
销		能同时起轴向和周向固定作用,承受轴向力不能太大。销可起到过载剪断以保护机器的作用

(3) 轴的结构工艺性 为了便于轴的制造、轴上零件的装配和使用维修,轴的结构应进行工艺性设计,设计时须注意以下几点。

① 轴的形状应力求简单,阶梯数尽可能少且直径应该是两头小中间大,便于轴上零件的装拆,如图 3-80 所示。

② 轴端、轴颈与轴肩或轴环的过渡部位应有倒角或过渡圆角,如图 3-82 所示。应尽可能使倒角大小一致和圆角半径相同,以便于加工。具体尺寸的确定可查阅机械零件设计手册。

③ 轴端若需要磨削或切制螺纹时,须留出砂轮越程槽(图 3-83)和螺纹退刀槽(图 3-84)。具体尺寸的确定可查阅机械零件设计手册。

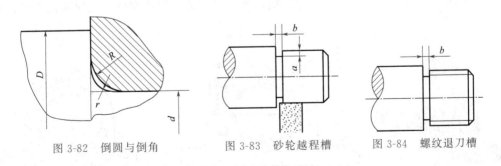

图 3-82 倒圆与倒角　　图 3-83 砂轮越程槽　　图 3-84 螺纹退刀槽

④ 当轴上零件与轴过盈配合时,为便于装配,轴的装入端应加工出导向锥面。

二、滑动轴承

轴承的功用是支撑轴及轴上零件,保持轴和轴上传动件的工作位置和旋转精度,减少摩擦与磨损,并承受载荷。按摩擦性质,轴承可分为滑动轴承和滚动轴承。

滑动轴承通过轴瓦和轴颈构成转动副,产生滑动摩擦,具有工作平稳、噪声小、耐冲击能力和承载能力大等优点。在高速、重载、高精度及结构需要剖分等场合下广泛应用滑动轴承，如汽轮机、内燃机、大型电机、机床、铁路机车等机械中。

1. 滑动轴承的类型和结构

按承载方向的不同，滑动轴承可分为向心滑动轴承（承受径向载荷）和推力滑动轴承（承受轴向载荷）；按其是否可以剖开可分为整体式和剖分式。

（1）整体式向心滑动轴承　图3-85所示为整体式向心滑动轴承，由轴承座1、轴套2等组成，轴承座用螺栓与机座连接，顶部装有润滑油杯，轴套压装在轴承座中，并用骑缝螺钉止动。整体式滑动轴承已标准化，结构简单，制造方便，价格低廉，刚度较大，但装拆时必须作轴向移动，且轴套磨损后，间隙无法调整，只能更换轴套。整体式轴承多用于低速轻载和间歇工作的场合。

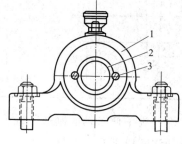
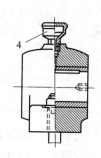

图3-85　整体式向心滑动轴承
1—轴承座；2—轴套；3—骑缝螺钉；4—润滑油杯

（2）剖分式向心滑动轴承　图3-86所示为剖分式向心滑动轴承，由轴承座1、轴承盖2、下轴瓦3、上轴瓦4以及双头螺柱5等组成。轴承盖上部开有螺纹孔，便于安装油杯或油管。为了便于对中和防止横向错动，轴承座与轴承盖的剖分面上制成阶梯形止口。剖分面有水平（剖分正滑动轴承）和45°斜开（剖分斜滑动轴承）两种，使用时应保证径向载荷的实际作用线与剖分面的垂直中心线夹角在35°以内。剖分式轴承装拆方便，可通过改变剖分面上的垫片厚度来调整轴承孔和轴颈之间的间隙，当轴瓦磨损严重时，更换轴瓦方便，且已标准化，应用广泛。

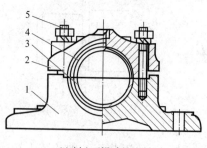
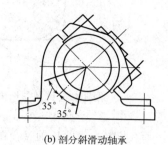

(a) 剖分正滑动轴承　　(b) 剖分斜滑动轴承

图3-86　剖分式向心滑动轴承
1—轴承座；2—轴承盖；3—下轴瓦；4—上轴瓦；5—双头螺柱

（3）调心式滑动轴承　如图3-87(a)所示，调心式滑动轴的轴瓦外表面和轴承座孔均为球面，能自动适应轴或机架的变形，以避免如图3-87(b)的局部磨损，适合轴承宽度 B 与轴颈直径 d 之比大于1.5的场合。

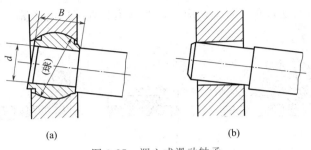

图 3-87 调心式滑动轴承

（4）推力滑动轴承　推力滑动轴承用来承受轴向载荷。如图 3-88(a) 所示的实心推力轴承，因工作时接触端外缘因线速度大而磨损大，中心处线速度小而磨损很小，致使应力集中于中心处，造成轴颈与轴瓦间的压力分布很不均匀；图 3-88(b) 所示为空心推力轴承，它改善了受力状况，有利于润滑油由中心凹孔处导入并储存，应用较广；图 3-88(c)、(d) 所示的单环和多环推力轴承，亦改善了受力状况，多环推力滑动轴承，其支承面积大而承载大。

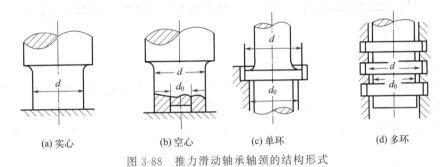

图 3-88 推力滑动轴承轴颈的结构形式

2. 轴瓦的结构

轴瓦是轴承中直接与轴颈接触的重要零件，它的结构和性能直接影响到轴承的寿命、效率和承载能力。

图 3-89 所示分别为用于整体式滑动轴承的整体式轴瓦（轴套）和用于剖分式轴承的剖分式轴瓦。为节约贵重金属，常以钢、铸铁或青铜做瓦背，以提高轴瓦的强度，在瓦背的内表面上浇注一层减摩材料（如轴承合金等），其厚度一般为 0.5～6mm，此层材料称为轴承

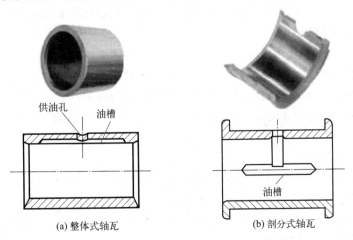

图 3-89 轴瓦结构

衬。为使轴承衬牢固地黏附在瓦背上，应在瓦背上预制燕尾形沟槽等，如图 3-90 所示。

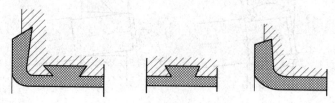

图 3-90　轴瓦瓦背沟槽形状

为便于润滑油流到整个轴瓦工作面上，应在非承载区开设供油孔和油沟。油沟的轴向长度约为轴瓦长度的 80%，以防止润滑油流失。如图 3-91 所示。

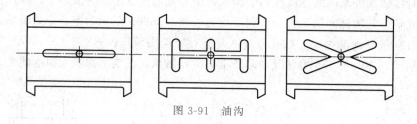

图 3-91　油沟

3. 滑动轴承的材料

滑动轴承材料通常是指轴瓦和轴承衬的材料。滑动轴承轴瓦的主要失效形式是磨损、胶合与疲劳破坏。因此，轴瓦材料应具备良好的减摩性能、抗胶合性、导热性及工艺性，足够的强度，一定的塑性，对润滑油有较高的吸附能力等。常用的轴瓦（或轴衬）材料如下。

（1）轴承合金　主要成分为铜、锡、锑、铅，以锡或铅作为基体的轴承合金又称为巴氏合金，其抗胶合能力强，摩擦系数小，塑性和跑合性能好。但价格高，且机械强度低，只适合作轴承衬的材料。

（2）青铜　主要成分为铜与锡、铅或铝组成的合金，其跑合性差，但硬度高，熔点高，机械强度、耐磨性和减摩性较好，价格低廉，故应用广泛。

（3）铸铁或减摩铸铁　铸铁中含有的石墨被磨落后可起到辅助润滑作用，且其耐磨性好，价格便宜，但质脆、跑合性差，常用于低速轻载和无冲击的场合。

（4）粉末冶金材料　将不同的金属粉末经压制烧结而成的多孔结构材料，称为粉末冶金材料，其孔隙约占体积的 10%~35%，可储存润滑油，故又称为含油轴承。运转时，轴瓦温度升高，因油的膨胀系数比金属大，故自动进入摩擦表面润滑轴承。粉末冶金材料价格低廉，耐磨性好，但韧性差。适用于低速平稳、加油困难或要求清洁的机械。

（5）非金属材料　常用作轴承材料的非金属材料有酚醛塑料、聚酰胺（尼龙）和聚四氟乙烯等，这些材料耐磨、耐腐蚀，摩擦系数小，吸振性好，具有自润滑性能，但导热性差，承载能力低。

4. 滑动轴承的润滑

滑动轴承润滑的目的是减少摩擦和磨损，以提高轴承的工作能力和使用寿命，同时起冷却、防尘、防锈和吸振的作用。设计时，必须恰当选择润滑剂和润滑装置。滑动轴承中常用的润滑剂有润滑油和润滑脂，其中润滑油应用最广。在某些特殊场合也可以使用石墨、二硫化钼等固体润滑剂或水、气体等。

(1) 润滑油　大多数滑动轴承都采用油润滑。常用的油润滑方法和装置如表 3-9 所示。

表 3-9　滑动轴承油润滑方式与装置

润滑方式	润滑装置	特点和应用
滴油润滑	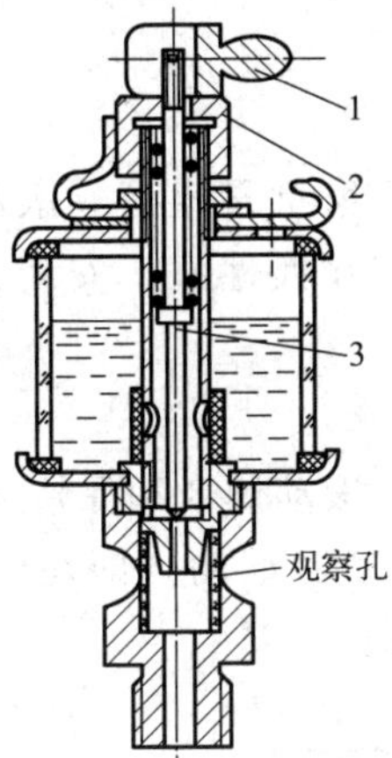	图示装置为针阀油杯，当手柄处在水平位置，针阀在弹簧推压下堵住底部油孔。将手柄 1 提至垂直位置，针阀 3 上提，油孔打开而供。调节螺母 2 可以改变注油量。用于载荷和速度较高，需供油量不大但需连续供油的轴承
芯捻或线纱润滑	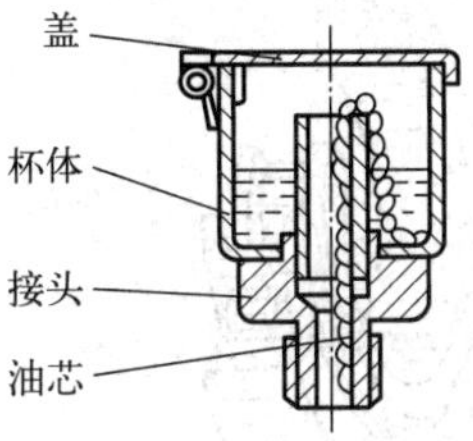	芯捻油杯是利用芯捻或线纱的毛细管和虹吸作用实现连续供油，供油量无法调节，用于载荷、速度不大的场合
油环润滑	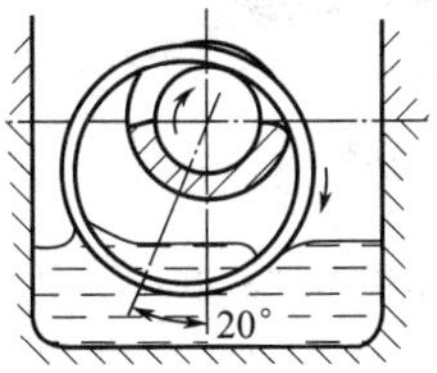	利用油环将油带到轴颈上进行润滑。适用于轴颈转速范围为 60～100r/min＜n＜1500～2000r/min，转速太低油环不能把油带起，过高油会被甩掉
飞溅润滑	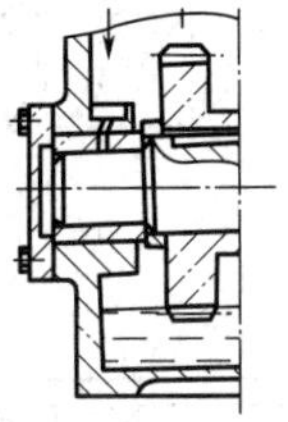	利用浸在油池中的回转件将油带到轴颈上进行润滑。这种方法简单、可靠，但旋转零件的速度不能大于 20m/s
浸油润滑	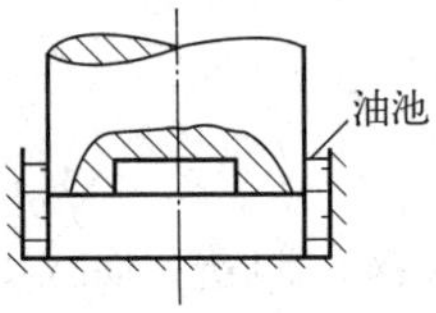	部分轴承直接浸在油中，供油充足，但搅油损失大，转速不能太高
压力循环润滑	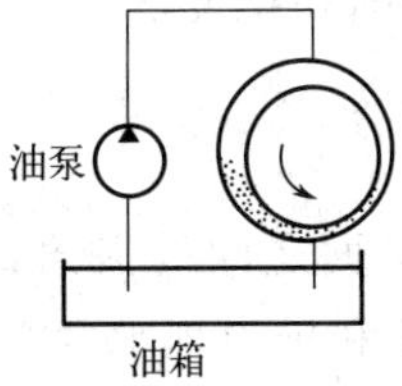	利用油泵使润滑油达到一定压力后输送到润滑部位，润滑可靠、完善，但结构复杂、费用高。适用于重载、高速、精密机械的润滑

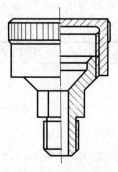

图 3-92　旋转式油杯

（2）润滑脂　润滑脂用于低速、轻载或间歇工作等不重要场合，可用油脂枪向轴承补充润滑脂或用图 3-92 所示旋转式油杯将润滑脂挤入轴承。

三、滚动轴承

滚动轴承是标准件，由专门厂家批量生产。滚动轴承价格便宜、摩擦阻力小，效率高，润滑简单、互换性好，安装、维护比较方便，故应用十分广泛。

1. 滚动轴承的结构

滚动轴承的结构如图 3-93 所示，由内圈 1、外圈 2、滚动体 3 和保持架 4 组成，内外圈分别与轴颈、轴承座孔装配在一起。当内、外圈相对转动时滚动体即在内外圈的滚道间滚动。保持架使滚动体分布均匀，减少滚动体的摩擦和磨损。

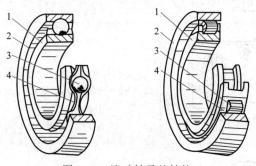

图 3-93　滚动轴承的结构
1—内圈；2—外圈；3—滚动体；4—保持架

滚动轴承分为球轴承和滚子轴承两大类，常用滚动体的形状如图 3-94 所示。

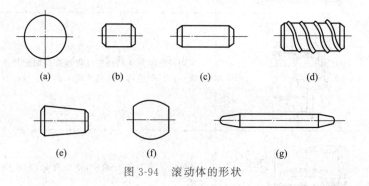

图 3-94　滚动体的形状

内、外圈与滚动体一般用含铬的合金钢（滚动轴承钢）制造，如 GCr15、GCr15SiMn 等，经淬火处理，硬度不低于 60HRC。工作表面需经磨削和抛光。保持架一般用低碳钢板冲压而成，也可用有色金属或塑料制造。

2. 滚动轴承的类型及特性

滚动体与套圈滚道接触点处的法线 $n-n$ 与轴承径向平面之间的夹角 α 称为公称接触角。按承载方向和公称接触角不同，滚动轴承可分为向心轴承和推力轴承两大类，各类轴承的公称接触角及其承载方向如表 3-10 所示。

表 3-10 滚动轴承公称接触角及承载方向

轴承类型	向心轴承 ($0°\leq\alpha\leq45°$，主要承受径向载荷)		推力轴承 ($45°<\alpha\leq90°$，主要承受轴向载荷)	
	径向接触轴承	向心角接触轴承	推力角接触轴承	轴向接触轴承
公称接触角 α	$\alpha=0°$	$0°<\alpha\leq45°$	$45°<\alpha<90°$	$\alpha=90°$
承载方向	只能承受径向载荷（深沟球轴承例外）	能同时承受径向和轴向载荷	能同时承受轴向和径向载荷	只能承受轴向载荷
图例				

滚动轴承的基本类型、代号及特性如表 3-11 所示。

表 3-11 常用滚动轴承的基本类型、代号及特性

类型代号	类型名称	简图	实物图	承载方向	性能和特点
1	调心球轴承			F_r, F_a F_a	承受径向载荷为主，一般不宜承受纯轴向载荷；能自动调心，允许角偏差≤2°~3°；适用于多支点传动轴、刚性较小的轴以及难以对中的轴
2	调心滚子轴承			F_r, F_a F_a	性能和特点与调心球轴承基本相同，但承载能力大些；允许角偏差≤1.5°~2.5°；常用于轧钢机、大功率减速器、吊车车轮等重载情况
3	圆锥滚子轴承			F_r, F_a	可同时承受径向和单向轴向载荷；外圈可分离，轴承间隙容易调整。允许角偏差2′；常用于斜齿轮轴、锥齿轮轴和蜗杆减速器轴等；一般成对使用
4	双列深沟球轴承			F_r, F_a F_a	与深沟球轴承特性类似，但能承受更大的双向载荷，适合应用在一个深沟球轴承的负荷能力不足的轴承配置

续表

类型代号	类型名称	简图	实物图	承载方向	性能和特点
5	推力球轴承 51000			↓F_a	只能承受轴向载荷，51000型用于承受单向轴向载荷，52000型用于承受双向轴向载荷；不宜在高速下工作；常用于起重机吊钩、蜗杆轴和立式车床主轴的支承等
	双向推力球轴承 52000			↑F_a ↓F_a	
6	深沟球轴承			↑F_r ←F_a F_a→	主要承受径向载荷，也能承受一定的轴向载荷；极限转速高，高速时可用来承受不大的纯轴向载荷；承受冲击能力差；价格低廉，应用最广；允许角偏差≤2′~10′；适用于刚性较大的轴，常用于机床齿轮箱、小功率电动机等
7	角接触球轴承 $\alpha=15°$(C) $\alpha=25°$(AC) $\alpha=40°$(B)			↑F_r ←F_a	可同时承受径向和单向轴向载荷；接触角α越大，承受轴向载荷的能力越大，一般成对使用；高速下能正常工作；允许角偏差≤2′~10′；适用于刚性较大的轴，常用于斜齿轮及蜗杆减速器中轴的支承等
8	推力圆柱滚子轴承			↑F_r	只能承受单方向轴向载荷，承载能力比推力球轴承大得多，不允许有角偏差
N	圆柱滚子轴承			↑F_r	承受径向载荷的能力大，能承受较大的冲击载荷；内、外圈可分离；允许角偏差≤2′~4′；适用于刚性较大、对中性良好的轴，常用于大功率电机、人字齿轮减速器等

3. 滚动轴承的代号

滚动轴承的代号是表示轴承的结构、尺寸、公差等级和技术性能等特征的一种符号，由数字和字母组成，一般印刻在轴承座圈的端面上。按照 GB/T 272—2017 规定，滚动轴承代号包括前置代号、基本代号和后置代号，见表 3-12。

(1) 前置代号 在基本代号之前，用字母表示成套轴承的分部件。例如 L 表示可分离轴承的可分离内圈或外圈；R 表示不带可分离内圈或外圈的轴承；K 表示滚子和保持架组件；KIW 表示无座圈推力轴承。

表 3-12 滚动轴承代号的组成

前置代号	基本代号					后置代号						
	五	四	三	二	一							
		尺寸系列代号										
轴承分部件代号	类型代号	宽度系列代号	直径系列代号	内径代号		内部结构代号	密封与防尘结构代号	保持架及其材料代号	特殊轴承材料代号	游隙代号	多轴承配置代号	其他代号

（2）基本代号 基本代号是核心部分，由类型代号、尺寸系列代号和内径代号组成，一般用数字或字母与数字组合表示，最多五位。

① 内径代号 表示轴承内径，对 $d=10\sim480$mm（$d=22$mm、28mm、32mm 除外）的常用轴承，其内径代号的表示方法见表 3-13。对 d 大于或等于 500mm 以及 $d=22$mm、28mm、32mm 的内径代号直接用公称直径的毫米数表示，但用"/"与尺寸系列代号分开，如深沟轴承 62/22 公称直径的为 22mm。

表 3-13 滚动轴承内径代号

内径代号	00	01	02	03	04～96
轴承内径/mm	10	12	15	17	代号×5

② 尺寸系列代号 尺寸系列代号由直径系列代号和宽度系列代号组成。为满足不同的使用条件，同一内径的轴承其滚动体尺寸不同，轴承外径和宽度有所不同。直径系列代号表示同一内径但不同外径的系列。宽度系列代号表示内、外径相同，但宽（高）度不同的系列。当宽度系列代号为 0 时多数可省略，如表 3-14 所示。

③ 类型代号 表示轴承的类型，用数字或大写字母表示，如表 3-12 所示。

表 3-14 尺寸系列代号

			向心轴承							推力轴承			
			宽度系列							高度系列			
			宽度尺寸依次递增 →							高度尺寸依次递增 →			
			8	0	1	2	3	4	5	6	7	9	1	2
直径系列	外径尺寸依次递增	7	—	—	17	—	37	—	—	—	—	—	—	—
		8	—	08	18	28	38	48	58	68	—	—	—	—
		9	—	09	19	29	39	49	59	69	—	—	—	—
		0	—	00	10	20	30	40	50	60	70	90	10	—
		1	—	01	11	21	31	41	51	61	71	91	11	—
		2	82	02	12	22	32	42	52	62	72	92	12	22
		3	83	03	13	23	33	—	—	—	73	93	13	23
		4	—	04	—	24	—	—	—	—	74	94	14	24
		5	—	—	—	—	—	—	—	—	—	95	—	—

注：表中"—"表示不存在此种组合。

(3) 后置代号 用字母或数字表示轴承的内部结构、材料、公差等级、游隙和其他特殊要求等内容，常用的几个后置代号如下。

① 内部结构代号 表示了不同的内部结构，用紧跟在基本代号后的字母表示，例如接触角为 $\alpha=15°$ 的角接触轴承，用字母 C 表示。

② 公差等级代号 滚动轴承公差等级分为 N、6、6x、5、4、2 共六级，依次由低级到高级，分别用/PN、/P6、/P6x、/P5、/P4、/P2 表示。如 6208/P6 标注在轴承代号后。N 级为普通级，应用最广，不标注。

③ 游隙代号 滚动轴承的游隙分为 2、N、3、4、5 共五组，径向游隙依次增大，标注方法分别为/C2、/CN、/C3、/C4、/C5，N 组游隙又叫基本游隙，不标注。

当公差代号与游隙代号需同时表示时，可简化标注，如/P63 表示轴承公差等级为 6 级，径向游隙为 3 组。

滚动轴承代号示例：

基本代号为 6202，表示深沟球轴承，尺寸系列（0）2，内径 $d=15\text{mm}$。

基本代号为 N212，表示圆柱滚子轴承，尺寸系列（0）2，内径 $d=60\text{mm}$。

7312AC/P5，表示角接触球轴承，尺寸系列（0）3，内径 $d=60\text{mm}$，公称接触角 $\alpha=25°$、公差/P5。

4. 滚动轴承的失效形式

滚动轴承的失效形式主要有疲劳点蚀、塑性变形及磨损三种形式。

(1) 疲劳点蚀 当 $n \geqslant 10\text{r/min}$ 时，滚动轴承内、外套圈滚道和滚动体受变应力作用，其主要失效形式是疲劳点蚀。为了防止疲劳点蚀现象的发生，滚动轴承应进行动载荷计算（寿命计算）。

(2) 塑性变形 当 $n<10\text{r/min}$、间歇摆动或不转动的滚动轴承，套圈滚道与滚动体可能因过大的静载荷或冲击载荷，使接触处产生过大的塑性变形，出现凹坑，致使摩擦增大、运转精度降低，产生剧烈的振动及噪声。因此，低速重载的滚动轴承应进行静载荷计算。

(3) 磨损 当轴承在工作环境恶劣、密封不好、润滑不良的条件下工作时，滚动体、套圈滚道会发生磨粒磨损。高速运转轴承还发生胶合磨损。因此，应限制轴承工作转速。

5. 滚动轴承的润滑与密封

(1) 润滑 滚动轴承的润滑剂和润滑方式的选择都与速度因子 dn 值有关。d（mm）是轴颈直径，n（r/min）是转速，dn（mm·r/min）值实际反映了轴颈的线速度。

当 dn 值在 $(2\sim3)\times10^5$ 范围内时采用润滑脂，可按表 3-15 选择合适的润滑脂。润滑脂不易流失，密封简单，使用周期长，一般在装配时加入润滑脂，其填充量不得超过轴承空隙的 1/3～1/2，润滑脂过多阻力大，引起轴承发热。

当 dn 值过高或有润滑油源（如齿轮减速器）时采用油润滑。润滑油内摩擦小，散热效果好，但供油系统和密封装置较复杂。润滑油黏度牌号根据 dn 值由图 3-95 选择。

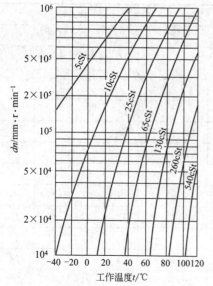

图 3-95 滚动轴承润滑油黏度的确定

表 3-15　滚动轴承润滑脂的选择

工作温度 /℃	dn 值 /mm·r·min^{-1}	使用环境	
		干燥	潮湿
0～40	>80000 <80000	2号钙基脂或钠基脂 3号钙基脂或钠基脂	2号钙基脂 3号钙基脂
40～80	>80000 <80000	2号钠基脂 3号钠基脂	3号钡基脂或锂基脂

滚动轴承的润滑方式可按表 3-16 选择。

表 3-16　滚动轴承润滑方式的选择

轴承类型	$dn/10^4$mm·r·min^{-1}				
	润滑脂	润滑油			
		油浴	滴油	循环油	喷雾
深沟球轴承	16	25	40	60	>60
调心球轴承	16	25	40	50	
角接触球轴承	16	25	40	60	
圆柱滚子轴承	12	25	40	60	
圆锥滚子轴承	10	16	23	30	
调心滚子轴承	8	12	20	25	
推力球轴承	4	6	12	15	

（2）密封装置　滚动轴承常用的密封装置见表 3-17。

表 3-17　滚动轴承常用的密封装置

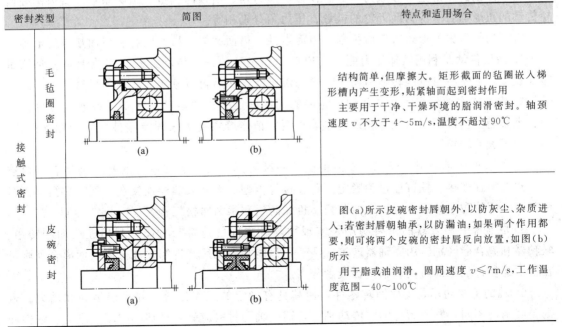

密封类型		简图	特点和适用场合
接触式密封	毛毡圈密封	(a)　(b)	结构简单，但摩擦大。矩形截面的毡圈嵌入梯形槽内产生变形，贴紧轴而起到密封作用 主要用于干净、干燥环境的脂润滑密封。轴颈速度 v 不大于 4～5m/s，温度不超过 90℃
	皮碗密封	(a)　(b)	图(a)所示皮碗密封唇朝外，以防灰尘、杂质进入；若密封唇朝轴承，以防漏油。如果两个作用都要，则可将两个皮碗的密封唇反向放置，如图(b)所示 用于脂或油润滑。圆周速度 $v \leqslant$ 7m/s，工作温度范围 -40～100℃

密封类型		简图	特点和适用场合
非接触式密封	隙缝密封	(a) (b)	靠轴与轴承盖之间的隙缝密封,隙缝越细长,密封效果越好,在图(b)所示环形沟槽中填以润滑脂,效果更好。间隙 δ 取 0.1～0.3mm 用于脂润滑。要求环境清洁干燥

小结

本模块主要介绍带传动、齿轮传动、液压传动的工作原理、结构、特点及应用,以及常用连接形式、支撑形式等。

1. 机器主要由原动机部分、传动部分、执行部分和操纵或控制部分组成。传动的形式有机械传动、液压传动、气压传动、电气传动等。

2. 带传动由主动带轮、从动带轮和套在带轮上的带组成。按其工作原理不同分为摩擦带传动和啮合带传动。啮合带传动是利用带内侧的齿或孔与带轮表面上的齿相互啮合来传递运动和动力的。摩擦带传动是依靠带轮接触面间产生的摩擦力而驱动从动轮转动的。

普通 V 带已标准化,按截面尺寸由小到大分为 Y、Z、A、B、C、D、E 七种型号。普通 V 带轮轮槽尺寸应与带的型号相对应。

3. 链传动工作时依靠链条的链节与链轮齿的啮合把运动和动力传递给从动链轮。

4. 齿轮传动是通过主、从动齿轮的轮齿直接接触(啮合)产生法向反力来推动从动轮转动,从而传递运动和动力。齿轮传动的平均传动比等于两齿轮齿数的反比。

直齿圆柱齿轮的基本参数为齿数、模数、压力角、齿顶高系数、顶隙系数。直齿圆柱齿轮传动的正确啮合条件为两齿轮的模数、压力角分别相等。

常见的轮齿失效形式有轮齿折断、齿面点蚀、齿面磨损、齿面胶合和齿面塑性变形等。

5. 液压传动是利用液体压力能来传递动力和运动的一种传动方式。实质上是一种能量转换装置,它先将机械能转换为便于输送的液压能,然后再将液压能转换为机械能。

6. 键连接主要用来实现轴和轴上零件的周向固定并传递运动和转矩。键连接可分为平键、半圆键、楔键、切向键与花键连接等类型。销连接主要用来固定零件之间的相互位置,并传递不大的转矩。

7. 螺纹连接是利用带螺纹的零件构成的一种可拆连接。螺纹连接的基本类型有螺栓连接、双头螺柱连接、螺钉连接和紧定螺钉连接等类型。大多数螺栓连接在装配时都需要预紧和防松,螺纹防松方法可分为摩擦防松、机械防松和永久防松三种。

8. 联轴器和离合器的主要功用是实现轴与轴之间的连接与分离,并传递运动和转矩。联轴器和离合器区别:用联轴器连接的两轴,只能在停机后经拆卸才能分离;而离合器则可在机器运转过程中随时使两轴接合或者分离。

9. 轴的主要功用是支撑回转零件,使其具有确定的工作位置,并传递运动和动力。根据受载情况不同,轴分为心轴、传动轴、转轴。轴的材料应具有足够的强度、刚度、韧性和耐磨性。

10. 轴承的功用是支撑轴及轴上零件，保持轴和轴上传动件的工作位置和旋转精度，减少摩擦与磨损，并承受载荷。按摩擦性质，轴承可分为滑动轴承和滚动轴承两大类。按承载方向的不同，滑动轴承可分为向心滑动轴承和推力滑动轴承。

滚动轴承一般由内圈、外圈、滚动体和保持架组成。按承载方向和公称接触角不同，滚动轴承可分为向心轴承和推力轴承。滚动轴承的代号由前置代号、基本代号和后置代号组成。滚动轴承的失效形式主要有疲劳点蚀、塑性变形及磨损。

拓展阅读

盾构机

盾构机（图3-96）是一种使用盾构法的隧道掘进机，在我国基建中占有非常重要的位置，目前在全世界处于领先位置。它是一个具备多种功能于一体的综合性设备，集合了隧道施工过程中的开挖、出土、支护、注浆、导向等全部的功能。盾构施工的过程也就是这些功能合理运用的过程。

盾构在结构上包括刀盘、盾体、人舱、螺旋输送机、管片安装机、管片小车、皮带机和后配套拖车等；在功能上包括开挖系统、主驱动系统、推进系统、出碴系统、注浆系统、液压系统、电气控制系统、自动导向系统及通风、供水、供电系统、有害气体检测装置等。盾构机零部件很多，包含了齿轮、轴、轴承、带传动输送机、液压装置等，是一台集成的高科技机械产品。

图 3-96　盾构机

盾构机掘进是通过液压马达驱动刀盘旋转，同时开启盾构机推进油缸，将盾构机向前推进，伴随推进油缸向前推进，刀盘连续旋转，被切削下来的渣土充满泥土仓，此时开启螺旋输送机将切削下来的渣土排送到皮带输送机上，然后由皮带输送机运送至渣土车土箱中，再经过竖井运送至地面。

思考与练习

一、选择题

1. 带传动是依靠_____来传递运动和功率的。
   A. 带与带轮接触面之间的正压力　　B. 带与带轮接触面之间的摩擦力
   C. 带的紧边拉力　　　　　　　　　D. 带的松边拉力

2. 带张紧的目的是_____。
   A. 减轻带的弹性滑动　　　　　　　B. 提高带的寿命
   C. 改变带的运动方向　　　　　　　D. 使带具有一定的初拉力

3. 与链传动相比较，带传动的优点是_____。
   A. 工作平稳，基本无噪声　　　　B. 承载能力大
   C. 传动效率高　　　　　　　　　D. 使用寿命长
4. 一对标准渐开线圆柱齿轮要正确啮合，它们的_____必须相等。
   A. 直径 d　　B. 模数 m　　C. 齿宽 b　　D. 齿数 z
5. 高速重载齿轮传动，当润滑不良时，最可能出现的失效形式是_____。
   A. 齿面胶合　　　　　　　　　　B. 齿面疲劳点蚀
   C. 齿面磨损　　　　　　　　　　D. 轮齿疲劳折断
6. 在螺栓连接中，有时在一个螺栓上采用双螺母，其目的是_____。
   A. 提高强度　　　　　　　　　　B. 提高刚度
   C. 防松　　　　　　　　　　　　D. 减小每圈螺纹牙上的受力
7. 工作时只承受弯矩，不传递转矩的轴，称为_____。
   A. 心轴　　　　B. 转轴　　　　C. 传动轴　　　　D. 曲轴
8. 滚动轴承的代号由前置代号、基本代号和后置代号组成，其中基本代号表示_____。
   A. 轴承的类型、结构和尺寸　　　B. 轴承组件
   C. 轴承内部结构变化和轴承公差等级　　D. 轴承游隙和配置

二、判断题

1. 摩擦带传动的传动比与两带轮基准直径成反比。（　）
2. 因带的弹性以及松、紧边的拉力差致使带与带轮间产生很小相对滑动的现象称为带的弹性滑动，弹性滑动是可避免的。（　）
3. 齿轮的模数越大，齿轮的各部分尺寸越大。（　）
4. 由制造、安装误差导致中心距改变时，渐开线齿轮不能保证瞬时传动比不变。（　）
5. 平键连接工作面为键的两侧面。（　）
6. 键连接只能实现轴和轴上零件的周向固定。（　）
7. 销只能用来固定零件之间的相互位置。（　）
8. 螺栓连接适用于被连接件之一较厚难以穿孔并经常装拆的场合。（　）
9. 联轴器和连接的两轴直径必须相等，否则无法连接。（　）
10. 轴瓦工作面上，应在非承载区开设供油孔和油沟。油沟应沿轴向开通。（　）

三、简答题

1. 摩擦带传动有何特点？V 带截面尺寸有哪几种型号？
2. 直齿圆柱齿轮传动的正确啮合条件是什么？
3. 重合度的物理意义是什么？为什么要求齿轮传动的重合度不小于1？
4. 螺纹连接有哪些基本类型？各有何特点？各适用于什么场合？
5. 螺纹连接既然能自锁，为何还要防松？常见防松措施有哪些？
6. 联轴器和离合器的功用有何相同点和不同点？
7. 轴上零件的轴向定位和周向定位方式有哪些？各适用于什么场合？
8. 说明下列滚动轴承代号的意义：30310，6308/P5，N2315，6209。

四、计算题

1. 某 V 带传动使用 B 型胶带，若两轮间的最大中心角 $a=500$mm，小轮为主动轮，其基准直径 $d_{d1}=1800$mm，大轮基准直径 $d_{d2}=500$mm。试计算其传动比，并确定带长。

2. 有两个旧带轮，经测得其尺寸如图 3-97 所示，试判别这两个带轮是否为同一型号，是什么型号。

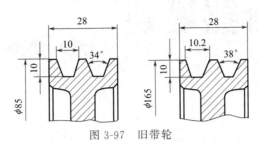

图 3-97 旧带轮

3. 有一对正常齿制标准安装的外啮合标准直齿圆柱齿轮传动，其标准中心距 $a=250$mm，主动齿轮的齿数 $z_1=20$，模数 $m=5$mm，转速 $n_1=1450$r/min。试求大齿轮的齿数、齿顶圆、分度圆、齿根圆直径。并计算传动比及大齿轮的转速。

五、案例分析

为某企业设计一个带式运输机传动装置。已知：输送带工作拉力 $F=9000$N，输送带速度 $v=5$m/s，滚筒直径 $D=450$mm，每天工作 8h，传动工作年限 5 年。

 思路点拨

> 分析并确定传动方案、选择电动机、传动装置运动及动力参数计算、传动零件的设计计算、轴的计算、滚动轴承的选择和计算、键连接的选择和计算、联轴器的选择、选择润滑方式密封方式。

模块四

压力容器基础

 学习目标

知识目标

掌握压力容器的基本结构、常用材料、基本要求、压力容器的强度计算及参数确定方法、压力容器试验方法及试验过程;熟悉压力容器的分类方法和常用标准;了解压力容器附件种类、外压容器失稳原因及防止措施、压力容器补强原理及方法。

技能目标

能够确定薄壁压力容器计算参数,并能进行简单计算;能够正确选取封头的结构形式;能够利用相关标准正确选择法兰、支座等附件并能进行标记;能够选择最佳的安全附件;能选定压力容器强度试验的方法,并确定出相应的试验压力。

素质目标

推动绿色发展,促进人与自然和谐共生,树立严肃认真、严守规范、守正创新和安全责任意识理念,建立认真学习的思想和脚踏实地的工作精神,具有强烈的事业心,做有理想、有担当的时代新人。

随着国民经济高质量快速发展,压力容器已在石油、化工、轻工、医药、环保、航空航天、深海探测等工业领域以及人们的日常生活中得到广泛应用,且数量日益增大,大容积的设备也越来越多;压力容器不但在化工生产中得到应用,在火箭燃料箱、深海探测外壳等方面也得到应用,图4-1是压力容器在我国现代化工生产、火箭发射、深海探测的情况。我国压力容器设计、制造虽然起步较晚,但发展迅速,无论在化工生产,还是在火箭技术,以及承受70MPa的蛟龙号深海探测器都达到了世界领先水平,在广大科技工作者共同努力下,我国科技领域突破了一个又一个国外"卡脖子"技术。

图4-1 压力容器的应用

压力容器是在一定条件下的承压设备,工作过程中需要保持绝对的安全可靠,一旦发生事故其后果非常严重,因此对压力容器的结构、强度、操作方便程度、经济性等方面都有一定的要求,本模块对此作介绍。

单元一 容器的基础知识

容器是各种化工设备外壳的总称,若密闭容器同时具备以下条件即可视为压力容器:
① 最高工作压力大于或等于 0.1MPa(不含液柱静压力);
② 内径大于或等于 0.15m,且容积大于或等于 0.25m³;
③ 介质为气体、液化气体或最高工作温度等于标准沸点的液体。

压力容器的主要作用是储装压缩气体、液化气体、液体或为这些介质的传质、传热、化学反应提供一个密闭的空间。压力容器种类繁多,形式多样,如换热器、塔设备、反应设备、储罐等,其基本结构都由筒体、封头、法兰、支座、开孔、接管、密封装置、安全附件等组成,如图 4-2 所示。下面结合图 4-2 对压力容器的基本结构进行简单介绍。

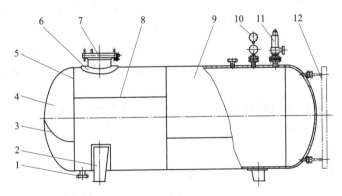

图 4-2 压力容器的基本结构
1—法兰;2—支座;3—封头拼焊焊缝;4—封头;5—环焊缝;6—补强圈;7—人孔;
8—纵焊缝;9—筒体;10—压力表;11—安全阀;12—液面计

一、压力容器的基本结构

1. 筒体

筒体是压力容器用以储存物料或完成化学反应所需要的主要空间,是压力容器最主要的受压元件之一,如图 4-2 所示。筒体通常由一个或多个

压力容器的结构与分类

筒节用钢板卷制焊接而成,当直径较小(一般小于 500mm)时,圆筒可用无缝钢管制作,这时筒体上便没有纵焊缝;当筒体直径较大时,可用钢板在卷板机上卷制成圆筒或用钢板在水压机上压制成两个半圆筒,再用焊接的方法将其制成一个完整的圆筒,此时便存在纵焊缝。若直径不大则只有一条纵焊缝,如果直径较大,由于受到钢板尺寸和制造机器的限制,则有两条或两条以上的纵焊缝。当容器长度较长时,就需要两个或两个以上的筒节经焊接而成,这时就存在环向焊缝,简称环焊缝。当压力容器承受的压力较低或直径较小时可以用单

层筒体，若压力较高则需用多层组合式筒体。

2. 封头

封头是压力容器的另一受压元件，根据几何形状，封头分为椭圆形、半球形、碟形、锥形、平板等形式；封头和筒体通过焊接或者可拆的法兰连接组合在一起，构成一台压力容器的主要部分，封头也是压力容器主要的承压元件之一。

从制造方法分，封头有整体成形和分片成形后组焊成一体这两种形式，当直径较大而超出了制造厂的生产能力时，多采用分片成形方法制造。从封头成形方式分为冷压成形、热压成形、旋压成形等数种。封头壁厚较薄时采用冷压成形或旋压成形，较厚时则采用热压成形。

当容器组装后不需要开启时（一般是容器内无内置构件或虽然有内置构件但不需更换和检修），封头与筒体可以直接焊接成一个整体，从而保证密封。如果压力容器内部的构件需要更换或因检修需要多次开启，则封头和筒体的连接则采用法兰连接，此时封头和筒体之间就必须要有一个密封装置。

3. 密封装置

为了保证压力容器内的介质不产生泄漏而发生事故，需要进行密封。压力容器上有很多密封装置，如封头与筒体采用可拆连接，容器接管与管道法兰的可拆连接，人孔、手孔等的可拆连接等。压力容器能否安全正常运行，很大程度上取决于密封装置的可靠性。

法兰密封装置一般由一对法兰、连接螺栓、密封元件（垫片）等组成，通过拧紧连接螺栓时密封元件（垫片）压紧而密封，从而保证容器内的介质不产生泄漏。一旦发生泄漏，不但影响生产，而且泄漏介质污染环境，甚至影响生命安全，需要树立安全责任意识。

4. 开孔与接管

由于容器内的物料需要通过管道输入和输出，以及供检修人员进出设备进行检修，常在压力容器的壳体上开设各种大小的孔或安装接管，如人孔、手孔、视镜孔、物料进出接管，以及安装压力表、液面计、安全阀、测温仪表等接管开孔。

手孔的大小便于操作人员的手能自由地通过，因此，手孔的直径一般不小于 150mm，考虑到人臂长度约 650～700mm，所以压力容器直径大于 1000mm 时就不宜再设手孔，而应改设为人孔。人孔的形状有圆形和长圆形两种，人孔大小便于人员自由进出，一般圆形人孔至少为 400mm，长圆形人孔的尺寸一般为 350mm×450mm。

5. 支座

压力容器自身的重量和其内部介质的重量通过支座来承受，较高的塔类容器除承受自身和介质的重量外，还要承受风载荷和地震载荷所造成的弯曲力矩。

支座的形式有多种，圆筒形容器和球形容器的支座各不相同。随安装位置的不同，容器支座分为立式支座和卧式支座两类。其中立式支座又有腿式支座、支承式支座、耳式支座和裙式支座；卧式容器支座有鞍式支座和圈式支座；球形支座有柱式支座和裙式支座。

二、压力容器的分类

1. 按工艺用途分

根据压力容器在生产工艺过程中的作用，将压力容器分为以下几类。

（1）反应容器（代号 R） 主要用于完成介质的物理、化学反应。如反应器、反应釜、合成塔、蒸煮锅、分解塔、聚合釜、煤气发生炉等。

（2）换热容器（代号 E） 主要用于完成介质之间的热量交换。如热交换器、管壳式余热锅炉、冷却塔、冷凝器、蒸发器、加热器、烘缸、电热蒸汽发生器等。

（3）分离容器（代号 S） 主要用于完成流体介质的分离。如分离器、过滤器、集油器、缓冲器、洗涤器、吸收塔、干燥塔、汽提塔、除氧器等。

（4）储存容器（代号 C，其中球罐代号 B） 主要用于储存和盛装生产用的原料气、液体、液化气体等。如储槽、球罐、槽车等。

如果一种压力容器，同时具备两种以上的工艺作用时，应按工艺过程中的主要作用来划分。

2. 按壳体的承压方式分

按承压方式，容器可以分为内压和外压容器。

（1）内压容器 作用于器壁内部的压力高于器壁外表面承受的压力。

（2）外压容器 作用于器壁内部的压力低于器壁外表面承受的压力。

将压力容器区分为内压容器和外压容器的目的主要在于这两类容器的设计计算方法及要求不同，容器失效的形式也不同。对内压容器而言，器壁主要受拉应力，通常按强度条件确定壁厚；而外压容器特别是薄壁外压容器，在外压力作用下突出的问题是能否保持原有形状而不失稳。也就是说这两类容器具有不同的设计计算理论基础和应满足的条件。

3. 按设计压力的高低分

内压容器按设计压力大小可分为 4 个压力等级。

（1）低压容器（代号 L），$0.1 \leqslant p < 1.6 \text{MPa}$。

（2）中压容器（代号 M），$1.6 \text{MPa} \leqslant p < 10 \text{MPa}$。

（3）高压容器（代号 H），$10 \leqslant p < 100 \text{MPa}$。

（4）超高压容器（代号 U），$p \geqslant 100 \text{MPa}$。

按设计压力对容器分类的目的主要在于对不同压力等级的容器实行安全管理的程度不同，中国有关压力容器安全监察方面的法规是按不同的压力等级再结合容器的用途和盛装介质的性质，使不同类别的容器接受不同级别的安全监察机构的管理和监督。

4. 按容器的壁厚分

根据器壁厚度的不同将压力容器分为薄壁和厚壁容器，两者是按其外径 D_o 与内径 D_i 的比值大小来划分的。

（1）薄壁容器。径比 $k = D_o/D_i \leqslant 1.2$ 的容器（D_o 为容器的外直径，D_i 为容器的内直径）。

（2）厚壁容器。$k > 1.2$ 的容器。

按壁厚分类的意义在于薄壁容器的壁厚相对直径较小，在内压力作用下，按薄膜理论假设器壁内呈两向应力状态而且沿壁厚均匀分布，这种假设有一定的近似性，但可简化计算，应用于工程设计中有足够的准确性，k 值越小，实际应力状况就越接近这种假设。但随着 k 值的增大，容器壁内的实际应力状态和薄膜理论所作的假设差异较大，容器壁呈三相应力状态。器壁内的三向应力状态随着器壁的增加就愈加明显且沿壁厚分布就愈不均匀，若按薄膜理论进行计算误差就较大，这时需要采用能反映三向应力状态的方法进行计算。综上所述，薄壁容器与厚壁容器设计计算的理论根据和要求是不同的。而以 $k = 1.2$ 为界限则是根据长期的使用经验确定的。

5. 按容器的工作温度分

按容器的工作温度，一般可以分为以下几种。

(1) 低温容器　设计温度≤-20℃。

(2) 常温容器　设计温度>-20~200℃。

(3) 中温容器　设计温度>200~450℃。

(4) 高温容器　设计温度>450℃。

按工作温度分类虽然没有严格的科学依据，其意义在于温度对材料的性能影响较大，在不同的温度范围，容器材料选用上需要考虑的问题是不一样的，如在低温下要考虑材料的冷脆性，温度越低冷脆性越明显，中温下要考虑氢腐蚀及材料的抗回火脆性，高温下要考虑材料的蠕变性、石墨化、抗氧化性等。

6. 按安装方式分

根据安装方式分为固定式压力容器和移动式压力容器。

(1) 固定式压力容器　安装和使用地点固定，工艺条件也相对固定的压力容器。如生产中的储槽、储罐、塔器、分离器、热交换器等。

(2) 移动式压力容器　经常移动和搬运的压力容器，如汽车槽车、铁路槽车、槽船等容器。

按安装方式分类的目的在于这类压力容器在使用时不仅承受内压或外压载荷，搬运过程中还会受到由于内部介质晃动所引起的冲击力，以及运输过程中还会受到外部撞击和振动载荷，因而在结构、使用和安全方面均有其特殊的要求。

7. 按安全技术监察规程分

为了对待不同安全要求的压力容器在技术管理和监督检查方面的差异，我国按容器的压力等级、容积大小、介质的危害程度及在生产过程中的作用综合考虑，把压力容器分为三个类别，其中第三类压力容器最为重要，要求也最严格。这种分类方法对从事压力容器的设计、制造、安装及管理而言更为重要，具体划分如下。

(1) 第三类压力容器　具有以下情形之一者为三类容器：

① 高压容器；

② 毒性为极度和高度危害介质的中压容器；

③ 设计压力和容积的乘积≥0.2MPa·m^3 的低压容器，易燃或毒性程度为中度危害介质且其设计压力和容积的乘积≥0.5MPa·m^3 的中压反应容器，设计压力和容积的乘积≥10MPa·m^3 的中压储存容器；

④ 高压、中压管壳式余热锅炉；

⑤ 中压搪玻璃压力容器；

⑥ 容积大于 50m^3 的球形储罐；

⑦ 移动式压力容器，包括介质为液化气体、低温液体的铁路槽车，液化气体、低温液体、永久气体等的罐式汽车，介质为液化气体、低温液体的罐式集装箱；

⑧ 容积大于 5m^3 的低温液体储存容器；

⑨ 抗拉强度规定值下限≥540MPa 的高强度材料压力容器。

(2) 第二类压力容器　具有下列情形之一者为第二类压力容器：

① 中压容器；

② 易燃介质或毒性程度为中度危害介质的低压反应容器和低压储存容器；

③ 毒性程度为极度和高度危害介质的低压容器；

④ 低压管壳式余热锅炉；

⑤ 低压搪玻璃压力容器。

(3) 第一类压力容器　除第二类、第三类压力容器以外的所有低压容器。

考虑容器中介质毒性程度的分类，主要是说明处理不同毒性或易燃介质的容器，在发生事故时造成的危害性是有所不同的。对于处理极度毒性或易燃介质的容器，其要求就应当比处理其他介质高。

介质的毒性程度参照 GB/Z 230—2010《职业性接触毒物危害程度分级》的规定，按其最高允许浓度的大小分为下列 4 级。

① 极度危害（Ⅰ级）：最高允许浓度$<0.1\mathrm{mg/m^3}$，如氟、氢氟酸、光气等介质。

② 高度危害（Ⅱ级）：允许浓度 $0.1\sim<1.0\mathrm{mg/m^3}$，如氟化氢、碳酸氟等介质。

③ 中度危害（Ⅲ级）：允许浓度 $1.0\sim<10\mathrm{mg/m^3}$，如二氧化硫、氨、一氧化碳、甲醇等介质。

④ 轻度危害（Ⅳ级）：允许浓度$\geq 10\mathrm{mg/m^3}$，如氢氧化钠、四氟乙烯、丙酮等介质。

易燃介质是指与空气混合的爆炸下限小于 10%，或爆炸上限和下限之差值等于 20% 的气体，如一甲胺、乙烷、乙烯、氯甲烷、环氧乙烷、环丙烷、氢气、丁烷、三甲胺、丁二烯、丁烯、丙烯、丙烷、甲烷等。

可见，我国压力容器的分类方法综合考虑了设计压力、几何容积、材料强度、应用场合、介质危害程度、介质的危险程度等因素。由于各国的经济政策、技术政策、工业基础和管理体系的差异，压力容器分类方法是互不相同的。采用国际标准或国外先进标准设计压力容器时，应采用相对应的压力容器分类方法。

三、压力容器标准规范

压力容器标准规范是长期设计、制造的经验总结，因此在设计、制造及附件的选用中应严守规范。

为了确保压力容器的安全运行，各国相继制定了一系列压力容器标准和规范，以确保压力容器安全可靠的运行，如美国的 ASME 规范，日本的 JIS 规范，欧盟的 97/23/EC 规范。

中国压力容器标准体系中，GB 150—2011《压力容器》是最基本、应用最广泛的标准，其技术内容与 ASMEⅧ—1、JISB 8270 等国外先进压力容器标准大致相当，但在适用范围、许用应力和一些技术指标上有所不同。

全国压力容器标准技术委员会在 GB 150—2011《压力容器》的基础上，先后制定了 GB/T 151—2014《热交换器》、GB 12337—2014/XG 1—2022《钢制球形储罐》、GB/T 27698.3—2011《板式热交换器》、NB/T 47007—2018《空冷式热交换器》、GB 16749—2018《压力容器波形膨胀节》、JB 4732《钢制压力容器分析设计标准》、NB/T 47041—2014《塔式容器》、NB/T 47003.1—2009《钢制焊接常压容器》、NB/T 47042—2014《卧式容器》、NB/T 47020—2012《压力容器法兰分类与技术条件》、NB/T 47065.1—2018《容器支座　第 1 部分：鞍式支座》等。NB/T 47003.1—2009《钢制焊接常压容器》与 GB 150 一样，都属于常规设计标准。GB 150、JB 4732 和 NB/T 47003 的区别和应用范围见表 4-1。

表 4-1 GB 150、JB 4732 和 NB/T 47003 的区别和应用范围

项目	GB 150	JB 4732	NB/T 47003
设计压力	0.1MPa≤p≤35MPa,真空度不低于 0.02MPa	0.1MPa≤p<100MPa,真空度不低于 0.02MPa	−0.02MPa<p<0.01MPa
设计温度	按钢材允许的温度确定（最高为 700℃,最低为 −196℃）	低于以钢材蠕变控制其设计强度的相应温度（最高 475℃）	大于−20～350℃（奥氏体高合金钢制容器和设计温度低于−20℃，但满足低温低应力工况，且调整后的设计温度高于−20℃的容器不受此限）
对介质的限制	不限	不限	不适用于盛装高度毒性或极度危害介质的容器
设计准则	弹性失效准则和失稳失效准则	塑性失效准则、失稳失效准则和疲劳失效准则，局部应力用极限分析和安定性分析结果来评定	弹性失效准则和失稳失效准则
应力分析方法	以材料力学、板壳理论公式为基础，并引入应力增大系数和形状系数	弹性有限元法，塑性分析，弹性理论和板壳理论公式，实验应力分析	以材料力学、板壳理论公式为基础，并引入应力增大系数
强度理论	最大主应力理论	最大切应力理论	最大主应力理论
是否适应于疲劳分析容器	不适用	适用,但有免除条件	不适用

四、压力容器的安全监察

由于压力容器应用的广泛性和特殊性以及事故率高、危害性大等特点，如何确保压力容器的安全运行，使之不发生事故，尤其是重大事故，便成为摆在我们面前十分重要的问题。一旦压力容器使用不当或有缺陷未及时发现和处理，就可能导致介质泄漏甚至爆炸等事故。一旦发生爆炸事故，不仅危害操作人员的安全，而且将危及周围设备和环境。如发生易燃易爆介质的二次爆炸或有毒介质的大量扩散，则将造成更为严重甚至是灾难性的后果。杜绝或减少压力容器事故是一件极为艰难、复杂和重要的工作。它要求所有从事压力容器工作及相关工作的人员必须做到以下几点：

① 具有强烈的事业心和高度的责任感，做有理想、有担当的时代新人；

② 掌握必要的有关压力容器方面的基本理论知识并具有一定的实践经验以及分析、解决问题的能力；

③ 掌握压力容器设计、制造、检验、操作与维修等方面的法律、法规、规范等，以及保证其实施的系统、完善、科学的管理监督体制和办法，做到严肃认真、严守规范的要求。因此，世界上几乎所有工业国家都将压力容器作为特殊的设备进行专门的监察管理。

在化工与石油化工及国民经济其他领域中应用的压力容器有受安全监察与不受安全监察两部分，其中受安全监察的压力容器比较重要。1981 年，国家劳动部颁发了《压力容器安全技术监察规程》，经过 1999 年及以后的修订并更名，颁布了新版《固定式压力容器安全技术监察规程》，该规程是压力容器安全管理的一个技术法规，同时也是政府对压力容器实施

安全技术监督和管理的依据。2009年拆分成《固定式压力容器安全技术监察规程》和《移动式压力容器安全技术监察规程》。2016年颁布实施了新版《固定式压力容器安全技术监察规程》。

《固定式压力容器安全技术监察规程》适用于同时具备以下条件的容器：
① 最高工作压力大于或等于0.1MPa（不含液柱静压力）；
② 内径大于或等于0.15m，且容积大于或等于0.25m³；
③ 介质为气体、液化气体或最高工作温度等于标准沸点的液体。

《固定式压力容器安全技术监察规程》共有九章，包括总则，材料，设计，制造，安装、改造与修理，监督检验，使用管理，定期检查，安全附件及仪表。此外，还包括固定式压力容器分类，压力容器产品合格证，压力容器产品铭牌等10个附录。

单元二 内压薄壁容器

内压薄壁圆筒容器

一、内压薄壁圆筒容器

对密闭的压力容器而言，在承受内压力时，都存在不同程度的变形，如图4-3所示，在远离封头的壳体中间截取一段圆弧进行分析发现，容器在长度方向上将伸长，直径将增大，说明在轴向方向上和圆周切向方向上存在拉应力。把轴向方向的拉应力称为经向或轴向应力，用σ_1表示；圆周切向方向的应力称为周向应力或环向应力，用σ_2表示。

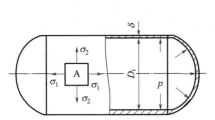
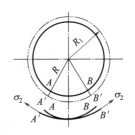

图4-3 薄壁圆筒形壳体在内压作用下的应力状态和环向变形情况

为了计算筒体上的经向（轴向）应力σ_1和环向（周向）应力σ_2，利用工程力学中的"截取法"，如图4-4(a)所示。设壳体内的压力为p，中间面直径为D，壁厚为δ，则轴向产生的轴向合力为$p\dfrac{\pi}{4}D^2$。这个合力作用于封头内壁，左端封头上的轴向合力指向左方，右端封头上的合力则指向右方，因而在圆筒截面上必然存在轴向拉力，这个轴向总拉力为$\sigma_1\pi D\delta$，如图4-4(b)所示。

根据静力学平衡原理，由内压产生的轴向合力与作用于壳壁横截面上的轴向总拉力相等，即

$$p\frac{\pi}{4}D^2=\sigma_1\pi D\delta \tag{4-1}$$

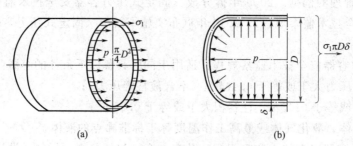

图 4-4　圆筒体横向截面受力分析

由此可得经向（轴向）应力为

$$\sigma_1 = \frac{pD}{4\delta} \tag{4-2}$$

式中　σ_1——经向（轴向）应力，N/m^2 或 MPa；
　　　p——圆筒体承受的内压力，N/m^2 或 MPa；
　　　D——圆筒体中间面直径，mm；
　　　δ——圆筒体的壁厚，mm。

圆筒体环向（周向）应力计算仍采用"截面法"进行分析，过圆筒体轴线作一个纵向截面，将其分成相等的两部分，留取下面部分进行受力分析，如图 4-5(a) 所示。在内压 p 的作用下，壳体所承受的合力为 LDp，这个合力有将筒体沿纵向截面分开的趋势，因此，在筒体环向（周向）必须有一个环向（周向）应力 σ_2 与之平衡，如图 4-5(b) 所示，壳体纵向截面的总拉力为 $2L\delta\sigma_2$。

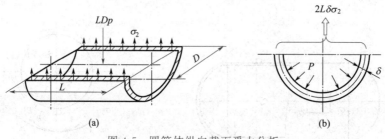

图 4-5　圆筒体纵向截面受力分析

根据力学平衡条件，在内压作用下，垂直于筒体截面的合力与筒体纵向截面上产生的总拉力相等，即

$$LDp = 2L\delta\sigma_2 \tag{4-3}$$

可得纵向截面的环向（周向）应力为

$$\sigma_2 = \frac{pD}{2\delta} \tag{4-4}$$

由公式(4-2)和公式(4-4)可以看出，$\sigma_2 = 2\sigma_1$，由此说明在圆筒形壳体中，环向应力是经向应力的 2 倍。因此，如果在圆筒形壳体上开设非圆形的人孔、手孔和接管孔时，应将非圆孔的长轴设计在环向（周向），而短轴设计在经向（轴向），以减少开孔对壳体强度削弱

的影响。同理,在制造圆筒形压力容器时,纵向焊缝的质量比环向焊缝的质量要求高,以确保压力容器的安全运行。

二、内压薄壁圆筒边缘应力

1. 边缘应力的产生及特性

以上进行的应力分析是在远离筒体端部的中间部位置处求取的,此时,在内压作用下壳体截面所产生的应力是均匀连续的。但在实际工程中所用的压力容器壳体,基本上都是由球壳、圆柱壳、圆锥壳等组合而成,如图 4-6 所示。壳体的母线不是单一曲线,而是多种曲线的组合,由此引起母线连接处出现了不连续性,从而造成连接处出现了应力的不连续性。另外,壳体沿轴线方向上在厚度、载荷、材质、温差等方面发生变化,也会在连接处产生不连续应力。以上在连接边缘处所产生的不连续应力统称为边缘应力。

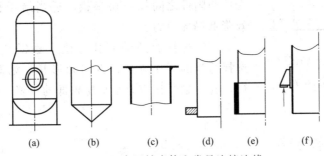

图 4-6 组合回转壳体和常见连接边缘

不同组合的壳体,在边缘连接处所产生的边缘应力是不相同的。有的边缘应力比较显著,其值可达很高的数值,但它们有一个明显的特征,就是衰减快、影响范围小,应力只存在于连接边缘处的局部区域,离开边缘稍远区域边缘应力便迅速减少为零,边缘应力的这一特性通常称为局限性。此外,边缘应力是由于在连接处两侧壳体出现弹性变形不协调以及它们的变形相互受到弹性约束所致,但是,对于塑性材料制造的壳体而言,当连接边缘处的局部区域材料产生塑性变形时,原来的弹性约束便会得到缓解,并使原来的不同变形立刻趋于协调,变形将不会连续发展,边缘应力被自动限制,这种性质称为边缘应力的自限性。

降低边缘应力可以通过以下方法来达到:减少两连接件的刚度差;尽量采用圆弧过渡;局部区域补强;选择合适的开孔方位。

2. 降低边缘应力的措施

(1) 减少两连接件的刚度差 两连接件变形不协调会引起边缘应力。壳体刚度与材料的弹性模量、曲率半径、厚度等因素有关。设法减少两连接件的刚度差,是降低边缘应力的有效措施之一。直径和材料都相同的两圆筒连接在一起,当筒体厚度不同时,在内压作用下会出现不连续而导致产生边缘应力。如果将不同厚度的厚圆筒部分在一定范围内削薄,可以降低边缘应力。两厚度差较小时,可以采用图 4-7(a) 所示的单面削薄结构;两厚度差较大时,宜采用图 4-7(b) 所示的双面削薄结构。

(2) 尽量采用圆弧过渡 几何尺寸和形状的突然改变是产生应力集中的主要原因。为了降低应力集中,在结构不连续处尽量采用圆弧过渡或经形状优化的特殊曲线过渡。例如,在平盖封头的内表面,其最大应力出现在内部拐角 A 点附近,如图 4-8 所示,若采用半径

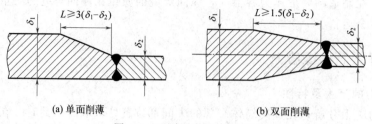

(a) 单面削薄   (b) 双面削薄

图 4-7 不同厚度筒体的连接

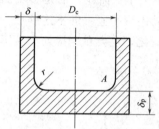

图 4-8 平盖内表面的圆弧过渡

不小于 $0.5\delta_p$ 和 $(D_c/6)$ 过渡圆弧，将会减少由于结构不连续所带来的边缘应力。

(3) 局部区域补强　在有局部载荷作用的壳体处，如壳体与吊耳的连接处、卧式容器与鞍式支座连接处等，在壳体与附件之间加一块垫板，适当给予补强，由此可以有效降低局部应力。

(4) 选择合适的开孔方位　根据载荷对筒体的影响，选择适当的开孔位置、方向和形状，如椭圆和长圆孔的长轴应与开孔处的最大应力方向平行，孔尽量开在应力水平比较低的位置，由此也可以降低局部应力。

三、内压薄壁球形容器

在工厂中除圆筒形容器外，很多容器需要用到球形容器，如储罐、球形封头等。球形壳体在几何特性上与圆筒形壳体是不相同的，因为球形壳体上各点半径相等，且对称于球心，在内部压力作用之下有使球壳体变大的趋势，说明在球壳体上存在拉应力。为了计算方便，按照"截面法"进行分析，通过球心将壳体分成上、下两部分壳体，留取下半部分进行分析，如图 4-9 所示。

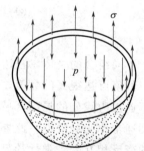

图 4-9 球形壳体的受力分析

设球形容器的内压力为 p，球壳中间面直径为 D，壁厚为 δ，则产生于壳体截面上的总压力为 $\frac{\pi}{4}D^2 p$，这个作用力有使壳体分成两部分的趋势，因此，在壳体截面上必有一个力与之平衡，此时整个圆环截面上的总拉力为 $\pi D\delta\sigma$。

根据静力学平衡原理，垂直于壳体截面上的总压力与壳体截面上的总拉力应该相等，即

$$\frac{\pi}{4}D^2 p = \pi D\delta\sigma$$

由此可得球形壳体的应力为

$$\sigma = \frac{pD}{4\delta} \tag{4-5}$$

【例 4-1】 有一圆筒形和球形压力容器，它们内部均盛有压力为 2MPa 气体介质，圆筒形容器和球形容器的内径均为 1000mm，壁厚均为 $\delta=20$mm，试分别计算圆筒形压力容器和球形压力容器的经向应力和环向应力。

解：（1）计算圆筒形容器的应力

圆筒形容器的中间面直径 $D=D_i+\delta=1000+20=1020(mm)$

根据式（4-2），圆筒体横截面的经向应力为

$$\sigma_1=\frac{pD}{4\delta}=\frac{2\times1020}{4\times20}=25.5(MPa)$$

根据式（4-4），圆筒体横截面的环向应力为

$$\sigma_2=\frac{pD}{2\delta}=\frac{2\times1020}{2\times20}=51(MPa)$$

（2）计算球形容器截面的应力

球形容器的中间面直径为 $D=D_i+\delta=1000+20=1020(mm)$

根据式（4-5），球形壳体截面的应力为

$$\sigma_1=\sigma_2=\frac{pD}{4\delta}=\frac{2\times1020}{4\times20}=25.5(MPa)$$

根据以上实例并将式(4-5)与式(4-2)、式(4-4)比较可以看出，在相同直径、相同压力、相同壁厚的条件下，球形壳体截面上产生的最大应力与圆筒形容器产生的经向应力相等，但仅是圆筒形容器最大应力（环向应力）的一半，这也说明在相同压力、相同直径下，产生相同应力时球形壳体使用的壁厚仅为圆筒形壳体的 1/2，因此，球形容器可以节省材料。但考虑到制造方面的技术原因，球形容器一般用于压力较高的气体或液化气储罐以及高压容器的端盖等。

四、圆筒和球壳的强度计算

1. 圆筒的强度计算

根据力学第一强度理论，考虑焊缝的影响（即引入焊接接头系数 φ），并把 p 换成计算压力 p_c，D 换成内径 D_i，即 $D=D_i+\delta$，由于圆筒壳体的 σ_2 是最大应力，所以由式(4-4)得到：$\frac{p_c(D_i+\delta)}{2\delta}\leqslant[\sigma]^t\varphi$，整理后得到圆筒计算厚度 δ

$$\delta=\frac{p_cD_i}{2[\sigma]^t\varphi-p_c} \tag{4-6}$$

对于低压或常压的小型容器而言，按照以上的强度计算公式计算出来的厚度往往很薄，在制造、运输和安装过程常因刚度不足而发生变形。因此按照 GB 150—2011《压力容器》规定，对壳体加工成形后具有不包括腐蚀裕量在内的最小厚度 δ_{min} 进行如下限制。

① 对碳素钢、低合金钢制压力容器，δ_{min} 不小于 3mm；对高合金钢制容器，δ_{min} 不小于 2mm。

② 对标准椭圆封头和 $R_i=0.9D_i$、$r=0.17D_i$ 的碟形封头，其有效厚度应不小于封头内直径的 0.15%，即 $0.15\%D_i$。对其他椭圆形封头和碟形封头，其有效厚度应不小于封头内直径的 0.3%，即 $0.3\%D_i$。

2. 球壳的强度计算

球壳容器两向应力相等，按照第一强度理论并考虑焊缝和壁厚的影响，由公式(4-5)同理可以得到球壳的计算厚度 δ

$$\delta = \frac{p_c D_i}{4[\sigma]^t \varphi - p_c} \tag{4-7}$$

五、压力容器参数的确定方法

上面涉及的圆筒形容器和球形容器应力计算中都包含了多种参数,这些参数在设计计算时需要按照 GB 150—2011《压力容器》及有关标准确定。

1. 压力参数

(1) 工作压力 p_w 指压力容器在正常工作情况下容器顶部可能达到的最高压力,亦称最高工作压力。

(2) 计算压力 p_c 指设计温度下,用以确定受压元件厚度的压力。当容器内的介质为气液混合介质时,需要考虑液柱静压力的影响,此时计算压力等于设计压力与液柱静压力之和,即 $p_c = p + p_液$。但当元件所承受的液柱静压力小于 5% 设计压力时,液柱压力可以忽略不计,此时计算压力即为设计压力。

(3) 设计压力 p 指压力容器的最高压力,与相应的设计温度一起构成设计载荷条件,其值不得低于工作压力。设计压力与计算压力的取值方法可参见表 4-2 来进行。

表 4-2 设计压力与计算压力的取值

类型		设计压力
内压容器	无安全泄放装置	1.0~1.1 倍工作压力
	装有安全阀	不低于(等于或稍大于)安全阀开启压力(安全阀开启压力取 1.05~1.1 倍工作压力)
	装有爆破片	取爆破片设计爆破压力和制造范围上限
真空容器	无夹套真空容器 有安全泄放装置	设计外压力取 1.25 倍最大内外压力差或 0.1MPa 两者中的小值
	无夹套真空容器 无安全泄放装置	设计压力取 0.1MPa
	夹套内为内压的带夹套真空容器 容器(真空)	设计外压力按无夹套真空容器规定选取
	夹套内为内压的带夹套真空容器 夹套(内压)	设计内压力按内压容器规定选取
	夹套内为真空的带夹套内压容器 容器(内压)	设计内压力按内压容器规定选取
	夹套内为真空的带夹套内压容器 夹套(真空)	设计外压力按无夹套真空容器规定选取
外压容器		设计外压力取不小于在正常工作情况下可能产生的最大内外压力差

当容器系统设置有控制装置,但单个容器无安全控制装置,且各容器之间的压力难以确定时,其设计压力可按表 4-3 进行确定。

表 4-3 设计压力的选取

工作压力 p_w	设计压力 p	工作压力 p_w	设计压力 p
$p_w \leq 1.8$	$p_w + 1.8$	$4.0 \leq p_w \leq 8.0$	$p_w + 0.4$
$1.8 \leq p_w \leq 4.0$	$1.1 p_w$	$p_w \leq 8.0$	$1.05 p_w$

对于盛装液化气且无降温设施的容器，由于容器内产生的压力与液化气的临界温度和工作温度密切相关，因此其设计压力应不低于液化气 50℃时的饱和蒸汽压力；对于无实际组分数据的混合液化石油气容器，由其相关组分在 50℃时的饱和蒸汽压力作为设计压力。液化石油气在不同温度下的饱和蒸汽压可以参见有关化工手册。

2. 设计温度

设计温度是指容器正常工作情况下，在相应设计压力下，设定的受压元件的金属温度（沿受压元件金属截面厚度的温度平均值）。设计温度与设计压力一起作为设计载荷条件，它虽然在设计公式中没有直接反映，但是在设计中选择材料和确定许用应力时是一个不可缺少的基本参数。在生产铭牌上标记的设计温度应是壳体金属的最高或最低值。

容器器壁与介质直接接触且有外保温（保冷）时，设计温度应按表 4-4 中的 Ⅰ 或 Ⅱ 确定。

表 4-4 设计温度的选取

介质工作温度 T	设计温度	
	Ⅰ	Ⅱ
$T \leqslant -20℃$	介质最低工作温度	介质工作温度 $-(0\sim10℃)$
$-20℃ \leqslant T \leqslant 15℃$	介质最低工作温度	介质工作温度 $-(5\sim10℃)$
$T \leqslant 15℃$	介质最高工作温度	介质工作温度 $(10\sim15℃)$

注：当最高（最低）工作温度不明确时，按表中 Ⅱ 确定。

容器内介质用蒸汽直接加热或被内置加热元件间接加热时，设计温度取最高工作温度。对于 0℃以下的金属温度，设计温度不得高于受压元件金属可能达到的最低温度。元件的温度可通过计算求得，或在已使用的同类容器上直接测得，或根据内部介质温度确定。设计温度必须在材料允许的使用温度范围内，可从 −196℃至钢材的蠕变温度范围。

材料的具体适用温度范围是：

压力容器用碳素钢，−19～475℃；

低合金钢，−40～475℃；

低温用钢，−70～−20℃；

碳钼钢及锰钼铌钢，20～520℃；

铬钼低合金钢，20～580℃；

碳素体高合金钢，20～500℃；

非受压容器用碳素钢，沸腾钢 20～250℃，镇静钢 0～350℃；

奥氏体高合金钢，−196～700℃（低于 −100℃使用时，需要对设计温度下焊接接头进行夏比 V 形缺口冲击试验）。

3. 许用应力 $[\sigma]^t$

许用应力是压力容器壳体受压元件所用材料的许用强度，它是根据材料各项强度性能指标分别除以标准中所规定的对应安全系数来确定的，如式(4-8)。计算时必须选择合适的材料及其所具有的许用应力，若材料选择太好而许用应力过高，会使计算出来的受压元件过薄，导致刚度低而出现失稳变形；若采用过小许用应力的材料，则会使受压元件过厚而显笨重。材料的极限强度指标包括常温下的最低抗拉强度 σ_b、常温或设计温度下的屈服强度 σ_s 或 σ_s^t、持久强度 σ_D^t 及高温蠕变极限 σ_n^t 等。

$$[\sigma]^t = \frac{极限强度}{安全系数} \quad (4\text{-}8)$$

安全系数是强度的一个"保险"系数，它是可靠性与先进性相统一的一个系数，主要是为了保证受压元件的强度有足够的安全储备量。它是考虑到材料的力学性能、载荷条件、设计计算方法、加工制造技术水平及操作使用等多种不确定因素而确定的。各国标准规范中规定的安全系数均与本国规范所采用的计算、选材、制造和检验方面的规定一致。目前，我国标准规范中规定的安全系数为：$n_b \geq 2.7$，$n_s \geq 1.5$，$n_D \geq 1.5$，$n_n \geq 1.0$。

为了计算中取值方便和统一，GB 150—2011 给出了钢板、钢管、锻件以及螺栓材料在设计温度下的许用应力。在进行强度计算时，许用应力可以直接从表中查取而不必单个进行计算。当设计温度低于 20℃ 时，取 20℃ 时的许用应力，如果设计温度介于表中两温度之间，则采用内插法确定许用应力。常用钢板的许用应力由 GB 150—2011 查取。

4. 焊接接头系数 φ

无论是圆筒形容器还是球形容器都是用钢板通过卷制焊接而成，其焊缝是比较薄弱的地方。焊缝区强度降低的原因在于焊接时可能出现未被发现的缺陷；焊接热影响区往往形成粗大晶粒区而使强度和塑性降低；由于受压元件结构刚性的约束所造成过大的内应力等。因此，为了补偿焊接时可能出现未被发现的缺陷对容器强度的影响，就引入焊接接头系数 φ，它等于焊缝金属材料强度与母材强度的比值，反映了焊缝区材料的削弱程度。影响焊接接头系数 φ 的因素很多，设计时所选取的焊接接头系数 φ 应根据焊接接头的结构形式和无损检测的长度比例确定，具体可按照表 4-5 进行。

表 4-5 焊接接头系数

焊接接头结构	示意图	焊接接头系数 φ	
		100%无损探伤	局部无损探伤
双面焊对接接头和相当于双面焊的全焊透的对接接头		1.0	0.85
单面焊的对接接头（沿焊缝根部全长有紧贴基本金属垫板）		0.90	0.8

按照 GB 150—2011《压力容器》中"制造、检验与验收"的有关规定，容器主要受压部分的焊接接头分为 A、B、C、D 四类，如图 4-10 所示。对于不同类型的焊接接头，其焊接检验的要求是不同的。

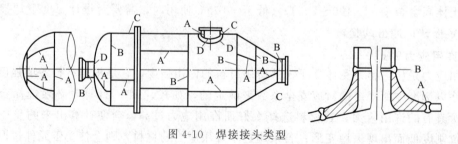

图 4-10 焊接接头类型

按 GB 150—2011《压力容器》规定，凡符合下列条件之一的容器及受压元件，需要对 A 类、B 类焊接接头进行 100%无损探伤。

① 压力容器所用钢板厚度大于 30mm 的碳素钢、Q345R。

② 压力容器所用钢板厚度大于 25mm 的 15MnVR、15MnV、20MnMo 和奥氏体不锈钢。

③ 标准抗拉强度下限大于 540MPa 的钢材。

④ 压力容器所用钢板厚度大于 16mm 的 12CrMo、15CrMoR、15CrMo，其他任意厚度的 Cr-Mo 系列低合金钢。

⑤ 需要进行气压试验的容器。

⑥ 图样中注明压力容器盛装毒性为极度危害和高度危害。

⑦ 图样中规定必须进行 100% 检验的容器。

除以上所规定和允许可以不进行无损检测的容器，对 A 类、B 类焊接接头还可以进行局部无损检测，但检测长度不应小于每条焊缝的 20%，且不小于 250mm。

压力容器焊缝的焊接必须由持有压力容器监察部门颁发的相应类别焊工合格证的焊工担任。压力容器无损检测亦必须由持有压力容器安全技术监察部门颁发的相应检查方法无损检测人员资格证书的人员担任。

5. 厚度附加量 C

压力容器厚度，不仅需要满足在工作时强度和刚度要求，而且还根据制造和使用情况，考虑钢板的负偏差和介质腐蚀对容器的影响。因此，在确定容器厚度时，需要进一步引入厚度附加量。附加量有钢板或钢管厚度负偏差 C_1 和介质腐蚀裕量 C_2，即

$$C = C_1 + C_2$$

（1）钢板的厚度负偏差 C_1　钢板或钢管在轧制的过程中，由于制造原因可能会出现偏差。若出现厚度负偏差将使实际厚度偏小，影响压力容器的强度，因此需要考虑这部分的影响，即进行预先增厚。常见钢板钢管的厚度负偏差见表 4-6～表 4-8。

表 4-6　钢板厚度负偏差　　　　　　　　　　　　　　　　　　　　　mm

钢板厚度	2.0～2.5	2.8～4.0	4.5～5.5	6.0～7.0	8.0～25	26～30	32～34	36～40	42～50	50～60	60～80
负偏差 C_1	0.2	0.3	0.5	0.6	0.8	0.9	1.0	1.1	1.1	1.3	1.8

表 4-7　不锈钢复合钢板厚度负偏差

复合板总厚度/mm	总厚度负偏差	复层厚度/mm	复层偏差
4～7	9%	1.0～1.5	10%
8～10	9%	1.5～2	10%
11～15	8%	2～3	10%
16～25	7%	3～4	10%
26～30	6%	3～5	10%
31～60	5%	3～6	10%

表 4-8　钢管的厚度负偏差

钢管种类	厚度/mm	负偏差 C_1/%	钢管种类	厚度/mm	负偏差 C_1/%
碳素钢	≤20	15	不锈钢	≤10	15
低合金钢	>20	12.5		>10～20	20

如果钢板负偏差不大于 0.25mm，且不超过名义厚度的 6% 时，负偏差可以忽略不计。

（2）腐蚀裕量 C_2 为防止受压元件由于腐蚀、机械磨损而导致厚度减薄而削弱强度，对与介质接触的筒体、封头、接管、人（手）孔及内部构件等，应考虑腐蚀裕量。对有腐蚀或磨损的受压元件，应根据设备的预期寿命和介质对金属材料的腐蚀速率来确定腐蚀裕量 C_2，即

$$C_2 = k_a B$$

式中 k_a——腐蚀速率，mm/a，它由试验确定或查阅材料腐蚀的有关手册确定；

B——容器的设计寿命，压力容器的设计寿命除特殊要求外，对塔类、反应器等主要容器一般不应少于 15 年，一般压力容器和换热器等则不少于 15 年。

腐蚀裕量的选取原则与方法：

① 容器各受压元件受到的腐蚀程度不同时，可选用不同的腐蚀裕量；

② 介质为压缩空气、水蒸气或水的碳素钢或低合金钢容器，腐蚀裕量不小于 1mm；

③ 对于不锈钢容器，当介质的腐蚀性极微时，可取腐蚀裕量 $C_2 = 0$；

④ 资料不齐或难以确定时，腐蚀裕量可以参见表 4-9 选取。

表 4-9 腐蚀裕量的选取   mm

容器类别	碳素钢低合金钢	铬钼钢	不锈钢	备注	容器类别	碳素钢低合金钢	铬钼钢	不锈钢	备注
塔器及反应器壳体	3	2	0		不可拆内件	3	1	0	包括双面
容器壳体	1.5	1	0		可拆内件	2	1	0	
换热器壳体	1.5	1	0		裙座	1	1	0	
热衬里容器壳体	1.5	1	0						

注：最大腐蚀裕量不得大于 16mm，否则应采取防腐措施。

6. 压力容器的公称直径、公称压力

（1）公称直径系列 为了便于设计和成批生产，提高压力容器的制造质量，增强零部件的互换性，降低生产成本，国家相关部门针对压力容器及其零部件制定了系列标准。如储罐、换热器、封头、法兰、支座、人孔、手孔等都有相应的标准，设计时即可采用标准件。压力容器零部件标准化的基本参数是公称直径和公称压力。

压力容器如果采用钢板卷制焊接而成，则其公称直径等于容器的内径，用 DN 表示，单位为 mm。在现行的标准中容器的封头公称直径与筒体是一致的，见表 4-10。

表 4-10 卷制压力容器的公称直径   mm

300	(350)	400	(450)	500	(550)	600	(650)
700	800	900	1000	(1100)	1200	(1300)	1400
(1500)	1600	(1700)	1800	(1900)	2000	(2100)	2200
(2300)	2400	2600	2800	3000	3200	3400	3600
3800	4000	4200	4400	4500	4600	4800	5000
5200	5400	5500	5600	5800	6000		

注：带括号的公称直径尽量少用或不用。

除了公称直径进行了标准化以外，对于钢板的厚度也进行了标准化，钢板厚度系列见表 4-11。

表 4-11　钢板常用厚度系列　　　　　　　　　　　　　　　　mm

2.0	2.5	3.0	3.5	4.0	4.5	(5.0)	6.0	7.0	8.0	9.0	10	11	12
14	16	18	20	22	25	28	30	32	34	36	38	40	42
46	50	55	60	65	70	75	80	85	90	95	100	105	110
115	120	125	130	140	150	160	165	170	180	185	190	195	200

当容器直径比较小时常采用无缝钢管直接制作成筒体，此时的公称直径则指的是钢管的外径。无缝钢管的公称直径、外径及无缝钢管制作筒体时的公称直径见表 4-12。

表 4-12　无缝钢管的公称直径、外径及无缝钢管制作筒体时的公称直径　　　mm

公称直径	80	100	125	150	175	200	225	250	300	350	400	450	500
外径	80	108	133	159	194	219	245	273	325	377	426	480	530
无缝钢管制作筒体时的公称直径				159		219		273	325	377	426		

对于管子来说，公称直径既不是管子内径也不是管子的外径，而是比外径小的一个数值。只要管子的公称直径一定，则外径的大小也就确定了，管子的内径则根据壁厚不同而有所不同。用于输送水、煤气的钢管，其公称直径既可用公制（mm），也可用英制（in）。

（2）公称压力系列　目前我国压力容器的压力等级分为常压、0.25、0.6、1.0、1.6、2.5、4.0、6.4（单位均为 MPa）。在设计或选用压力容器零部件时，需要将操作温度下的最高操作压力（或设计压力）调整为所规定的公称压力等级，然后再根据 DN 与 PN 选定零部件的尺寸。

六、压力试验和气密性试验

为了使容器使用中安全可靠，设备在出厂前或检修后需要进行压力试验或增加气密性试验。压力试验的目的是在超设计压力下，检查容器的强度、密封结构和焊缝的密封性等；气密性试验是对密封性要求高的重要容器在强度试验合格后进行的泄漏检验。

压力试验的方法有两种，一种是液压试验，另一种是气压试验。压力试验的种类、要求和试验压力值应在图样中注明。通常情况下采用水压试验，对于不适合进行液压试验的容器，例如，容器内不允许有微量残留液体，或由于结构原因不能充满液体的塔类容器，液压试验时液体重力可能超过承受能力等，可采用气压试验。

1. 液压试验

液压试验是在被试验的压力容器中注满液体，再用泵逐步增加试验压力以检验容器的整体强度和致密性。图 4-11 为容器液压试验示意图，试验时必须采用两个量程完全相同并经检验校正的压力表，压力表的量程一般为试验压力的 1.5～4 倍，最好为试验压力的 2 倍。

液压试验所用的介质要求价格低廉、来源广，并对设备的影响小，满足此条件的多为洁净的水，故常称为水压试验；需要时也可采用不会导致发生危险的其他液体。无论何种液体，试验时的温度应不高于试验液体的闪点温度或沸点温度。对于奥氏体不锈钢制容器用水进行液压试验后，应将水渍清除干净，当无法达到这一要求时，应控制水中的氯离子含量不得超过 25mL/L。

碳素钢、Q345R 和正火 15MnVR 钢制容器液压试验时，液体温度不得低于 5℃；其他低合金钢容器，试验时液体温度不得低于 15℃。

试验过程中应在容器顶部设置排气口，以便在充加液体时将设备内的空气排尽，并保持设备观察表面干净。

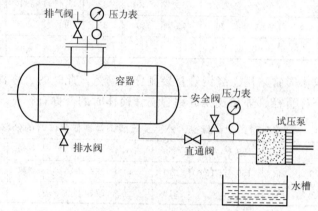

图 4-11　容器液压试验示意图

试验时压力应缓慢上升，达到规定压力后，保压时间一般不得低于 30min（此时容器上压力表读数应保持不变）。之后，将压力降至规定试验压力的 80%，在此压力下保持足够长的时间以对所有焊接接头和连接部位进行检查。如发现有渗漏，应进行标记，卸压后进行修补，补修好后再重新进行试验，直至达到要求为止。对夹套容器，应首先进行内筒液压试验，合格后再焊夹套，然后对夹套进行液压试验。液压试验完毕后，应将容器内的液体排尽并用压缩空气吹干。

(1) 液压试验压力 p_T　试验压力是进行液压试验时规定容器应达到的压力，该值反映在容器顶部的压力表上。根据 GB 150—2011 规定，试验压力按照下面的方法确定

$$p_T = 1.25 p \frac{[\sigma]}{[\sigma]^t} \tag{4-9}$$

式中　p_T——试验压力，MPa；
　　　p——设计压力，MPa；
　　　$[\sigma]$——容器元件材料在试验温度下的许用应力，MPa；
　　　$[\sigma]^t$——容器元件材料在设计温度下的许用应力，MPa。

确定试验压力时应注意：容器铭牌上规定有最大允许工作压力时，式(4-9)中应以最大允许工作压力替代设计压力 p；容器各受压元件，诸如筒体、封头、接管、法兰及其他紧固件等所用材料不同时，式(4-9)中应取各元件材料的 $[\sigma]/[\sigma]^t$ 比值中最小者；直立容器液压试验充满水时，其试验压力应按式(4-9)计算确定值的基础上加直立容器内所承受最大的液体静压力。

(2) 试验强度校核　压力试验前应对压力容器进行强度校核，强度校核按下式进行

$$\sigma_T = \frac{p_T(D_i + \delta_e)}{2\delta_e} \tag{4-10}$$

式中　σ_T——试验压力下圆筒的应力，MPa；
　　　δ_e——圆筒的有效厚度，mm；
　　　D_i——圆筒内直径，mm。

校核满足如下要求

$$\sigma_T \leqslant 0.9\varphi\sigma_s(\sigma_{0.2}) \tag{4-11}$$

式中 $\sigma_s(\sigma_{0.2})$ ——圆筒材料在试验温度下的屈服点（或 0.2%的屈服强度），MPa；
φ ——圆筒的焊接接头系数。

2. 气压试验

由于气体存在可压缩的特点，因此盛装气体的容器一旦发生事故，所造成的危害较大，所以在进行气压试验以前必须对容器的主要焊缝进行 100%的无损探伤，并应增加试验现场的安全设施。气压试验时所用气体多为干燥洁净的空气、氮气或其他惰性气体。

气压试验时的试验温度对碳素钢和低合金钢不得低于 15℃，其他钢种容器的气压试验温度按图样规定。

气压试验压力为：
$$p_T = 1.15 p \frac{[\sigma]}{[\sigma]^t} \tag{4-12}$$

气压试验校核条件为：
$$\sigma_T \leqslant 0.8\varphi\sigma_s(\sigma_{0.2}) \tag{4-13}$$

式中符号意义同前。

按照 GB 150—2011 规定，气压试验时其压力首先应缓慢上升至规定试验压力的 10%，且不得超过 0.05MPa 时，保压 5min 后，对焊缝和连接部位进行初次泄漏检查，如发现泄漏，修补后应重新进行试验。初次泄漏检查合格后，再继续缓慢增加压力至规定值的 50%，进行观察检验，合格后再按规定试验压力的 10%级差逐级增至规定的试验压力。保压 10min 后将压力降至规定试验压力的 87%，并保持足够长的时间后再次进行泄漏检查。如有泄漏，修补后再按上述规定重新进行试验。

3. 气密性试验

容器工作时盛装的介质危险程度较大（为易燃或毒性程度为极度、高度危害或设计上不允许有微量泄漏）时，需要进行气密性试验以保证其密闭性。气密性试验应在液压试验合格后进行，在进行气密性试验前，应将容器上的安全附件装配齐全。

气密性试验的压力大小应根据压力容器上是否配置安全泄放装置来计算，如容器上没有配置安全泄放装置，气密性试验压力一般为设计压力；但若容器上配置有安全泄放装置，为保证安全泄放装置的正常工作，其气密性试验压力值应低于安全阀的开启压力或爆破片的设计爆破压力，建议取容器的最高工作压力。气密性试验压力、试验介质和检验要求应在图样上予以注明。

气密性试验时，压力应缓慢上升，达到规定试验压力后保压 10min，之后降至设计压力。对所有焊接接头和连接部位进行泄漏检查，检查中如发现泄漏，应进行修补后再重新进行液压试验和气密性试验。

【例 4-2】 某化工厂欲设计一台石油气分离用乙烯精馏塔，工艺参数为：塔体内径 $D_i = 600$mm，计算压力 $p_c = 2.2$MPa，工作温度 $t = -20 \sim -3$℃，试选择塔体材料并确定塔体厚度。

解：（1）确定塔体材料

由于石油气对钢材的腐蚀不大，温度在 $-20 \sim -3$℃，压力为中压，故选用 Q345R。

（2）确定设计参数

$p_c = 2.2$MPa；$D_i = 600$mm；$[\sigma]^t = 170$MPa，由表 4-5 查得 $\varphi = 0.8$（假定采用带垫板

的单面焊对接接头，局部无损探伤），选取 $C_2 = 1\text{mm}$。

（3）计算壁厚

根据公式(4-6)得
$$\delta = \frac{p_c D_i}{2[\sigma]^t \varphi - p_c} = 4.9(\text{mm})$$
$$\delta_d = \delta + C_2 = 4.9 + 1 = 5.9(\text{mm})$$

由 $\delta_d = 5.9\text{mm}$，根据钢板规格圆整为 6mm，根据板厚为 6~7mm，查表 4-6 得 $C_1 = 0.6\text{mm}$，故 $\delta_d + C_1 = 5.9 + 0.6 = 6.5(\text{mm})$，根据表 4-11 提供的常用钢板系列进行圆整，最后确定塔体的名义厚度为 $\delta_n = 7\text{mm}$。

（4）校核水压试验强度

根据式 $\sigma_T = \dfrac{p_T(D_i + \delta_e)}{2\delta_e} \leq 0.9\varphi\sigma_s$

$p_T = 1.25p = 1.25 \times 2.2 = 2.75\text{MPa}, t < 200\,\text{℃}, [\sigma]/[\sigma]^t \approx 1, p = p_c = 2.2\text{MPa}$
$$\delta_e = \delta_n - C_2 = 7 - 1 = 6(\text{mm})$$

查得 16MnR 材料的 $\sigma_s = 345\text{MPa}$

则 $\sigma_T = 138.9\text{MPa}$

$$0.9\varphi\sigma_s = 0.9 \times 0.8 \times 345 = 248.4(\text{MPa})$$

可见 $\sigma_T < 0.9\varphi\sigma_s$，所以强度足够。

单元三　内压容器封头

封头是压力容器的重要组成部分，按其结构形状可分为椭圆形封头、半球形封头、碟形封头、锥形封头、平板封头。实际工程中究竟采用哪种封头需要根据工艺条件、制造难易程度以及材料的消耗等情况进行考虑。

一、椭圆形封头

椭圆形封头由半个椭球面和高度为 h 的短圆筒（亦称直边）组成，如图 4-12 所示。设置直边的目的是避免筒体与封头连接处的焊接应力与边缘应力的叠加。为了改善焊接受力状况，直边需要一定的长度，其值可按照标准或表 4-13 进行选取。

(a) 形状　　　　(b) 简图

图 4-12　椭圆形封头

由于封头的椭球部分曲率变化平缓而连续，故应力分布比较均匀；此外，与球形封头比较，椭圆形封头的深度小，易于冲压成形，在中、低压容器中采用比较广泛。

表 4-13　椭圆封头材料、厚度和直边高度的对应关系　　　　　　　　　　mm

封头材料	碳素钢	普通低合金钢	复合钢板	不锈耐酸钢		
封头厚度	4～8	10～18	≥20	3～9	10～18	≥20
直边高度	25	40	50	25	40	50

椭圆形封头厚度的计算按照下式进行：

$$\delta = \frac{K p_c D_i}{2[\sigma]^t \varphi - 0.5 p_c} \tag{4-14}$$

$$K = \frac{1}{6}\left[2 + \left(\frac{D_i}{2h_i}\right)^2\right] \tag{4-15}$$

形状系数 K 可以根据 a（长半轴）$/b$（短半轴）$\approx D_i/2h_i$ 由上式进行计算，K 值也可以按照表 4-14 进行查取。

表 4-14　椭圆封头形状系数

$D_i/2h_i$	2.6	2.5	2.4	2.3	2.2	2.1	2.0	1.9	1.8
K	1.46	1.37	1.29	1.21	1.14	1.07	1.00	0.93	0.87
$D_i/2h_i$	1.7	1.6	1.5	1.4	1.3	1.2	1.1	1.0	
K	0.81	0.76	0.71	0.66	0.61	0.57	0.53	0.50	

分析表明，当 $D_i/2h_i=2$ 时，椭圆形封头的应力分布较好，所以规定为标准椭圆形封头，此时，$K=1$。标准椭圆形封头的壁厚计算公式为

$$\delta = \frac{p_c D_i}{2[\sigma]^t \varphi - 0.5 p_c} \tag{4-16}$$

上式与式(4-6)对照可以看出，标准椭圆形封头的厚度与其连接的圆筒厚度大致相等，因此筒体与封头可采用等厚度钢板进行制造，这不仅给选择材料带来方便，而且也便于筒体与封头的焊接加工，所以工程中多选用标准的椭圆形封头作为圆筒形容器的端盖。

我国标准中对椭圆形封头厚度进行了一定的限制，即标准椭圆形封头的有效厚度应不小于封头内直径的 0.15%，其他椭圆形封头的有效厚度应不小于封头内直径的 0.3%。

二、半球形封头

如图 4-13 所示，半球形封头与球形壳体具有相同的优点，在相同的条件下，它所需要的圆筒厚度最薄，在相同容积下所需的表面积最小，因此可以节约钢材，仅从这个方面看来它是最理想的结构形式。但与其他凸形封头比较，其深度较大。在直径较小时，整体冲压困难；而直径较大、采用分瓣冲压拼焊时，焊缝多，焊接工作量大，出现焊接缺陷的可能性也增加。因此，对于一般中、小直径的容器很少采用半球形封头，半球形封头常用在高压容器上。

半球形封头与半球形壳体受力状况完全相同，因此，在内压作用下，其应力状态与球壳完全相同，其厚度计算公式与球壳厚度计算公式也完全相同，即

$$\delta = \frac{p_c D_i}{4[\sigma]^t \varphi - p_c} \tag{4-17}$$

(a) 形状

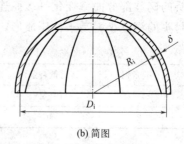
(b) 简图

图 4-13 半球形封头

三、碟形封头

碟形封头亦称带折边的球形封头，它由半径为 R_i 的球面部分、高度为 h 的短圆筒（直边）部分和半径为 r 的过渡环壳部分组成，如图 4-14 所示。直边段高度 h 的取法与椭圆形封头直边段的取法一样。碟形封头三个部分的交界处存在不连续，故应力分布不够均匀和缓和，在工程使用中不够理想。但过渡环壳的存在降低了封头的深度，方便了成形加工，且压制碟形封头的钢模加工简单，因此，在某些场合仍可以代替椭圆形封头的使用。

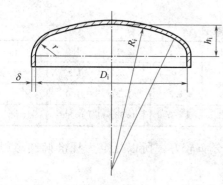

图 4-14 碟形封头

GB 150—2011 标准对标准碟形封头作了如下的限制，即碟形封头球面部分内半径 R_i 应不大于封头内直径（即 $R_i \leqslant D_i$），封头过渡环壳内半径 r 应不小于 $10\% D_i$，且不小于 3δ（即 $r \geqslant 10\% D_i$，$r \geqslant 3\delta$）。碟形封头的形状与椭圆形封头比较接近，因此，在建立其计算公式时，采用类似的方法，引入形状系数 M（应力增强系数），得到碟形封头厚度计算公式，即

$$\delta = \frac{M p_c R_i}{2[\sigma]^t \varphi - 0.5 p_c} \quad (4\text{-}18)$$

$$M = \frac{1}{4}\left(3 + \sqrt{\frac{R_i}{r}}\right) \quad (4\text{-}19)$$

式中　M——碟形封头形状系数，其值见表 4-15；
　　　R_i——碟形封头球面部分的内半径，mm。
其他符号与意义同前。

表 4-15 碟形封头形状系数 M

R_i/r	1.0	1.25	1.50	1.75	2.0	2.25	2.50	2.75	3.0	3.25	3.50	4.0
M	1.00	1.03	1.06	1.08	1.10	1.13	1.15	1.17	1.18	1.20	1.22	1.25
R_i/r	4.5	5.0	5.5	6.0	6.5	7.0	7.5	8.0	8.5	9.0	9.5	10.0
M	1.28	1.31	1.34	1.36	1.39	1.41	1.44	1.46	1.48	1.50	1.52	1.54

与椭圆封头相似，碟形封头在内压作用下也存在屈服问题，因此规定，对于标准碟形封

头（$R_i=0.9D_i$，$r=0.17D_i$，$M=1.33$），其有效厚度应不小于内直径的 0.15%，其他碟形封头的有效厚度应不小于封头内直径的 0.30%。如果在确定封头厚度时已经考虑了内压作用下的弹性失稳问题，可不受此限制。

与标准椭圆封头比较，碟形封头的厚度增加了 33%，所以碟形封头比较笨重，不够经济。

四、锥形封头

为了从底部卸出固体物料，工程中的蒸发器、喷雾干燥器、结晶器及沉降器等常在容器下部设置锥形封头，如图 4-15 所示。锥形封头分为无折边和有折边两种结构，当半锥角 $\alpha \leqslant 30°$，可选用无折边结构，如图 4-15(a) 所示；当半锥角 $\alpha > 30°$ 时，则采用带有过渡段的折边结构，如图 4-15(b)、(c) 所示，否则，需要按应力设计。

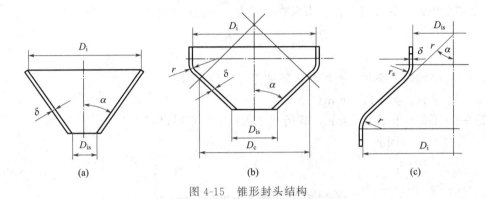

图 4-15 锥形封头结构

根据标准要求，大端折边锥形封头的过渡段的转角半径 r 应不小于封头大端内径 D_i 的 10%，且不小于该过渡段厚度的 3 倍，即 $r > 10\%D_i$，$r \geqslant 3\delta$。对于小端，当半锥角 $\alpha \leqslant 45°$ 时，可以采用无折边结构；而当 $\alpha > 45°$ 时，则应采用带折边结构。小端折边封头的过渡段半径 r_s 应不小于封头小端内直径 D_{is} 的 5%，且不小于该过渡段厚度的 3 倍，即 $r_s > 5\%D_{is}$，$r \geqslant 3\delta$。当半锥角 $\alpha \geqslant 60°$ 时，其封头厚度按平板封头计算。

采用计算压力 p_c 及计算直径 D_c，并考虑焊接接头系数 φ 和腐蚀裕量 C_2，则得设计温度下锥形封头厚度的计算式

$$\delta_{dc} = \frac{p_c D_c}{2[\sigma]^t \varphi - p_c} \times \frac{1}{\cos\alpha} + C_2 \tag{4-20}$$

式中　D_c——锥形封头的计算直径，mm；

　　　p_c——锥形封头的计算压力，MPa；

　　　α——锥形封头的半锥角，(°)；

　　　δ_{dc}——锥形封头的设计厚度，mm。

其他各参数的意义同前。

最后考虑钢板厚度的负偏差，并按锥形封头的名义厚度 $\delta_{nc} \geqslant \delta_{dc}$ 原则，圆整至相应的钢板标准厚度。

当锥形封头由同一半顶角的几个不同厚度的锥壳段组成时，式中计算厚度 D_c 为各锥壳段大端内直径。

五、平板封头

平板封头是压力容器中结构最简单的一种封头，它的几何形状有圆形、椭圆形、长圆形、矩形和方形等，最常用的是圆形平盖。根据薄板理论，在内压作用下，受均布载荷的平板，壁内产生两向弯曲应力，一个是经向弯曲应力 σ_1，另一个是周向弯曲应力 σ_2。平板产生的最大弯曲应力可能在板心，也可能在板的边缘，这要视压力作用面积和边缘支承情况而定。当周边刚性固定时，最大应力出现在板边缘，其值为 $\sigma_{max}=0.188 p_c (D/\delta)^2$；当板周边简支时，最大应力出现在板中心，其值为 $\sigma_{max}=0.31 p_c (D/\delta)^2$。但在实际工程中，因平板与筒体连接结构形式和尺寸参数的不同，平板与筒体的连接多是介于固定与简支之间；因此在计算时，一般采用平板理论经验公式，并引入结构特征系数 K 来体现平板周边支承情况不同时对强度的影响。

根据强度理论，并考虑焊接接头系数等因素，可得圆形平板封头厚度计算公式为

$$\delta_p = D_c \sqrt{\frac{K p_c}{[\sigma]^t \phi}} \tag{4-21}$$

式中　K——结构特征系数，查阅化工机械工程手册得到；

　　　δ_p——平板计算厚度，mm；

　　　D_c——平板计算直径，mm，查阅化工机械工程手册得到。

其他符号的意义同前。

单元四　外压容器

一、外压容器的失稳

1. 失稳现象

在生产中除了内压容器外，还有不少承受外压的容器，例如真空储罐、蒸发器、真空冷凝器等。所谓外压容器是指容器壳体外部的压力大于内部压力的容器。内压容器在压力作用下将产生应力和变形，当此应力超过材料的屈服点时，壳体将产生显著变形直至断裂；但外压容器失效的形式与一般的内压容器不同，它的主要失效形式是失稳。

外压容器的壳体在承受均布外压作用时，壳体中将会产生压缩薄膜应力，其计算方法与受内压时的拉伸薄膜应力相同。但此时的壳体有两种可能的失效形式，一种是因强度不足发生压缩屈服失效；另一种是因刚度不足发生失稳失效。

外压容器的失效是指当外载荷增大到某一值时，壳体会突然失去原来的形状，被压扁或出现波纹，这种现象称为失稳，如图 4-16 所示。

对于壳体壁厚与直径相比很小的薄壁回转体，失稳时器

图 4-16　筒体失稳时出现的波形

壁的压缩应力低于材料的屈服极限，载荷卸去后，壳体能恢复原来的形状，这种失稳称为弹性失稳；当回转壳体厚度增大时，壳壁中的压应力超过材料的屈服点才发生失稳，载荷卸去后，壳体又不能恢复原来的形状，这种失稳称为非弹性失稳或弹塑性失稳。除周向出现失稳现象外，轴向也存在类似失稳现象。

2. 失稳形式

外压容器失稳的形式主要有侧向失稳、轴向失稳、局部失稳三种形式。容器由于均匀外压引起的失稳称为侧向失稳，侧向失稳时壳体截面由原来的圆形被压扁而呈现波形，其波数可以有两个、三个、四个……，如图 4-17 所示。轴向失稳是薄壁圆筒当轴向载荷达到某一数值时，丧失其稳定性，使母线产生了波形，即圆筒发生了褶皱，如图 4-18 所示。除了侧向失稳和轴向失稳两种整体失稳外，还有局部失稳，如容器在支座或其他支承处以及在安装运输中由于过大的局部外压引起的失稳。

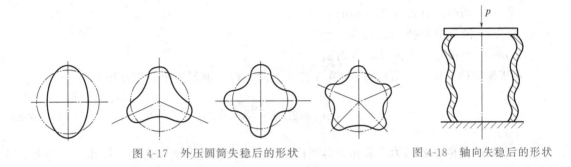

图 4-17 外压圆筒失稳后的形状　　　　图 4-18 轴向失稳后的形状

二、临界压力及其确定方法

1. 概念

当筒壁所受外压未达到某一临界值前，在压应力作用下筒壁处于一种稳定的平衡状态，这时增加外压力并不引起筒体形状的改变，在这一阶段的圆筒仍处于相对静止的平衡状态；但随着外压增加到超过某一临界值后，筒体形状和应力状态发生了突变，原来的平衡遭到了破坏，圆形的筒体横截面即出现了波形。因此把这一临界值称为筒体的临界压力，用 p_{cr} 表示。

2. 影响临界压力的因素

通过实验发现，影响临界压力的因素有筒体的几何尺寸、筒体材料性能、筒体的制造精度等方面。此外，载荷的不对称性、边界条件等因素也对临界压力有一定影响。

筒体失稳时，绝大多数情况下，筒壁内的压应力并未达到材料的屈服点，这说明筒体几何形状的突变，并不是由于材料的强度不够而引起的。筒体材料的临界压力与材料的屈服点没有直接的关系，但是，材料的弹性模量 E 和泊松比 μ 值越大，其抵消变形的能力就越强，因而其临界压力就越高。但是由于各种钢材的 E 和 μ 值相差不大，所以选用高强度钢代替一般碳素钢制造外压容器，并不能提高筒体的临界压力。

筒体的制造精度主要指圆度误差（椭圆度）和筒壁的均匀性。应该强调的是，外压容器稳定性的破坏并不是由于壳体存在圆度误差和壁厚不均匀而引起的，因为即使壳体的形状很精确并且壁厚也很均匀，当外压力达到一定值时仍然会失稳，但壳体存在圆度误差和壁厚不均匀，将导致丧失稳定性的临界压力降低。

3. 临界压力的计算

受外压的圆筒形壳体可分为长圆筒、短圆筒和刚性圆筒三种。区分长圆筒、短圆筒和刚性圆筒的长度均指与直径 D、壁厚 δ 等有关的相对长度，而非绝对长度。

（1）长圆筒的临界压力　当筒体长度较长，L/D 值较大，两端刚性较高的封头对筒体中部变形不能起到支撑作用，筒体容易失稳而被压瘪，失稳时的波数 $n=2$。长圆筒的临界压力 p_{cr} 仅与圆筒的相对厚度 δ_e/D 有关，与圆筒的相对长度 L/D 无关，其临界压力计算公式为

$$p_{cr}=\frac{2E}{1-\mu^2}\left(\frac{\delta_e}{D_0}\right)^3 \tag{4-22}$$

式中　E——设计温度下材料的弹性模量，MPa；
　　　δ_e——圆筒的有效厚度，mm；
　　　D_0——圆筒的外径，mm；
　　　μ——泊松比，对钢材取为 0.3。

对于钢制圆筒而言，可以将 $\mu=0.3$ 代入上式，得到钢制圆筒的临界压力为

$$p_{cr}=2.2E\left(\frac{\delta_e}{D_0}\right)^3 \tag{4-23}$$

（2）短圆筒的临界压力　若压力容器两端的封头对筒体起到一定的支撑作用，约束了筒体的变形，失稳时波形 $n=3$。短圆筒临界压力不仅与相对厚度 δ_e/D 有关，而且与相对长度 L/D 有关。短圆筒的临界压力计算公式为

$$p_{cr}=\frac{2.59E\delta_e^2}{LD_0\sqrt{D_0/\delta_e}} \tag{4-24}$$

式中　L——圆筒长度，mm。

长圆筒与短圆筒的临界压力计算公式，都是认为圆筒横截面呈规则的圆形情况下推演出来的，事实上筒体不可能都是绝对的圆，所以，筒体的实际临界压力将低于用上面公式计算出来的理论值。

（3）刚性圆筒的临界压力　若圆筒体长度较短、筒壁较厚，容器刚度较好，不存在失稳压扁丧失工作能力问题，这种圆筒称为刚性圆筒。其丧失工作能力的原因不是由于刚度不够，而是由于器壁内的应力超过了材料的屈服强度或抗压强度所致，在计算时，只要满足强度要求即可。刚性圆筒强度校核公式与内压圆筒相同。

$$p_{max}=\frac{2\delta_e\sigma_s^t}{D_i} \tag{4-25}$$

式中　δ_e——圆筒的有效厚度，mm；
　　　σ_s^t——材料在设计温度下的屈服极限，MPa；
　　　D_i——圆筒的内径，mm。

三、临界长度与计算长度

在实际计算中外压圆筒究竟是长圆筒、短圆筒，还是刚性圆筒，这需要借助一个判断

式，这个判断式就是临界长度。

1. 临界长度

相同直径、相同壁厚条件下，随着圆筒长度的增加，端部的支撑作用逐渐减弱，临界压力值也逐渐减小。当短圆筒的长度增加到某一临界值时，端部的支撑作用完全消失，此时，短圆筒的临界压力降低到与长圆筒的临界压力相等。由式(4-22)和式(4-24)得

$$p_{cr} = 2.2E\left(\frac{\delta_e}{D_0}\right)^3 = \frac{2.59E\delta_e^2}{L_{cr}D_0\sqrt{D_0/\delta_e}}$$

由此得到区分长、短圆筒的临界长度为

$$L_{cr} = 1.17D_0\sqrt{D_0/\delta_e} \tag{4-26}$$

同理，当短圆筒与刚性圆筒的临界压力相等时，由式(4-24)和式(4-25)得到短圆筒与刚性圆筒的临界长度

$$p_{cr} = \frac{2.59E\delta_e^2}{L_{cr}D_0\sqrt{D_0/\delta_e}} = \frac{2\delta_e\sigma_s^t}{D_i}$$

计算中将内径取为外径，得到区分短圆筒和刚性圆筒的临界长度为

$$L'_{cr} = \frac{1.3E\delta_e}{\sigma_s^t\sqrt{D_0/\delta_e}} \tag{4-27}$$

因此，当圆筒的计算长度 $L \geqslant L_{cr}$ 时为长圆筒；当 $L_{cr} > L > L'_{cr}$ 时，筒壁可以得到端部或加强构件的支撑应用，此类圆筒属于短圆筒；当 $L < L'_{cr}$ 时的圆筒属于刚性圆筒。

根据上式判断圆筒的类型后，即可利用对应的临界压力公式对圆筒进行有关计算。通过上面的过程发现，判断圆筒的类型还要知道圆筒的计算长度。

2. 圆筒的计算长度

由上面的计算公式发现，在不改变圆筒几何尺寸的条件下，提高临界压力的方法是通过减少圆筒的计算长度来达到。对于生产能力和几何尺寸已经确定的圆筒来说，减少计算长度的方法是在圆筒内、外壁设置若干个加强圈。设置加强圈后，筒体的实际几何长度在计算临界压力时已失去了直接意义，此时需要的是筒体的计算长度。所谓计算长度即是筒体上任意两个相邻刚性构件（封头、法兰、支座、加强圈等）之间的最大距离，计算时可以根据以下结构确定。

① 当圆筒部分没有加强圈，也没有可作为加强的构件时，则取圆筒总长度加上每个凸形封头曲面深度的1/3，如图 4-19(a)、(b) 所示。

② 当圆筒部分有加强圈或有可作为加强的构件时，则取相邻两加强圈中心线之间的最大距离，如图 4-19(c)、(d) 所示。

③ 取圆筒第一个加强圈中心线与封头连接线间的距离加凸形封头曲面深度的1/3，如图 4-19(e) 所示。

④ 当圆筒与锥壳相连时，若连接处可以作为支撑，则取此连接处与相邻支撑之间的最大距离，如图 4-19(f)、(g)、(h) 所示。

⑤ 对于与封头相连的那段筒体，计算长度应计入封头的直边高度及凸形封头1/3曲面高度。

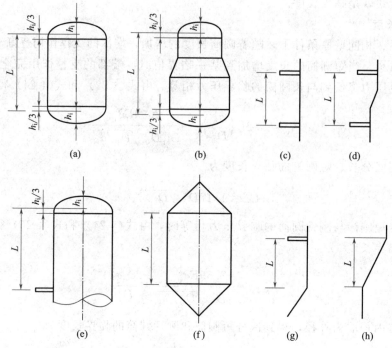

图 4-19 外压圆筒的计算长度

四、外压容器的加强圈

设计外压圆筒时,在计算过程中如果出现许用外压力 $[p]$ 小于计算外压力 p_c 时,说明筒体刚度不够,此时,可以通过增加筒体壁厚或者减少筒体的计算长度来达到提高临界压力的目的。从经济观点看,用增加厚度的方法来提高圆筒的临界应力是不合适的,适宜的方法是在外压圆筒的外部或内部装几个加强圈,以减少圆筒的计算长度,增加圆筒的刚性。当外压圆筒采用不锈钢或贵重金属制造时,在圆筒内部或外部采用碳素钢的加强圈可以减少贵重金属的消耗量,很有经济意义。采用加强圈结构来提高外压容器的刚性已经得到广泛应用。

1. 加强圈的结构及要求

加强圈应具有足够的刚度,通常采用扁钢、角钢、工字钢或其他型钢,如图 4-20 所示。它不仅对筒体有较好的加强效果,而且自身成形也比较方便,所用材料多采用价格低廉的碳素钢。

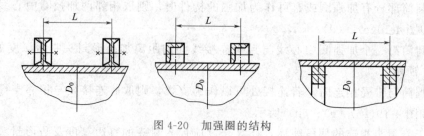

图 4-20 加强圈的结构

加强圈既可以设置在筒体内部,也可以设置在筒体的外部,为了确保加强圈对筒体的加强作用,加强圈应整圈围绕在圆筒的圆周上。

2. 加强圈与圆筒的连接

加强圈与圆筒之间可以采用连续焊或间断焊。当加强圈设置在容器外面时,加强圈每侧间断焊接的总长应不小于圆筒外周长的 1/2;当设置在圆筒内部时,应不小于圆筒内周长的 1/3。间断焊的布置如图 4-21 所示,可以错开或并排布置。无论错开还是并排,其最大间隙 t,对外加强圈时为 $8\delta_n$,对内加强圈时为 $12\delta_n$。为了保证壳体的稳定性,加强圈不得任意削弱或割断。对外加外强圈而言是比较容易做到的,但是对内加强圈而言,有时就不能满足这一要求,如卧式容器中的加强圈,往往需要开设排液孔,如图 4-22 所示。加强圈允许割开或削弱而不需补强的最大弧长间断值,可由图 4-23 查取。

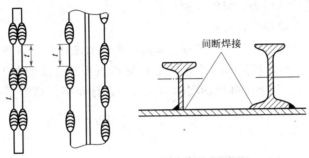

图 4-21 加强圈与筒体的连接

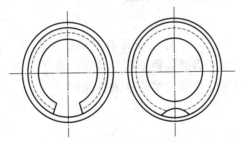

图 4-22 经削弱的加强圈

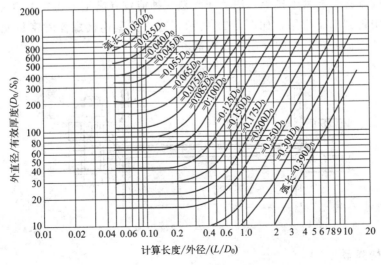

图 4-23 圆筒上加强圈允许的最大弧长间断值

3. 加强圈的间距

加强圈的间距可以通过图算法或计算法来确定。图算法涉及的内容较多，因此这里不作介绍，需要时查阅有关参考书。

通常计算压力已由工艺条件确定，如果筒体的直径和厚度 D_0、δ_e 已经确定，使该筒体安全承受所规定的外压 p_c 所需要的最大间距，可以通过下式计算所得

$$L_s = 2.59 E^t D \frac{(\delta_e/D_0)^{2.5}}{m p_c} = 0.86 \frac{D_0}{p_c} \left(\frac{\delta_e}{D_0}\right)^{2.5} \tag{4-28}$$

式中 L_s——加强圈的间距，mm；
D_0——筒体的外径，mm；
p_c——筒体的计算压力，MPa；
δ_e——筒体的有效厚度，mm。

加强圈的实际间距如果不大于上式的计算值，则表示该圆筒能够安全承受计算外压 p_c，需要加强圈的个数等于不设加强圈的计算长度 L 除以所需加强圈间距 L_s 再减去 1，即加强圈个数 $n=(L/L_s)-1$。如果加强圈的实际间距大于计算间距，则需要多设加强圈个数，直到使 $L_{实际} \leq L_s$ 为止。

单元五　容器附件

为了保证压力容器的安全使用，除了保证有足够的强度外，在使用过程中还要对其压力、温度等参数进行监测，因此需要各种不同的接管；此外，为了检修方便，在容器上需要开设人孔和手孔，本单元对压力容器主要附件进行介绍。

一、法兰

压力容器有不可拆连接和可拆连接两种。不可拆连接多采用焊接；而可拆连接主要采用法兰连接、螺纹连接、插套连接等。法兰连接是一种能较好满足上述要求的可拆连接，在化工设备和管道中得到广泛应用，如图 4-24 所示，通过拧紧连接螺栓时密封元件（垫片）被压紧而密封，从而保证容器内的介质不发生泄漏。

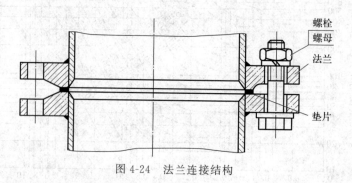

图 4-24　法兰连接结构

1. 法兰结构类型

法兰有多种分类方法，按密封面分为窄面法兰和宽面法兰；按应用场合分为容器法兰和

管法兰；按组成法兰的圆筒、法兰环及锥颈三个部分的整体性程度可分为松式法兰、整体式法兰和任意式法兰三种，如图 4-25 所示。

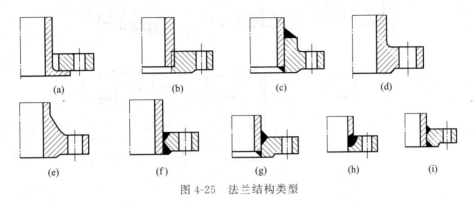

图 4-25　法兰结构类型

（1）松式法兰　法兰不直接固定在壳体上或虽然固定但不能保证与壳体作为一个整体承受螺栓载荷的结构，这些法兰可以带颈或者不带颈，如图 4-25(a)、(b)、(c) 所示。但该种法兰存在刚度小、厚度尺寸大的缺点，因而只适用于压力较低的场合。

（2）整体式法兰　将法兰与压力容器壳体锻或铸成一个整体或者采用全熔透焊的平焊法兰，如图 4-25(d)、(e)、(f) 所示。这种法兰虽然会对壳体产生较大的应力，但连接强度高，可以适用于压力、温度较高的场合。

（3）任意式法兰　这种法兰介于整体式法兰和松式法兰之间，如图 4-25(g)、(h)、(i) 所示。这类法兰结构简单，加工方便，在中低压容器和管道中得到广泛应用。

2. 法兰标准

为了互换性的需要，世界各国根据需要相应制订了一系列的法兰标准，其目的是简化计算、降低成本、增加互换性，在使用时尽量采用标准法兰。只有当直径大或者有特殊要求时才采用非标准（自行设计）法兰。

根据用途法兰分为管法兰和压力容器法兰两套标准，相同公称直径、公称压力的管法兰和容器法兰的连接尺寸是不相同的，二者不能混淆。

选择法兰的主要参数是公称直径和公称压力。

（1）公称直径　公称直径是容器和管道标准化后的系列尺寸，以 DN 表示。对卷制容器和管道的公称直径前已介绍，在此不再赘述。公称直径相同的钢管其外径是相同的，内径随厚度的变化而变化；如 DN100 的无缝钢管有 $\phi 108 \times 4$、$\phi 108 \times 4.5$、$\phi 108 \times 5$ 等规格。带衬环的甲型平焊法兰的公称直径指的是衬环的内径。

容器与管道的公称直径应按国家标准规定的系列选用。

（2）公称压力　压力容器法兰和管法兰的公称压力是指在规定的设计条件下，在确定法兰尺寸时所采用的设计压力，即一定材料和温度下的最大工作压力。公称压力是压力容器和管道的标准压力等级，按标准化要求将工作压力划分为若干个压力等级，以便于选用。

压力容器法兰分为甲型平焊法兰、乙型平焊法兰和长颈对焊法兰，它们的尺寸分别见标准 NB/T 47021—2012、NB/T 47022—2012、NB/T 47023—2012。

3. 法兰密封面形式

压力容器法兰密封面的形式有平面型、凹凸型及榫槽型三类，它们的结构如图 4-26 所示。

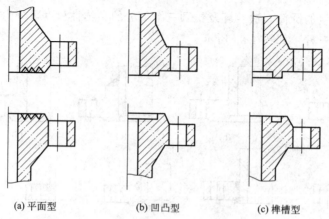

(a) 平面型　　(b) 凹凸型　　(c) 榫槽型

图 4-26　压力容器法兰的密封面形式

为了增加密封性，平面型密封在突出的密封面上加工出几道环槽浅沟，它主要适用于压力及温度较低的设备。凹凸型密封面由一个凹面和一个凸面组成，在凹面上放置垫圈，上紧螺栓时垫圈不会被挤往外侧，密封性能较平面型有所改进。榫槽型密封面由一个榫和一个槽组成，垫圈放置入凹槽内，密封效果较好。一般情况下温度较低、密封要求不严时采用平面密封，而温度高、压力也较高、密封要求严时采用榫槽型密封，凹凸型介于两者之间。甲型平焊法兰有平面密封与凹凸型密封面，乙型平焊法兰与长颈对焊法兰则三种密封面形式均有。

4. 法兰标记

法兰选定后，应在图样上进行标记；管法兰和压力容器法兰标记的内容是不相同的。

压力容器法兰的标记为：

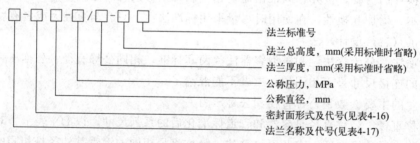

表 4-16　压力容器法兰标准、密封面形式及代号

	法兰类别		标准号
法兰标准	甲型平焊法兰		JB/T 4701—2000
	乙型平焊法兰		JB/T 4702—2000
	长颈对焊法兰		JB/T 4703—2000
法兰密封面形式及代号	密封面形式		代号
	平面密封面		RF
	凹凸密封面	凹密封面	FM
		凸密封面	M
	榫槽密封面	榫密封面	T
		槽密封面	G

续表

法兰名称及代号	法兰类型	名称及代号
	一般法兰	法兰
	衬环法兰	法兰 C

表 4-17 常用管法兰的密封面形式、标准代号

法兰类型	代号	标准号	密封面形式	代号
板式平焊法兰	PL	HG 20593—1997	凸面	RF
			全平面	FF
带颈平焊法兰	SO	HG 20594—1997	凸面	RF
			凹凸面	MFM
			榫槽面	TG
			全平面	FF
带颈对焊法兰	WN	HG 20595—1997	凸面	RF
			凹凸面	MFM
			榫槽面	TG
			全平面	FF

当法兰厚度及法兰总高度均采用标准值时，此两部分标记可省略。

例如标记：法兰-MFM 600-2.5 NB/T 47022—2012

它的意义是压力容器法兰密封面形式是凹凸型，公称直径是 600mm，公称压力是 2.5MPa，属于乙型平焊法兰。

为了使管法兰具有互换性，常采用标准法兰。对管法兰的标记采用如下形式：

管法兰的标记为：

例如标记为 HG/T 20593—2014 法兰 PL100-1.0 RF S=4mm 20

该法兰为：板式平焊法兰，公称直径为 100mm，公称压力为 1.0MPa，密封面为凸面法兰，管子壁厚为 4mm，法兰材料牌号为 20 钢。

5. 法兰垫圈

法兰垫圈与容器内的介质直接接触，是法兰连接的核心，所以垫圈的性能和尺寸对法兰密封的效果有很大的影响。垫圈在选择时需要考虑工作温度、压力、介质的腐蚀性、制造、更换及经济成本等因素。垫圈的变形能力和回弹能力是形成密封的必要条件，反映垫圈材料性能的基本参数是比压力和垫片系数。

在中低压容器和管道中常用的垫圈材料有非金属垫圈、金属垫圈、组合式垫圈等形式。

二、人孔与手孔

经过一定时间使用后，需要对压力容器进行维修与维护，为了便于内件的安装、检修及人员的进出，一般需要设置人孔、手孔。人孔、手孔一般由短节、法兰、盖板、垫片及螺栓、螺母组成。

1. 人孔

人孔按照压力分为常压人孔和带压人孔；按照开启方式及开启后人孔盖的位置分为回转盖快开人孔、垂直吊盖快开人孔及水平吊盖快开人孔。

2. 手孔

手孔与人孔的结构有许多相似的地方，只是直径小一些而已。从承压方式分，它与人孔一样分为常压人孔和带压人孔；从开启方式分仍有回转盖手孔、常压快开手孔及回转盖快开手孔。

3. 人孔与手孔的设置原则

① 设备内径为 450～900mm，可根据需要设置 1～2 个手孔即可；设备内径为 900mm 以上，则至少应开设一个人孔；设备内径大于 2500mm，顶盖与筒体上至少应各开一个人孔。

② 直径较小、压力较高的室内设备，一般选用公称直径 DN＝450mm 的人孔；室外露天设备，由于需要检修与清洗，可选用公称直径为 DN＝500mm 的人孔；寒冷地区应选用公称直径 DN＝500mm 或 DN＝600mm 的人孔。如果受到设备直径限制，也可选用 400mm×300mm 的椭圆形人孔。手孔的直径一般为 150～250mm，标准手孔的公称直径有 DN＝150mm 和 DN＝250mm 两种。

4. 人孔与手孔的选用

人孔与手孔已经实行了标准化，使用时根据需要按标准选择合适的人孔、手孔，并查找相应的标准尺寸。碳素钢、低合金钢制的标准为 HG/T 21514—2014～21535—2014，不锈钢制的标准为 HG/T 21594—2014～21604—2014，需要时由标准查取。

三、支座

支座是用来支承压力容器及其附件以及内部介质重量的一个装置，在某些场合还可能受到风载荷、地震载荷等动载荷的作用。

压力容器支座的结构形式很多，根据压力容器自身的结构、尺寸和安装形式等，将支座分为立式容器支座、卧式容器支座和球形容器支座。

1. 立式容器支座

根据压力容器的结构尺寸及其重量，立式容器支座分为耳式支座、支承式支座、腿式支座和裙式支座。中、小型容器一般采用前三种支座，大型容器才采用裙式支座，如图 4-27 所示。

(1) 耳式支座　又称为悬挂式支座，它由筋板和支脚板组成，广泛用于直立设备上。它的优点是结构简单、轻便，但对会容器壁面产生较大的局部应力，因此，当容器重量较大或器壁较薄时，应在器壁与支座之间加一块垫板，以增大局部受力面积。耳式支座推荐标准为 NB/T 47065.3—2018《容器支座　第 3 部分：耳式支座》，耳式支座有 A 型（短臂）和 B

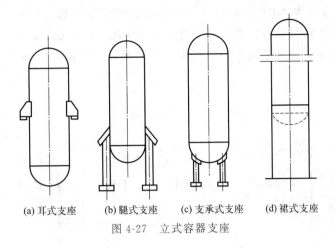

(a) 耳式支座　(b) 腿式支座　(c) 支承式支座　(d) 裙式支座

图 4-27　立式容器支座

型（长臂）两种，B 型具有较大的安装尺寸，当容器外部有保温层或者将压力容器直接放置在楼板上时，宜选用 B 型。每种又分为有垫板和无垫板两种类型，不带有垫板时分别用 AN 和 BN 表示，如图 4-28 所示。

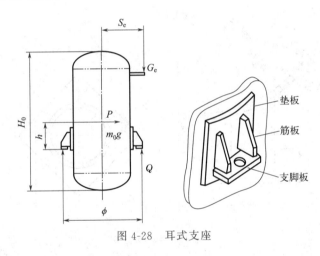

图 4-28　耳式支座

耳式支座标记为

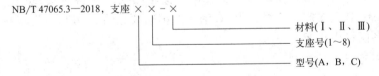

支座及垫板材料采用"支座材料/垫板材料"表示。

示例：B 型，3 号耳式支座，支座材料为 Q235B，垫板材料为 16MnR，垫板厚度为 10mm，标记为：NB/T 47065.3—2018，耳座 B3-Ⅰ，$\delta_3=10$mm，材料 Q235B/16MnR。

(2) 支承式支座　支承式支座主要用于总高小于 10m、高度与直径之比小于 5、安装位置距基础面较近且具有凸形封头的小型直立设备上。它是在压力容器底部封头上焊上数根支柱，直接支承在基础地面上；它的结构简单，制造容易，但支座对封头会产生较大局部应力，因此当容器直径较大或重量较重、壁厚较薄时，必须在封头与支座之间加一垫板，以增加局部受力面积，改善壳体局部受力条件。

支承式支座推荐标准 NB/T 47065.4—2018《容器支座 第 4 部分：支承式支座》。它将支承式支座分为 A 和 B 两种类型，A 型支座采用钢板焊制而成，B 型支座采用钢管制作，如图 4-29 所示。支座与封头之间是否加垫板，应根据压力容器材料与支座焊接部位的强度及稳定性确定。

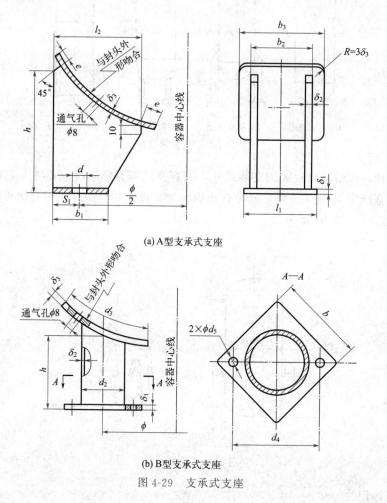

(a) A 型支承式支座

(b) B 型支承式支座

图 4-29 支承式支座

支座垫板材料一般应与容器封头材料相同。支座底板的材料为 Q235B；A 型支座筋板的材料为 Q235B；B 型支座钢管材料为 10 钢；根据需要也可选用其他支座材料，此时应按标准规定在设备图样中注明。

支承式支座标记为

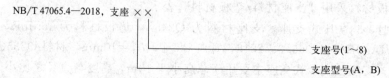

支座及垫板材料采用"支座材料/垫板材料"表示。

示例：钢板焊制的 3 号支承式支座，支座与垫板材料为 Q235B 和 Q245R，标记为：NB/T 47065.4—2018，支座 A3，材料 Q235B/Q245R

(3) 腿式支座 亦称支腿，多用于公称直径 400～1600mm、高度与直径之比小于 5、总高小于 5m 的小型直立设备，不适合用于通过管线直接与产生脉动载荷的机器设备刚性连接的容器。腿式支座与支承式的最大区别在于：腿式支座是支承在压力容器的圆筒部分，而支承式支座是支承在容器的封头上，如图 4-30 所示。

腿式支座推荐标准为 NB/T 47065.2—2018《容器支座　第 2 部分：腿式支座》，在结构上有 A 型（角钢支柱）和 B 型（钢管支柱）两种支柱形式。支柱与圆筒是否设置垫板与耳式支座的规定相同。

（4）裙式支座　裙式支座主要用于总高大于 10m、高度与直径之比大于 5 的高大直立塔设备中，根据工作中所承受载荷的不同，裙式支座分为圆筒形和圆锥形两类，如图 4-31 和图 4-32 所示。

裙座与塔设备的连接有对接和搭接两种形式。采用对接接头时，裙座筒体外径与封头外径相等，焊缝必须采用全溶透的连续焊，焊接结构及尺寸如图 4-32 所示。

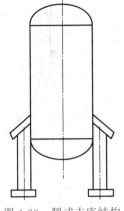

图 4-30　腿式支座结构

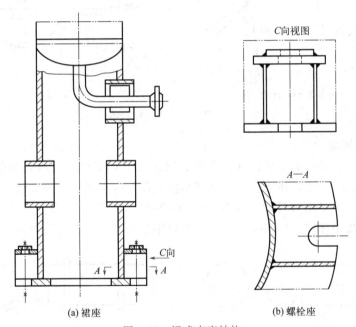

(a) 裙座　　　(b) 螺栓座

图 4-31　裙式支座结构

搭接接头可以设置在下封头上，也可以设置在筒体上。为了不影响封头的受力状况，接头必须设置在封头的直边处，如图 4-32(a) 所示。搭接焊缝与下封头的环焊缝距离应在 $(1.7 \sim 3)\delta_s$ 范围内（该处 δ_s 为裙座筒体厚度）。如果封头上有拼接焊缝，裙座圈的上边缘可以留缺口以避免出现十字交叉焊缝，缺口形式为半圆形，如图 4-32（c）所示。

由于裙座不与设备内的介质接触，也不承受介质的压力，因而裙座材料一般采用 Q235AF 及 Q235A 制作，但这两种材料不适用于温度过低的场合，当温度低于 −20℃ 时，应选择 16Mn 作为裙座材料。如果容器下封头采用低合金或者高合金钢时，裙座上部应设置与封头材质相同的短节，短节的长度一般为保温层厚度的 4 倍。

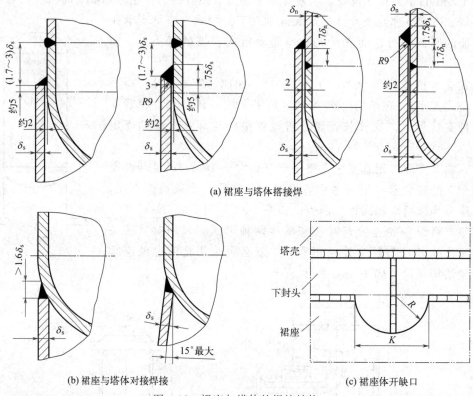

图 4-32　裙座与塔体的焊接结构

2. 卧式容器支座

卧式容器的支座可分为三种：鞍式支座、圈式支座和支腿式支座，如图 4-33 所示。其中鞍式支座应用最为广泛，在大型卧式储罐和换热器上应用较广，简称鞍座；大型薄壁容器或外压真空容器，为了增加筒体支座处的局部刚度，常采用圈式支座；支腿式支座结构简单，但支撑反力集中作用于局部壳体上，一般只用于小型卧式容器和设备。

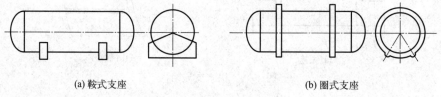

图 4-33　卧式容器支座

（1）鞍式支座　鞍式支座有焊制和弯制两种。焊制鞍座一般由底板、腹板、筋板和垫板组成，如图 4-34(a) 所示；当容器公称直径 DN≤900mm 时应采用弯制鞍座，弯制鞍座的腹板与底板是同一块钢板弯制而成的，两板之间没有焊缝，如图 4-34(b) 所示。

按承受载荷的大小，鞍座分为轻型（A 型）和重型（B 型）两类。鞍座大多带有垫板，DN≤900mm 的设备也有不带垫板的。按标准 NB/T 47065.1—2018《容器支座　第 1 部分：鞍式支座》的规定，鞍座与容器的包角有 120°和 150°两种。重型鞍式支座按制作方式、包角及附带垫板情况分为 BⅠ～BⅤ五种型号，如表 4-18 所示。

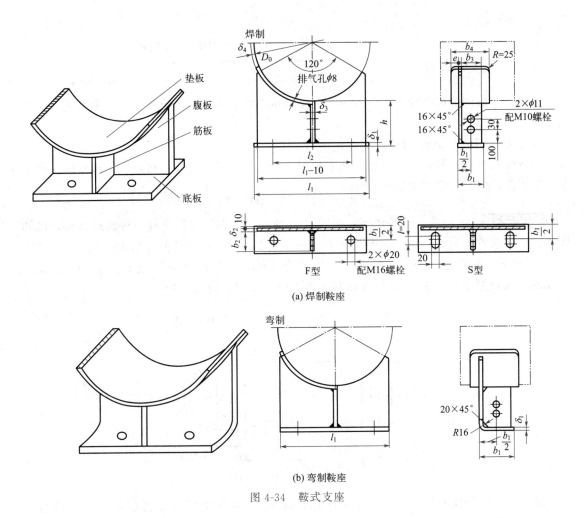

图 4-34 鞍式支座

表 4-18 鞍座类型

类型	代号	适用公称直径 DN/mm	结构特征
轻型	A	1000~4000	焊制,120°包角,带垫板,4~6 筋
重型	BⅠ	159~4000	焊制,120°包角,带垫板,4~6 筋
	BⅡ	1500~4000	焊制,150°包角,带垫板,4~6 筋
	BⅢ	159~900	焊制,120°包角,不带垫板,单、双筋
	BⅣ	159~900	弯制,120°包角,带垫板,单、双筋
	BⅤ	159~900	弯制,150°包角,不带垫板,单、双筋

鞍座类型及结构特征以及鞍座能承受的载荷可查阅有关手册。为了使容器的壁温发生变化时容器能够沿着轴线方向自由伸缩，底板螺栓孔有两种形式，一种是圆形螺栓孔（代号为 F），另一种是椭圆形螺栓孔（代号为 S），即固定式 F 和滑动式 S，如图 4-34(a) 所示。鞍座材料大多采用 Q235B，也可用其他材料，垫板材料一般与容器筒体材料相同。

鞍座标记为：

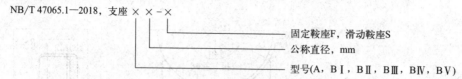

示例：容器的公称直径为1000mm，支座包角120°，重型、带垫板、标准高度的固定焊制支座。

标记为：NB/T 47065.1—2018，鞍座 BⅠ1000-F

一台卧式容器一般采用双支座，如果采用三个或三个以上支座，可能会出现支座基础的不均匀沉陷，引起局部应力过高。

【例 4-3】 有一管壳式换热器，如图 4-35 所示，试对该容器选择一对鞍式支座。已知换热器壳体总质量为4500kg，内径为1200mm，壳体厚10mm，封头为半球形封头，换热管长 $L_1=10$m，规格为 25mm×2.5mm，根数为 396，其左右两管箱短节长度为 120mm、400mm，管板厚度 $\delta=32$mm，管程物料为乙二醇，壳程物料为甲苯。

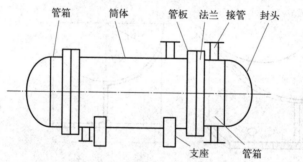

图 4-35 带鞍式支座的管壳式换热器

解： 查物料物性手册得乙二醇密度为 1042kg/m³，甲苯密度为 842kg/m³，两者质量之和比水压试验时小，所以换热器在做水压试验时的质量是设备的最大质量。

(1) 设备储存液体的容积

封头的容积 $V_1=\dfrac{1}{2}\times\dfrac{4\pi R^3}{3}=\dfrac{2\times\pi\times 0.6^3}{3}=0.454(\text{m}^3)$

中间筒节的长度 $L=L_1-2\delta=10-2\times 0.032=9.94(\text{m})$

筒体的容积 $V_2=\dfrac{(0.12+0.4+9.94)}{4}\pi D_i^2=11.88(\text{m}^3)$

换热管金属的容积 $V_3=\dfrac{Ln\pi(d_0^2-d_i^2)}{4}=\dfrac{9.94\times 396\times 3.14\times(0.025^2-0.02^2)}{4}=0.67(\text{m}^3)$

换热器储存液体的容积 $V=2V_1+V_2-V_3=2\times 0.454+11.88-0.67=12.12(\text{m}^3)$

(2) 计算设备最大质量

水压实验时，水的质量 $m_1=V\rho=12.12\times 1000=12120(\text{kg})$

鞍座承受的最大质量 $m=4500+12120=16620(\text{kg})$

(3) 鞍座的选择

$$\text{每个鞍座承受的最大重量}=\dfrac{mg}{2}=\dfrac{16620\times 10}{2}\approx 83.1(\text{kN})$$

查表 4-16，可选择 A 型支座，焊制，120°包角，带垫板，4～6 筋。其允许的最大重量为147kN，可以使用。

两个鞍座的标记分别为：

NB/T 4712.1—2018，鞍座 A1200-F；

NB/T 4712.1—2018，鞍座 A1200-S。

（2）圈式支座　因自身重量而可能造成严重挠曲的薄壁容器常采用圈式支座。圈式支座在设置时，除常温常压外，至少应有一个圈座是滑动结构。当采用两个圈座支承时，圆筒所受的支座反力、轴向弯矩及其相应的轴向应力的计算与校核均与鞍式支座相同。

四、压力容器的开孔与补强

1. 开孔补强的原因

为了便于检修，以及物料的进出，常在压力容器上开设各种形式的孔。压力容器开设孔后，不仅连续性受到破坏而造成应力集中，同时器壁也受到削弱，因此需要采取适当的补强措施，以改善边缘的受力情况，减轻其应力集中程度，保证有足够的强度。

2. 补强方法与补强结构

压力容器开孔补强的方法主要有整体补强和局部补强两种。整体补强即是增加容器的整体厚度，这种方法主要适用于容器上开孔较多且分布比较集中的场合；局部补强是在开孔边缘的局部区域增加筒体厚度的一种补强方法。显然，局部补强方法是合理而经济的方法，因此广泛应用于容器开孔补强中。

局部补强的结构形式有补强圈补强、补强管补强和整体锻件补强三种，如图 4-36 所示。

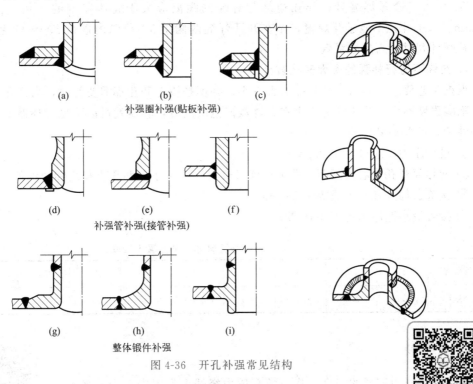

图 4-36　开孔补强常见结构

（1）补强圈补强　补强圈补强是在开孔周围焊上一块与筒体材料一致的圆环状金属来增强边缘处金属强度的一种方法，也称贴板补强，所焊的圆环状金属称为补强圈，其大小为开孔直径的 2 倍。补强圈可设置在容器内壁、外壁或者同时在内外壁上设置，但是考虑到施焊的方便程度，所以一般设置在容器外壁上，如图 4-36（a）～（c）所示。补强圈与器壁要求很好的贴合，否则起不到补强作用。圆环补强圈直径一般为开孔直径的 2 倍。

（2）补强管补强　它是在开孔处焊上一个特意加厚的短管，如图 4-36（d）～（f）所示，利用多余的壁厚作为补强金属。这种方法简单、焊缝少、焊接质量容易检验，效果好，已广泛使用在各种化工设备上。对于重要设备，焊接需要采用全焊透结构。

（3）整体锻件补强　它是在开孔处焊上一个特制的锻件，如图 4-36（g）～（i）所示。它相当于把补强圈金属与开孔周围的壳体金属完全熔合在一起，且壁厚变化缓和，有圆弧过渡，全部焊缝都是对接焊缝并远离最大应力作用处，因而补强效果好。但该种方法存在机械加工量大、锻件来源困难等缺点，因此多用于有较高要求的压力容器和设备上。

3. 开孔直径的限制

在压力容器上开设孔径应满足下列要求。

① 对于圆筒，当内径 $D_i \leqslant 1500mm$，开孔最大直径 $d \leqslant D_i/2$，且 $d \leqslant 520mm$；当 $D_i > 1500mm$ 时，开孔最直径 $d \leqslant D_i/3$，且 $d \leqslant 1000mm$。

② 凸形封头或球壳上开孔的最大尺寸满足 $d \leqslant D_i/2$。

③ 锥壳或锥形封头上开孔，开孔尺寸满足 $d \leqslant D_i/3$，D_i 为开孔处锥壳的内直径。

④ 在椭圆形封头或碟形封头过渡部分开孔时，开孔的孔边与封头边缘的投影距离不小于 $0.1D_0$，孔的中心线宜垂直于封头表面。

⑤ 开孔应避开焊缝处，开孔边缘与焊缝的距离应大于壳体厚度的 3 倍，且不小于 100mm。如果开孔不能避开焊缝，则在开孔焊缝两侧 $1.5d$ 范围内进行 100％的无损探伤，并在补强计算时计入焊缝系数。

4. 允许不另行补强的最大开孔直径

根据工艺要求，容器上的开孔有大有小，并不是所有开孔都需要补强，当开孔直径比较小，削弱强度不大，孔边应力集中在允许数值范围内时，容器就可以不另行补强了。符合下列条件者，可以不另行补强。

① 设计压力小于或等于 2.5MPa。

② 两相邻开孔中心的间距（曲面以弧长计算）应不小于两孔直径之和的两倍。

③ 接管公称外径小于或等于 89mm。

④ 接管最小壁厚满足表 4-19 要求。

表 4-19　不另行补强接管外径及其最小壁厚　　　　　　　　　　　　　　mm

接管外径	25	32	38	45	48	57	65	76	89
最小壁厚	3.5	3.5	3.5	4.0	4.0	5.0	5.0	6.0	6.0

五、安全装置

为了保证压力容器的安全工作，常在压力容器上设置安全阀、爆破片等安全附件。

安全阀

1. 安全阀

在生产过程中，介质压力可能发生波动以及出现一些不可控制的因素，从而造成操作压力在极短的时间内超过设计压力。为了保证安全生产，消除和减少事故的发生，设置安全阀是一种行之有效的措施。

安全阀的种类很多，其分类的方式有多种，按加载机构可分为重锤杠杆式和弹簧式；按阀瓣升起高度可分为微启式和全启式；按气体排放方式分为全封闭式、半封闭式和开放式；按照作用原理分为直接式和非直接式等。

图 4-37 为带上、下调节圈的弹簧全启式安全阀示意图。它的工作原理是利用弹簧压缩力来平衡作用在阀瓣上的力。调节螺旋弹簧的压缩量，可以对安全阀的开启压力进行调节。

安全阀的选用，应综合考虑压力容器的操作条件、介质特性、载荷特点、容器的安全泄放量、安全阀的灵敏性、可靠性、密封性、生产运行特点以及安全技术要求等。

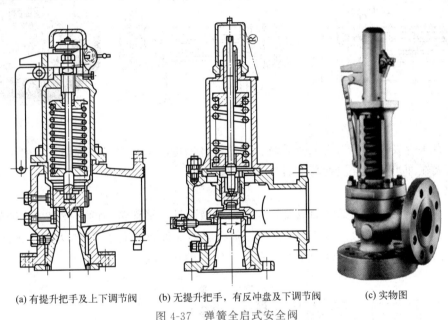

(a) 有提升把手及上下调节阀　　(b) 无提升把手，有反冲盘及下调节阀　　(c) 实物图

图 4-37　弹簧全启式安全阀

2. 爆破片

爆破片是一种断裂型的安全泄放装置，它是利用爆破片在标定爆破压力下爆破，即发生断裂来达到泄放目的的，泄压后爆破片不能继续使用，容器也只能停止运行。虽然爆破片是一种爆破后不重新闭合的泄放装置，但与安全阀相比它具有密封性好、泄压反应迅速的特点，因此，当安全阀不能起到有效保护作用时，必须使用爆破片或爆破片与安全阀的组合装置。

爆破片

爆破片的动作过程如图 4-38 所示。爆破片在容器正常工作时是密封的，如果工作中设备的压力一旦超压，膜片就发生破裂，超压介质被迅速泄放，直至与排放口所接触的环境压力相等为止，由此可以保护设备本身免遭损伤。

六、其他附件

1. 视镜

为了观察压力容器内部情况，有时在设备或封头上需要安装视镜。视镜的种类很多，它已经进行了标准化，尺寸有 DN50～150mm 五种，但常用的仅有凸缘视镜和带颈视镜，如图 4-39 所示。

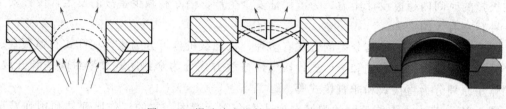

图 4-38　爆破片在夹持器中的动作示意图

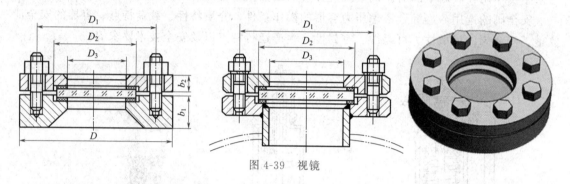

图 4-39　视镜

安装在压力较高或有强腐蚀介质设备上的视镜，可以选择双层玻璃或带罩安全视镜，以免视镜玻璃在冲击振动或温度骤变时发生破裂伤人。

2. 液面计

为了显示压力容器内部液面高度，需要安装液面计。液面常用的有玻璃板式和玻璃管式两种。对于公称压力超过 0.07MPa 的设备所用玻璃液面计，可直接在设备上开长条形孔，利用矩形凸缘或者法兰把玻璃固定在设备上，如图 4-40 所示。

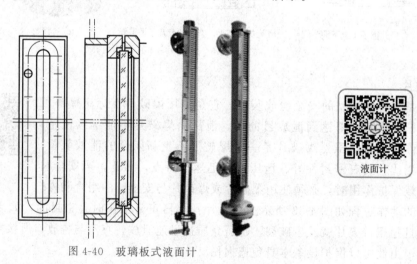

图 4-40　玻璃板式液面计

对于设计压力低于 1.6MPa 的承压设备，常采用双层玻璃式或玻璃式液面计。它们与设备的连接多采用法兰、活接头或螺纹接头。板式和玻璃管式液面计已经标准化，设计时可以直接选用。

小结

　　压力容器主要由筒体、封头、密封装置、开孔与接管、支座等组成。化工生产中对压力容器的要求有：具有足够的强度、刚度、稳定性、耐蚀性和密封性。

　　压力容器封头有球形封头、标准椭圆形封头、蝶形封头、锥形封头、平板等；支座主要有悬挂式支座、支承式支座、裙式支座、鞍式支座。法兰有容器法兰和管法兰两大类，密封面有平面密封面、凹凸密封面、榫槽密封面。法兰是根据公称直径和公称压力进行选择的。

　　为了保证压力容器安全使用，对内压容器需用强度条件加以限制，而外压容器需用稳定性条件予以限制。并设置安全阀或爆破片等安全泄放装置。

　　为了方便人员检修和物料进出，需要开设各种孔，人孔和手孔根据标准选用。

 拓展阅读

上天有"天宫"　　下海有"蛟龙"

　　随着一些关键核心技术实现突破，战略性新兴产业发展壮大，载人航天、探月探火、深海深地探测等取得重大成果，我国进入创新型国家行列。

　　2020 年 11 月 10 日，我国"奋斗者"号（图 4-41）成功坐底马里亚纳海沟，创下中国载人深潜 10909m 新纪录。"奋斗者"号全海深载人潜水器的研制成功，标志着我国在大深度载人深潜领域已经达到世界领先水平，从此，人类探索万米深渊拥有了一个强大的新平台。这台重约 36t 的大国重器，可载 3 人，在万米海底连续作业 6h 以上。它拥有 3 个观察舱和 2 个机械臂，装配 7 台摄像机和 7 部声呐设备，还配备了柱状沉积物取样器、液压钻切一体机等多项设备和工具。众所周知，水下深度越大，受到的压强越大，想要下潜到 10000m，需要承受 1000 倍的大气压强，基本上什么东西都能压扁，为了抵抗这巨大的压力，载人深潜器的耐压外壳需要采用强度极大，而且能够耐海水腐蚀的材料制造成抗压性能最好的球形舱。"奋斗者"号载人深潜器的耐压球壳 100% 由我国自主制造，这不仅标志着我国新材料及加工技术的进步，而且更加激发我国科技工作者在压力容器设计、制造、新材料研究与应用等方面的热情，推动我国压力容器向更多领域、更高精技术方面飞速发展。

图 4-41　"奋斗者"号全海深载人潜水器

思考与练习

一、选择题

1. 容器压力试验包括_____两种。
   A. 液压试验和气压试验　　　　　B. 液压试验和真空压试验
   C. 真空压试验和气压试验　　　　D. 液压试验和气密性试验
2. 在我们所学的补强结构中，补强效果最好的是_____。
   A. 补强圈补强　　　　　　　　　B. 厚壁管补强
   C. 整锻件补强　　　　　　　　　D. 不相上下
3. 下列不属于第三类容器的是_____。
   A. 毒性为极度和高度危害介质的中压容器
   B. 中压容器
   C. 容积大于 5m³ 的低温液体储存容器
   D. 中压搪玻璃压力容器
4. 安全阀主要用于_____。
   A. 过压保护　　B. 欠压保护　　C. 常压保护　　D. 低温保护
5. 有一容器，其最高气体工作压力为 1.6MPa，无液体静压作用，工作温度≤150℃，且装有安全阀，该容器的水压试验压力为_____MPa。
   A. 2.2　　　　　B. 1.76　　　　C. 1.6　　　　D. 2

二、判断题

1. 薄壁容器指的是壁厚小于 15mm 的容器。　　　　　　　　　　　　　　　　（　）
2. 对由钢板卷制的筒体及封头来说，公称直径是指它们的外径。　　　　　　（　）
3. 在制造圆筒形压力容器时，环焊缝的质量比纵焊缝的质量要求高，以确保压力容器的安全运行。　　　　　　　　　　　　　　　　　　　　　　　　　　　　　　（　）
4. 厚度为 60mm 和 6mm 的 16MnR 热轧钢板，其屈服点不同，且 60mm 厚钢板的 σ_s 大于 6mm 厚钢板的 σ_s。　　　　　　　　　　　　　　　　　　　　　　　　（　）
5. 假定外压长圆筒和短圆筒的材质绝对理想，制造精度绝对保证，则在任何大的外压下也不会发生弹性失稳。　　　　　　　　　　　　　　　　　　　　　　　　（　）
6. 金属垫片材料一般并不要求强度高，而是要求其软韧。金属垫片主要用于中、高温和中、高压的法兰连接中。　　　　　　　　　　　　　　　　　　　　　　　（　）

三、工程应用

1. 试为某化工厂精馏塔配塔节与封头的连接法兰及出料口接管法兰。已知条件为：塔体内径 800mm，接管公称直径 100mm，操作温度 300℃，操作压力 0.25MPa，材质 Q235A。
2. 选择设备法兰密封面形式。

介质	公称压力 PN/MPa	介质温度/℃	适宜密封面形式
丙烷	1.0	150	
蒸汽	1.6	200	
液氨	2.5	≤50	
氢气	4.0	200	

3. 试确定下列甲型平焊法兰的公称直径。

法兰材料	工作温度/℃	工作压力/MPa	公称压力 PN/MPa	法兰材料	工作温度/℃	工作压力/MPa	公称压力 PN/MPa
Q235-B	300	0.12		Q235-B	180	1.0	
16MnR	240	1.3		16MnR	50	1.5	
15MVR	200	0.5		15MVR	300	1.2	

4. 公称直径为300mm，公称压力为2.5MPa，配用英制管的凸面板式带颈平焊钢制管法兰，材料为20钢，请进行标记。

5. 某化工厂欲设计一台石油气分离用乙烯精馏塔，工艺参数为：塔体内径 $D_i = 1000mm$，计算压力 $p_c = 3.2MPa$，工作温度 $t = -20 \sim -3℃$，试选择塔体材料并确定塔体厚度，确定液压试验的压力。

四、案例分析

某企业的储气罐，直径2m，长度8m，内部盛装5MPa压缩空气，上部设有1个人孔，有4个接管，4个吊耳，下部有2个支座，请分析该储气罐属于哪类压力容器及各部件的作用。

思路点拨

以压力容器所选用的材料、属于第几类压力容器、4个接管的作用、支座类型、支座型号、封头类型等方面进行分析。

模块五 塔设备

学习目标

知识目标

熟悉塔设备的基本要求、总体结构、选用原则;了解板式塔塔盘结构及支承结构、填料塔的填料、填料塔支承及限位装置;掌握塔设备的日常维护、塔设备故障的排除方法。

技能目标

能够进行塔设备的性能比较与选型;能够分析填料塔填料及支承、液体喷淋和再分布装置、板式塔塔盘结构、除沫器的结构;能够对塔设备进行日常维护、对塔设备的故障进行排除。

素质目标

具有良好的质量、环境、健康、安全和责任意识;树立绿色、环保理念;具有精益求精的工作态度和踔厉前行的奋斗精神。

塔设备是必不可少的大型设备,已广泛应用于石油、化工、医药、轻工等生产中。在塔设备中可进行气-液或液-液两相间的充分接触,实施相间传质,因此在生产过程中常用塔设备进行精馏、吸收、解吸、气体的增湿及冷却等单元操作过程。

单元一 塔设备的结构与应用

一、塔设备的基本要求

塔设备可使气-液相或液-液相充分接触,迅速有效地进行质量传递和热量传递。化工生产对塔设备提出的要求如下:

① 工艺性好。塔设备结构要使气、液两相尽可能充分接触,具有较大的接触面积和分离空间,以获得较高的传质效率。

② 生产能力大。在满足工艺要求的前提下，要使塔截面上单位时间内物料的处理量大。

③ 操作稳定性好。当气、液负荷产生波动时，仍能维持稳定、连续操作，且操作弹性好。

④ 能量消耗小。要使流体通过塔设备时产生的阻力小、压降小，热量损失少，以降低塔设备的操作费用。

⑤ 结构合理。塔设备内部结构既要满足生产的工艺条件，又要结构简单，便于制造、检修和日常维护。

⑥ 选材要合理。塔设备材料要根据介质特性和操作条件进行选择，既要满足使用要求，又要节省材料，减少设备投资费用。

⑦ 安全可靠。在操作条件下，塔设备各受力构件均应具有足够的强度、刚度和稳定性，以确保生产的安全运行。

上述各项指标的重要性因不同设备而异，要同时满足所有要求很困难。因此，要根据传质种类、介质的物化性质和操作条件的具体情况分析，抓住主要矛盾，合理确定塔设备的类型和内部构件的结构形式，以满足不同的生产要求。

二、塔设备的总体结构

塔设备主要可分为逐级接触式和连续微分接触式两大类，前者以板式塔（图5-1）为代表，后者以填料塔（图5-2）为代表。塔设备的总体结构有内件、塔体、支座、人孔或手孔、除沫器、接管、吊柱、扶梯、操作平台等。

① 塔体。即塔设备的外壳，常见的塔体由等径、等厚的圆筒及封头组成。对于大型塔设备，为了节省材料也可采用不等径、不等厚的塔体。塔设备通常安装在室外，因而塔体除了承受一定的操作压力（内压或外压）、温度外，还要考虑风载荷、地震载荷、偏心载荷。此外还要满足在试压、运输及吊装时的强度、刚度及稳定性要求。

② 支座。塔体支座是塔体与基础的连接结构。因为塔设备较高、重量较大，为保证其足够的强度及刚度，通常采用裙式支座。

③ 人孔及手孔。为安装、检修、检查等需要，在塔体上设置人孔或手孔。不同的塔设备，人孔或手孔的结构及位置不同。

④ 接管。用于连接工艺管线，使塔设备与其他设备相连。按其用途可分为进液管、出液管、回流管、进气出气管、侧线抽出管、取样管、仪表接管、液位计接管等。

⑤ 除沫器。用于捕集夹带在气流中的液滴。除沫器工作性能的好坏对除沫效率、分离效果都具有较大的影响。

⑥ 吊柱。安装于塔顶，主要用于安装、检修时吊运塔内件。

三、塔设备的选用原则

板式塔和填料塔均可用于蒸馏、吸收等气、液传质过程，没有绝对的选择标准，必须综合考虑物料性质、操作条件和设备制造与维修等多种因素考虑。

① 易起泡沫的物系、难分离物系，选用填料塔比较合适。

② 热敏性物料的分离，如乙苯/苯乙烯的分离，应尽可能降低塔釜温度，避免由于过热导致物料的聚合或分解。

③ 厂房高度受制约的场合，或需要很多理论塔板才能分离时，应优先考虑采用高效填料塔；对腐蚀性介质，宜采用填料塔，因为填料容易实现用各种防腐材料来制作。

④ 黏性较大物系，可选用水力直径较大的填料。处理这类物料，板式塔的传质效率较差。

⑤ 含固体颗粒或污浊的物料，不宜采用填料塔，因为容易将填料通道堵塞。若可能在物料进塔前去除固体颗粒或污浊物，则视情况判断是否可采用填料塔。

⑥ 在塔内易产生聚合物，经常需要清洗的塔，如合成橡胶生产中某些塔设备，以选用板式塔为宜。

⑦ 具有多侧线进料或出料的塔器，板式塔较易实现。填料塔则在每个侧线口都必须分段，各填料层之间，都应设置液体收集和再分布装置。

单元二 板式塔

一、总体结构与基本类型

板式塔的总体结构如图 5-1 所示，板式塔的内部装有一定数量相隔一定间距的开孔塔盘，塔盘又称塔板，气体自塔底向上以鼓泡喷射的形式穿过塔板上的液层，而液体从塔顶进入，顺塔而下，气液相相互接触并进行传质、传热。气相与液相组成沿塔高呈阶梯式变化，是一种逐级接触的气液传质设备。

根据塔板结构特点，板式塔可分为泡罩塔、浮阀塔、筛板塔、栅板塔、舌形塔和浮动舌形塔等多种板式塔，目前常见的塔型是泡罩塔、浮阀塔和筛板塔。

1. 泡罩塔

泡罩塔是指以泡罩作为塔盘上气液接触元件的一种板式塔，如图 5-3 所示。塔盘主要由带有若干个泡罩和升气管的塔板、溢流堰、受液盘及降液管组成。液体由上层塔盘通过降液管，经泡罩横流过塔盘，由溢流堰进入降液管。气体自下而上进入泡罩的升气管中，经泡罩的齿缝分散到泡罩间的液层中去，与液体充分接触。

泡罩塔的优点是生产能力大，不易堵塞，操作弹性大；缺点是结构复杂，气相压降较大，安装维修麻烦。

2. 浮阀塔

浮阀塔是在塔盘上每个筛孔处安装一个可上下移动的阀。当没有汽相上升时，浮阀闭合于塔板上；当有汽相上升时，浮阀受汽流冲击而向上开启，开度随汽相流量增加而增加，上升的汽相穿过阀孔，在浮阀片的作用下向水平方向分散，通过液体层鼓泡而出，使汽液两相充分接触传热传质。

浮阀塔可认为是将泡罩塔的泡罩及升气管拿掉，换上浮阀而成。浮阀的类型很多，常用的有圆形浮阀、条形浮阀、方浮阀等，见图 5-4。

3. 筛板塔

筛板塔是在每层塔板上开许多小孔，形状如筛，并设有溢流管、溢流堰等结构，如图 5-5 所示。筛板塔的优点是结构简单，制造维修方便，造价低，气体压降小，板上液面落差较小,相同条件下生产能力高于浮阀塔,塔板效率接近浮阀塔;其缺点是稳定操作范围窄,小孔径筛板易堵塞,不适宜处理黏性大的、脏的和带固体颗粒的料液。

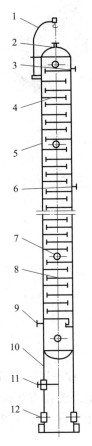

图 5-1　板式塔结构

1—吊柱;2—气体出口;3—回流液入口;
4—精馏段塔盘;5—壳体;6—进料口;
7—人孔;8—提馏段塔盘;9—气体入口;
10—裙座;11—釜液出口;12—检查孔

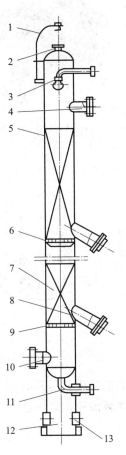

图 5-2　填料塔结构

1—吊柱;2—气体出口;3—喷淋装置;4—人孔;
5—壳体;6—液体再分配器;7—填料;
8—卸填料人孔;9—支承装置;10—气体入口;
11—液体出口;12—裙座;13—检查孔

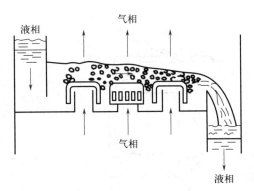

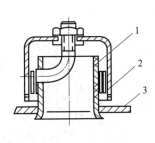

图 5-3　泡罩塔塔盘

1—升气管;2—泡罩;3—塔板

 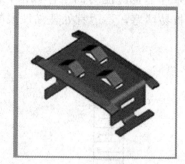

图 5-4 浮阀

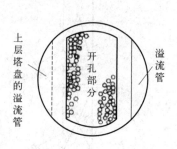 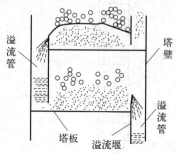

图 5-5 筛板塔

4. 舌形塔

舌形塔属于喷射形塔，与开有圆形孔的筛板不同，舌形塔板的气体通道是由舌叶与板面成一定角度朝向塔板液流出口侧的舌片孔，如图 5-6(a) 所示。舌孔有三面切口和拱形切口两种，如图 5-6(b)、(c) 所示。常用的三面切口舌片的开启度一般为 20°，如图 5-6(d) 所示。

舌形塔盘物料处理流量大，压降小，结构简单，安装方便，但操作弹性小，塔板效率低。

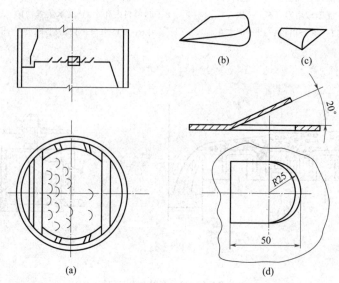

图 5-6 舌形塔

5. 穿流板塔

此塔板结构简单，塔盘上无降液管，如图 5-7 所示。板上无液面落差，气体分布均匀，塔板面积利用充分，但需要较高的气流速度才能维持上液层，操作弹性较差且效率较低，目前已较少使用。

二、塔盘结构

塔盘是板式塔完成传质、传热过程的主要部件，可分为溢流式和穿流式两类。穿流式塔盘上无降液管，气液两相同时通过塔盘上的孔道逆流。溢流式设有降液管，塔盘上的液层高度可通过改变溢流堰的高度调节，操作弹性较大，能保证一定的效率。这里介绍溢流式塔盘的结构。溢流式塔盘一般由塔板、降液管、受液盘、溢流堰、支撑圈和支撑梁等组成。

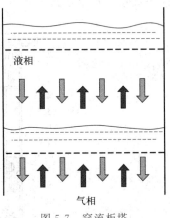

图 5-7 穿流板塔

1. 塔盘

根据塔径大小和塔盘结构特点，溢流式塔盘可分为整块式和分块式两种。塔径在 800mm 以下时，采用整块式塔盘。塔径在 900mm 以上时，采用分块式塔盘。而塔径在 800～900mm 之间时，可视具体情况而定。

（1）整块式塔盘　整块式塔盘的塔体由若干个塔节组成，每个塔节中安装若干层塔盘，塔节之间用法兰连接。整块式塔盘由整块式塔板、塔盘圈和带溢流堰的降液管等组成。根据塔盘的组装方式不同，整块式塔盘可分为定距管式和重叠式两种。

① 定距管式塔盘　定距管式塔盘结构如图 5-8 所示，塔盘通过拉杆和定距管固定在塔节内的支座上，定距管支撑着塔盘并使塔盘保持规定的间距。塔盘与塔壁的间隙用填料密封，并用压圈压紧，确保密封。

塔节的长度取决于塔径，当塔径为 300～500mm 时，塔壁上只能开手孔，塔节长度为 800～100mm 为宜；当塔径为 500～800mm 时，人可进入塔内安装，塔节可以长些，一般不宜超过 2000～2500mm。在定距管支承结构中，塔节长度还受拉杆长度和塔盘数的限制，每个塔节内的塔板数不超过 5～6 块。

② 重叠式塔盘　重叠式塔盘是在每一塔节的下部焊有一组支座，底层塔盘安置在塔内壁的支座上，然后依次装入上一层塔盘，塔盘间距由焊在塔盘下的支柱保证，并用调节螺钉来调整塔盘的水平度。塔盘与塔壁之间的缝隙，以软质填料密封后通过压板及压圈压紧，如图 5-9 所示。

③ 整块式塔盘的结构　整块式塔盘有角焊与翻边两种结构，角焊结构如图 5-10(a)、(b) 所示，此结构是将塔盘圈角焊在塔盘板上，这种塔盘制造方便，但是，由于焊接变形可引起塔板不平，所以应采取必要的措施，减小焊接变形。翻边结构如图 5-10(c)、(d) 所示，此结构是由塔板直接翻边构成塔圈，可避免焊接变形。塔盘圈的高度 h_1 一般取 70mm，但不得低于溢流堰的高度。填料支承圈用 $\phi 8 \sim \phi 12$ 的圆钢弯成，其焊接位置 h_2 随填料圈数而定，一般为 30～40mm。

④ 整块式塔盘的密封　当整块式塔盘装入塔节后，塔盘圈与塔节内壁之间存在间隙，需要填料密封。常见的密封结构见图 5-11，由密封填料、压圈、压板、螺柱及螺母组成。螺柱焊在塔盘圈上，焊接高度 25～30mm。密封填料一般采用 $\phi 10 \sim \phi 12$mm 的石棉绳，放

置 2~3 层。每个塔盘上所需的螺柱数量与压板相同。螺柱布置应尽量均匀，且避开降液管。

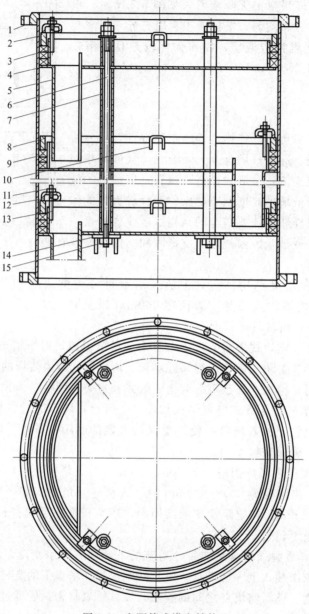

图 5-8 定距管式塔盘结构

1—法兰；2—塔体；3—塔盘圈；4—塔盘板；5—降液管；6—拉杆；7—定距管；
8—压圈；9—石棉绳；10—吊环；11,15—螺母；12—压板；13—螺柱；14—支座

(2) 分块式塔盘　为增强塔盘的刚度，方便制造、安装、检修，对直径大于 800~900mm 的板式塔，将塔盘分为若干块塔板，再由塔板拼成一整块塔盘，这种塔盘称为分块式塔盘。塔体焊制成设有人孔的整体圆筒，不分塔节。安装时将各块塔板从人孔送入塔内，装在焊于塔体内壁的塔盘支承件上。

根据塔径大小，分块式塔盘可分为单溢流塔盘和双溢流塔盘。当塔径为 2000~2400mm 时，采用单溢流塔盘，如图 5-12 所示；塔径大于 2400mm 时，采用双溢流塔盘，如图 5-13 所示。

模块五 塔设备 183

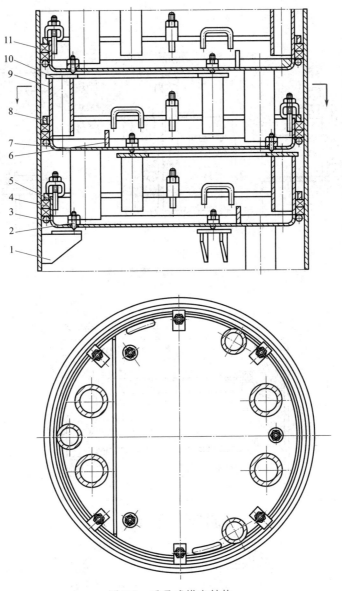

图 5-9 重叠式塔盘结构
1—支座；2—调节螺栓；3—圆钢圈；4—密封；5—塔盘圈；
6—溢流堰；7—塔盘板；8—压圈；9—支柱；10—支撑板；11—压紧装置

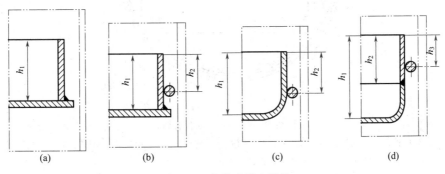

图 5-10 整块式塔盘结构

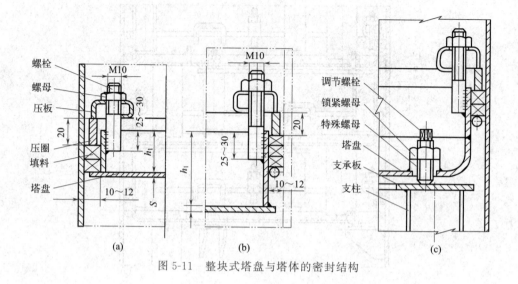

图 5-11 整块式塔盘与塔体的密封结构

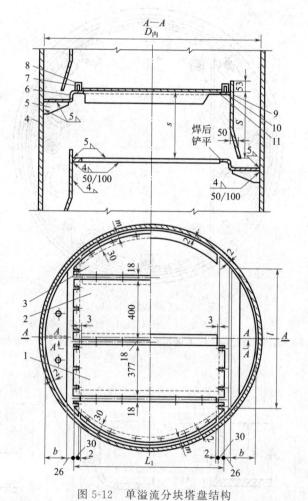

图 5-12 单溢流分块塔盘结构

1—矩形板；2—通道板；3—弓形板；4—塔体；5—筋板；6—受液盘；7—楔子；8—龙门铁；
9—降液板；10—支承板；11—支承圈

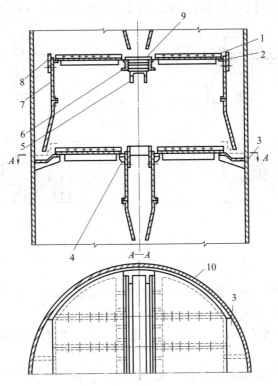

图 5-13 双溢流分块塔盘结构

1—塔盘板；2—支撑板；3—筋板；4—压板；5—支座；6—主梁；7—两侧降液板；
8—可调溢流堰板；9—中心降液板；10—支承圈

① 塔板结构 分块式塔盘数量与塔径有关，见表 5-1。

表 5-1 塔板块数与塔体直径的关系

塔径/mm	800～1200	1400～1600	1800～2000	2200～2400
塔板块数	3	4	6	6

根据装配位置和所起作用不同，分块式塔盘又分为弓形板、矩形板和通道板。靠近塔壁的两块板，做成弓形，称为弓形板。两弓形板之间的塔板做成矩形，称为矩形板。为便于安装和维修，矩形板中的一块作为通道板，各层的通道板最好开在同一垂直位置上，以利采光和拆卸。

② 塔板的连接 分块式塔盘各塔板的连接一类是螺栓连接，另一类是采用楔形紧固件的结构。

a. 螺栓连接 根据人孔位置及检修要求，可分为上可拆连接和上、下均可拆连接结构。上可拆连接结构如图 5-14 所示。

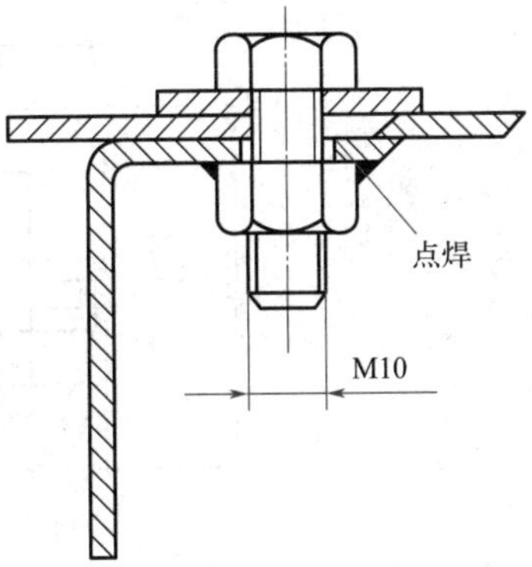

通道板与矩形板（塔盘板）可采用上、下均可拆式连接结构。螺栓头制成带圆角的矩形，通道板上开有带圆角的矩形孔，其尺寸略大于螺栓头的尺寸，当螺栓头的位置与通道板的位置一致时，就可安装或拆卸通道板，如图 5-15(a) 所

图 5-14 上可拆连接结构

示,当拧紧螺母把螺栓旋转 90°夹角时,通道板就处于图 5-15(b) 所示的装配位置。

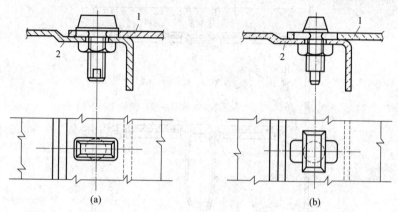

图 5-15　上、下均可拆连接结构
1—通道板；2—矩形板

螺栓连接的方式应用普遍,但紧固件加工量大,装拆麻烦。螺栓生锈会引起拆卸困难,故螺栓一般需用抗锈蚀材料制造。

b. 楔形紧固件　由楔子-龙门铁（楔子-卡板）构成,其特点是结构简单,装拆快,对材料无特殊要求,成本低。

矩形板与支承板之间采用龙门楔形紧固件连接,如图 5-16 所示。安装时,先将龙门铁焊在支承板上,然后使矩形板上的开槽对准龙门铁进行放置,再用手锤将楔子打入龙门铁的开孔中,就可把矩形板压紧在支承板上,把楔子大端与龙门铁点焊,可以防松动。拆卸时,只需用手锤轻敲楔子小端即可打出。

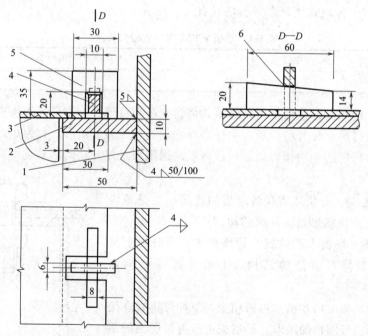

图 5-16　矩形板与支承板的楔形紧固件连接
1—降液板；2—支承板；3—塔板；4—楔子；5—龙门铁；6—点焊处

弓形板和支承板可采用图 5-17 所示的龙门楔形紧固件连接结构。安装时，先放好弓形板和矩形板，再在安装位置焊上卡板，然后把楔子打入卡板开口中，使楔子将弓形板压紧在支承圈上。

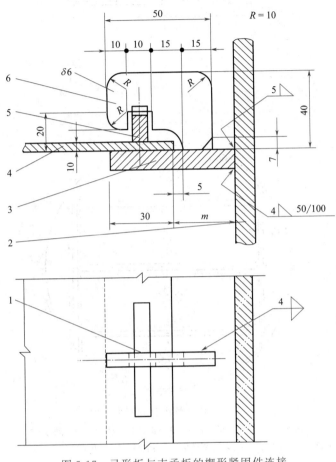

图 5-17　弓形板与支承板的楔形紧固件连接
1—点焊处；2—塔体；3—支承圈；4—弓形板；5—楔子；6—卡板

通道板与矩形板也可采用楔形紧固件连接，两块板放好后，把龙门铁焊在矩形板凹边上，打入楔子使通道板压紧在矩形板上。

③ 塔盘的支承　塔板安装时要保证规定的水平度，不能因承受液体重量而产生过大变形，因此，塔盘要有良好的支承条件。对于直径较小的塔（如 2000mm 以下），可利用焊在塔壁上的支承圈支承，如图 5-18 所示。对于直径较大的塔（如 2000mm 以上），由于塔板跨度大，须采用支承梁支承。每一塔盘的分块是在其边缘处用螺栓或楔形连接件固定在支承梁或支承圈上，如图 5-19 所示。

2. 溢流装置

板式塔内溢流装置包括降液管、受液盘和溢流堰等。当回流量较小，塔径也较小时，为了增加气液两相在塔板上的接触时间，常采用 U 形流动；当回流量较大，而塔径较小时，则采用单溢流流动；当回流量较大，塔径也较大时，为了减少塔盘上液体的停留时间，常采用双溢流流动。表 5-2 给出了在一定的塔径下，常采用的液体的流量和溢流形式。

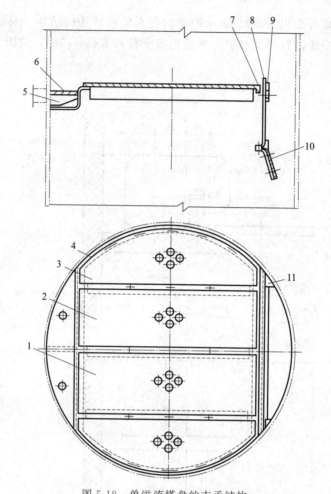

图 5-18 单溢流塔盘的支承结构

1—通道板；2—矩形板；3—弓形板；4—支承圈；5—筋板；
6—受液盘；7—支承板；8—降液板；9—可调堰板；10—可拆降液管；11—连接板

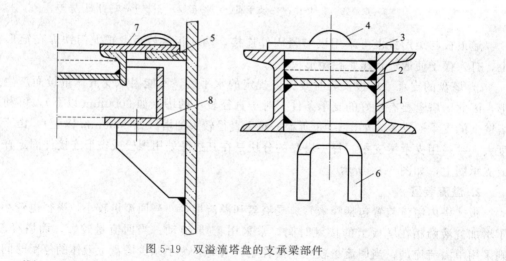

图 5-19 双溢流塔盘的支承梁部件

1—槽钢；2—槽钢连接板；3—压板；4—椭圆垫板；5—支承圈；6—支座；7—受液槽侧板；8—托板

表 5-2　液体的流量和溢流形式

塔径/m	液体流量/(m³/h)		塔径/m	液体流量/(m³/h)	
	单溢流	双溢流		单溢流	双溢流
0.6	5～25		2.4	11～110	110～180
0.8～1.0	7～50		3.0		110～200
1.2	9～70		4.0		110～230
1.6	11～80		5.0		110～250
2.0	11～110	110～160			

(1) 降液管　为了使清液进入下一层塔盘，需要设置降液管，它的作用是将进入清液内的气泡进行气液分离。常采用的降液管有圆筒形和弓形两种，为了更好地分离气泡，保证液体在降液管内的停留时间为 2～5s，由此决定降液管的尺寸。圆筒形降液管，如图 5-20(a) 所示，常用于小塔，特别是负荷小的场合；弓形降液管，如图 5-20(b) 所示，适用于大液量及大直径的塔，对于用整块式塔盘的小直径塔，也可采用固定在塔盘上的弓形降液管，如图 5-20(c) 所示。

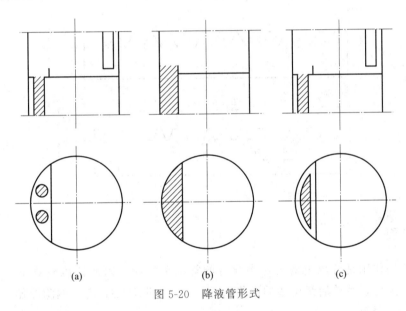

图 5-20　降液管形式

(2) 受液盘　为了保证降液管出口处的液封作用，常设置受液盘，如图 5-21 所示，受液盘有平板形和凹形两种结构形式。因为凹形受液盘不仅可以缓冲降液管流下的液体冲击，减少因冲击而造成的液体飞溅，而且当回流量很小时也具有较好的液封作用，同时能使回流液均匀地流入塔盘的鼓泡区。凹形受液盘的深度设计也不一致，一般在 50～15mm。此外在凹形受液盘上要开有 2～3 个泪孔，在检修前停止操作后，可在半小时内使凹形受液盘里的液体放净。

(3) 溢流堰　为了保证降液管的液封，使从降液管流下来的液体能在塔板上均匀分布，并减少入口处液体水平冲击，因此需要根据在塔盘上的位置设置溢流堰，溢流堰可分为进口堰和出口堰。出口堰的作用是保持塔盘上有一定高度的液层，并使液体均匀分布。最常用的出口堰是平堰，但在液体流量小或塔径较大而难以保证堰的水平度时，为了使液流均匀，可以改用齿形堰，如图 5-22 所示。

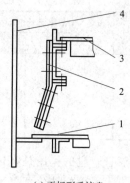 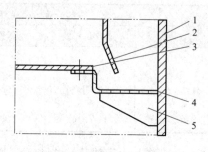

(a) 平板形受液盘　　　　　　　　　　　　　　(b) 凹形受液盘

1—受液盘；2—降液板；3—塔盘板；4—塔壁　　　1—塔壁；2—降液板；3—塔盘板；4—受液盘；5—筋板

图 5-21　受液盘结构

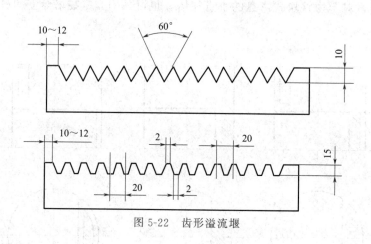

图 5-22　齿形溢流堰

三、除沫装置

除沫装置的作用是分离出塔气体中含有的雾沫和液滴，以保证传质效率，减少物料损失，确保气体纯度，改善后续设备的操作条件。常用的除沫装置有丝网除沫器、折流板除沫器、旋流板除沫器等。

1. 丝网除沫器

丝网除沫器适用于清洁的气体，不宜用于液滴中含有或易析出固体物质的场合（如碱液、碳酸氢钠溶液等），以免液体蒸发后留下固体堵塞丝网。当雾沫中含有少量悬浮物时，应注意经常冲洗。

丝网除沫器由气液过滤网垫（由若干块网块拼合而成）和支承件两部分构成。丝网除沫器的网块结构有盘形和条形两种。图 5-23 所示为用于小径塔的缩径型丝网除沫器，这种结构的丝网块直径小于设备内直径，需要另加一圆筒短节（升气管）以安放网块。图 5-24 所示为可用于大直径塔设备的全径型丝网除沫器，丝网与上、下栅板分块制作，每一块应能通过人孔在塔内安装。

丝网除沫器具有结构简单，体积小，除沫效率高，阻力小，重量轻，安装、操作、维修方便，使用寿命长的特点。

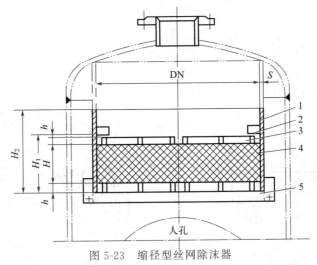

图 5-23 缩径型丝网除沫器
1—升气管；2—挡板；3—格栅；4—丝网；5—梁

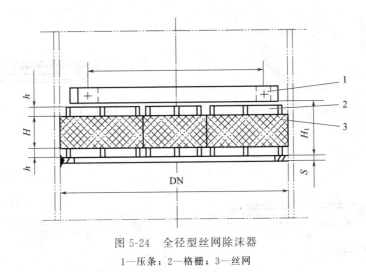

图 5-24 全径型丝网除沫器
1—压条；2—格栅；3—丝网

2. 折流板除沫器

折流板除沫器如图 5-25 所示。除沫器的折流板常用 50mm×50mm×3mm 的角钢制成。结构简单，但金属耗用量大，造价高。若增加折流次数，能有较高的分离效果。

3. 旋流板除沫器

旋流板除沫器如图 5-26 所示。夹带液滴的气体通过叶片时产生旋转和离心作用。在离心力作用下，将液滴甩至塔壁，从而实现气、液的分离。除沫效率可达 95%。

四、进出口管装置

1. 进料管

液体进料管常见的有直管和弯管，料液可直接引入加料板。板上最好有进口堰，以便加入的料液均匀地分布在塔板上，从而避免因进料泵及控制阀引起的波动影响，如图 5-27 所示。

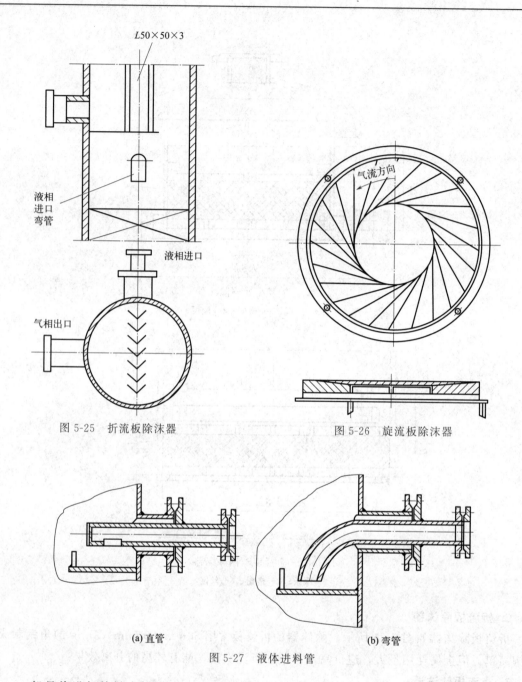

图 5-25 折流板除沫器　　　　图 5-26 旋流板除沫器

(a) 直管　　　(b) 弯管

图 5-27 液体进料管

一般是将进气管做成斜切口，可改善气体分布或采用较大管径时使气速降低，达到气体均匀分布的目的，如图 5-28(a) 所示；当塔径较大时，可采用如图 5-28(b) 所示较为复杂的结构。

若为气液混合物进料，应适当加大加料盘的间距，还可在进料口设置挡板，这样可以使气、液混合物能较好地分离，同时也可保持塔壁不受冲击，如图 5-29 所示。

2. 出料管

塔底部的液体出料管结构如图 5-30 所示。塔径小于 800mm 时，采用图 5-30(a) 所示的结构。为便于安装，先将弯管焊在塔底封头上，再将支座与封头相焊，最后焊接法兰短节。对于直径大于 800mm 的塔，一般支座上焊有引出管，以便安装和检修方便，如图 5-30(b) 所示。

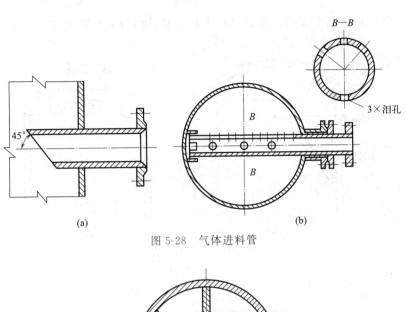

图 5-28 气体进料管

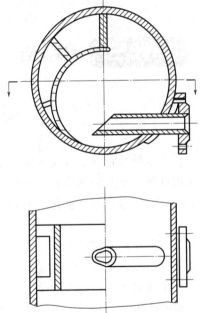

图 5-29 气液混合进料管

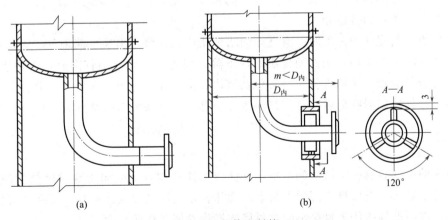

图 5-30 液体出料管

为减小压降，避免夹带液滴，有时可在出口处装设挡板或设置除沫器，如图 5-31 所示。

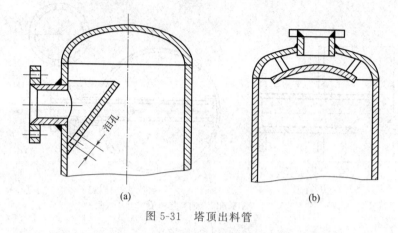

图 5-31 塔顶出料管

单元三　填料塔

填料塔结构及原理

一、总体结构

填料塔是一种以填料作为气、液接触和传质的设备，如图 5-2 所示，液体在填料表面呈膜状自上而下流动，气体呈连续相自下而上与液体作逆向流动，并进行气、液两相间的传质和传热。填料塔主要由塔体、填料、液体分布器、液体再分布器、填料支承板、填料压板和床层限制板等构成。

填料塔的塔身是一直立式圆筒，底部装有填料支承板，填料以乱堆或整砌的方式放置在支承板上。填料的上方安装填料压板，以防被上升气流吹动。液体从塔顶经液体分布器喷淋到填料上，并沿填料表面流下。气体从塔底送入，经气体分布装置（小直径塔一般不设气体分布装置）分布后，与液体呈逆流连续通过填料层的空隙，在填料表面上，气、液两相密切接触进行传质。

填料塔属于连续接触式气液传质设备，两相组成沿塔高连续变化，在正常操作状态下，气相为连续相，液相为分散相。

当液体沿填料层向下流动时，有逐渐向塔壁集中的趋势，出现壁流现象，它将造成气液两相在填料层中分布不均，从而使传质效率下降。因此，当填料层较高时，需要进行分段，中间设置再分布装置。液体再分布装置包括液体收集器和液体再分布器两部分，上层填料流下的液体经液体收集器收集后，送到液体再分布器，经重新分布后喷淋到下层填料上。

二、填料

填料塔的内部装有一定高度的填料，气体作为连续相自塔底向上穿过填料的间隙流动，而液体从塔顶进入，沿填料表面向下流动，两相在填料层表面连续地逆流接触进行传质、传热。因此，填料性能的优劣直接影响填料塔的操作性能及传质效率。

填料的分类方法也很多,根据填料的形状,分为实体填料和网体填料;根据填料的堆放形式,分为散装填料和规整填料两大类。但这些分类也不是绝对的,有的填料既可以乱堆又可以整砌。

1. 散装填料

它是将一个个具有一定几何形状和尺寸的颗粒体,以随机的方式堆积在塔内。这种填料气、液两相分布不够均匀,故塔的分离效果不够理想。

常见的散装填料的种类有拉西环、鲍尔环、θ环、十字环、弧形鞍、矩形鞍等均匀实体填料,另外还有一类网体填料,由丝网、多孔金属或金属丝制成,如图5-32所示。

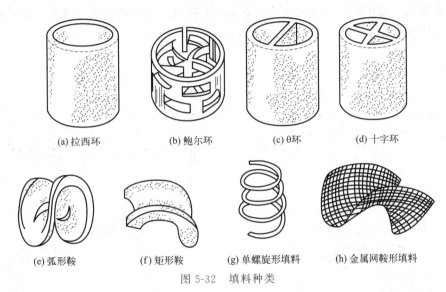

图 5-32　填料种类

2. 规整填料

由丝网、薄板、栅格等构件制成的具有一定几何图形的单元体,在塔内规则、整齐地堆砌的填料,如图5-33所示。这种填料分离效果好、压力降小,适用于在较高的气速或较小的回流比下操纵,目前使用较多的是波纹网和波纹板填料,如图5-34所示。

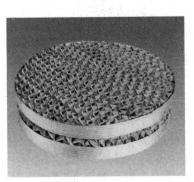

图 5-33　金属规整填料

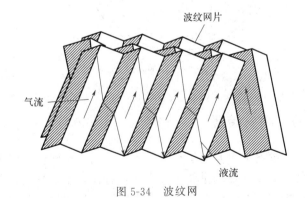

图 5-34　波纹网

三、填料支承装置

填料支撑装置装在填料塔的底部,用来支撑填料及填料上液体的重量,保证气、液两相顺利通过、均匀分布。常用的支撑结构有栅板和波形板。

1. 栅板

栅板是最常用的、结构最简单的填料支承板，如图 5-35 所示。栅板是用扁钢条和扁钢圈焊接而成。扁钢条间的距离一般为填料外径的 0.6～0.8 倍。栅板结构简单，制造方便，多用于规整填料的支撑。

2. 波形板

对于空隙率较大的填料，可采用开孔波形板支撑结构，如图 5-36 所示。波形板的侧面和底面均开有小孔，气流从侧面小孔喷出，液体从底部小孔流下，气液两相在波形板上分道逆流，流道顺畅，流体阻力较小，气液分布均匀，降低了因液体积聚而发生液泛的概率。同时，波形结构也提高了支撑的强度。

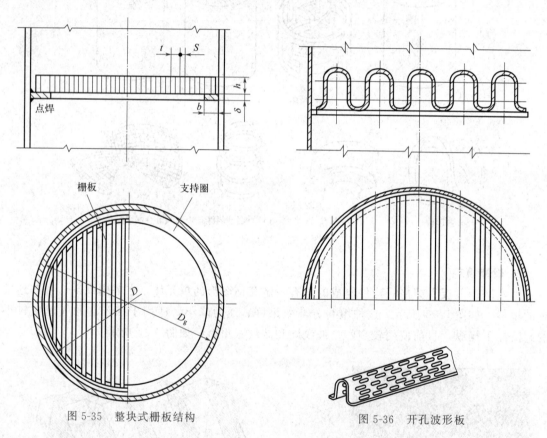

图 5-35　整块式栅板结构　　　　　　图 5-36　开孔波形板

四、喷淋装置

喷淋装置是向填料层尽可能均匀喷洒液体的装置，安装于塔顶填料层以上 150～300mm 处，是填料塔的重要内件之一，若设计不合理将会导致液体分布不均，填料润湿面积减少，增加沟流与壁流现象，直接影响塔的处理能力和分离效率。

为了使液体分布均匀，应尽量增加单位面积的分布点，还要保证每股液流量均匀，防止被上升气流夹带。目前常用的喷淋装置有喷洒型、溢流型和冲击型等。

1. 喷洒型喷淋装置

喷洒型喷淋装置分为单孔式和多孔式。单孔式是利用塔顶进料管的出口或缺口直接喷洒料液，结构如图 5-37 所示。此结构简单，但喷淋面积小且不均匀，一般适用于小直径的填料塔（如 300mm 以下的塔）。

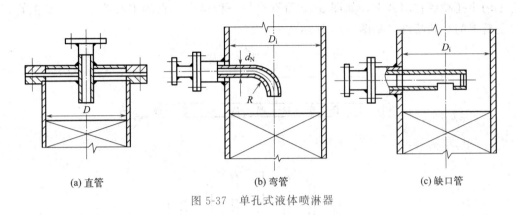

(a) 直管　　　　　　　(b) 弯管　　　　　　　(c) 缺口管

图 5-37　单孔式液体喷淋器

多孔式喷淋装置有多种形式，常用的有环管式喷淋器、排管式喷淋器、莲蓬头式喷淋器。

(1) 环管式喷淋器　环管式喷淋器分为单环管和多环管，分别如图 5-38、图 5-39 所示。环状管的下面开有小孔，小孔直径为 3~8mm，最外层环管的中心圆直径一般取塔内径的 60%~80%。环管式喷淋器的优点是结构简单，制造安装方便，较适合用于液量小而气量大的填料吸收塔，气流阻力小，缺点是喷淋面积小，不够均匀，并要求液体清洁不含固体颗粒。

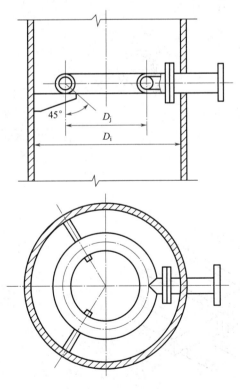

图 5-38　单环管喷淋器

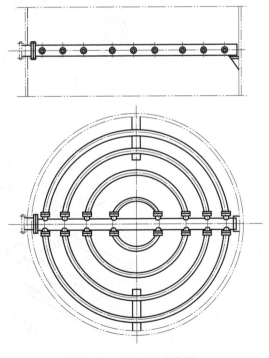

图 5-39　多环管喷淋器

（2）排管式喷淋器　排管式喷淋器由进口主管和多列排管组成，主管将进口液体分流给各列排管。液体进入喷淋器的方式有两种：一种是液体由水平主管的一侧或两侧流入，通过支管上的小孔喷洒在填料上，如图 5-40 所示；另一种是由垂直的中心管流入水平主管，再通过支管上的小孔喷淋，如图 5-41 所示。

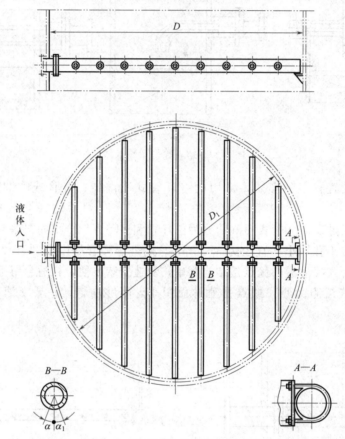

图 5-40　水平引入的排管式喷淋器

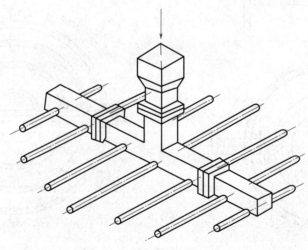

图 5-41　垂直引入的排管式喷淋器

（3）莲蓬头式喷淋器　莲蓬头式喷淋器的结构如图5-42所示，莲蓬头是开有许多小孔的球面，孔按同心圆排列，液体在一定压力作用下经小孔喷洒在填料上，喷洒半径随液体静压和喷淋器高度不同而变化。液体静压稳定时，液体分布较为均匀，但易产生雾沫夹带，小孔易堵塞，不适于处理污浊液体，适用于塔径为300～600mm的场合。

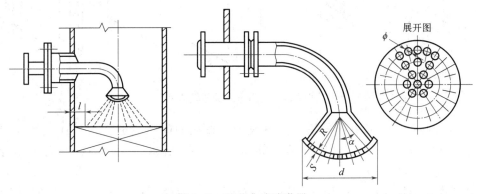

图5-42　莲蓬头式喷淋器

2. 溢流型喷淋装置

常用的溢流型喷淋装置有槽式和盘式两种。

（1）槽式喷淋器　槽式喷淋器的结构如图5-43所示。一般为二级分配结构，由主分配槽和支槽组成，操作时液体由进料管先进入主分配槽进行预分配，然后再流入支槽实现液体的均匀分布。槽内小孔的排液方式有4种，如图5-44所示。其中图5-44(a)、图5-44(b)将孔开在槽的侧壁，图5-44(a)用弯管将液体导出，而图5-44(b)用导液板将液体导出。图5-44(c)将孔开在槽底。图5-44(d)导管焊在槽中，导管上开有两排孔，适应操作弹性大的场合。槽式喷淋器的结构、制造较排管式喷淋器复杂，但由于分布孔可开在槽的侧壁，使孔以下空间能积累固体颗粒，槽上部为敞开结构，便于检修时清除固体颗粒，因此可用于含少量固体杂质和高黏度物料的液体分布，此外，槽式喷淋器液体分布均匀，处理量大，操作弹性好，适应的塔径范围广，是较为常用的一种喷淋装置。

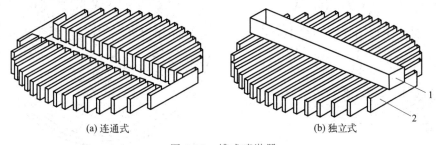

(a) 连通式　　　　　(b) 独立式

图5-43　槽式喷淋器

1——级槽；2—二级槽

（2）盘式喷淋器　盘式喷淋器结构如图5-45所示。液体经进液管加到分布板内，然后从分布板内的降液管溢流淋洒到填料上。分布板紧固在焊于塔壁的支持圈上，气体由盘和塔壁之间通过，如图5-45(a)所示。降液管一般按正三角形排列，焊接或胀接在喷淋盘的分布板上。考虑到因安装等因素造成降液管上缘不水平，导致液流不均匀，通常将管口加工成斜开口或齿口。

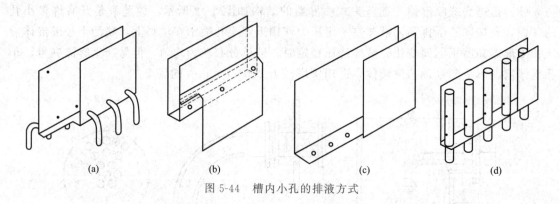

图 5-44　槽内小孔的排液方式

对于直径超过 1m 或更大的塔，喷淋盘与塔壁之间间隙不够大而气体又需通过分布板时，可采用带升气管的盘式喷淋器，如图 5-45(b) 所示，大管为升气管，小管为降液管。

盘式喷淋器结构简单，阻力小，液体分布均匀，不易堵塞，操作可靠，目前广泛用于大型填料塔。但当塔径超过 3m 时，板面液面高差较大，宜改用槽式喷淋器。

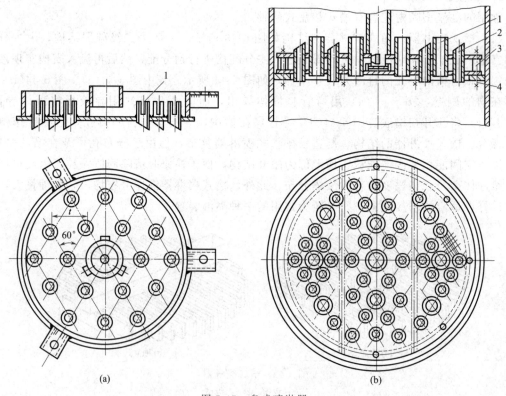

图 5-45　盘式喷淋器

1—升气管；2—降液管；3—定距管；4—螺栓螺母

3. 冲击型喷淋装置

冲击型喷淋装置常用的有反射板式喷淋器和宝塔式喷淋器。

反射板式喷淋器的结构如图 5-46 所示，主要由中心管和反射板组成。操作时，液体由中心管流下，冲击到反射板上向四周飞溅，达到均匀分布液体的作用。反射板的形状有平板、凸板和锥形板等，板上还钻有些小孔，便于液体流出喷淋到板下的填料表面。

宝塔式喷淋器的结构如图5-47所示，由半径不同的圆锥形反射板分层叠合而成，液体从各层流下，比反射板式喷淋器喷淋得更为均匀，且喷射半径大，不易堵塞，但液体流量或静压力改变时，喷淋半径也随之变化，故适用于操作条件较稳定的场合。

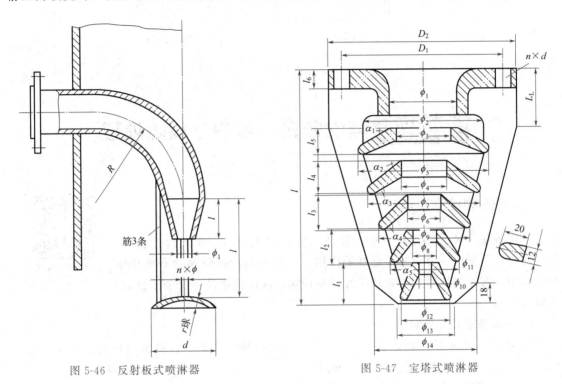

图5-46　反射板式喷淋器　　　　　图5-47　宝塔式喷淋器

五、液体再分布装置

液体流经填料塔时，由于上升气流速度不均匀，中心气速较大，靠近塔壁处气速较小，会使液体有流向塔壁造成"壁流"的倾向，这样会导致液体分布不均匀，降低填料塔的传质效率，严重时可使塔中心填料不能被润湿而成"干锥"。因此在结构上应采用液体再分配器，使液体流经一段距离后再进行分布，使整个高度的填料都能被均匀喷淋。

现使用较多的是锥形液体再分布器。图5-48(a)是结构最简单的分配锥，上端直径与塔内径相同，下端直径为塔径的0.7~0.8倍，沿壁流下的液体用分配锥导至中央。这种结构的缺点是气体的流通截面积缩小，锥体内气体因流动受干扰而分布不均，通常适用于塔径在1m以下的小塔。

图5-48(b)是一带孔分配锥，锥上开了四个管孔，增大了气流通道，减小了气流通过时因速度过大而影响操作的现象，但也使结构趋于复杂。

图5-48(c)是槽式分配锥，由焊在壳体上的环状狭槽构成，带有3~4根导管。沿塔壁流下的液体积存在环形袋槽内，通过导流管引至塔中央。其结构简单，气流通道几乎没减小，分布效果较好，可用于较大的直径的塔。

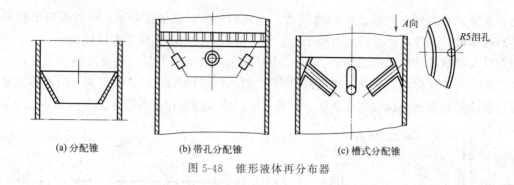

(a) 分配锥　　　　(b) 带孔分配锥　　　　(c) 槽式分配锥

图 5-48　锥形液体再分布器

单元四　塔设备日常维护与故障处理

一、塔设备的操作及维护

填料塔的实操演示

塔设备是一种需要进行长期、连续工作的化工设备，在运行过程中，受到内部介质操作压力、操作温度的作用，还受物料的化学腐蚀和电化学腐蚀作用，若出现故障，需要及时发现并排除，以保证塔设备安全、稳定、长效的工作。

1. 塔设备的日常检查

① 塔上各类仪表、温度计、液面计、压力表灵敏、准确，各种阀门包括安全阀、逆止阀启闭灵活，紧急放空，设施齐全、畅通。

② 塔体基础无不均匀下沉，机座稳固可靠，各部连接螺栓紧固齐整，符合技术要求。塔体保温、防冻设施有效。塔上梯子、平台栏杆等安全设施完整牢固。

③ 整体无异常振动、松动、晃动等现象。

④ 压力、温度、液面、流量平稳，波动在允许范围内。

⑤ 各进出口、放空口及管路无堵塞现象。塔内物件、衬里无裂纹、鼓泡和脱落现象。塔壁和物件的腐蚀、冲蚀情况应在允许范围内。

⑥ 设备表面清洁、无锈蚀，油漆无剥落。

⑦ 基础及周围环境清洁，无杂物，无积水；设备的连接管线密封良好，无跑、冒、滴、漏。

⑧ 巡回检查，包括操作条件、物料组成成分变化、防腐层、保温层、附属配件、基础、塔体等的检查。

2. 塔设备的维护

① 坚持定时定点进行巡回检查，重点检查温度、压力、流量、仪表灵敏、设备及附属管线密封、整体振动情况，发现异常情况，应立即查明原因，及时上报，并由相关单位组织处理；认真填写运行记录。

② 经常保持设备清洁，清扫周围环境，及时消除跑、冒、滴、漏。

③ 按生产工艺及介质不同对塔进行定期清洗，如采用化学清洗方法。但需做好中和、

清洗工作。

④ 每季对塔外部进行一次表面检查，检查焊缝有无裂纹、渗漏现象；各紧固件是否齐全、有无松动，安全栏杆、平台是否牢固；基础有无下沉倾斜、开裂，基础螺栓腐蚀情况；防腐层、保温层是否完好。

⑤ 操作压力、操作温度或壁温超过许用值，采取措施后仍不能得到有效控制时，需紧急停车，并立即报告上级有关部门。

⑥ 设备及连接管线、视镜等密封失效，难以保证安全运行，或严重影响人身健康和污染环境时；当两相介质，有一相堵塞或结冰，经处理无效果时，需紧急停车，并立即报告上级有关部门。

⑦ 设备发生严重振动、晃动危及安全运行，需紧急停车，并立即报告上级有关部门。

二、塔设备常见机械故障及排除方法

1. 塔设备常见缺陷及故障

塔设备常见的缺陷和故障如下：

① 塔内壁工作表面积垢，将会造成塔内部的有效容积和孔道的流通面积减小、传热效率降低、流体的流动阻力增加、流量减小。

② 塔设备法兰密封处失去密封能力。这种故障通常发生在多节塔的法兰连接处及设备进出口管路的法兰处。泄漏将造成塔设备的生产能力降低，污染环境；如果是剧毒介质或易燃易爆介质泄漏，还将会发生严重的事故。

③ 设备壳体壁厚减薄。由于设备壁受到冲刷、腐蚀等导致壁厚减薄，壁厚减薄严重时需要进行报废。

④ 设备壳体局部变形。塔设备壳体局部原有截面积发生改变，导致出现局部的凹入或凸出，这些缺陷的出现，将会使设备工作的可靠性大为降低。

⑤ 设备壳体的裂缝。壳体裂缝有不穿透裂缝和穿透裂缝之分，不穿透裂缝将会对塔设备造成隐患，穿透的裂缝将会产生泄漏，造成壳体的损坏。

当塔设备出现缺陷和故障时，必须及时进行停车修理，以免导致塔设备的损坏事故。各种缺陷和故障的产生原因不同，采取的修理方法也不同。

2. 塔设备缺陷和故障的处理方法

（1）工作表面积垢的修理方法　修理方法包括手动机械除垢法、水力机械除垢法、风动机械除垢法、喷砂除垢法、化学除垢法。

① 手动机械除垢法，是利用刷、铲等手工工具来清除设备壳体工作表面积垢，主要适用于一些化学非溶性积垢的清除。由于使用手工工具除垢，所以工人的劳动强度较大，效率较低。

② 水力机械除垢法，是应用水自喷枪的喷嘴以很高的压力和速度喷出，对积垢产生冲击力，除去积垢。利用水力机械除垢法清除积垢，工人的劳动强度小，生产效率较高，并且被清除下来的积垢，可以随水一起排出。

③ 风动机械除垢法，是利用压缩空气作动力，带动机械对积垢进行清除，适用于清除管道内的积垢。

④ 喷砂除垢法，是利用压缩空气夹带砂粒，从喷嘴高速喷出，对塔内壁的积垢进行清除。此方法的效率较低，成本较高，所以很少使用。

⑤ 化学除垢法，是利用化学溶液与积垢起化学反应，然后对生成物进行清除，以达到清除塔壁积垢的目的。化学除垢法多用于机械除垢法无法使用的场合，使用化学溶液清除积垢以后，应该再用蒸汽和水进行洗涤，这样，既可将清除掉的积垢随水一起排放，又可避免化学溶液对金属壳体的腐蚀。

(2) 塔设备法兰连接处失去密封能力的修理方法　对于已经松动的螺栓，将其拧紧即可。如果螺栓损坏，则应更换成新的螺栓；密封垫损坏或变质时，则应更换成新的密封垫；有辐射方向沟纹的法兰密封面，应对沟纹进行补焊，补焊后锉平，恢复其应有的几何形状；法兰密封面产生翘曲时，应将其打平或更换法兰。

(3) 设备壳体壁厚减薄的修理方法　在对壳体壁厚做少量检查时，常用的方法是钻孔测量法。在壳体壁厚检查工作量很大时，可以使用仪器来测定，如采用超声波无损测厚仪等。

设备壳体壁厚减薄有局部减薄和普遍减薄之分。对于壳体壁厚局部减薄的修理，可采用挖补法来进行，即将壳体减薄部分切割下来，并用焊接补板的方法进行修理。若设备壳体普遍减薄，则应进行整体更换。

(4) 设备壳体裂缝的修理方法　在修理之前，应对壳体上的裂缝进行检查，以便采取相对应的修理方法。

对设备壳体进行裂缝检查，壳体上出现的裂缝若是显而易见的，则称为可见裂缝。除此之外，一些特别细小的裂缝即用直观法观察不到的裂缝，称为不可见裂缝。不可见裂缝通常又可分为穿透的裂缝和不可穿透的裂缝两种。对于不可见裂缝，在检查时应采用适当的方法才能发现，常用的检查方法有煤油渗透法和磁力探伤法。

裂缝的修理，主要采用补焊的方法处理，但只适用于低压设备。对于高压设备出现裂缝时，一般不予修理，而采用整体更换的方法处理。

小结

塔设备可分为板式塔与填料塔，总体结构包括：内件、塔体、支座、人孔或手孔、除沫器、接管、吊柱、扶梯、操作平台等。

板式塔分为泡罩塔、浮阀塔、筛板塔等；板式塔的塔盘形式虽多种多样，但就其整体构造而言，基本上都是由塔板盘、传质元件、溢流装置、连接件等构成。

填料塔主要由塔体、填料、喷淋装置、液体分布器、液体再分布器、填料支承板、填料压板和床层限制板等构成；根据填料的堆放形式，分为散装填料和规整填料两大类。

依据塔设备的点检方案，可及时发现及处理一般故障；对塔设备的定期日常维护可以保证塔设备安全、稳定、长效地工作。

拓展阅读

亚洲最大单体石化塔器运抵广东石化建设现场

2021年3月，广东石化炼化一体化项目最大单体设备——芳烃联合装置抽余液塔由商船运输至广东石化产品码头9号泊位。抽余液塔自江苏省启东顺利发运，经过78h的海上运输，最终平安到达位于广东揭阳的石化项目现场。

广东石化 260 万吨/年芳烃联合装置是全球单套生产能力最大的芳烃装置，抽余液塔作为整个装置的核心设备，采用整体制造、整体运输、整体吊装的一体化建设思路。抽余液塔筒体最大外径 13.8m，高 116m，最大壁厚 145mm，设备净重 3940t，是全亚洲最重钢制石化塔器。

中油一建在江苏启东制造基地承造抽余液塔，制造过程中，应用了超大型塔器环缝埋弧焊、大直径厚壁筒节液压顶升、设备筒体自动开孔等新技术，大幅提高了此类超大型压力容器的制造水平。

为了确保抽余液塔能经船运顺利抵达建设现场，广东石化公司商务部安排专人赴设备制造单位进行设备催交催运工作。工程项目部多次派人员赴启东建设现场督促协调相关制造、打压、装船等事宜。工程管理部和总包单位多次勘察厂内运输路况，清除影响抽余液塔安全运输的路标、树木、管线等障碍物，并组织施工单位和吊装单位处理芳烃装置区域的道路换填、地基处理，以保证抽余液塔能够平稳入场。

为让抽余液塔运输船安全顺利靠泊，工程项目部在前期就参与审查运输单位提交的《抽余液塔运输方案》，根据风力测量数据，现场潮汐涌浪，制定运输船舶最佳靠泊时间点，并提前联系专业拖轮公司进行辅助作业，为靠泊作业创造有利条件。从抽余液塔装船起运开始，相关单位每日通过船讯平台跟踪船货运输轨迹，紧盯船货行程，并做好了卸船作业准备。对现场作业人员进行安全技术交底和 HSE 安全分析，告知岗位潜在风险，组织码头靠离泊运营单位人员学习专项应急预案和预防措施，提升作业人员处置紧急情况能力。

抽余液塔成功卸载后，通过 632 个轮胎的 158 轴线车运抵芳烃联合装置区建设现场，完成安装扶梯平台、附塔管线、照明灯具等"穿衣戴帽"工作后，使用 MYQ 型 5000 吨单门式起重机完成广东石化项目最大单体设备的吊装作业。

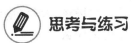

思考与练习

一、选择题

1. 塔设备的圆锥形裙座，锥体有一个板顶角 α 不宜超过（　　）。
   A. 15°　　　　B. 20°　　　　C. 35°　　　　D. 30°
2. 下列属于填料塔规整填料的是（　　）。
   A. 拉西环　　　　　　　　　B. 鲍尔环
   C. 鞍形填料　　　　　　　　D. 丝网波纹填料
3. 从塔设备选用原则考虑，对腐蚀性介质，宜采用（　　），因为填料容易实现用各种防腐材料来制作。
   A. 填料塔　　　B. 板式塔　　　C. 罩泡塔　　　D. 浮阀塔
4. 塔盘可制造成只有一块塔板，称为整块式塔盘，此类板式塔塔径的范围是（　　）。
   A. 300～900mm　　　　　　　B. 300～700mm
   C. ＞1000mm　　　　　　　　D. ＞900mm

5. 填料塔中，液体分布装置安装于（　　），使液体在塔截面上分布均匀。
A. 塔内填料段的上部　　　　　B. 塔内填料段的下部
C. 塔顶　　　　　　　　　　　D. 塔底

二、判断题

1. 手孔是指手和手提灯能伸入的设备孔口，用于不便进入或不必进入设备即能清理、检查或修理的场合。（　　）
2. 液体喷淋装置又称液体分布装置，安装于塔顶填料的下部。（　　）
3. 填料的支承装置安装在填料层的上部。（　　）
4. 填料塔内部格栅板应用：塔径小于 800mm 时，采用块式格栅板；塔径大于 800mm 时，采用整块式格栅板；适用于规整填料。（　　）
5. 在正常操作工况下，塔设备在一定的操作压力和操作温度下工作，此时塔内没有工作介质。（　　）

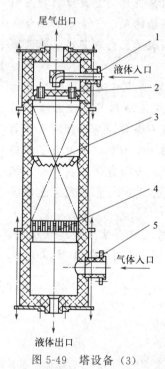

图 5-49　塔设备（3）

三、简答题

1. 简述塔设备的作用及总体结构。
2. 简述板式塔和填料塔的相同点和不同点。
3. 简述丝网除沫器的作用及其原理。
4. 简述填料塔液体分布装置的作用及其类型。
5. 简述塔设备工作表面积垢的修理方法。

四、案例分析

为了去除烟道气中的颗粒，减少环境污染，某工厂采用如图 5-49 所示塔设备，其高度为 15m，直径为 1m，试分析所选塔设备是板式塔还是填料塔？图中的零部件 1、2、3、4、5 的结构和作用是什么？

思路点拨

从图样的结构能够分析出该塔设备类型，并根据教材内容分析出零部件 1、2、3、4、5 的名称，进而分析出各部分的作用和结构。

模块六 换热器

 学习目标

知识目标

了解常见换热设备的类型和常用标准；掌握管壳式换热器的结构及特点；掌握板式换热器、废热锅炉和热管换热器的工作原理、结构特点和适用范围；掌握管壳式换热器压力试验方法、试验过程及试验要求；了解换热设备的日常使用与维护。

技能目标

能正确认识和理解换热设备，特别是管壳式换热器的结构和作用；能根据物料和工艺条件的要求合理选用换热器及其附件；能应用所学的基础理论，结合有关标准和技术规范解决工程实际问题。

素质目标

树立化工生产安全第一的观念与意识；培养从事化工行业人员良好的职业道德、科学的工作态度、严谨细致的工作作风和较强的创新意识、竞争意识、团队精神；做有理想、有担当的时代新人。

换热设备是石油、化工等过程生产中普遍应用的典型工艺设备，也是应用最广泛的单元操作设备之一。在其他领域，如动力、能源、医疗、食品等工业部门换热设备也有着广泛的应用。在炼油、化工生产中，绝大多数的工艺流程都伴有加热、传热、冷却、冷凝等过程，这些过程均涉及热量的传递。而热量的传递过程就需要通过换热设备来完成，这些使传热过程得以实现的设备称为换热设备。

随着炼油、化工等过程装置的大型化、集成化，换热设备也朝着强化传热、高效紧凑、降低热阻以及防止流体诱导振动等方向发展。本章主要介绍换热设备的应用和类型；重点学习管壳式换热器的类型、结构、特点、相关标准、制造与检验主要技术要求；简单介绍其他类型换热器及换热设备的使用与维护等。

单元一 换热器的应用与分类

一、换热器的应用

在化工生产中，一般都包含有化学反应或物理反应，为了使反应顺利进行，适宜的反应温度是重要的外部条件。因此，在工艺流程中常常需要将低温流体加热或将高温流体冷却，将液体汽化成气体或将气体冷凝成液体，这些过程都与热量传递密切相关，都可通过换热设备来实现。

近年来国内在节能、增效等方面改进换热器性能，在提高传热效率、减少传热面积，降低压降，提高装置热强度等方面的研究取得了显著成效。流程优化软件技术的发展使换热器的应用前景更为广阔。

换热器的大量使用有效提高了能源的利用率，使企业成本降低，效益提高。

二、换热器的分类及特点

在化工生产中，由于用途、工作条件和物料特性的不同，出现了各种不同形式和结构的换热设备。换热设备有不同的分类方法。

1. 按换热设备工作原理分类

（1）直接接触式换热器　冷热流体通过直接混合进行热量交换的设备称为直接接触式换热器，或混合式换热器，如冷却塔、冷却冷凝器、在传质的同时进行传热的塔设备等。它的优点是结构简单，传热效率高，但只适用于允许两流体混合的场合，见图 6-1。

（2）蓄热式换热器　如图 6-2 所示，在这类换热器中，热量传递是通过蓄热体来完成的。首先让热流体通过蓄热体，把热量积蓄在蓄热体中，然后再让冷流体通过蓄热体，把热量带走。由于冷热两种流体交变转换输入，因此不可避免地存在着一小部分流体相互掺和的现象，造成流体的"污染"。因此，不能用于两流体不允许混合的场合。蓄热式换热器结构紧凑、价格便宜、单位体积传热面大，故较适用于气-气热交换的场合。

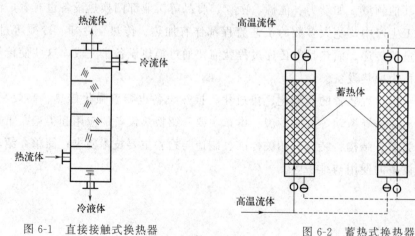

图 6-1　直接接触式换热器　　　　图 6-2　蓄热式换热器

（3）间壁式换热器　这类换热器利用间壁将冷、热流体隔开，互不接触，热量由热流体通过间壁传递给冷流体。间壁式换热器的特点是能将冷、热两种流体截然分开，适应了生产的要求，故应用最为广泛。常见的间壁式换热器有管式换热器和板面式换热器。

管式换热器具有结构坚固、操作弹性大和使用材料范围广等优点，尤其在高温、高压和大型换热设备中占有相当优势。但这类换热设备在换热效率、设备结构的紧凑性和金属消耗量等方面均不如其他新型的换热设备。主要有蛇管式、套管式、管壳式、螺旋管式等。

板面式换热器是通过板面进行传热的。按照传热板面的结构形式可分为螺旋板式、板式、板翅式、板壳式和伞板式等。

（4）中间载热体式换热器　把两个间壁式换热器由在其中循环的载热体连接起来的换热器。载热体在高温流体和低温流体之间循环，如热管式换热器等。

2. 按换热器的用途分类

（1）预热器　用于流体的预热，以提高整套工艺装置的效率。

（2）加热器　用于把流体加热到所需温度，被加热流体在加热过程中不发生相变。

（3）过热器　用于加热饱和蒸汽，使其达到过热状态。

（4）蒸发器　用于加热液体，使之蒸发汽化。

（5）再沸器　为蒸馏过程的专用设备，用于加热已被冷凝的液体，使之再受热汽化。

（6）冷却器　用于冷却流体，使之达到所需要的温度。

（7）冷凝器　用于冷却凝结性饱和蒸汽，使之放出潜热而凝结液化。

3. 按换热器传热面形状和结构分类

（1）管式换热器　管式换热器通过管子壁面进行传热，按换热管的结构形式可分为管壳式换热器、套管式换热器、蛇管式换热器等几种。

（2）板面式换热器　板面式换热器通过板面进行传热，按传热板的结构形式可分为平板式换热器、螺旋板式换热器、板翅式换热器、板壳式换热器等。

（3）特殊形式换热器　此类换热器是指根据工艺特殊要求而设计的具有特殊结构的换热器。如回转式换热器、热管换热器、回流式换热器等。

在实际生产中，要根据具体情况选择合适的换热器。各类换热器的特点及应用见表6-1。

表6-1　各类换热器的特点及应用

传热设备的分类					特点及应用
间壁式	管式	管壳式	固定管板式	刚性结构	用于管壳温差较小的情况（一般≤50℃），管间不能清洗
				带膨胀节	有一定的温差补偿能力，壳程只能承受较低压力
			浮头式		管内外均能承受高压，可用于高温高压场合
			U形管式		管内外均能承受高压，管内清洗及检修困难
			填料函	单管内填料函	管间容易泄漏，不宜处理易挥发、易爆、易燃及压力较高的介质
				管束内填料函	密封性能差，只能用于压差较小的场合
			釜式		壳体上部有个蒸发空间用于再沸、蒸煮
			双套管式		结构比较复杂，主要用于高温高压场合或固定床反应器中
			套管式		能逆流操作，用于传热面较小的冷却器、冷凝器或反应器
		蛇管式	沉浸式		主要用于管内流体的冷却、冷凝，或者管外流体的加热
			喷淋式		只用于管内流体的冷却或冷凝

续表

传热设备的分类	间壁式	板面式	板式	拆洗方便,传热面能调整,主要用于黏性较大的液体间换热
			螺旋板式	可进行严格的逆流操作,有自洁作用,可用于回收低温热能
			板翅式	结构十分紧凑,传热效果很好,流体阻力大,主要用于制氧
			伞板式	伞形传热板结构紧凑,拆洗方便,通道较小易堵,要求流体干净
			板壳式	板束类似于管束,可抽出清洗检修,压力不能太高
	直接接触式			适用于允许换热流体之间直接接触
	蓄热式			换热过程分两段交替进行,适用于从高温炉气中回收热量的场合

三、换热器的选用

换热器的选用,就是根据换热设备的结构特点、使用条件、运行与维护费用等综合因素来选择一种相对合理的换热器形式。在选型前,必须熟悉各种换热器的结构特点、工作特性,根据具体条件做出方案,比较各方案做出最优的选择。

选型时首要考虑的因素有材料、介质、压力、温度、温差、压降、结垢情况、检修清理方法等;安全因素是换热器选型时要考虑的最主要因素,包括强度、刚度足够,结构可靠,满足密封要求,材料与介质相容(例如温差应力的考虑、密封性的考虑等);要满足工艺要求,如要有足够的传热面积、介质有良好的有利于传热的流动状态;经济上要较为合理;制造简单、运行性能良好、运行费用低等。

换热设备的选型在很大程度上取决于生产实践的经验,各种换热器的性能比较见表 6-2。

表 6-2 各种换热器的性能

换热器类型	允许最大操作压力 MPa	允许最大操作温度 ℃	单位体积传热面积 m^2/m^3	传热系数 $W/(m^2·K)$	结构是否可靠	传热面是否便于调整	是否具有热补偿能力	清洗是否方便	检修是否方便	是否能用脆性材料制作
固定管板式	84	1000~1500	40~164	849~1689	○	×	×	△	×	×
U形管式	100	1000~1500	30~130	849~1689	○	×	○	△	×	△
浮头式	84	1000~1500	35~150	849~1689	△	×	○	○	○	△
板式	2.8	360	250~1500	6978	△	○	○	○	○	×
螺旋板式	4	1000	100	698~2908	○	×	○	×	×	△
板翅式	5	−269~500	250~4370	35~349(气,气)	△	×	×	×	×	×
套管式	100	800	20		○	○	△	○	○	○
沉浸盘管	100		15		○	×	○	○	○	○
喷淋式	10		16		△	○	○	○	○	○

注:○—好;△—尚可;×—不好。

单元二　管壳式换热器

管壳式换热器虽然在传热效率、结构紧凑性、金属消耗量等方面不及板面式换热器等其他新型换热装置，但是具有结构坚固、操作弹性大、处理量大、材料范围广、适应性强等优点，因此能够在各种换热器竞相发展的今天得以继续存在，目前仍然是化工生产中主要形式的换热设备，特别是在高温、高压和大型换热器中占有绝对优势。

一、管壳式换热器主要结构类型及特点

管壳式换热器由管束、管板、壳体、各种接管等主要部件组成。根据其结构特点，主要有固定管板式、浮头式、U形管式、填料函式和釜式等形式。

1. 固定管板式换热器

固定管板式换热器的结构如图 6-3 所示。其结构特点是：两块管板分别焊于壳体的两端，管束两端固定在管板上。

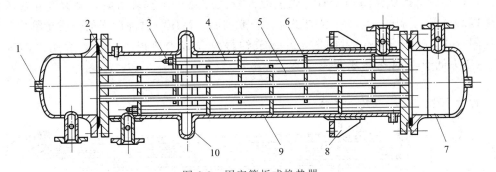

图 6-3　固定管板式换热器
1—排液孔；2—固定管板；3—拉杆；4—定距管；5—换热管；
6—折流板；7—浮头管箱；8—悬挂式支座；9—壳体；10—膨胀节

固定管板式换热器的优点是结构简单、紧凑。在相同的壳体直径内，排管数最多，旁路最少；每根换热管都可以进行更换，且管内清洗方便。其缺点是壳程不能进行机械清洗；当换热管与壳体的温差较大（大于 50℃）时产生温差应力，需在壳体上设置膨胀节，因而壳程压力受膨胀节强度的限制不能太高。固定管板式换热器适用于壳程流体清洁且不易结垢，两流体温差不大或温差较大但壳程压力不高的场合。

2. 浮头式换热器

浮头式换热器的结构如图 6-4 所示。其结构特点是后端管板不与壳体固定连接，可在壳体内沿轴向自由伸缩，称为浮头。浮头式换热器的优点是当换热管与壳体有温差存在、壳体或换热管膨胀时，互不约束，不会产生温差应力；管束可从壳体内抽出，便于管内和管间的清洗。其缺点是结构较复杂，用材量大，造价高；浮头盖与浮动管板之间若密封不严会发生内漏，造成两种介质的混合。浮头式换热器适用于壳体和管束壁温差较大或壳程介质易结垢

的场合。可在高温、高压下工作，一般适用于温度低于450℃、压力低于6.4MPa的场合。

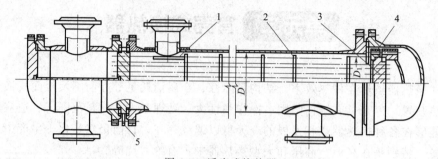

图6-4 浮头式换热器
1—防冲板；2—折流板；3—浮头管板；4—钩圈；5—支耳

3. U形管式换热器

U形管式换热器的结构如图6-5所示。其结构特点是只有一个管板，换热管为U形，管子两端固定在同一管板上。管束可以自由伸缩，当壳体与U形换热管有温差时，不会产生温差应力。U形管式换热器的优点是结构简单，密封面少、运行可靠、造价低；管束可以抽出，管间清洗方便。其缺点是管内清洗比较困难；由于管子需要有一定的弯曲半径，故管板的利用率较低；管束最内层管间距大，壳程易短路；内层管子坏了不能更换，因而报废率较高。U形管式换热器适用于管、壳壁温差较大或壳程介质易结垢，而管程介质清洁不易结垢以及高温、高压、腐蚀性强的场合。一般高温、高压、腐蚀性强的介质走管内，可使高压空间减小，也易解决密封问题，并可节约材料和减少热损失。一般适用于温度低于500℃，压力低于10MPa的场合。

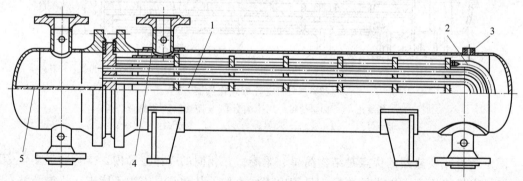

图6-5 U形管式换热器
1—中间挡板；2—U形换热管；3—排气口；4—防冲板；5—分隔挡板

4. 填料函式换热器

填料函式换热器的结构如图6-6所示。其结构特点是前端管板与壳体固定连接，后端采用填料函密封。管束可以自由伸缩，不会产生因壳壁与管壁温差而引起的温差应力。填料函式换热器的优点是结构较浮头式换热器简单，制造方便，耗材少，造价低；管束可从壳体内抽出，管内、管间均能进行清洗，维修方便。其缺点是填料函耐压不高，一般小于4.0MPa；壳程介质可能通过填料函外漏，对易燃、易爆、有毒和贵重的介质不适用。填料函式换热器适用于管、壳壁温差较大或介质易结垢，需经常清理且压力不高的场合。

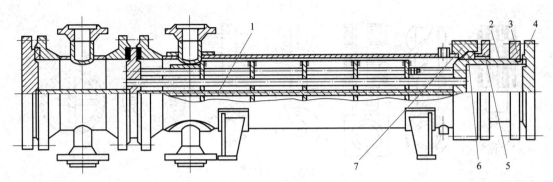

图 6-6 填料函式换热器

1—纵向隔板；2—浮头管板；3—活套法兰；4—部分剪切环；
5—填料压盖；6—填料；7—填料函

5. 釜式换热器

釜式换热器的结构如图 6-7 所示。其结构特点是在壳体上部设置适当的蒸发空间，同时兼有蒸气室的作用。管束可以为固定管板式、浮头式或 U 形管式。釜式换热器清洗维修方便，可处理不清洁、易结垢的介质，并能承受高温、高压。它适用于液-汽式换热，可作为最简单结构的废热锅炉。

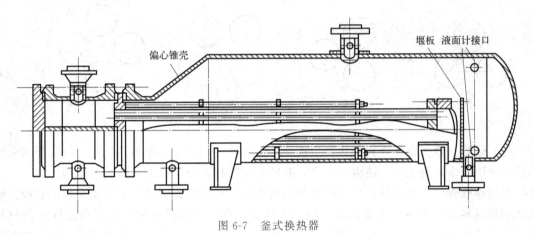

图 6-7 釜式换热器

二、管壳式换热器主要零部件

流体流经换热管内的通道及与其相贯通部分称为管程，流体流经换热管外的通道及与其相贯通部分称为壳程。

1. 管程结构

（1）换热管

① 换热管结构　换热管的构造一般采用光管，但其强化传热的性能不好，所以为了强化传热，出现了螺纹管、翅片管、螺旋槽管等多种结构形式的异形管，如图 6-8 所示。

② 换热管尺寸　一般用外径与壁厚来表示，常用的有 $\phi 19mm \times 2mm$、$\phi 25mm \times 2.5mm$、$\phi 38mm \times 2.5mm$ 的无缝钢管以及 $\phi 25mm \times 2mm$、$\phi 38mm \times 2.5mm$ 的不锈钢管。标准管长有 1.5m、2.0m、3.0m、4.5m、6.0m 等。采用小管径，可增大单位体积的传热

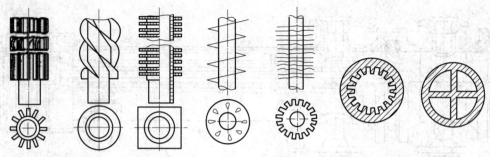

图 6-8 换热管

面积,使传热系数提高,结构紧凑,金属消耗少。但流体阻力增加、不便清洗、容易堵塞。一般情况下,小管径用于较清洁的流体,而大管径适合用于流体黏度大或污浊易结垢的场合。

③ 换热管的排列方式 换热管在管板上主要以正三角形、转角正三角形、正方形及转角正方形等四种形式排列,如图 6-9 所示。其中正三角形可以在同样的管板面积上排列最多的管数,故用得最为普遍,但管外不易清洗。而正方形排列最便于管外清洗,多用在壳程流体不洁净的情况下。换热管之间的中心距一般不小于管外径的 1.25 倍。

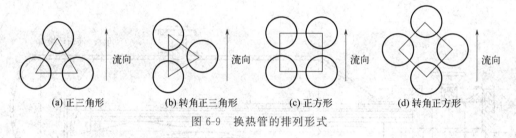

图 6-9 换热管的排列形式

(2) 管板 管板是管壳式换热器最重要的零部件之一,用来排布换热管,将管程和壳程的流体分隔开来,避免冷、热流体混合,并同时受管程、壳程压力和温度的作用。

根据换热器的类型不同,所用管板的结构也各不相同,其中最常用的是平板形管板。管板常用的材料有低碳钢、普通低合金钢、不锈钢、合金钢和复合钢板等。在选择管板材料时,除力学性能外,还应考虑管程和壳程流体的腐蚀性,以及管板和换热管之间的电位差对腐蚀的影响。当流体无腐蚀性或有轻微腐蚀性时,管板一般采用压力容器用碳素钢或低合金钢板或锻件制造。

(3) 管子在管板上的连接 换热管与管板连接是管壳式换热器设计、制造最关键的技术之一,是换热器事故率最多的部位,所以换热管与管板连接质量的好坏,直接影响换热器的使用寿命。造成连接失效的主要原因有:接头因高温应力而失效;接头在高温高压下因腐蚀而破坏;管束在流体冲击下产生振动,使接头疲劳破坏;制造工艺不合理,接头中焊接残余应力过大,在操作中引起应力腐蚀和疲劳破坏;操作不当,温度波动,引起疲劳破坏等。

管子在管板上的连接方式有强度胀接、强度焊接、胀焊结合三种方式。

① 强度胀接 强度胀接是指保证换热管与管板连接密封性能和抗拉脱强度的胀接。采用的方法有机械胀管法和液压胀管法。具体过程是,将换热管穿入管板板孔内,再将胀管器插入管内,一般按顺时针方向旋转胀管器,利用胀管器的滚柱将管子扩大,使管端产生塑性

变形，管板孔的变形仍保持在弹性范围内，当取出胀管器后管板恢复弹性收缩，使管子与管板间产生一定的挤压力而紧密地贴合在一起，从而达到管子与管板连接的目的，如图 6-10 所示。

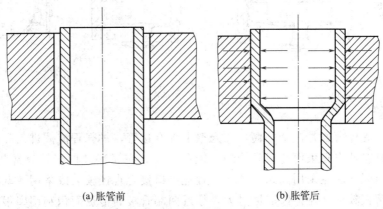

(a) 胀管前　　　　　　　　(b) 胀管后

图 6-10　胀管前、后

这种连接结构随着温度的升高，管子或管板材料会产生高温蠕变，使接头处应力松弛或逐渐消失而使连接处引起泄漏，造成连接失效。故对胀接结构的使用温度和压力都有一定的限制。使用温度不超过 300℃，压力不得超过 4MPa。

② 强度焊接　强度焊接是指保证换热管与管板连接密封性和抗拉脱强度的焊接。其特点是适应范围广，连接结构可靠，管板的加工要求低，生产过程简单，生产效率高。管子与管板选材要求简化，管端也不需退火，在压力不高的情况下，可使用较薄的管板。

由于是金属焊接，在冷却收缩时焊接处容易产生裂纹，容易在接头处产生应力腐蚀。尤其是在高温高压下，连接处反复受到热冲击并在介质腐蚀和介质压力联合作用下，连接容易失效。故不适用于有较大振动和容易产生间隙腐蚀的场合。

③ 胀焊结合　采用强度胀接虽然管子与管板孔贴合较好，但在压力与温度有变化时，抗疲劳性能差，连接处易产生松动；而采用强度焊接时，虽然强度和密封性能好，但管子与管板孔壁处有环形缝隙，易产生间隙腐蚀。故工程上常采用胀焊结合的方法来改善连接处的状况。

按目的不同，胀焊结合有强度胀加密封焊、强度焊加贴胀、强度焊加强度胀等几种方式。按顺序不同，又有先胀后焊与先焊后胀之分。但一般采用先焊后胀，以免先胀时残留的润滑油影响后焊的焊接质量。

(4) 管箱　壳体直径较大的换热器大多采用管箱结构。管箱是位于换热器两端的重要部件。它的作用是接纳由进口管来的流体，并分配到各换热管内，或是汇集由换热管流出的流体，将其送入排出管输出。常用的管箱结构如图 6-11 所示。

管箱的结构与换热器是否需要清洗和是否需要分程等因素有关。图 6-11(a) 所示管箱，是双程带流体进出口管的结构。在检查及清洗管内时，需拆下连接管道，故只适应管内走清洁流体的情况。图 6-11(b) 为在管箱上装箱盖，检查与清洗管内时，只需拆下箱盖即可，但材料消耗较多。图 6-11(c) 是将管箱与管板焊成一体，在管板密封处不会产生泄漏，但管箱不能单独拆卸，检查与清洗不便，已较少采用。图 6-11(d) 为一种多程隔板的安置形式。

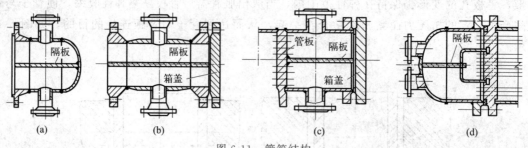

图 6-11 管箱结构

2. 壳程结构

（1）壳体　壳体一般是一个圆筒，在壳壁上焊有接管，供壳程流体进入和排出之用。为防止进口流体直接冲击管束而造成管子的侵蚀和振动，在壳程进口接管处常装有防冲挡板，或称缓冲板。当壳体法兰采用高颈法兰或壳程进出口接管直径较大或采用活动管板时，壳程进出口接管距管板较远，流体停滞区过大，靠近两端管板的传热面积利用率很低。为克服这一缺点，可采用导流筒结构。导流筒除可减小流体停滞区，改善两端流体的分布，增加换热管的有效换热长度，提高传热效率外，还起防冲挡板的作用，保护管束免受冲击。

（2）折流板　在换热器中设置折流板是为了提高壳程流体的流速，增加流体流动的湍动程度，控制壳程流体的流动方向与管束垂直，以增大传热系数。在卧式换热器中，折流板还起着支撑管束的作用。常用的折流板有弓形与圆盘-圆环形两种。

弓形折流板有单弓形、双弓形和三弓形三种形式，多弓形适应壳体直径较大的换热器，其安装位置可以是水平、垂直或旋转一定角度，如图 6-12 所示。

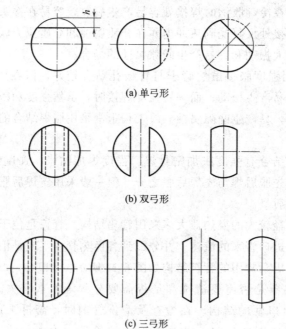

(a) 单弓形

(b) 双弓形

(c) 三弓形

图 6-12 弓形折流板结构形式

弓形折流板的缺口高度应使流体通过缺口时与横向流过管束时的流速大致相等，一般情况下，取缺口高度为 0.25 倍壳体内径。折流板一般在壳体轴线方向按等距离布置。最小间距不小于 0.2 倍壳体内径，且不小于 50mm；最大间距应不大于壳体内径。管束两端的折流板应尽量靠近壳体的进、出口接管。折流板上管孔与换热管之间的间隙及折流板与壳体内壁的间隙要符合要求。间隙过大，会因短路现象严重而影响传热效果，且易引起振动，间隙过小会使安装、拆卸困难。圆盘-圆环形折流板由于结构比较复杂，不便于清洗，一般用于压力较高和物料清洁的场合，其结构如图 6-13 所示。

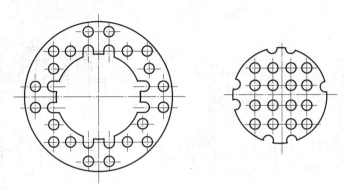

图 6-13 圆盘-圆环形折流板

（3）挡板　当选用浮头式、U 形管式或填料函式换热器时，在管束与壳体内壁之间有较大环形空隙，形成短路现象而影响传热效果。对此，可增设旁路挡板，以迫使壳程流体垂直通过管束进行换热。旁路挡板数量可取 2～4 对，一般为 2 对。挡板可用钢板或扁钢制作，材质一般与折流板相同。挡板常采用嵌入折流板的方式安装。先在折流板上铣出凹槽，将条状旁路挡板嵌入折流板，并点焊固定。旁路挡板结构如图 6-14 所示。

在 U 形管换热器中，U 形管束中心部分有较大的间隙，流体在此处走短路而影响传热效率。对此，可采取在 U 形管束中间通道处设置中间挡板的办法解决。中间挡板数一般不超过 4 块。中间挡板可与折流板点焊固定，如图 6-15 所示。

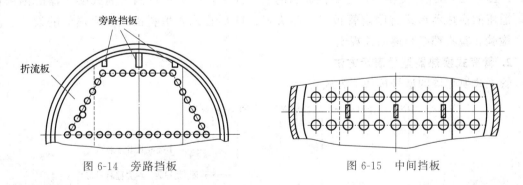

图 6-14 旁路挡板　　　　图 6-15 中间挡板

（4）温差补偿装置　在固定管板式换热器中，管束与壳体是刚性连接的。当冷、热两种流体的温差较大时，将在壳体与管束间产生不均匀应力。这个应力是由于管壁与壳壁的温度差引起的，称为温差应力或热应力。管壁温度与壳壁温度的差值越大时，所引起的温差应力也越大。情况严重时可引起管子弯曲变形，甚至造成管子从管板上拉脱或顶出，导致生产无法进行。

考虑上述情况，在冷热流体温差较大时，管束与管板的连接处强度可能不足，则应采取温差补偿措施。

工程上应用最多的温差补偿装置是膨胀节。膨胀节是装在固定管板式换热器壳体上的挠性构件,由于它轴向柔度大,当管束与壳体壁温不同而产生温差应力时,通过协调变形而减少温差应力。膨胀节壁厚越薄,弹性越好,补偿能力越大,但膨胀节的厚度要满足强度要求。工厂中使用最多的是U形膨胀节,它结构简单,补偿性能好,价格便宜,已有标准件可供选用,其结构如图6-16所示。若需要较大补偿量时,则可采用图6-17所示的多波U形膨胀节。

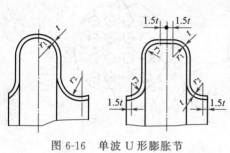

图 6-16 单波 U 形膨胀节　　图 6-17 多波 U 形膨胀节

三、管壳式换热器标准简介及型号表示方法

1. 管壳式换热器标准简介

为了适应生产发展的需要,我国对使用较多的换热器实行了标准化。可选用的标准有 NB/T 47045—2015《钎焊板式热交换器》、NB/T 47048—2015《螺旋板式热交换器》、HG/T 3187—2012《矩形块孔式石墨换热器》、GB/T 29466—2023《板式热交换器机组》、GB/T 151—2014《热交换器》和 GB/T 28712—2012《热交换器型式与基本参数》等。其中 GB/T 151—2014《热交换器》是我国颁布的第一部非直接受火钢制管壳式换热器的国家标准,适用的换热器形式有固定管板式、浮头式、U形管式和填料函式。换热器的设计、制造、检验和验收都必须遵循该规定。

2. 管壳式换热器型号表示方法

管壳式换热器的型号按如下方式表示:

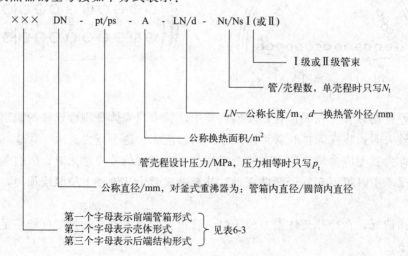

管壳式换热器的管束分为Ⅰ级和Ⅱ级。Ⅰ级的管束采用较高级冷拔换热管,适用于无相变传热和易产生振动的场合;Ⅱ级的管束采用普通级冷拔换热管,适用于重沸、冷凝传热和无振动的一般场合。

在管壳式换热器中,增加换热管数量可增加换热器面积,但当流量一定时,介质在管束中的流速随着换热管的增加而下降,结果反而使流体的对流系数降低,故增加换热管不一定达到所需的换热要求。故可将管束分成若干程数,使流体依次流过各程换热管,以增加流体流速,提高对流系数。

流体介质自换热管内沿换热管长度方向往返的次数即管程数,一般为偶数,主要有1、2、4、6、8、10等。流体介质在壳程内沿壳体轴向往返的次数即壳程数,一般为单壳程,最多为双壳程。

换热器类型标记示例如下。

(1) 固定管板式换热器 封头管箱,公称直径700mm,管程设计压力为2.5MPa,壳程设计压力为1.6MPa,公称换热面积为200m²,较高级冷拔换热管,外径25mm、管长9m,4管程、单壳程的固定管板式换热器,标记为:

$$BEM\ 700-2.5/1.6-200-9/25-4\ Ⅰ$$

(2) 浮头式换热器 平盖管箱,公称直径500mm,管程和壳程设计压力均1.6MPa,公称换热面积为54m²,较高级冷拔换热管,外径25mm、管长6m,4管程、单壳程的浮头式换热器,标记为:

$$AES\ \ \ 500-1.6-54-6/25-4\ Ⅰ$$

(3) U形管式换热器 封头管箱,公称直径500mm,管程设计压力4MPa,壳程设计压力1.6MPa,公称换热面积75m²,较高级冷拔换热管外径19mm、管长6m,2管程、单壳程的U形管式换热器,其型号为:

$$BIU\ 500-4.0/1.6-75-6/19-2\ Ⅰ$$

表6-3 管壳式换热器部件

前端管箱形式		壳体形式		后端结构形式	
A	平盖管箱	E	单程壳体	I	与A相似的固定管板结构
		F	具有纵向隔板的双程壳体	M	与B相似的固定管板结构
B	封头管箱	G	分流		
		H	双分流	N	与C相似的固定管板结构

续表

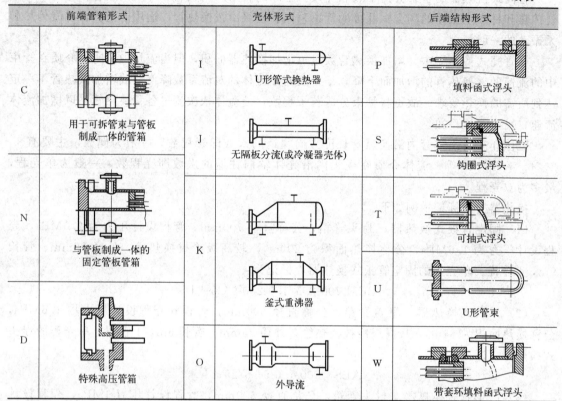

单元三　其他类型换热器

一、板面式换热器

这类换热器都是通过板面进行传热的。板面式换热器按传热板面的结构形式可分为螺旋板式换热器、板式换热器、板翅式换热器、板壳式换热器。它们的共同特点是被用作传热面的板，是平板或稍带锥度的伞板，其上有各种凹凸条纹，或有各种不同断面形状的翅片。当流体流过板面时会产生扰动，使边界层减薄造成湍流，从而获得较高的传热效率。板面式换热器的传热性能要比管式换热器优越，由于其结构上的特点，使流体能在较低的速度下就达到湍流状态，从而强化了传热。板面式换热器采用板材制作，在大规模组织生产时，可降低设备成本，但其耐压性能比管式换热器差。

1. 螺旋板式换热器

螺旋板式换热器在国外较早使用于回收废液和废气中的能量，加热和冷却果汁、糖汁和各种化工溶液，冷却发烟硫酸、酸类物质及酒厂的麦芽浆汁等。工业的迅速发展，以及制造技术水平的不断改进提高，使螺旋板式换热器的应用范围越来越广泛；尺寸趋于大型化，其设计压力达 4MPa。

因为螺旋板式换热器具有体积小、效率高、制造简单、成本较低、能进行低温差热交换等优点，近年来在国内各行业中的应用日趋广泛。

如图 6-18 所示，螺旋板式换热器是由两张平行钢板卷制成的具有两个螺旋通道的螺旋体构成，并在其上安装有端盖（或封板）和接管。两种介质分别在两个螺旋通道内作逆向流动，一种介质由一个螺旋通道的中心部分流向周边，而另一种介质则由另一个螺旋通道的周边进入，流向中心再排出，这样就形成完全逆流的操作，见图 6-19。螺旋通道的间距靠焊在钢板上的定距柱来保证。

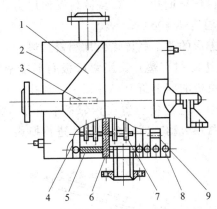

图 6-18　螺旋板式换热器结构

1—切向缩口；2—外圈板；3—支撑板；4—螺旋板；5—半圆端板；
6—中心隔板；7—支承圈；8—圆钢；9—定距柱

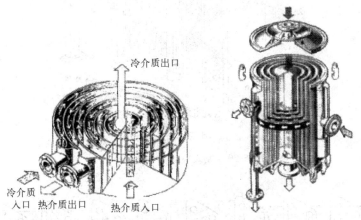

图 6-19　螺旋板式换热器介质流动方向

螺旋通道中的流体由于惯性离心力的作用和定距柱的干扰，在较低雷诺数下即达到湍流，并且允许选用较高的流速，故螺旋板式换热器的传热系数大。同时，螺旋板式换热器的结构比较紧凑，单位体积内的传热面积约为管壳式换热器的 2～3 倍；制造简单，材料利用率高；流体单通道螺旋流动，有自冲刷作用，不易结垢；可呈全逆流流动，故可在较小的温差下操作。但螺旋板式换热器的操作温度和压力不宜太高，目前最高操作压力为 2MPa，温度在 400℃ 以下；若介质发生泄漏，维修很困难。

螺旋板式换热器应用于液-液、气-液流体换热场合中，对高黏度流体的加热或冷却、含有固体颗粒的悬浮液的换热，尤为适合。

2. 板（片）式换热器

板式换热器是间壁式换热器的一个主要类型，是一种以波纹板为传热面的新型的高效换热器。板式换热器可用于加热、冷却、冷凝、蒸发等过程。它在食品工业中应用得最早、最广泛，如牛奶、果汁、啤酒、植物油等的加热杀菌和冷却。在化学工业用作冷却氨水、冷却合成树脂，且广泛用于制碱、制酸、染料工业。其他如在造船、石油钻探、造纸、制药、纺织工业、大楼供热中也开始广泛地采用板式换热器。

板式换热器一般在压力为 2.5MPa 和温度 180℃ 以内使用，性能可靠。近年来，国外由于采用压缩石棉垫片，最高操作温度达 360℃，最高操作压力达 2.8MPa。全焊式板式换热器使用压力高达 50.0MPa，温度达 400℃。

板式换热器是由一组长方形的薄金属传热板片和密封垫片以及压紧装置所组成，结构如图 6-20 所示。两相邻板片的边缘衬有垫片，压紧后板间形成密封的流体通道，且可用垫片的厚度调节通道的大小。每块板的四个角上，各开一个圆孔，其中有两个圆孔和板面上的流道相通，另两个圆孔则不相通。它们的位置在相邻板上是错开的，以分别形成两流体的通道。冷热流体交替地在板片两侧流动，通过金属板片进行换热，其流动方式如图 6-21 所示。

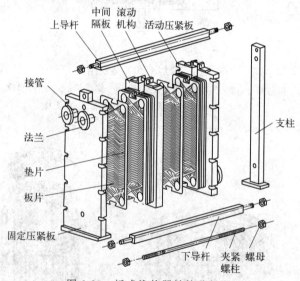

图 6-20 板式换热器结构分解图

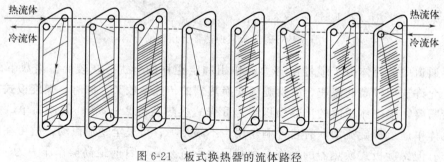

图 6-21 板式换热器的流体路径

板片表面通常压制成为波纹形，以增加板的刚度、增大流体的湍流程度、提高传热效率。两相邻板片的边缘用垫片夹紧，以防止流体泄漏，起到密封作用，同时也使板与板之间形成一定间距，构成板片间流体的通道。板式换热器由于板片间流通的当量直径小，板形波纹使截面变化复杂，流体的扰动作用激化，在较低流速下即可达到湍流，具有较高的传热效率。同时，板式换热器还具有的优点是结构紧凑，单位体积设备所提供的换热面积大；组装灵活，可根据需要增减板片数量以调节传热面积；拆装容易，清洗和维修方便。其缺点是密封周边太长，不易密封，渗漏的可能性大；流道狭窄，易堵塞，处理量小；流动阻力大，承压能力低；受密封垫片材料耐温性能的限制，使用温度不宜过高。

板式换热器可用于处理从水到高黏度的液体的加热、冷却、冷凝、蒸发等过程，适用于经常需要清洗、工作环境要求十分紧凑等场合。

3. 板翅式换热器

目前在国内，板翅式换热器较普遍地应用于低温工业中。在石油化学工业中，主要用于从天然气中提取氦气，在无水氨（液）的制造中提纯和液化氢气，回收和生产乙烯，天然气液化以及与上述任一过程共同完成阶式冷冻。此外，还有许多特殊用途正在不断扩大，比如：芳香烃、脂肪烃蒸汽的冷凝，氟利昂、惰性气体等的冷凝以及用室温空气冷却压缩空气等。

这种换热器的基本结构是在两块平行金属板（隔板）之间放置一种波纹状的金属导热翅片，在其两侧边缘以封条密封而组成单元体，单元结构如图 6-22 所示，它由翅片、隔板和封条三部分组成。在相邻的两隔板之间放置翅片及封条组成的夹层，称为通道。将这样的夹层根据介质的不同流动方式叠置起来钎焊成整体，即组成板束（或称芯体）。

对各个单元体进行不同的组合和适当的排列，并用钎焊焊牢组成的板束，把若干板束按需要组装在一起，便构成逆流、错流、错逆流等不同的流型，冷、热两种流体分别流过间隔排列的冷流层和热流层进行热量传递，如图 6-23 所示。

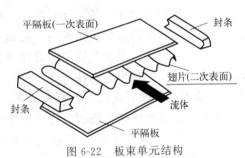

图 6-22 板束单元结构

翅片是板翅式换热器的核心元件，称为二次表面，其常用形式有平直翅片、波形翅片及锯齿形翅片等。一般翅片传热面占总传热面的 75%～85%，翅片与隔板间通过钎焊连接，大部分热量由翅片经隔板传出，小部分热量直接通过隔板传出。不同几何形状的翅片使流体在流道中形成强烈的湍流，使热阻边界层不断破坏，从而有效地降低热阻，提高传热效率。另外，由于翅片焊于隔板之间，起到骨架和支承作用，使薄板单元件结构有较高的强度和承压能力。

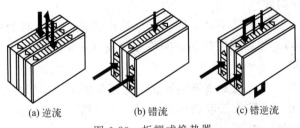

图 6-23 板翅式换热器

板翅式换热器是一种传热效率较高的换热设备，其传热系数比管壳式换热器大 3～10 倍。板翅式换热器结构紧凑，单位体积内的传热面积一般都能达到 2500～4370m^2/m^3，几乎是管壳式换热器的十几倍到几十倍；由于翅片一般用铝合金制造，质量轻，在相同条件下换热器的重量只有管壳式换热器的 10%～65%；适应性广，可用作气-气、气-液和液-液的热交换，亦可用作冷凝和蒸发，同时适用于多种不同的流体在同一设备中操作，特别适用于低温或超低温的场合。其主要缺点是结构复杂、造价高、流道小、易堵塞、不易清洗及难以检修等。

二、废热锅炉

废热锅炉或余热锅炉是用以回收生产中余热产生蒸汽的换热设备。废热锅炉形式及种类繁多，但其主要设备为废热锅炉主体和汽包，也可在主体中增设蒸汽过热器、水预热器和空气预热器等。

目前，在化工生产过程中，废热锅炉不仅用来回收余热，而且是工艺流程中不可缺少的设备。如在乙烯裂解装置中，采用急冷废热锅炉使裂解炉出来的高温裂解气在 0.05s 的时间内由 800℃ 左右冷却到 400℃ 左右，以减少高温裂解气二次反应，其不仅回收余热，产生高压蒸汽，而且保证了工艺气必须急冷的工艺要求。另外，在部分化工生产过程中，废热锅炉还用于环境治理。采用湿法熄焦时，每熄 1 吨红焦炭就要将 0.5 吨含有大量酚、氰化物、硫化物及粉尘的蒸汽抛向天空，这部分污染占炼焦对环境污染的三分之一。采用干法熄焦即用惰性气体对热焦煤进行灭火冷却，再利用废热锅炉回收惰性气体的热量，这样既利用了余热，又可消除大气污染。

目前，废热锅炉在乙烯、化肥等石油化工和化学工业过程中已得到广泛的应用，并获得较大的经济收益。随着化工技术的发展和生产设备的大型化，工厂的余热量越来越多，工艺条件也愈加恶劣，故对废热锅炉的设计制造要求也更高。为此世界各国对废热锅炉进行了大量的研究开发工作，使这一技术有了较大的发展，其归纳如下。

① 大型化。随着现代工业的大型化，废热锅炉也趋于大型化，从而减少了设备台数，节省了投资，操作维护方便，运行可靠性得以提高。

② 高参数（高温高压）。目前废热锅炉尽可能产生高压蒸汽，并将高压蒸汽逐级降压使用，使能源得到充分利用。

③ 自动化。由于工艺过程的波动，会使废热锅炉工艺气侧的操作条件发生变化，引起废热锅炉中的波动（如蒸汽压、结垢等），导致下游设备操作条件的改变，影响产品质量或正常生产。因此，大型废热锅炉自动化程度要求较高。

④ 应用强化传热技术。根据工艺气的特殊要求，近几年已将强化传热技术应用于废热锅炉上，收到很好的应用效果。

⑤ 外加热载体。废热锅炉对于高温固体、液体或高温粒状物料的热回收，可采用先加热载体介质（惰性气体），然后用废热锅炉回收加热载体介质热量的方式来实现。

1. 废热锅炉的分类

① 按使用范围分类　有合成氨废热锅炉、乙烯废热锅炉、甲醛废热锅炉等。

② 按工艺气体分类　有转化气废热锅炉、裂解气废热锅炉、合成气废热锅炉等。

③ 按蒸汽压力分类　有低压废热锅炉（$0.1MPa \leqslant p < 1.6MPa$）、中压废热锅炉（$1.6MPa \leqslant p < 10MPa$）和高压废热锅炉（$p \geqslant 10MPa$）。

④ 按汽水循环方式分类　有自然循环废热锅炉、强制循环废热锅炉及直流式废热锅炉等。

⑤ 按管内流动的介质分类　有火管式废热锅炉和水管式废热锅炉。

⑥ 按管束安放方式分类 有立式废热锅炉、卧式废热锅炉和倾斜式废热锅炉。

⑦ 按换热管形式分类 有列管式、盘管式、U形管式、套管式等。

⑧ 按结构特点分类 可分为管壳式废热锅炉（如图6-24所示）和烟道式废热锅炉（如图6-25所示）。

2. 废热锅炉选用原则

(1) 按工艺气体的条件选型

① 温度 由于高温气流使管壳间的温差应力增大，因此多采用挠性结构的废热锅炉，如螺旋盘管式、浮头式等，也可采用能降低管壳间温差应力的其他结构，如薄管板、双套管式等，近几年有采用施加制造预应力的结构，如乙烯裂解装置的套管式。

② 压力 水汽侧压力较高时，可选用水管废热锅炉，其结构分为螺旋盘管式、套管式、U形管式、插入式、浮头式、烟道式等。工艺气体压力较高时，可选用火管式废热锅炉，其结构分为列管式、盘管式、U形管式等。

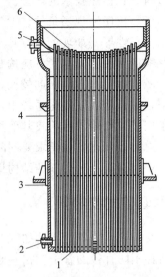

图6-24 管壳式废热锅炉
1—平管板；2—入水口；3—壳体；
4—换热管；5—出水口；6—蝶形管板

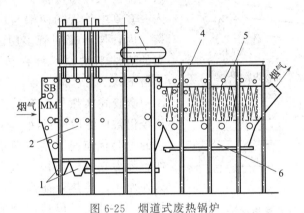

图6-25 烟道式废热锅炉
1—辐射排渣室；2—辐射室侧护板；3—汽包；4—对流区凝渣管组；5—对流区蒸发管组；6—排渣室

③ 对于含尘及易结垢气体 要求气体的通道平直并高进低出，故多选用立式和倾斜式废热锅炉。当采用卧式列管式废热锅炉时，一般进口高于出口，废热锅炉的中心线与水平线的夹角为4°～50°。

④ 对于黏结性气体 应采用直管的废热锅炉，整个流道应平直无阻碍，如列管式、套管式等。对于烧炉后的高温气流，其所含粉尘在高温时为熔融状，当冲刷管子时形成的积灰坚硬且量大，多用振打办法，故应采用带振打装置的烟道式废热锅炉。

⑤ 对于不稳定气体 因会造成受热面的不稳定热膨胀，因此选用受热面可自由伸缩的炉型或交变力很小的挠性结构废热锅炉，对于流量和温度波动大的烟气，应采用强制循环水管式废热锅炉，以保证水循环的可靠性。

⑥ 对于反应性气体 由于工艺气体在高温下时间过长将发生二次反应，形成的副产物影响产量或降低传热效果。要抑制二次反应，应急冷高温气体，故多数采用列管式、套管式

及带有强化传热技术的炉型。

(2) 按使用现场条件选型　现场条件包括现场场地、安装维护、使用寿命、操作周期、安全平稳性等。如现场地方较小，应选占地面积小的立式废热锅炉；在有些工艺中操作周期是影响产量的主要因素，应选长周期的设备。如乙烯裂解中的单套管废热锅炉，虽然其一次投资较高，但其清焦周期较长，故是较理想的炉型之一。安装维护方便与否也是选型的因素之一，如在合成氨转化系统中，由于卧式火管式废热锅炉结构简单、汽包安装高度低等，有利于安装和检修，因此较其他炉型有明显的优势。

总之，上述各项要求要同时满足是很难的，但应满足起决定性作用的要求，然后兼顾一般，最终选出一种合理的结构形式。

三、套管式换热器

套管式换热器的结构如图 6-26 所示，它是以同心套管中的内管作为传热元件的换热器。由两种不同直径的管子套在一起组成同心套管，每一段套管称为"一程"，内管（传热管）用 U 形肘管连接，外管用短管依次连接成排，固定于支架上。热量通过内管管壁由一种流体传递给另一种流体。通常，热流体（A 流体）由上部引入，而冷流体（B 流体）则由下部引入。套管中外管的两端与内管用焊接或法兰连接。内管与 U 形肘管多用法兰连接，便于传热管的清洗和增减。每程传热管的有效长度取 4~7m。

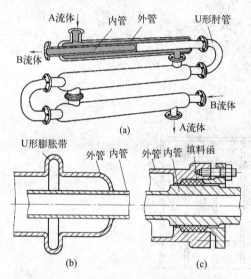

图 6-26　套管式换热器

套管式换热器具有若干突出的优点，所以至今仍被广泛用于石油、石油化工等工业部门。它的主要优点是：结构简单，传热面积增减自如，因为它由标准构件组合而成，安装时无需另外加工；传热效能高，它是一种纯逆流型换热器，同时还可以选取合适的截面尺寸，以提高流体速度，增大两侧流体的给热系数，因此它的传热效果好。液-液换热时，传热系数为 870~1750W/(m²·℃)。这一点特别适合于高压、小流量、低给热系数流体的换热。

套管式换热器的缺点：占地面积大；单位传热面积金属耗量多，约为管壳式换热器的 5 倍；管接头多，易泄漏；流阻大。一般用于换热量不大的场合。

四、热管换热器

热管是一种具有极高导热性能的传热元件，它通过在全封闭真空管内工质的蒸发与凝结来传递热量，具有极高的导热性、良好的等温性、冷热两侧的传热面积可任意改变、可远距离传热、可控制温度等一系列优点。由热管组成的换热器具有传热效率高、结构紧凑、流体压降小等优点。由于其特殊的传热特性，可控制管壁温度，避免露点腐蚀。目前已广泛应用于冶金、化工、炼油、锅炉、陶瓷、交通、轻纺、机械等行业中进行余热回收以及综合利用工艺过程中的热能，已取得了显著的经济效益。

1. 工作原理

热管内蒸发段工质受热后将沸腾或蒸发，吸收外部热源热量，产生汽化潜热，由液体变为蒸汽，产生的蒸汽在管内一定压差的作用下，流到冷凝段，蒸汽遇冷壁面及外部冷源，凝结成液体，同时放出汽化潜热，并通过管壁传给外部冷源，冷凝液在重力（或吸液芯）作用下回流到蒸发段再次蒸发。如此往复，实现对外部冷热两种介质的热量传递与交换，如图 6-27 所示。

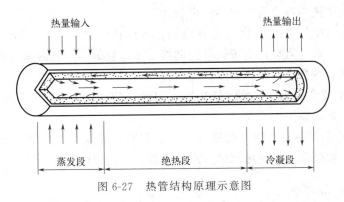

图 6-27　热管结构原理示意图

2. 热管类型

① 热管换热器按形式分，有整体式热管换热器、分离式热管换热器、回转式热管换热器和蜗壳式热管换热器等。

a. 整体式热管换热器。整体式热管换热器是一种最常见的热管换热器，这种换热器由一支支热管元件组成，两换热流体分别位于换热器的上、下部分。中间由管板分隔，热管悬挂在管板上，该处可采用静密封或焊接结构，视设计需要而定。

整体式热管换热器一般用于气体与气体的热交换。为克服气体间换热时换热系数不高的问题，热管两端的外壁传热面积利用翅片作适度扩展，这样处理，不仅强化了管外传热，也有效地减少了换热器的体积和重量，节约了金属耗材，可以得到一个高性价比的换热器。

b. 分离式热管换热器。分离式热管换热器是换热器中一种独特的结构形式，这种换热器布置灵活，变化随意。它可以实现远距离热量交换；可以实现一种流体和几种流体同时换热；可以完全隔绝两种或多种换热流体。分离式热管的加热段和冷凝段分别置于两个独立的换热流体通道中，热管内部的工作液体在加热段吸热蒸发后通过蒸汽上升管输送热量到冷凝段，放热冷凝后通过冷凝液下降管回流到加热段。

冷凝液回流依赖重力的作用。分离式热管换热器的加热蒸发段与放热冷凝段之间的距离取决于两者间的高度差，同时也与蒸汽沿管路流动的压力损失有关。理论上，加热蒸发段与放热冷凝段的高度差越大，蒸汽上升管径越大，两者间的距离就可以越远，以确保热管正常进行工作循环。

在充分利用分离式热管换热器所具有的优点时，还要注意克服它的一些缺点。例如，现场制作连接管路比较复杂，工作液体的充装、换热管束真空度的形成都比较困难，连接管路沿途的保温绝热、热胀冷缩等设计也不容忽视。

② 按功能分，热管换热器可分为：气-气式、气-汽式、气-液式、液-液式、液-气式。

③ 常见的还有热管废热锅炉（或称为热管蒸汽发生器）。热管废热锅炉是一种实用性很强、结构可靠且热效率较高的蒸汽发生设备。热管废热锅炉的形式主要有两种，即整体式和

分体式。

3. 主要特点

热管换热器的结构有别于其他形式的换热器。热管换热器具有一些显著特点：传热效率高，结构紧凑，换热流体阻力损失小，外形变化灵活，环境适应性强。

① 热管换热器可以通过换热器的中隔板使冷热流体完全分开，在运行过程中单根热管因为磨损、腐蚀、超温等原因发生破坏时基本不影响换热器运行。热管换热器用于易燃、易爆、腐蚀性强的流体换热场合具有很高的可靠性。

② 热管换热器的冷、热流体完全分开流动，可以比较容易地实现冷、热流体的逆流换热。冷、热流体均在管外流动，由于管外流动的换热系数远高于管内流动的换热系数，用于品位较低的热能回收场合非常经济。

③ 对于含尘量较高的流体，热管换热器可以通过结构的变化、扩展受热面等形式解决换热器的磨损和堵灰问题。

④ 热管换热器用于带有腐蚀性的烟气余热回收时，可以通过调整蒸发段、冷凝段的传热面积来调整热管管壁温度，使热管尽可能避开最大的腐蚀区域。

单元四 换热器日常维护与故障处理

一、换热器的日常维护

在炼油、化工生产中，换热器使用一段时间后，会在换热管及壳体等过流部位积垢和形成锈蚀物，这样既降低了传热效率，又使管子流通截面减小而流阻增大，甚至造成堵塞。介质腐蚀也会使管束、壳体及其他零件受损。另外，设备长期运转振动和受热不均匀，使管子胀接口及其他连接处也会发生泄漏。这些都会影响换热器的正常工作，甚至迫使装置停工。据统计，静设备故障引起的停工，换热设备故障要占到85%以上，其原因主要是换热设备的结构和工作环境造成的，因此对换热设备进行科学的监控，在工艺上确立最佳工艺参数，基本达到换热设备设计工艺参数，在开工过程中，严格按照正确开工程序进行，进行正确的维修和保养，都是延长设备使用周期的必要手段。

1. 日常检查

日常检查是及早发现和处理突发性故障的重要手段。检查内容包括运行异声、压力、温度、流量、泄漏、介质、基础支架、保温层、振动、仪表灵敏度等。

(1) 温度 温度是换热器运行中主要的操作指标，测定及检查换热器中各流体的进、出口温度变化，可以分析判断介质流量的大小、换热情况的好坏。定期测量换热器两种介质的出入口温度、流量，计算传热系数作记录图表，作为判断传热系数变化的依据。

(2) 压力 通过对流体压力及进出口压差的测定与检查，可判断换热器内部结垢、堵塞情况及流体流量大小或泄漏情况。操作中若发现压力骤变，除检查换热器本身外，还应考虑系统内部其他因素的影响，如系统阀门损坏及输送流体的机械发生故障等。

(3) 泄漏 换热器在运行中产生外漏是较容易发现的。对气体外漏，可以直接抹上肥皂水或发泡剂来检查，亦可借助试纸变色情况检查。定期对壳体各连接处周围空气取样分析，也能判断泄漏及泄漏量的大小,此法不仅准确可靠、操作方便,而且对外部、内部泄漏都适用,并且可实现自动分析、记录及报警。

内部泄漏,操作人员不易直接发现,但可从介质的温度、压力、流量、异常声响、振动及其异常现象来判断。如有较多的泄漏,用手摸壳体和液体出口管,会有振动的感觉。

(4) 振动　换热器内的流体一般有较高的流速,由于流体的脉冲和横向流动都会引起基础支架的振动。一般要求控制振动偏差在 $250\mu m$ 以下,超过此值,则需要检查处理。

(5) 保温　保温(保冷)层的损坏会直接影响换热器的传热效率,另外,由于保温(保冷)层一旦破坏,在壳体外部就将积附水分,使壳体发生局部腐蚀,因此,发生保温(保冷)层破损应尽快修补,并且要求采取措施,防止水分进入保温层内部。

2. 管壳式换热器的维护和保养

① 保持设备外部整洁,保温层和油漆完好。

② 保持压力表、温度计、安全阀和液位计等仪表和附件的齐全、灵敏和准确。

③ 发现阀门和法兰连接处渗漏时,应及时处理。

④ 开停换热器时,不要将阀门开得太猛,否则容易造成管子和壳体受到冲击,以及局部骤然胀缩,产生热应力,使局部焊缝开裂或管子连接口松弛。

⑤ 尽可能减少换热器的开停次数、停止使用时间,应将换热器内的液体清洗放净,防止冻裂和腐蚀。

⑥ 对装置系统蒸汽吹扫时,应尽可能避免对有涂层的换热设备进行吹扫,工艺上确实避免不了,应严格控制吹扫温度(进换热设备)不大于 200℃,以免造成涂层破坏。

⑦ 装置开停工过程中,换热器应缓慢升温和降温,避免造成压差过大和热冲击,同时应遵循停工时"先热后冷",即先退热介质,再退冷介质;开工时"先冷后热",即先进冷介质,后进热介质。

⑧ 应经常对管、壳程介质的温度及压降进行检查,分析换热器的泄漏和结垢情况。在压降增大和传热系数降低超过一定数值时,应根据介质和换热器的结构,选择有效的方法进行清洗。

⑨ 定期检查换热器有无渗漏、外壳有无变形以及有无振动,若有应及时处理。

⑩ 定期排放不凝性废气和冷凝液,定期进行清洗。

二、换热器的压力试验

压力试验是保证管壳式换热器安全运行的重要措施,同时是换热器检修的重要内容。

1. 试压要求

① 压力试验必须用两个量程相同并经校验合格的压力表,压力表量程为试验压力的 1.5~2 倍,精度为 1.6 级;压力表应装在设备的最高处和最低处,试验压力以最高处的压力表读数为准。换热器试验压力依据设备铭牌标识和原设备设计最高工作压力的 1.25 倍。

② 液压试验介质为清洁水,水温不低于 5℃;不锈钢换热管试压时,应限制水中氯离子含量不超过 25mg/L,防止腐蚀。

③ 试压过程中不得对受压元件进行任何修理。

④ 试压时各部位的紧固螺栓必须装配齐全。

⑤ 试压时如有异常响声、压力下降、油漆剥落或加压装置发生故障等不正常现象时,应立即停止试验,并查明原因。

2. 试压步骤

下面以浮头式换热器为例来说明，有三次试压过程。

① 第一次壳程试压：拆除管箱、外头盖，两端安装试压法兰，对壳程加压，检查壳体、换热管与管板连接部位。

② 第二次管程试压：拆下试压法兰，安装管箱和浮头盖，对管程加压，检查管箱和浮头有关部位。

③ 第三次壳程试压：安装外头盖，对壳程加压，检查壳体、外头盖及有关部位。试验时容器顶部设一排气口，充液时将换热器内的空气排净，从底部上水。试压时应保持换热器表面干燥。缓慢加压，达到规定试验压力后稳压30min，然后将压力降至设计压力，至少保持30min，检查有无损坏，目测有无变形、泄漏及微量渗透，如有问题，解决后重新试验。液压试验完毕后，将液体排尽，并用压缩空气将内部吹干。最后将设备所有管口封闭。

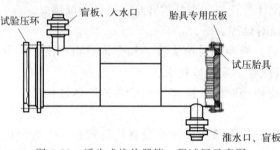

图 6-28　浮头式换热器第一程试压示意图

3. 浮头式换热器试压

（1）第一程　固定管板、浮动管板与管子连接口的试压，具体步骤如下。

① 如图 6-28 所示，将管束与壳体间的垫圈放入法兰封面处，一般的做法是用润滑油脂粘住并用聚四氟密封带缚在法兰上。

② 用抽芯机将管束顶入壳体。

③ 浮头侧试压装如图 6-29 所示的胎具，固定管板侧装如图 6-30 所示假法兰。

图 6-29　换热器试压环

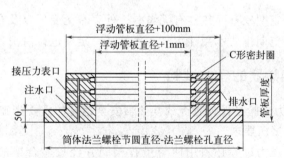

图 6-30　浮头式换热器浮动管板试压胎具

试压胎具与浮动管板间的密封是2～3道C形密封圈，密封原理是：C形圈内水压对橡胶柱面压强产生的静摩擦力大于试验压力，同时软橡胶在水压作用下产生的变形，填充了C形圈与浮动管板圆柱面间的小通道，从而达到密封的目的。假法兰仅是有一定厚度、与壳体法兰螺栓孔节圆直径相同、孔径大致相同的钢板圈，厚度为50～80mm，不用加工密封面。由于试压过程短暂，胎具和假法兰在强度设计上不能按压力容器正式零件设计。

④ 试验压力：据设备新旧程度，试验压力为最高工作压力的1.1～1.25倍。

⑤ 此程试压有可能是一个反复的过程，在不同的试验压力下，可能有不同的漏点，应及时消除，故第一程试压与管束漏点检查是同时进行的。

(2) 第二程　管箱及浮头试压，具体步骤如下。

① 如图 6-31 所示，回装管箱和浮头封头。

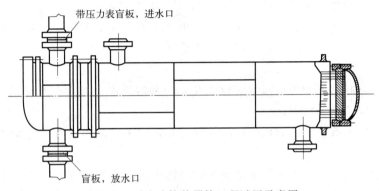

图 6-31　浮头式换热器第二程试压示意图

② 从管箱法兰入水。由于此程试压涉及管箱压力容器，按容规规定，试验压力为最高工作压力的 1.25 倍，稳压 30min 后，降压至最高工作压力，稳压 10min，无泄漏为合格。

(3) 第三程　壳体和外头盖试压，壳体和外头盖试压的目的是试验壳体压力容器、固定管板与壳体法兰密封面、外头盖法兰与壳体法兰密封面，具体步骤如下。

① 回装外头盖。

② 壳体法兰处入水，试验压力为最高工作压力的 1.25 倍，稳压 30min 后，降压至最高工作压力，稳压 10min，无泄漏为合格。此程试压最好保留二程试压管箱压力为工作压力，以保护固定管板与管子连接，防止管板出现新的泄漏点。

三、换热器的清洗

炼油、化工生产装置的换热设备经长时间运转后，由于介质的腐蚀、冲蚀、积垢、结焦等原因，使管子内外表面都有不同程度的结垢，甚至堵塞，所以必须定期对换热器进行清洗。

工业污垢的清洗，从原理上可以分为物理方法和化学方法两大类。常用的清洗方法有水洗、化学清洗和机械清洗等。对清洗方法的选定应根据换热器的形式、污垢的类型等情况而定。对一般轻微堵塞和结垢，可用风吹和简单工具穿通即可达到较好的效果。但对严重的结垢和堵塞，一般都是由于水质中含有大量的钙、镁离子，在通过管束时水在管子表面蒸发，钙和镁的沉淀物沉积在管壁上形成坚硬的垢层，严重时会将管束中的一程或局部堵死，用一般的方法难以奏效，则必须用化学或机械等清洗方法。

化学清洗是利用清洗剂与垢层起化学反应的方法来除去积垢，适用于形状较为复杂的构件的清洗，如 U 形管的清洗、管子之间的清洗。这种清洗方法的缺点是对金属有轻微的腐蚀损伤作用。机械清洗最简单的是用刮刀、旋转式钢丝刷除去坚硬的垢层、结焦或其他沉积物。另外，还可以用高压水清洗。

1. 机械清洗法

(1) 手工清洗法。利用锉刀、铲刀、刮刀、钢丝刷与吸尘器等工具使固体污垢脱离设备或材料表面，再用毛刷、吸尘器或压缩空气清除。

（2）风力与电动工具法。采用压缩空气或电能使除污器作往复运动或圆周运动，驱动钢丝刷与除锈垢器等，对带污垢的表面作冲击或摩擦，以除去污垢。

（3）球胶清洗。对于在管内的某些污垢，可把直径稍大于管子内径的海绵状橡胶球用水流送入管内，借橡胶球在管内的挤压和摩擦作用，以清除污垢。

（4）喷砂（丸）除垢法。利用压缩空气，把砂子或铁丸推入喷砂（丸）管路，再经过喷嘴喷射到带锈垢的金属表面，撞击垢层和各种污物，达到除垢的目的。

2. 化学清洗法

（1）溶剂法。利用不同污垢可溶解分散在某一种溶剂中，成为分子或离子状态的性质，可以清除固体表面的某些污垢。

（2）表面活性剂清洗法。利用表面活性剂的特殊分子结构和性质，清除固体表面的油脂等污物。

（3）酸洗除污垢法。利用无机酸或有机酸与污垢发生化学反应，使污垢从被清洗表面转化、脱离与溶解的方法，即为酸性介质清洗法或简称为酸洗法。一般应添加经选择的酸性介质缓蚀剂，以减少酸对金属的腐蚀以及产生酸雾等的不良影响。

（4）碱洗除污法。采用碱及强碱弱酸盐的水溶液以除去清洗对象表面的污垢。碱洗法一般用于在一定浓度范围内碱无明显腐蚀作用的黑色金属和某些非金属材料的清洗。

3. 高压水清洗

利用高压水泵输出的高压水，通过压力调节阀后再经过高压软管通至手提式喷射枪，用喷出的高压水流清理污垢。这种方法既能冲刷机械清洗不能到达的地方，又避免了化学清洗带来的腐蚀。高压水清洗法多用于结焦严重的管束的清洗。

四、换热器常见故障与处理方法

管壳式换热器的故障50%以上是由于管子引起的，当管子出现渗漏时，就必须更换管子，但有时更换管子的工作是比较麻烦的，当只有个别管子损坏时，可用锥形塞焊接堵管将管子两端堵死，管堵材料的硬度不能高于管子的硬度，堵死的管子数量不能超过换热器该管程总管数的10%。表6-4为管壳式换热器的常见故障与处理方法。

表6-4 管壳式换热器的常见故障与处理方法

故障现象	故障原因	处理方法
出口压力波动大	①工艺原因 ②管壁穿孔 ③管与管板连接处发生泄漏	①调整工艺条件 ②堵管或补焊 ③视情况采取消漏措施
换热效率低	①管壁结垢或油污吸附 ②管壁腐蚀渗漏 ③管口胀管处或焊接处松动或腐蚀渗漏	①清理管壁 ②查漏补焊或堵管 ③胀管补焊、堵管或更换
换热器管束异常振动	介质流动激振	在壳程进、出口管处设计防冲板、导流筒或液体分配器
封头（浮头）与壳体连接处泄漏	①密封垫片老化、断裂 ②紧固螺栓松动	①更换密封垫片 ②对称交叉均匀地紧固螺栓

小结

换热设备是化工行业常见的典型工艺设备之一。按换热方式分类有直接接触式、蓄热式、间壁式和中间载热体式，按传热面积形状有管式换热器、板式换热器和特殊形式换热器。管式换热器中的管壳式换热器是目前企业应用最多的换热器，主要有固定管板式、浮头式、U形管式、填料函式和釜式换热器；管壳式换热器主要结构包括换热管、管板、换热管与管板的连接、管板与壳体的连接方式、管箱、接管、折流板与挡板、温差补偿装置等。

在企业中，除了管壳式换热器外，还有很多其他类型的换热器在应用，如螺旋板式换热器、板式换热器、套管式换热器和废热锅炉等，这些换热器各有各的结构特点、优缺点和适用场合，企业需依照换热器选用原则选择合适的换热设备。

正确使用和维护换热器设备是维持长周期生产的必要手段之一。在换热设备的日常检查与维护中，重点要检查换热器的温度、压力、泄漏、振动、保温。对换热设备进行重大检修后，要依照相关标准规范进行压力试验，以保证换热器的宏观强度和密封性能；当换热设备使用一段时间后，需对换热器及时清洗以消除污垢，清洗方法有机械法、化学法和高压水冲洗等。

 拓展阅读

我国著名石油化工机械专家——时铭显

时铭显（1933—2009），化学工程与装备专家，江苏省常熟市人，1956年毕业于北京石油学院获硕士学位。长期从事多相流动与分离工程的研究，尤其突出在高温气固分离技术的研究。首次提出了旋风分离器尺寸分类优化设计方法，解决了催化裂化旋风分离器完整的设计技术，开发出新型高效PV型旋风分离器并广泛应用，经济效益显著，研制成功新型多种系列的高效旋风管及由它组成的立管式和卧管式多管旋风分离器，已在全国所有的催化裂化装置上推广应用，效益显著，在燃煤增压流化燃烧与煤的气化等工程的高温除尘技术中研制成的新型旋风分离器，性能优于国外同类装置；新研制成的多系列气固快速分离及油气快速引出组合技术已在炼油催化裂化装置中推广应用，有重大经济效益。多次获得国家及省部级奖励，"催化裂化PV型旋风分离器的研究与开发"获1991年国家科技进步奖二等奖。有授权发明专利10项。发表学术论文130余篇，专著2本。1995年当选为中国工程院院士。

20世纪80年代，为解决大庆石化总厂催化裂化装置能耗大、消耗快的难题，时铭显开展了高效的旋风分离器的研制。他带着三个年轻教师，亲手建起了第一个旋风分离器实验室，依靠在实验中的精心观察及敏锐判断，他和同事们抓准了导叶式旋风管中的主要矛盾——短路流引起的颗粒夹带，巧妙地利用旋流的急剧转向，解决了这个难题。经过这次难忘的实践，诞生了发明专利——旋风管中的分流型芯管。

不久一项重要的科研任务、也是国际上一个前沿的科研难题——"降低炼油催化裂化昂贵的催化剂损耗"落到了他的肩上。经过多次实验总结分析，时铭显独创出了"旋风分离器尺寸分类优化"的崭新观点，解决了这一难题。之后，他又在上万个数据基础上创造出了全新的"用相似准数群关联的性能计算法"和"四参数优化组合设计法"，从而形成了一套我国独有的完整的旋风分离器优化设计理论与方法。在该成果鉴定会上，被誉为"这不亚于是旋风分离器设计技术上的一个里程碑""在国内外是首创"。

他主持完成的"催化裂化三级管旋风分离器技术"，使全国近 30 个厂家获得了巨大的经济效益，与烟机配套，每年可节电近 4 亿～8 亿度，折合人民币约 0.6 亿～1.2 亿元。1989 年底通过既定的炼油催化用 PV 型旋风分离器技术，使我国第一次有了自己的催化裂化旋风分离器设计方法，其整套优化设计技术在国内首创，其性能已达到并超过国际同类产品的先进水平。如锦州炼油厂利用该技术解决了一项难题，而且昂贵的催化剂损耗率降低到 0.3kg/t 油，效益显著。

思考与练习

一、选择题

1. 关于 U 形管式换热器特点，不正确的是（　　）。
   A. 适用于高温高压场合　　　　　　　B. 管束清洗方便
   C. 结构复杂、造价高　　　　　　　　D. 无温差应力
2. 以下列管式换热器中，会产生温差应力的是（　　）。
   A. 固定管板式换热器　　　　　　　　B. 浮头式换热器
   C. 填料函式换热器　　　　　　　　　D. U 形管式换热器
3. 目前列管式换热器采用较多的是（　　）折流板。
   A. 弓形　　　　　B. 圆盘-圆环形　　　C. 带扇形切口形　　　D. 椭圆形
4. 填料函式换热器的特点，不正确的是（　　）。
   A. 适用于低压、低温场合　　　　　　B. 管束清洗方便
   C. 适合壳程介质易燃易爆有毒　　　　D. 无温差应力
5. 拉杆与定距管用来固定（　　）。
   A. 折流板　　　　B. 管板　　　　　　C. 分程隔板　　　　　D. 管箱
6. 以下换热器属于管式换热器的有（　　）。
   A. 管壳式换热器　B. 板式换热器　　　C. 螺旋板式换热器　　D. 热管换热器
7. 下列描述适合固定管板式换热器的是（　　）。
   A. 不需要膨胀节　　　　　　　　　　B. 制造简便
   C. 壳程便于清洗　　　　　　　　　　D. 适合于壳程压力较高场合
8. 以下属于浮头式换热器的描述是（　　）。
   A. 浮头存在可改善传热　　　　　　　B. 壳程流体不易形成短路
   C. 结构简单　　　　　　　　　　　　D. 内部泄漏无法检测
9. 多弓形折流板比单弓形的最大优点是（　　）。
   A. 没有死区　　　B. 加工方便　　　　C. 流体流量小　　　　D. 安装方便

10. 以下结构适合于浮头式换热器的是（   ）。
   A. 旁路挡板　　　B. 中间挡板　　　C. 中间挡管　　　D. 横向挡板

二、判断题

1. 利用高压水枪冲洗法可去除换热管管束污垢。（   ）
2. 换热器腐蚀的主要部位是换热管、管子管板接头、壳体等处。（   ）
3. 换热器中旁路挡板是防短路结构。（   ）
4. 椭圆形管板是一个椭圆形的平板。（   ）
5. 换热器中，导流筒的作用就是导流。（   ）
6. 填料函式换热器不宜处理壳程易燃、易爆、有毒的介质。（   ）
7. U形膨胀节用于压力较高时。（   ）

三、简答题

1. 换热器的基本要求有哪些？
2. 管壳式换热器的管板和管子胀接连接的原理是什么？
3. 管壳式换热器的管板和管子胀接连接的适用范围是什么？
4. 管壳式换热器的折流板的作用是什么？
5. 简述板式换热器的组成。

四、案例分析

某化工厂甲醇凝结水换热器1190-E1102AB管束与管板自2017年4月份以来连续泄漏5次，泄漏频率明显提高，严重制约生产，生产中心申请对此换热器的材质和工况进行重新核准，核准此管板和管束材质能否长期满足此工况运行，如果材质比较低，请给出升级后的材质建议，解决换热器泄漏的难题。

思路点拨

　　核准换热器目前的运行工况、材质、泄漏维修状况，从材料腐蚀、冲刷、折流板方面进行分析。

模块七 反应设备

 学习目标

知识目标

掌握反应设备的类型及应用；掌握釜式反应器的基本组成结构；掌握搅拌器的类型、应用场合及选用标准；了解釜式反应器的传动装置及轴封装置的结构形式；熟悉固定床反应器、流化床反应器、管式反应器的基本结构和各构成部分的作用。

技能目标

能根据物料和工艺条件合理选用反应设备及其附件；具备各类反应设备的开、停车操作和常规操作的能力；能处理各种反应器的故障。

思政目标

树立节能减排、高效环保的绿色化工意识，具有安全操作、按章办事的工匠精神，养成勤学苦练的学习劲头和踏实肯干的劳动精神。

在化工生产过程中，由于化学工艺过程的种种化学变化均需要在一定的容器内进行，对于参加反应的介质通常需要充分混合或伴随加热、冷却和液体萃取以及气体吸收等物理变化过程，也往往采用搅拌操作，才能达到更好的效果。因此为反应过程提供一定工艺条件的设备称为反应器或反应设备，用于实现液相单相反应过程和液-液、气-液、液-固、气-液-固等多相反应过程。

单元一 反应设备的应用与分类

一、反应设备的应用

在炼油、化工生产过程中，在反应器中进行的不仅是单纯的化学反应过程，同时还存在着流体流动，物料传热传质等物理传递过程。因此，反应设备是发生化学反应或生物质变化等过程的场所，是流程性材料产品生产中的核心设备。反应器通过化学反应或生物质变化等将原料加工成产品,广泛应用于石油、化工、医药和食品等领域,实现硫化、硝化、氢化、烃化、聚合和缩合等工艺过程。

反应设备开发应考虑以下因素:①物料性质,如黏度、密度、腐蚀性、相态等;②反应条件,如温度、压力、浓度等;③反应过程的特点,如气相的生成、固相的沉积和多相的输送等。反应设备应满足传质、传热和流体流动的要求,其通过影响反应速率、选择性和化学平衡等,对产品的生产成本、能耗和环保等起决定作用。综合运用反应动力学、传递过程原理、机械设计和机电控制等知识,正确选用反应设备的结构形式,以获得最佳的反应操作特性和控制方式,开发高效、节能和绿色的反应设备,是当今过程工业设计中的重点。

二、反应设备的分类

在化工生产中,化学反应的种类很多,操作条件差异很大,物料的聚集状态也各不相同,使用反应器的种类也多种多样。

1. 根据物料的聚集状态分类

根据物料的聚集状态可把反应器分为均相和非均相两种。均相反应器又可分为气相反应器和液相反应器,反应物料均匀地混合或溶解成为单一的气相或液相,如石油裂解采用气相反应器,醋酸和乙醇的酯化反应采用液相反应器。非均相反应器又可分为气-液、气-固、液-液、液-固及气-液-固5种,化工生产中应用较多的是气-固和气-液两种。如乙烯直接氧化制环氧乙烷采用气-固相反应器,苯烃化制乙苯采用气-液相反应器。

反应器按聚集状态分类,其实质是按宏观动力学特征分类。同样聚集状态的反应有着相同的动力学规律,如均相反应的共同规律和特征是无相界面,反应速率只与温度和浓度等有关;而非均相反应的共同规律和特征是有相界面,反应速率不仅与温度和浓度有关,而且还与相界面大小和相间扩散速度有关。故以聚集状态分类可以阐明各种相态反应过程的动力学规律。

2. 根据反应器的结构形式分类

根据反应器的结构形式的特征,可以分为釜式、管式、塔式、固定床和流化床反应器等。釜式、管式反应器大多用于均相反应过程,塔式、固定床和流化床反应器大多用于非均相反应过程。

反应器按结构形式分类,其实质是按传递过程的特性分类。同类结构的反应器内,物料往往具有相同的流动、混合、传热和传质等特性,可以用同类传递过程的统一规律加以描述。

3. 根据操作方式分类

根据操作方式,反应器可以分为间歇式(或称为分批式)、半间歇式(或称为半连续式)和连续式3种。间歇式操作是一次加入反应物料,在一定的反应条件下进行反应,在反应期间不加入或取出物料,经过一定的反应时间,当达到所要求的转化率时,取出全部产物进行后续处理,清洗反应器后再进行下一批的生产过程。其特点是在反应过程中,反应物和产物浓度均随时间变化,是不稳定过程。由于存在着加料、出料和清洗等非生产时间,因而设备利用率不高,劳动强度大,只适用于小批量、多品种生产,在染料及制药工业中广泛采用这种操作。

半间歇式操作是指一些物料分批加入、而另一些物料连续加入的生产过程,或者是加入一批物料用蒸馏的方法连续移走部分产品的生产过程。半间歇式操作也是一个不稳定过程。

连续式操作是连续加入反应物和取出产物,反应器内的温度和浓度均不随时间变化而变化,是一个稳定过程。连续操作设备利用率高,产品质量稳定,易于自动控制,适用于大规模生产。在炼油、化工生产中大多数采用连续式操作。

4. 根据温度条件和传热方式分类

根据温度条件反应器可分为等温和非等温两种,根据传热方式又可分为绝热式、外热式和自热式。由于化学反应对温度变化有相当大的敏感性,所以传热方式和温度控制是反应器设计和操作中的重要问题。

对于等温反应器,只需要考虑浓度变化的影响。但在工业生产中维持等温条件是相当困难的,因此只适用于热效应不大,或能及时输入或输出热量能够保证等温条件的反应过程。其他过程一般采用非等温式反应器,非等温式反应器因换热方式不同也有不同的形式。

反应设备的类型很多,其构造和适用条件也各不相同。在工业生产中,一个反应过程究竟采用哪种类型的反应器,并无严格的规定,应以满足工艺要求为主,综合考虑各种因素,以减少能量消耗、增加经济效益为原则而确定。表 7-1 给出了化学反应设备的结构形式和分类。

表 7-1 化学反应设备的结构形式和分类

物料相态		操作方式	传热情况	结构特征
均相	气相	间歇操作	绝热式	搅拌釜式
	液相	连续操作	等温式	管式
非均相	气-液相	半连续操作	非等温非绝热式	固定床
	液-液相			流化床
	气-固相			移动床
	液-固相			塔式
	气-液-固相			滴流床

单元二 釜式反应器

一、搅拌反应釜的结构

在化工生产和石油化工中,使用较为普遍的是带有动力搅拌装置的搅拌反应器,亦称搅拌反应釜。搅拌反应釜的主要特征是搅拌。化学工艺过程的种种化学变化,是以反应物的充分混合为前提的,搅拌可以使参加反应的物料混合均匀,使气体在液相中均匀分散,使固体颗粒在液相中均匀悬浮,使不相容的另一液相均匀悬浮或充分乳化,强化相间的传热和传质。

反应器的选择——釜式反应器

搅拌反应釜主要由釜体、传热装置、搅拌装置、传动装置、轴封装置和各种工艺接管组成。如图 7-1 所示为典型的夹套式搅拌反应釜总体结构。釜体内筒通常为一圆柱形壳体,它提供反应所需空间;传热装置的作用是满足反应所需温度条件;搅拌装置包括搅拌器、搅拌轴等,是实现搅拌的工作部件;传动装置包括电动机、减速器、联轴器及机架等附件,它提供搅拌的动力;轴封装置是保证工作时形成密封条件,阻止介质向外泄漏的部件。

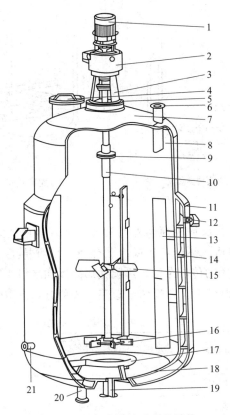

图 7-1 夹套式搅拌反应釜结构

1—电动机;2—减速器;3—机架;4—人孔;5—密封装置;6—进料口;7—上封头;8—筒体;9—联轴器;
10—搅拌轴;11—夹套;12—载热介质出口;13—挡板;14—螺旋导流板;15—轴向流搅拌器;16—径向流搅拌器;
17—气流分布器;18—下封头;19—出料口;20—载热介质进口;21—气体进口

二、釜体及传热装置

1. 釜体

反应釜的釜体包括内筒和装焊在上面的各种附件。反应釜的内筒由顶盖(上封头)、筒体、釜底(下封头)构成,封头大多选用标准椭圆形封头,也可以使用锥形封头或平盖。釜体通过支座固定在基础或平台上。为满足不同工艺和结构需要,在釜体上装有各种附件。例如,为了便于检修内件以及加料和排料,需要装焊人孔、手孔和各种工艺接管;为了在操作过程中有效地监视和控制物料的温度、压力和料液高度,则要安装温度计、压力表、液面计、视镜和安全泄放装置;有时为了改变物料的流动形态、增强搅拌程度、强化传热和传质,还要在反应釜内筒内焊装挡板和导流筒;为了与减速器和轴封相连,顶盖上要焊装底座。在确定反应釜釜体结构时要综合各种因素,全面考虑,使设备既满足生产工艺要求,又经济合理,以实现结构全面优化。

2. 传热装置

常见的传热装置有装在内筒壁外的夹套和装在釜内的蛇管,应用较多的是夹套传热,见图 7-2(a)。当反应釜内筒体采用衬里结构或夹套传热不能满足温度要求时,常用蛇管传热方式,见图 7-2(b)。

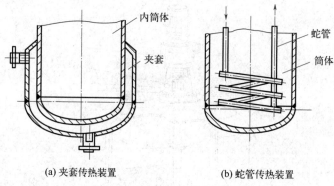

(a) 夹套传热装置　　　　(b) 蛇管传热装置

图 7-2　传热装置结构

(1) 夹套结构　夹套是在反应釜筒体外侧套上一个直径稍大的容器,使其与筒体外壁形成密闭的空间,在此空间内通入热载热体或冷载热体,以维持工艺要求的温度范围。

夹套是搅拌反应釜最常用的传热结构,由圆柱形壳体和底封头组成。夹套的主要结构形式有整体夹套、型钢夹套、半圆管夹套和蜂窝夹套等。各种夹套适用的温度和压力范围见表 7-2。

表 7-2　各种夹套的适用范围

夹套形式		最高温度/℃	最高压力/MPa
整体夹套	U 形	350	0.6
	圆筒形	300	1.6
蜂窝夹套	短管支撑式	200	2.5
	折边锥体式	250	4.0
型钢夹套		200	2.5
半圆管夹套		350	6.4

① 整体夹套　常用的整体夹套形式有圆筒形和 U 形两种。图 7-3(a) 所示的圆筒形夹套仅在圆筒部分有夹套,传热面积较小,适用于换热量要求不大的场合。U 形夹套是圆筒部分和下封头都包有夹套,传热面积大,是最常用的结构,如图 7-3(b) 所示。

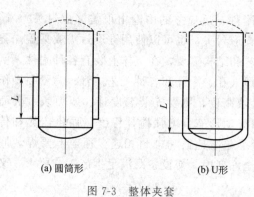

(a) 圆筒形　　　(b) U 形

图 7-3　整体夹套

根据夹套与筒体的连接方式不同,夹套与内筒的连接有可拆连接与不可拆(焊接)连接两种方式。可拆连接结构用于操作条件较差,或要求进行定期检查内筒外表面和需经常清洗夹套的场合。可拆连接是将内筒和夹套通过法兰来连接的。常用的可拆连接如图 7-4 所示。如图 7-4(a) 所示形式,要求在内筒上另装一连接法兰;如图 7-4(b) 所示是将内筒上端法兰加宽,将上封头和夹套都连接在宽法兰上,以增加传热面积。

不可拆连接主要用于碳钢制反应釜。通过焊接将夹套连接在内筒上。不可拆连接密封可靠、制造加工简单。常用的连接方式如图 7-5 所示。

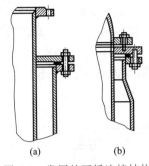 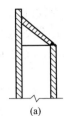 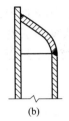 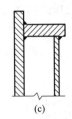 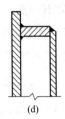

图 7-4 常用的可拆连接结构　　图 7-5 不可拆连接结构

② 型钢夹套　型钢夹套一般用角钢与筒体焊接组成，如图 7-6 所示。角钢主要有两种布置方式：沿筒体外壁轴向布置和沿容器筒体外壁螺旋布置。型钢的刚度大，不易弯曲成螺旋形。

③ 半圆管夹套　半圆管夹套如图 7-7 所示。半圆管在筒体外的布置，既可螺旋形缠绕在筒体上，也可沿筒体轴向平行焊在筒体上或沿筒体圆周方向平行焊接在筒体上，见图 7-8。半圆管或弓形管由带材压制而成，加工方便。当载热介质流量小时宜采用弓形管。半圆管夹套的缺点是焊缝多，焊接工作量大，筒体较薄时易造成焊接变形。

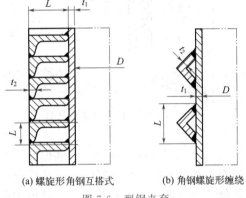

图 7-6　型钢夹套

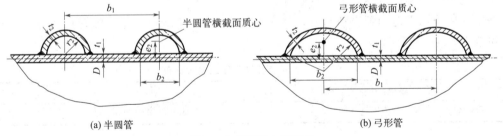

图 7-7　半圆管夹套结构

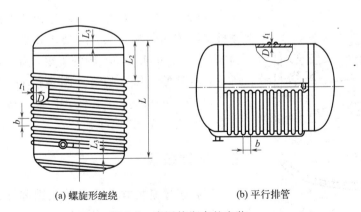

图 7-8　半圆管夹套的安装

④ 蜂窝夹套　蜂窝夹套是以整体夹套为基础，采取折边或短管等加强措施，提高筒体的刚度和夹套的承压能力，减少流道面积，从而减薄筒体厚度，强化传热效果。常用的蜂窝夹套有折边式和拉撑式两种形式。夹套向内折边与筒体贴合好再进行焊接的结构称为折边式蜂窝夹套，如图 7-9 所示。拉撑式蜂窝夹套是用冲压的小锥体或钢管做拉撑体。图 7-10 为短管支撑式蜂窝夹套，蜂窝孔在筒体上呈正方形或三角形布置。

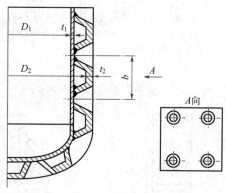

图 7-9　折边式蜂窝夹套

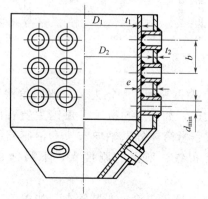

图 7-10　短管支撑式蜂窝夹套

夹套上设有蒸汽、冷却水或其他加热、冷却介质的进出口。当加热介质是蒸汽时，进口管应靠近夹套上端，使冷凝液从底部排出；当加热或冷却介质是液体时，则进口管应设在底部，使液体下进上出，有利于气体排出和充满液体。

(2) 蛇管　在反应釜中，如果夹套传热不能满足工艺要求，或筒体不能采用夹套时，可采用蛇管传热。蛇管置于釜内，沉浸在物料之中，提高了物料的对流程度，增强了搅拌效果，热能能充分利用，传热效果比夹套好。

蛇管一般采用无缝钢管绕制而成，公称直径为 $\phi 25\sim 70\mathrm{mm}$，蛇管的管长和管径的最大比值可参考表 7-3 进行选取。

表 7-3　蛇管管长与管径的最大比值

蒸汽压/MPa	0.045	0.125	0.2	0.3	0.5
管长与管径的最大比值	100	150	200	225	275

蛇管的常用结构形状有圆形螺旋状、平面环形、U 形立式、弹簧同心圆组并联形式等。蛇管的长度不宜过长，以免凝液积聚或不凝惰性气体排出困难而影响传热。当要求传热面积较大时，可以制成 2～3 个并联的同心圆蛇管组，蛇管的排列如图 7-11 所示。这种蛇管组合的最外圈直径 D_0 一般比筒体内径 D_i 小 200～300mm，其内外圈距离一般为 (2～3)d，各圈垂直距离为 h 为 (1.5～2)d。

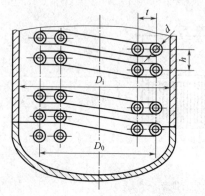

图 7-11　蛇管的排列

三、搅拌装置

搅拌装置是搅拌反应釜的关键部件，搅拌效果与搅拌装置的结构、类型、强度等密切相关，我国对搅拌装置的主要零部件均已实行标准化生产,供使用时选用。搅拌装置通常包括搅拌器、搅拌轴、支承结构以及挡板、导流筒等部件。

1. 搅拌器类型

(1) 推进式搅拌器 推进式搅拌器的形状如同船舶推进器,故又称船用推进器。桨叶上表面为螺旋面,一般为三瓣叶片,其结构形式如图 7-12 所示。推进式搅拌器常用整体铸造方法制成,加工方便,材料为铸铁或不锈钢。也可采用焊接成形,需模锻后再与轴套焊接,加工较困难。搅拌器可以用轴套以平键或紧固螺钉与轴连接,制造时均应进行静平衡试验。搅拌时,流体由桨叶上方吸入,下方以圆筒状螺旋形排出,流体至容器底再沿筒壁返至桨叶上方,形成轴向流动。推进式搅拌器使物料在釜内循环流动,液体剪切作用小,上下翻腾效果好。推进式搅拌器的优点是结构简单,制造方便(整体铸造),可在较小的功率下得到较好的搅拌效果,适用于黏度低、流量大的场合。

(2) 桨式搅拌器 桨式搅拌器是将 2~4 片桨叶固定在搅拌轴上,如图 7-13 所示。桨叶的形状分为平直叶和折叶式两种,一般由扁钢或角钢加工而成,也可由合金钢、有色金属等制造。为使搅拌更有效,可装置数排桨叶,相邻两层桨叶交错成 90°排列。

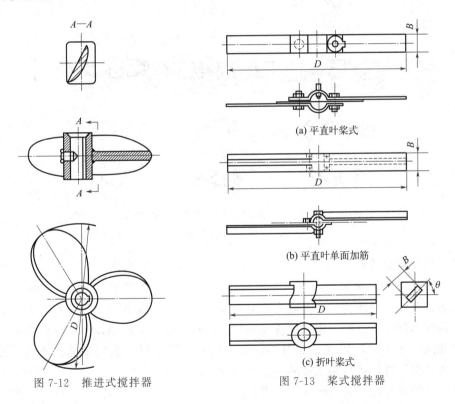

图 7-12 推进式搅拌器   图 7-13 桨式搅拌器

平直叶的叶片与旋转方向垂直,主要使物料产生切线方向的流动,如加设有挡板也可产生一定程度的轴向搅拌作用。折叶式则与旋转方向成一倾斜角度,产生的轴向分流比平直叶多,除了能使液体做圆周运动外,还能使液体做上下运动,起到充分搅拌作用。桨式搅拌器的尺寸较大,直径一般为筒体内径的 0.35~0.8 倍,其中 $D/B=4\sim10$。搅拌桨转速较低,一般为 20~80r/min,圆周速度为 1.5~3m/s。

桨式搅拌器是结构最为简单的一种搅拌器,制造容易。缺点是旋转方向的液流较大,即使是折叶式搅拌器,所造成的轴向流动范围也不大。适用于流体的循环或黏度较高物料的搅拌。

(3) 涡轮式搅拌器　涡轮式搅拌器形式较多,涡轮结构如同离心泵的翼轮,可分为开启式和带圆盘两大类,桨叶又分为平直叶、弯叶和折叶式三种,如图 7-14 所示。搅拌叶一般和圆盘焊接(或以螺栓连接),圆盘焊在轴套上。搅拌器用轴套以平键和销钉与轴固定。搅拌器的结构及工作原理与离心泵相似,当涡轮旋转时,液体由轮心吸入,同时靠离心力从桨叶通道沿切线方向抛出,造成流体剧烈的搅拌。

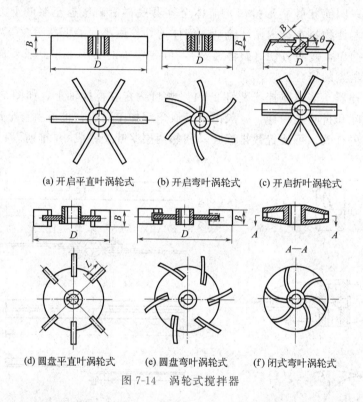

(a) 开启平直叶涡轮式　(b) 开启弯叶涡轮式　(c) 开启折叶涡轮式

(d) 圆盘平直叶涡轮式　(e) 圆盘弯叶涡轮式　(f) 闭式弯叶涡轮式

图 7-14　涡轮式搅拌器

涡轮式搅拌器的桨叶直径一般为筒体内径的 0.25～0.5 倍,且一般在 ϕ700mm 以下,$D/B=5\sim8$。桨叶的转速较高,切线速度约为 3～80m/s,转速范围 300～600r/min。涡轮式搅拌器的主要优点是能耗低,效率高,应用范围广,几乎能有效完成所有搅拌操作。

(4) 锚式和框式搅拌器　锚式搅拌器的桨叶形状类似船上的锚,由垂直桨叶和形状与下封头形状相同的水平桨叶组成,如图 7-15(a) 所示。搅拌器与釜内壁的距离在 5mm 以下时,除起搅拌作用外,还可刮去釜内壁上的沉积物。当釜体直径较小时,可采用不可拆结构,搅拌叶与轴套间焊接或整体铸造。当釜体直径较大时,搅拌器做成可拆式,即用螺栓连接各搅拌叶,方便检修时拆卸。主要用扁钢或角钢弯制,特殊情况下可用管材焊制。

若在锚式搅拌器的桨叶上加固横梁即成为框式搅拌器,见如图 7-15(b) 和 (c)。锚式和框式搅拌器的共同特点是旋转部分的直径较大,可达筒体内径的 0.9 倍以上。由于直径较大,搅动范围很大,不易形成死区,可使釜内整个液层形成湍动,减小沉淀或结块,对黏度在 100Pa·s 以下的流体搅拌较适合。但这类搅拌器转速较低,叶片顶部的圆周速度在 0.5～1.5m/s,基本不产生轴向液流,混合效果不太理想,只适用于对混合要求不太高的场合。又由于容器壁附近流速较大，有较大的表面传热系数，故常用于传热、晶析操作。也常用于搅拌高浓度淤浆和沉降性淤浆。

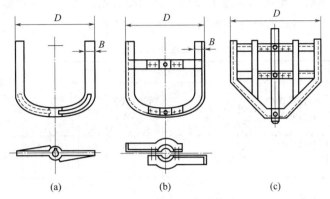

图 7-15　锚式及框式搅拌器

（5）螺带式搅拌器　螺带式搅拌器由螺旋带、轴套和与两者连接的支撑杆组成，如图 7-16 所示。其桨叶是一定宽度和一定螺距的螺旋带，通过横向拉杆与搅拌轴连接。螺旋带外直径接近筒体内直径，搅动时液体呈现复杂运动，至上部再沿轴而下，混合和传质效果好。

螺带式搅拌器的主要特点是消耗功率较小，应用范围广，常用于高分子化合物的聚合反应釜内，并主要用于高黏度、低转速的情况。

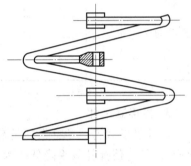

图 7-16　螺带式搅拌器

2. 搅拌器的标准及选用

（1）搅拌器的标准　由于搅拌过程种类繁多，所以使用的搅拌器形式多种多样。为确保搅拌器的生产质量，降低制造成本，增加零部件的互换性，对搅拌器的结构形式制定了相应标准，并对标准搅拌器制定了技术条件。现行的搅拌器标准有：桨式搅拌器（HG/T 3796.3—2005）、涡轮式搅拌器（HG/T 3796.4～5—2005）、推进式搅拌器（HG/T 3796.8—2005）、板式螺旋桨搅拌器（HG/T 3796.9—2005）、锚框式搅拌器（HG/T 3796.12—2005）。

搅拌器标准的内容包括：结构形式、基本参数和尺寸、技术要求、图纸目录等。需要时可根据生产要求选用标准搅拌器。

（2）搅拌器的选用　搅拌器使用过程中，所搅拌物料的黏度对搅拌状态有很大影响，因此选用搅拌器时，根据物料黏度选型是首要要考虑的因素。随黏度升高各种搅拌器使用的顺序大致如下：推进式、涡轮式、桨叶式、锚式、螺带式。桨叶式结构简单，用挡板可改善流型，在高、低黏度场合仍适用；涡轮式对流循环能力、湍流扩散和剪切力都较强，是应用最广的桨型。

其次，要根据搅拌器的功能选型，搅拌器的功能概括起来就是提供搅拌过程所需的能量和适宜的流动状态，以达到搅拌过程的目的。桨叶的形状、尺寸、挡板的设置情况、物料在釜内的进出方式、搅拌器的安装位置、方式、工作环境都对搅拌器的功能有影响。

此外，选型时还要考虑搅拌器容积大小、操作费用以及制作、维护和检修等因素。

总之，由于搅拌过程涉及流体的流动、传热、传质等各种因素，应综合考虑，满足工艺、安全与经济等各方面的需要。可根据实践经验，选择习惯应用的桨型，再在常用范围内决定搅拌器的各种参数；也可以通过小型试验，取得数据，再进行比拟放大。

表 7-4 给出了各种形式的搅拌器的适用条件，可供参考。

表 7-4 搅拌器类型及适用条件

搅拌器类型	流动状态			搅拌目的									釜容量范围/m³	转速范围/r·min⁻¹	最高黏度/Pa·s
	对流循环	湍流扩散	剪切流	低黏度液混合	高黏度液混合传热反应	分散	溶解	固体悬浮	气体吸收	结晶	传热	液相反应			
涡轮式	○	○	○	○		○	○	○	○	○	○	○	1~100	10~300	50
桨式	○	○	○	○	○		○				○	○	1~200	10~300	2
推进式	○	○		○			○	○	○	○		○	1~1000	100~500	50
折叶开启涡轮式	○	○	○	○		○			○				1~1000	10~300	50
锚式	○				○						○		1~100	1~100	100
螺杆式	○				○								1~50	0.5~50	100
螺带式	○				○								1~50	0.5~50	100

注：表中"○"为适合，空白为不适或不许。

3. 搅拌器附件

液体黏度较低、搅拌器转速较高时，釜内液体易产生旋涡或称为"柱状回转区"，使搅拌效果降低，为了减少旋涡现象，通常在反应釜内增设挡板或导流筒，迫使流体改变流动形态。选用何种附件要综合考虑搅拌器的类型，从而达到预期的搅拌目的。但同时附件的增设会增大流体阻力，影响搅拌功率。

釜式反应器结构——挡板和导流管

（1）挡板　反应釜内的挡板主要使用的是固定在釜体内壁上的长条形板，称为竖挡板。竖挡板宽度为筒体内径的 1/12~1/10。挡板的数量根据容器直径确定，当直径小于 1m 时为 2~4 块，大于 1m 时为 4~8 块，一般以装 4~6 块居多。安装时，挡板上边缘与液面平齐，下边缘可达釜底。当流体黏度较小时，挡板可紧贴内壁安装，如图 7-17(a) 所示。当流体黏

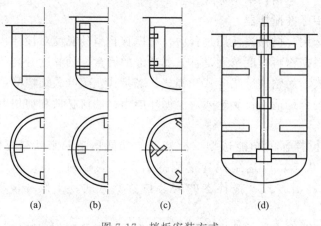

图 7-17　挡板安装方式

度较大或含有固体颗粒时，挡板应与壁面保持一定距离，以防物料黏结和堆积，如图 7-17 (b) 所示。也可将挡板倾斜一定角度安装，如图 7-17(c) 所示。如物料黏度高且使用桨式搅拌器，还可装横向挡板，如图 7-17(d) 所示。如反应釜中装设的蛇管换热，可部分或全部代替挡板，装竖直换热管时一般可以不再安装挡板。

反应釜内安装挡板后，可以使流体的切向流动转为轴向和径向流动，轴向和径向流动能使釜内流体主体的对流扩散得到明显改善，同时增大釜内流体的湍动程度，从而改善搅拌效果。

(2) 导流筒　导流筒是上下开口的圆筒，安装在反应釜筒体内。对于涡轮式或桨叶式搅拌器，导流筒置于桨叶上方；对推进式搅拌器，导流筒是套在桨叶外面或略高于桨叶，如图 7-18 所示；流体在导流筒内部和外部可形成上下循环的流动，增加了流体的湍动程度，减少了短路机会，提高了混合效率。

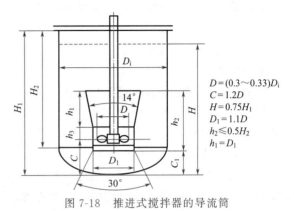

图 7-18　推进式搅拌器的导流筒

四、传动装置

反应釜传动装置通常设置在反应釜顶盖（上封头）上，主要作用是带动搅拌器运转，多采用立式布置。一般包括电动机、减速器、联轴器、搅拌轴及机座等，如图 7-19 所示。电动机通过减速器将转速减至工艺所需的搅拌转速，再通过联轴器带动搅拌轴旋转，从而带动搅拌器工作。

1. 电动机

应根据电动机的功率、转速、安装方式、防爆要求等因素选择电动机，其中电动机的功率是选用的主要参数。电动机的功率主要根据搅拌所需的功率及传动装置的传动效率来确定。搅拌所需功率一般由工艺要求给出，传动效率与所选减速器的结构有关。此外还要考虑搅拌轴通过轴封装置时因摩擦而损耗的功率。

电动机的功率为

$$P_e = \frac{P + P_m}{\eta} \quad (7-1)$$

式中　P_e——工艺所要求的搅拌功率，kW；
　　　P——轴封的摩擦损耗功率，kW；
　　　P_m——传动系统的机械效率，可参阅有关资料选取。

电动机多数情况与减速器配套使用，往往一并配套供应，因此，电动机的选用还要与减速器的选用配合考虑。

2. 减速器

减速器是工业生产中应用较普遍的典型装置，其作用是根据工艺条件的要求传递运动和改变转动速度。常用的反应釜用减速器有摆线针轮行星减速器、齿轮减速器、V 带减速

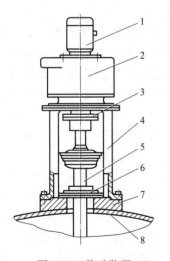

图 7-19　传动装置
1—电动机；2—减速器；3—联轴器；
4—支架；5—搅拌轴；6—轴封装置；
7—凸缘法兰；8—顶盖（上封头）

器、圆柱蜗杆减速器及谐波减速器等多种形式，国家已制定了相应系列标准。使用时，可根据传动比、转速、载荷大小及性质，再结合效率、外廓尺寸、重量、价格和运行费用等各项指标，进行综合考虑，选定合适的类型与型号。

3. 联轴器

联轴器的作用是将减速器和搅拌器的两轴，轴向牢固连接起来，传递扭矩及运动，并具有一定的补偿两轴偏移的能力。为了减少机械传动系统的振动、降低冲击尖峰载荷，联轴器还应具有一定的缓冲减振性能。联轴器一般可分为两大类：刚性联轴器和弹性联轴器。

4. 搅拌轴

搅拌轴的作用是连接减速器与搅拌器，从减速器的输出轴取得动力，使搅拌器旋转，从而达到搅拌的目的。搅拌轴没有统一标准，其机械设计内容与一般搅拌轴相同，主要进行结构设计和强度校核。

搅拌轴常采用45号优质碳素钢制造，对强度要求较低的搅拌轴也可用Q325钢制造。当物料具有腐蚀性时，应根据腐蚀介质的性质和温度条件来选用合适材料，或在碳钢轴外包覆耐腐蚀性材料，如采用不锈耐酸钢或搪瓷等。

搅拌轴常使用圆截面实心或空心轴。轴的上端与减速器输出轴是通过联轴器相连的，搅拌轴结构设计时上端必须符合联轴器的连接结构要求。轴的下端固定着不同类型和数量的搅拌器，所以轴上相应位置应加工出同搅拌器相配合的结构尺寸。对于采用底轴承或中间轴承的搅拌轴，需按支承条件在相应位置加工出相应的结构尺寸。

五、轴封装置和内部构件

反应釜除了要考虑各种工艺接管的静密封外，还要考虑搅拌轴与顶盖间的密封，以阻止釜内介质向外泄漏和外界空气进入釜内。反应釜中的搅拌轴是旋转运动的，而顶盖是静止固定的，所以搅拌轴与顶盖之间的密封为动密封。对动密封的基本要求是：密封可靠、结构简单、装拆方便、使用寿命长。反应釜常用的动密封形式有填料密封和机械密封。

1. 填料密封

（1）填料密封结构及密封原理　填料密封是指通过预紧或介质压力的自紧作用使填料与转动件及固定件之间产生压紧力的动密封装置，又称填料函密封。填料密封的结构如图7-20所示，它是由底环、本体、油环、填料、螺柱、压盖及油杯等组成。在压盖压力作用下，装在搅拌轴与填料箱本体之间的填料，对搅拌轴表面产生径向压紧力。由于填料中含有润滑剂，因此，在对搅拌轴产生径向压紧力的同时，形成一层极薄的液膜，一方面使搅拌轴得到润滑，另一方面阻止设备内流体的溢出或外部流体的渗入，达到密封的目的。虽然填料中含有润滑剂，但在运转中润滑剂不断消耗，故在填料中间设置油环。使用时可从油杯加油，保持轴和填料之

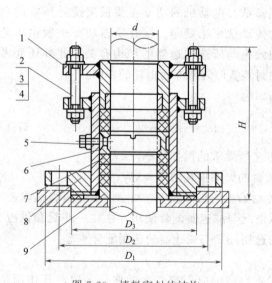

图7-20　填料密封的结构

1—压盖；2—双头螺柱；3—螺母；4—垫圈；
5—油杯；6—油环；7—填料；8—本体；9—底环

间的润滑。

填料密封是通过压盖施加压紧力使填料变形来获得的。压紧力过大，将使填料过紧地压在转动轴上，会加速轴与填料间的磨损，导致间隙增大反而使密封快速失效；压紧力过小，填料未能贴紧转动轴，将会产生较大的间隙泄漏。所以工程上从延长密封寿命考虑，允许有一定的泄漏量，一般为150～450mL/h。泄漏量和压紧程度通过调整压盖的压紧力来实现，并规定更换填料的周期，以确保密封效果。

（2）填料　填料是形成密封的主要元件，其性能优劣对密封效果起关键性作用。填料的选用应根据介质特性、工艺条件、搅拌轴的轴径及转速等情况进行。对于低压、无毒、非易燃易爆等介质，可选用石棉绳作填料。对于压力较高且有毒、易燃易爆的介质，一般可用油浸石墨石棉填料或橡胶石棉填料。对于高温高压下操作的反应釜，密封填料可选用铅、紫铜、铝、蒙乃尔合金、不锈钢等金属材料作填料。

（3）填料箱　填料箱已有标准件，标准号为HG/T 2048.2—1991。标准的制订以标准轴径为依据，轴径系列有$\phi30$、$\phi40$、$\phi50$、$\phi65$、$\phi80$、$\phi95$、$\phi110$和$\phi130$八种规格，已能适应大部分厂家的要求。填料箱的材质有铸铁、碳钢、不锈钢三种。结构形式有带衬套及冷却水夹套和不带衬套与冷却水夹套两种。当操作条件符合要求时，可直接选用。

（4）压盖与衬套　压盖的作用是盖住填料，并在压紧螺母拧紧时将填料压紧，从而达到轴封的目的。压盖的内径应比轴径稍大，而外径应比填料室内径稍小，使轴向活动自由，以便于压紧和更换填料。

通常在填料箱底部加设一衬套，它的作用如同轴承。衬套与箱体通过螺钉作周向固定。衬套上开有油槽和油孔。油杯中的油通过油孔润滑填料。衬套常选用耐磨性较好的球墨铸铁、铜或其他合金材料制造，也可采用聚四氟乙烯、石墨等抗腐蚀性能较好的非金属材料。

2. 机械密封

（1）密封结构与密封机理　机械密封装置主要由动环、静环、弹簧加荷装置和辅助密封圈等四部分组成，其结构如图7-21所示。静环7利用防转销6与静环座4连接起来，中间加密封圈5。利用弹簧2把动环3压紧于静环上，使其紧密贴合形成一个回转密封面，弹簧还可调节动环以补偿密封面磨损产生的轴向位移。动环内有密封圈8以保证动环在轴上的密封，弹簧座1靠紧定螺钉（或键）固定在轴（或轴承）上。动环、动环密封圈、弹簧及弹簧座随轴一起转动。

机械密封在结构上要防止四条泄漏途径，形成了四个密封点A、B、C、D（见图7-21），

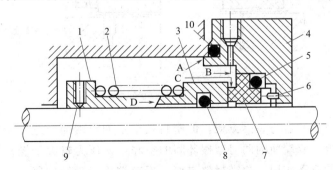

图7-21　机械密封

1—弹簧座；2—弹簧；3—动环；4—静环座；5—静环密封圈；6—防转销；7—静环；8—动环密封圈；
9—紧定螺钉；10—静环座密封圈

A 点是静环座与设备之间的静密封,密封元件是静环座密封圈 10;B 点是静环与静环座之间的静密封,密封元件是静密封圈 5;D 点是动环与轴(或轴套)之间的静密封,密封元件是动环密封圈 8;C 点是动环与静环之间有相对运动的两个端面的密封,属于动密封,是机械密封的关键部位。它依靠介质的压力和弹簧力使两端面紧密贴合,并形成一层极薄的液膜起密封作用。

(2) 机械密封的分类　机械密封通常依据动静环的对数、弹簧的个数等结构特征以及介质在端面上引起的压力情况等加以区分。常见的结构形式有如下几种。

① 单端面与双端面　当密封装置中只有一对摩擦环(即一对密封面)时称为单端面,其结构如图 7-22 所示;有两个摩擦环的(即两对密封面)称为双端面,其结构如图 7-23 所示。

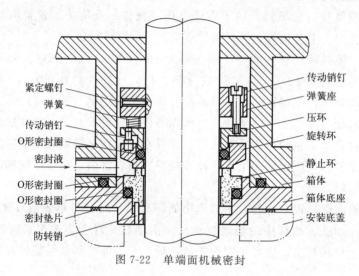

图 7-22　单端面机械密封

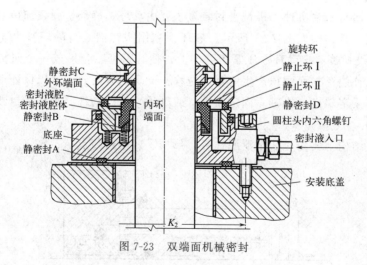

图 7-23　双端面机械密封

单端面结构简单,制造与装拆方便,但密封效果不如双端面,适合于密封要求不太高、介质压力较低的场合。双端面的两对摩擦环间的空腔注入压力略大于操作压力的中性液体,能起到密封和润滑的双重作用,故密封效果好。但双端面密封结构复杂,制造装拆较困难,同时还需要配备一套封液输送装置,其不方便维修。

② 大弹簧与小弹簧　大弹簧又称单弹簧,即在密封装置中仅有一个与轴同轴安装的弹

簧。只有大弹簧时结构简单、安装简便，但作用在端面上的压力分布不均匀，且难于调整，适应轴径较小的场合。小弹簧又称多弹簧，即在密封装置中装设数个沿圆周分布的小弹簧。小弹簧弹力分布均匀、缓冲性能好，适应轴径较大、密封要求高的场合。

③ 平衡型与非平衡型　根据接触面负荷平衡状况，机械密封又可分为平衡型与非平衡型两种。平衡型与非平衡型是以液体压力负荷面积对端面密封面积的比值大小判别的。设液体压力负荷面积为 A_y，密封面接触面积为 A_j，其比值 K 为 A_y/A_j。

经过适当的尺寸选择，可使机械密封设计成 $K<1$、$K=1$ 或 $K>1$。当 $K<1$ 时称为平衡型机械密封，如图 7-24(a) 所示，平衡型机械密封由于液压负荷面积减小，使接触面上的净负荷也越小。$K \geqslant 1$ 时为非平衡型，如图 7-24(b)、(c) 所示。通常平衡型机械密封的 K 值为 0.6~0.9，非平衡型机械密封的 K 值在 1.1~1.2 之间。

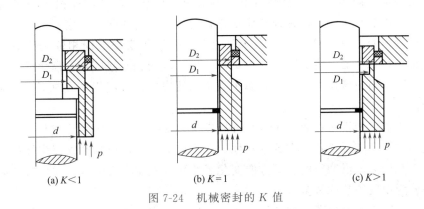

图 7-24　机械密封的 K 值

(3) 主要零部件

① 动环和静环　动环和静环是机械密封中最重要的元件。由于工作时动环和静环产生相对运动的滑动摩擦，因此，动、静环要选用耐磨性、减摩性和导热性能好的材料。一般情况下，动环材料的硬度要比静环高，可用铸铁、硬质合金、高合金钢等材料，介质腐蚀严重时，可选用不锈钢。当介质黏度较小时，静环材料可选择石墨、氟塑料等非金属材料；介质黏度较高时，也可采用硬度比动环材料低的金属材质。由于动环与静环两接触端面要产生相对摩擦运动，且要保证密封效果，故两端面加工精度要求很高。

② 弹簧加荷装置　弹簧加荷装置由弹簧、弹簧座、弹簧压板等组成。弹簧通过压缩变形产生压紧力，以使动、静环两端面在不同工况下都能保持紧密接触。同时，弹簧又是一个缓冲元件，可以补偿轴的跳动及加工误差引起的摩擦面不贴合。弹簧还能起到传递扭矩的作用。

③ 静密封元件　静密封元件是通过在压力作用下自身的变形来形成密封条件的。釜用机械密封的静密封元件形状常用的有 O 形、V 形、矩形等，如图 7-25 所示。

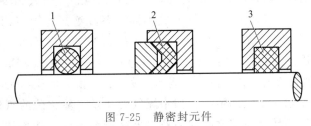

图 7-25　静密封元件
1—O 形环；2—V 形环；3—矩形环

单元三 其他类型反应器

一、固定床反应器

1. 固定床反应器的分类和结构

固定床反应器又称填充床反应器,是装填有固体催化剂或固体反应物用以实现多相反应过程的一种反应器。固体物通常呈颗粒状,粒径 2~15mm 左右,堆积成一定高度(或厚度)的床层。床层静止不动,流体通过床层进行反应。它与流化床反应器及移动床反应器的区别在于固体颗粒处于静止状态。固定床反应器主要用于实现气固相催化反应,如氨合成塔、二氧化硫接触氧化器、烃类蒸汽转化炉等。用于气固相或液固相非催化反应时,床层则填装固体反应物。涓流床反应器也可归属于固定床反应器,气液相并流向下通过床层,呈气液固相接触。

固定床反应器按照反应过程中是否与环境发生热交换,可分为绝热式和换热式。

(1)绝热式固定床反应器 在绝热式固定床反应器中,反应的时候反应器床层与环境不发生热交换,反应温度沿物料的流动方向变化。绝热式固定床反应器按照反应器床层的段数多少,又可分为单段绝热式和多段绝热式。

单段绝热式固定床反应器是在圆筒体底部安装一块支承板,在支承板上装填固体催化剂或固体反应物。预热后的反应气体经反应器上部的气体分布器均匀进入固体颗粒床层进行化学反应,反应后的气体由反应器下部的出口排出。如图 7-26 所示,该固定床反应器床层高度比较高,故也称厚床层绝热式固定床反应器。这类反应器结构简单,生产能力大,但是移热效果比较差。对于反应热效应不大或反应过程对温度要求不是很严格的反应过程,常采用此类反应器,如乙苯脱氢制苯乙烯、天然气为原料的一氧化碳中(高)温变换。对于热效应较大且反应速率很快的化学反应,只需一层薄薄的催化剂床层即可达到需要的转化率。如图 7-27 所示,该固体颗粒床层很薄,故也称为薄床层绝热式固定床反应器。如甲醇在银或铜的催化剂上用空气氧化制甲醛。反应物料在该薄床层进行化学反应的同时不进行热交换,是绝热的。薄床层下面是一列管式换热器,用来降低反应物料的温度,防止物料进一步氧化或分解。

多段绝热式固定床反应器中,固体颗粒床层分多层,原料气通过第一段绝热床反应,温度和转化率升高,此时将反应物料通过换热冷却,使反应气远离平衡温度曲线状态,然后进行下一段绝热反应。绝热反应和冷却(加热)间隔进行,根据不同化学反应的特征,一般有二段、三段或四段绝热固定床。根据段间反应气的冷却或加热方式不同,多段绝热式固定床反应器又分为中间间接换热式(图 7-28)和中间直接冷激式(图 7-29)。

多段绝热式固定床反应器

中间间接换热式是在段间装有换热器,其作用是将上一段的反应气冷却或加热。图 7-28(a)是在层间加入换热盘管的方式。由于层间加入换热盘管换热面积不大,换热效率不高,因此,只适用于换热量要求不太大的情况。如水煤气转化及二氧化硫的氧化。另外图 7-28(b)是在两个单段绝热式固定床反应器之间加一换热器来调节温度。如炼油工业中的催化重整,用四个绝热式固定床反应器,在两个反应器之间加一加热炉,把在反应过程(吸热反应)中降温的物料升高温度,再进入下一个反应器进行反应。

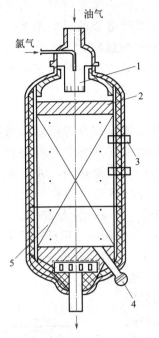

图 7-26　厚床层绝热式固定床反应器
1—原料气分配头；2—支承板；3—测温管；
4—催化剂卸料口；5—催化剂

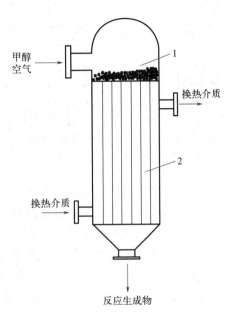

图 7-27　薄床层绝热式固定床反应器
1—催化剂床层；2—列管式换热器

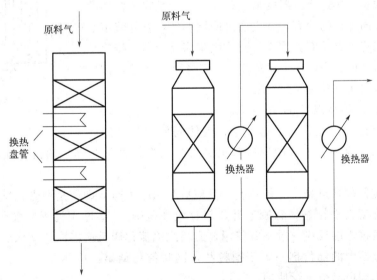

(a) 层间加入换热盘管　　(b) 在两个单段绝热式固定床反应器之间加一换热器
图 7-28　中间间接换热式固定床反应器

中间直接冷激式是用冷流体直接与上一段出口气体混合,以降低反应温度。图 7-29(a) 是用原料气作冷激气,称为原料气冷激式；图 7-29(b) 是用非关键组分的反应物作冷流体,称为非原料气冷激式。冷激式反应器内无冷却盘管,结构简单,便于装卸催化剂。一般用于

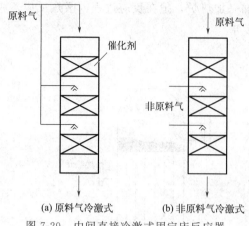

图 7-29 中间直接冷激式固定床反应器
(a) 原料气冷激式 (b) 非原料气冷激式

大型催化反应固定床中，如大型氨合成塔、一氧化碳和氢气合成甲醇。

（2）换热式固定床反应器 当反应热效应较大时，为了维持适宜的反应温度，必须在反应的同时，采用换热的方法把反应热及时移走或对反应提供热量。按换热方式的不同，可分为对外换热式固定床反应器和自热式固定床反应器。

对外换热式固定床反应器多为列管式固定床反应器，如图 7-30 所示，结构类似于列管式换热器，在管内装填催化剂，管外通入换热介质。管径的大小应根据反应热和允许的温度而定，反应的热效应很大时，需要传热面积大，一般选用细管，管径一般为 25~50mm，但不宜小于 25mm。列管式固定床反应器的优点是传热效果好，易控制固定床反应器床层的反应温度，因为在列管式固定床反应器中管径较小，流体流速较大，流体在床内流动可视为理想置换流动，故反应速率快，选择性高。缺点是其结构复杂，造价较高。

在固定床反应器中，利用反应热来加热原料气，使原料气的温度达到要求的温度，同时降低反应物料的温度，使反应温度控制在适宜范围，这种反应器称为自热式固定床反应器。它只适用于热效应不太大的放热反应和原料气必须预热的系统。这种反应器本身能达到热量平衡，不需外加换热介质来加热和冷却反应器床层。自热式反应器的形式很多，一般是在圆筒体内配置许多与轴向平行的冷管，管内通过冷原料气，管外装填催化剂，所以又将这类反应器称为管壳式固定床反应器。按冷管的形式不同，又可分为单管、双套管、三套管和 U 形管，按管内外流体的流向还有并流和逆流之分。

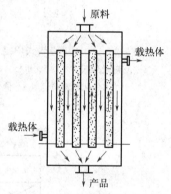

图 7-30 列管式固定床反应器

2. 固定床反应器特点

固定床反应器的优点是：①返混小，流体同催化剂可进行有效接触，当反应伴有串联副反应时也可得较高选择性；②催化剂机械损耗小；③结构简单。

固定床反应器的缺点是：①传热差，反应放热量很大时，即使是列管式反应器也可能出现飞温（反应温度失去控制，急剧上升，超过允许范围）；②操作过程中催化剂不能更换，催化剂需要频繁再生的反应一般不宜使用，常代之以流化床反应器或移动床反应器。

固定床反应器中的催化剂不限于颗粒状，网状催化剂早已应用于工业上。目前，蜂窝状、纤维状催化剂也已被广泛使用。

二、流化床反应器

1. 流化床反应器结构

流化床反应器定义：气体以一定的流速通过催化剂颗粒层时，催化剂

反应器的选择——流化床反应器

颗粒被上升的气流吹得呈悬浮翻腾状态，同时反应气体在催化剂表面进行化学反应的设备。流化床反应器的结构形式较多，但无论什么形式，一般都由流化床反应器主体、气体分布装置、内部构件、换热装置、气-固分离装置等组成。图 7-31 是有代表性的带挡板的单器流化床反应器，这里结合它介绍流化床反应器的结构。

（1）流化床反应器主体　按床层中的介质密度分布分为浓相段（有效体积）和稀相段，底部设有锥底，有些流化床的上部还设有扩大段，用以增强固体颗粒的沉降。

（2）气体分布装置　气体分布装置包括设置在锥底的气体预分布器和气体分布板两部分。一般气体先通过预分布器，然后进入分布板，防止气流直冲分布板，影响均匀布气。

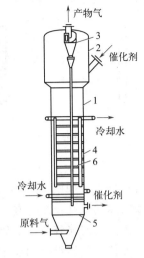

图 7-31　带挡板的单器流化床反应器
1—壳体；2—扩大段；3—旋风分离器；
4—换热管；5—气体分布器；6—内部构件

常见的气体预分布器的结构形式如图 7-32 所示。进气管自侧面进入锥底气室[见图 7-32(a)、(b)]，在气室内气体流股进行粗略的重整后进入分布板，这种常用的进气结构是最简单的气体预分布器。还可在气室内安装同心圆锥壳导向构件、开孔半球体或填料层[见图 7-32(c)、(d)、(e)]，使气体进入分布板前有一个大致均匀的分布。

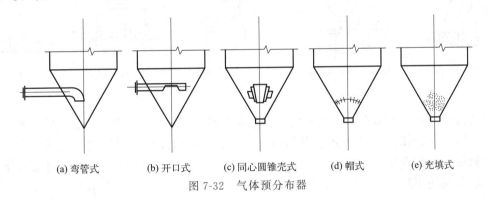

图 7-32　气体预分布器

气体分布板的作用有 3 个：支承床层上的催化剂或其他固体颗粒；分流，使气体均匀分布在床层的整个床面上，造成良好的起始流化条件；导向，可抑制气固系统恶性的聚式流态化，有利于保证床层稳定。

气体分布板的种类较多，概括起来，大致可分为 4 种，即密孔板、直流式、侧流式和填充式分布板，每种形式又有各种不同结构。

密孔板又称烧结板，被认为是气体分布均匀、初生气泡细小、流态化质量最好的一种分布板，但因其易被堵塞，并且堵塞后不易排出，加上造价较高，所以在工业中较少使用。

直流式分布板结构简单，易于设计制造，但气流方向正对床层，易使床层形成沟流，小孔易于堵塞，停车时又易漏料，所以除特殊情况外，一般不使用直流式分布板。图 7-33 所示的是三种结构的直流式分布板。单层多孔板结构简单，便于设计和制造，但气流方向与床层垂直，易使床层形成沟流；小孔易于堵塞，停车时易漏料。多层多孔板能避免漏料，但结构稍微复杂。凹形多孔板能承受固体颗粒的重荷和热应力，还有助于抑制鼓泡和沟流。

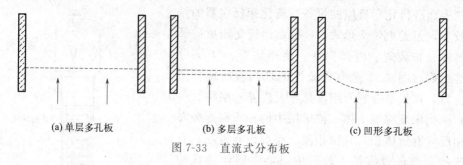

(a) 单层多孔板　　　　(b) 多层多孔板　　　　(c) 凹形多孔板

图 7-33　直流式分布板

侧流式分布板如图 7-34 所示，它是在分布板孔中装有锥形风帽，气流从锥帽底部的侧缝或锥帽四周的侧孔流出，是应用较广、效果较好的一种分布板。其中锥形侧缝分布板应用最广，其优点是气流经过中心管，然后从锥帽底边侧缝逸出，减少了孔眼堵塞和漏料，加强了料面的搅拌，气体沿板面流出形成"气垫"，不致使板面温度过高，避免了直孔型的缺点；锥帽顶的倾斜角度大于颗粒的堆积角，不致使颗粒贴在锥帽顶部形成死角，并在 3 个锥帽之间又能形成一个小锥形床，这样多个锥形体有利于流化质量的改善。

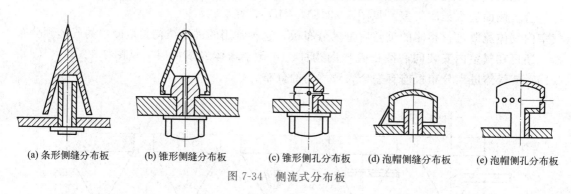

(a) 条形侧缝分布板　(b) 锥形侧缝分布板　(c) 锥形侧孔分布板　(d) 泡帽侧缝分布板　(e) 泡帽侧孔分布板

图 7-34　侧流式分布板

填充式分布板是在多孔板（或栅板）和金属丝网上间隔地铺上卵石、石英砂、卵石，再用金属丝网压紧，如图 7-35 所示，其结构简单，制造容易并能达到均匀布气的要求，流态化质量较好。但在操作过程中，固体颗粒一旦进入填充层就很难被吹出，容易造成烧结。另外，经过长期使用后，填充层常有松动，造成移位，降低了布气的均匀程度。

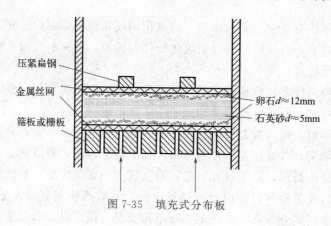

图 7-35　填充式分布板

（3）内部构件　内部构件主要用来破碎气体在床层中产生的大气泡，增大气-固相间的接触机会；减少返混，从而增加反应速率和提高转化率。内部构件包括挡网、挡板和填充物等。在气流速率较低、催化反应对于产品要求不高时，可以不设置内部构件。

挡网（见图 7-36）网眼通常为 15mm×15mm 或 25mm×25mm，网丝直径为 3~5mm。

目前我国工业流化床的挡板多为百叶窗式斜片挡板，分为单旋挡板（图 7-37）和多旋挡板（图 7-38）。

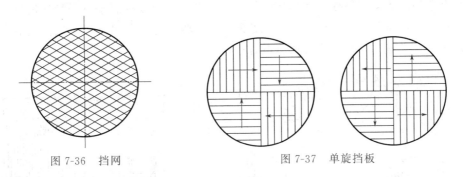

图 7-36　挡网　　　　　　　图 7-37　单旋挡板

单旋挡板使气流只形成一个旋转中心，据气流旋转方向的不同，可分为内旋（向心）挡板和外旋（离心）挡板。向心挡板使粒子在床中心稀而近壁处浓，离心挡板使粒子在半径的 1/2 处浓度小，床中心和近壁处浓度大。因此，单旋挡板使粒子在床层中分布不均匀，且随床径增加，这种不均匀性更为显著。为解决这一问题，在大直径流化床中都采用多旋挡板。

多旋挡板，当气流通过后，产生多个旋转中心，使气固充分接触和混合，颗粒的径向浓度分布趋于均匀。但多旋挡板结构复杂，加工制造不方便，同时它较大地限制了固体颗粒的轴向混合，增大了床层轴向温差。

每一块挡板都有若干片相互平行的斜片，斜片的厚度 δ、倾角 θ、高度 h 和间距 a 如图 7-39 所示。

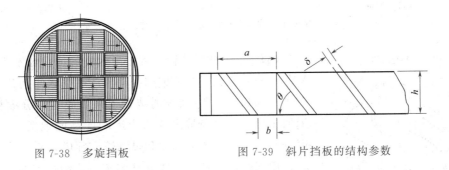

图 7-38　多旋挡板　　　　　图 7-39　斜片挡板的结构参数

采用挡板可破碎上升的气泡，使粒子在床层径向的粒度分布趋于均匀，改善气固接触状况，阻止气体的轴向返混。但挡板也有不利的一面，它阻碍了颗粒的轴向混合，使颗粒沿床层高度按其粒径大小产生分级现象，使床层的轴向温差变大，因而恶化了流化质量。为了减少床层的轴向温度差，提高流化质量，挡板直径应略小于设备直径，使颗粒沿四周环隙下降，然后再被气流通过各层挡板吹上去，从而构成一个使颗粒得以循环的通道。

(4) **换热装置**　换热装置的作用是用来取出或供给反应所需要的热量。由于流化床反应器的传热速率远远高于固定床，因此同样反应所需的换热装置要比固定床中的换热装置小得多。

常见的流化床内部换热器如图 7-40 所示。列管式换热器是将换热管垂直放置在床层内密相或床面上稀相的区域中，常用的有单管式和套管式两种，根据传热面积的大小排成一圈或几圈。鼠笼式换热器是由多根直立支管与汇集横管焊接而成，这种换热器可以安排较大的传热面积，但焊缝较多。管束式换热器分直列和横列两种，但横列的管束式换热器常用于流化质量要求不高而换热量很大的场合，如沸腾燃烧锅炉等。U 形管式换热器是经常采用的一种类，具有结构简单、不易变形和损坏、催化剂寿命长、温度控制十分平稳的优点。蛇管式换热器也具有结构简单、不存在热补偿问题的优点，但也存在与横列管束式换热器相类似的问题，即换热效果差，对床层流态化质量有一定的影响。

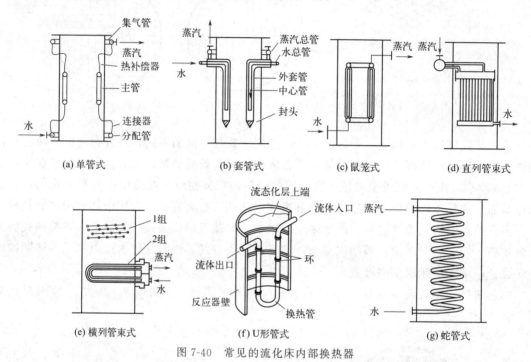

图 7-40　常见的流化床内部换热器

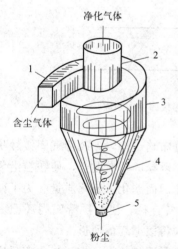

图 7-41　旋风分离器结构示意
1—矩形进口管；2—螺旋状进口管；
3—筒体；4—锥体；5—灰斗

（5）气-固分离装置　流化床内的固体颗粒不断地运动，引起粒子间及粒子与器壁间的碰撞而磨损，使上升气流中带有细粒和粉尘。气-固分离装置用来回收这部分细粒，使其返回床层，并避免带出的粉尘影响产品的纯度。常用的气-固分离装置有旋风分离器和过滤管。旋风分离器是一种靠离心作用把固体颗粒和气体分开的装置，结构如图 7-41 所示。含有催化剂颗粒的气体由进气管沿切线方向进入旋风分离器内，在旋风分离器内做回旋运动而产生离心力，催化剂颗粒在离心力的作用下被抛向器壁，与器壁相撞后，借重力沉降到锥底，而气体则由上部排出。为了加强分离效果，有些流化床反应器在设备中把三个旋风分离器串联起来使用，催化剂按大小不同的颗粒先后沉降至各级分离器锥底。

2. 流化床反应器的优缺点

（1）优点　流化床反应器之所以在化学工业中得到广泛

应用,是由于它与固定床反应器相比具有以下优点。

① 从对催化剂的要求看,流化床可采用小颗粒且粒度范围较宽的催化剂,从而增大了气固相间的接触面积。

② 从传热上看,由于流化床采用小颗粒催化剂,流体与催化剂颗粒间的传热面积很大,加之快速循环的催化剂颗粒的冲刷作用,使得催化剂颗粒之间、床层与器壁及换热器壁之间的给热系数增大,传热速率加快,所需传热面积较小。另外,由于流体与颗粒间的剧烈搅动混合,使床层温度均匀。

③ 从传质上看,由于催化剂颗粒和流体处于剧烈搅动状态,气固相界面不断更新,使传质系数增大;加之催化剂粒度小,单位体积催化剂具有很大的表面积,使传质速率加快。

④ 从操作上看,由于流化床中的固体颗粒有类似于流体的流动性,所以从床层中取出颗粒和加入新的颗粒都很方便,对于催化剂易于失活的反应,可使反应过程和催化剂再生过程连续化,且易于实现自动控制。

⑤ 从生产规模上看,流化床传热良好,设备结构简单,投资省,适合于大规模生产。

(2) 缺点　流化床由于气流和固体颗粒间的剧烈搅动也产生一些缺点。

① 由于颗粒的剧烈湍动,造成固体颗粒与流体的严重返混,导致反应物浓度下降,转化率下降。

② 对气固相流化床,常发生气体短路与沟流,严重降低了气固相接触效率,使反应转化率下降。

③ 催化剂颗粒之间的剧烈碰撞,造成催化剂破碎率增大,增加了催化剂的损耗,需增设回收装置。

④ 由于催化剂颗粒与器壁的剧烈碰撞,易于造成设备及管道的磨蚀,增大了设备损耗。

工业装置是否选用流化床反应器,应考虑上述优缺点后结合反应动力学特性决定。一般流化床反应器适用于热效应大的反应、要求有均一的催化反应温度并需要精确控制温度的反应、催化剂使用寿命短及有爆炸危险的场合;不适用于要求转化率高的场合和要求催化剂床层有温度分布的场合。

3. 流化床的不正常现象

(1) 沟流现象　沟流现象是指气体通过床层时形成短路,大部分气体穿过沟道上升[见图 7-42(a)],没有与固体颗粒很好地接触。沟流现象使床层密度不均且气固接触不良,不利于气固两相的传热、传质和化学反应;同时由于部分床层变成死床,颗粒不能悬浮在气流中。

沟流现象产生的原因主要有:颗粒的粒度很细(粒径小于 40m),密度大,潮湿且易黏结;气体流速小;气体分布板设计不好(如孔太少或各个风帽阻力大小差别较大),布气不均;床层过薄。

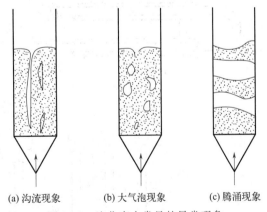

(a) 沟流现象　　(b) 大气泡现象　　(c) 腾涌现象

图 7-42　流化床中常见的异常现象

消除沟流现象,应对物料预先进行干燥并适当加大气速,另外,分布板的合理设计也是十分重要的。还应注意风帽的制造、加工和安装,以免通过风帽的流体阻力相差过大而造成布气不均。

(2) 大气泡现象　大气泡现象是流化床中生成的气泡在上升过程中不断合并和长大[见图 7-42(b)]，直到床面破裂的现象，是正常现象。但是如果床层中大气泡很多，由于气泡不断搅动和破裂，床层波动大，操作不稳定，气-固间接触不好，就会使气-固反应效率降低，这种现象是一种不正常现象，应力求避免。通常床层较高、气速较大时容易产生大气泡现象，床层压降波动厉害。在床层内加设内部构件可以避免产生大气泡，促使平稳流化。

(3) 腾涌现象　腾涌现象主要出现在气-固流化床中。若床层高度与直径之比值过大，或气速过高，或气体分布不均时，会发生气泡合并成大气泡的现象[见图 7-42(c)]。当气泡直径长到与床层直径相等时，气泡将床层分为几段，形成相互间隔的气泡层与颗粒层。颗粒层被气泡推着向上运动，到达上部后气泡突然破裂，颗粒则分散落下，这种现象称为腾涌现象。

流化床发生腾涌时，不仅使气-固接触不均，颗粒对器壁的磨损加剧，而且引起设备振动，因此，应采用适宜的床层高度与床径比及适宜的气速，以避免腾涌现象的发生。

三、管式反应器

反应器的选择——管式反应器

1. 管式反应器结构

管式反应器是一种呈管状、长径比很大的连续操作反应器。反应器的结构可以是单管，也可以是多管并联，可以是空管，也可以是在管内填充颗粒状催化剂的填充管。结构类型多种多样，常用的管式反应器有以下几种类型。

(1) 水平管式反应器　图 7-43 给出的是进行气相或均液相反应常用的一种管式反应器，由无缝管与 U 形管连接而成。这种结构易于加工制造和检修。高压反应管道的连接采用标准槽对焊钢法兰，可承受 1600～10000kPa 压力。如用透镜面钢法兰，承受压力可达 10000～20000kPa。

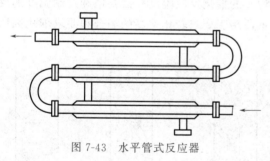

图 7-43　水平管式反应器

(2) 立管式反应器　图 7-44 给出几种立管式反应器。图 7-44(a) 所示为单程式立管式反应器；图 7-44(b) 所示为中心插入管式立管式反应器；图 7-44(c) 所示为夹套式立管式反应器，其特点是将一束立管安装在一个加热套筒内，以节省地面。立管式反应器被应用于液相氨化反应、液相加氢反应、液相氧化反应等工艺中。

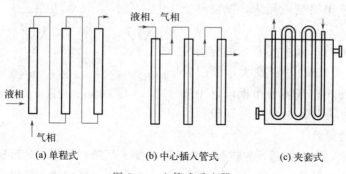

图 7-44　立管式反应器

（3）盘管式反应器　将管式反应器做成盘管的形式，设备紧凑，节省空间，但检修和清刷管道比较麻烦。图 7-45 所示的反应器由许多水平盘管上下重叠串联而成。每一个盘管是由许多半径不同的半圆形管子连接成螺旋形式，螺旋中央留出 $\phi 400$ mm 的空间，便于安装和检修。

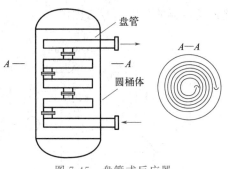

图 7-45　盘管式反应器

（4）U 形管式反应器　U 形管式反应器的管内设有多孔挡板或搅拌装置，以强化传热与传质过程。U 形管的直径大，物料停留时间增加，可以应用于反应速率较慢的反应。例如带多孔挡板的 U 形管式反应器，被应用于己内酰胺的聚合反应。带搅拌装置的 U 形管式反应器适用于液体非均相物料或液固相悬浮物料，如甲苯的连续硝化、蒽醌的连续磺化等反应。图 7-46 所示为一种内部设有搅拌和电阻加热装置的 U 形管式反应器。

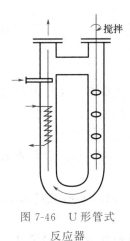

图 7-46　U 形管式反应器

（5）多管并联管式反应器　多管并联结构的管式反应器一般用于气-固相反应，例如气相氯化氢和乙炔在多管并联装有固相催化剂的反应器中反应制氯乙烯，气相氮、氢的混合物在多管并联装有固相铁催化剂的反应器中合成氨。

2. 管式反应器的传热方式

管式反应器的加热或冷却可采用以下几种方式。

（1）套管传热　套管一般由钢板焊接而成，它是套在反应器筒体外面能够形成密封空间的容器，套管内通入载热体进行传热。如图 7-43、图 7-44(a)、图 7-44(b) 等所示反应器，均可用套管传热结构。

（2）套筒传热　把一系列管束构成的管式反应器放置于套筒内进行传热，如图 7-44(c)、图 7-45 所示。反应器可置于套筒内进行换热。

（3）短路电流加热　将低电压的交流电直接通到管壁上，利用短路电流产生的热量进行高温加热。这种加热方法升温快、加热温度高、便于实现遥控和自控。短路电流加热已应用于邻硝基氯苯的氨化等管式反应器上。

（4）烟道气加热　当反应的温度要求较高时，一般利用煤气、天然气、石油加工废气或燃料油等燃烧时产生的高温烟道气作为热源，通过辐射传热直接加热管式反应器，可达到生产过程中需要的数百摄氏度的高温。此法在石油化工中应用较多，如裂解生产乙烯、乙苯脱氢生产苯乙烯。

单元四　反应器的操作与维护

一、釜式反应器的操作与维护

1. 釜式反应器的日常运行和操作

以生产高密度低压聚乙烯的搅拌反应釜聚合系统（图 7-47）为例说明

釜式反应器的实操演示

釜式反应器的日常运行与操作。

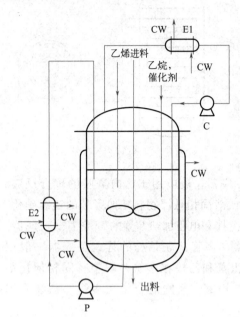

图 7-47 搅拌反应釜聚合系统
C—循环风机；E1—气相换热器；P—浆液循环泵；E2—浆液换热器；CW—冷却水

(1) 开车 用氮气对系统试漏、置换。检查设备后，投运冷却水、蒸汽、热水、氮气、工厂风、仪表风、润滑油、密封油等系统。投运仪表、电气、安全联锁系统。往聚合釜中加入溶剂或液态聚合单体。当釜内液体淹没最低一层搅拌叶后，启动聚合釜搅拌器。继续往釜内加入溶剂或单体，直到达正常料位为止。升温使釜温达到正常值。在升温的过程中，当温度达到某一规定值时，向釜内加入催化剂、单体、溶剂、分子量调节剂等，并同时控制聚合温度、压力、聚合釜料位等工艺指示，使之达正常值。

(2) 聚合系统的操作
① 温度控制 聚合温度的控制一般有如下三种方法。
a. 通过夹套冷却水换热。
b. 如图 7-47 所示，循环风机 C、气相换热器 E1、聚合釜组成气相外循环系统，通过气相换热器 E1，能够调节循环气体的温度，并使其中的易冷凝气相冷凝，冷凝液流回聚合釜，从而达到控制聚合温度的目的。
c. 浆液循环泵 P、浆液换热器 E2 和聚合釜组成浆液外循环系统，通过浆液换热器 E2 能够调节循环浆液的温度，从而达到控制聚合温度的目的。
② 压力控制 聚合温度恒定时，在聚合单体为气相时可主要通过催化剂的加料量和聚合单体的加料量来控制聚合压力。如聚合单体为液相时，聚合釜压力主要决定单体的蒸汽分压，也就是聚合温度。聚合釜气相中，不凝性惰性气体的含量过高是造成聚合釜压力超高的原因之一。此时需通过减压阀排出不凝性气体以降低聚合釜的压力。
③ 料位控制 聚合釜料位应该严格控制。一般聚合釜液位控制在70％左右，通过聚合浆液的出料速率来控制。连续聚合时聚合釜必须有自动料位控制系统，以确保料位准确控制。料位控制过低，聚合产率低；料位控制过高甚至满釜，就会导致聚合浆液进入换热器、风机等设备中造成事故。
④ 聚合浆液浓度控制 浆液过浓，造成搅拌器电动机电流过高，引起超负载跳闸、停转，就会造成釜内聚合物结块，甚至引发飞温、爆聚事故。停搅拌是造成爆聚事故的主要原因之一。控制浆液浓度主要通过控制溶剂的加入量和聚合产率来实现。

(3) 停车 首先停进催化剂、单体，溶剂继续加入，维持聚合系统继续运行，在聚合反应停止后，停进所有物料，卸料，停搅拌器和其他运转设备，用氮气置换，置换合格后交检修。

2. 釜式反应器的故障处理及维护

釜式反应器常见故障及处理方法见表 7-5。

表 7-5　釜式反应器常见故障及处理方法

序号	故障现象	故障原因	处理方法
1	壳体损坏（腐蚀、裂纹、透孔）	①受介质腐蚀（点蚀、晶间腐蚀） ②热应力影响产生裂纹或碱脆 ③磨损变薄或均匀腐蚀	①用耐腐蚀材料衬里的壳体需重新修衬或局部补焊 ②焊接后要消除应力，产生裂纹要进行修补 ③超过设计最低的允许厚度需要换本体
2	超温、超压	①仪表失灵，控制不严格 ②误操作，原料配比不当，产生剧烈的放热反应 ③因传热或搅拌性能不佳，发生副反应 ④进气阀失灵，进气压力过大，压力高	①检查修复自控系统，严格执行操作规程 ②根据操作法，紧急放压，按规定定量、定时投料，严防误操作 ③增加传热面积或清除结垢，改善传热效果；修复搅拌器，提高搅拌效率 ④关总气阀，切断气源管理阀门
3	密封泄漏（填料密封）	①搅拌轴在填料处磨损或腐蚀，造成间隙过大 ②油环位置不当或油路堵塞不能形成油封 ③压盖未压紧，填料质量差或使用过久 ④填料箱腐蚀机械密封 ⑤动静环端面变形、碰伤 ⑥端面比压过大，摩擦副产生热变形 ⑦密封圈选材不对，压紧力不够或V形密封圈装反，失去密封性 ⑧轴线与静环端面垂直度误差过大 ⑨操作压力、温度不稳，硬颗粒进入 ⑩镶装或粘接动、静环的镶缝泄漏	①更换或修补搅拌轴，并在机床上加工，保证表面粗糙度 ②调整油环位置，清洗油路 ③压紧填料或更换填料 ④修补或更换 ⑤更换摩擦副或重新研磨 ⑥调整比压要合适，加强冷却系统，及时带走热量 ⑦密封圈选材、安装要合理，要有足够的压紧力 ⑧停车，重新找正，保证垂直度误差小于0.5mm ⑨严格控制工艺指标，颗粒及结晶物不能进入 ⑩改进安装工艺或过盈量要适当，胶黏剂要好用，黏接牢固
4	釜内有异常的杂音	①搅拌器摩擦釜内附件（蛇管、温度计管等）或刮壁 ②搅拌器松脱 ③衬里鼓包，与搅拌器撞击 ④搅拌器弯曲或轴承损坏	①停车检修找正，使搅拌器与附件有一定距离 ②停车检查紧固螺栓 ③修鼓包或更换衬里 ④检修或更换轴及轴承
5	搪瓷搅拌器脱落	①被介质腐蚀断裂 ②电动机旋转方向相反	①更换搪瓷轴或用玻璃修补 ②停车改变转向
6	搪瓷法兰漏气	①法兰瓷面损坏 ②选择垫圈材质不合理，安装接头不正确、空位、错移 ③卡子松动或数量不足	①修补、涂防腐漆或树脂 ②根据工艺要求选择垫圈材料，垫圈接口要搭挠，位置要均匀 ③按设计要求，有足够数量的卡子，并要紧固
7	瓷面产生鳞爆及微孔	①夹套或搅拌轴管内进入酸性杂质，产生氢脆现象 ②瓷层不致密，有微孔隐患	①用碳酸钠中和后，用水冲净或修补，腐蚀严重的需更换 ②微孔数量少的可修补，严重的更换
8	电动机电流超过额定值	①轴承损坏 ②釜内温度低，物料黏稠 ③主轴转速较快 ④搅拌器直径过大	①更换轴承 ②按操作规程调整温度，物料黏度不能过大 ③控制主轴转速在一定范围内 ④应当调整检修

3. 维护要点

（1）釜式反应器的日常维护

① 反应釜在运行中，严格执行操作规程，禁止超温、超压。

② 按工艺指标控制夹套（或蛇管）及反应器的温度。

③ 避免温差应力与内压应力叠加，使设备产生应力变形。

④ 严格控制配料比，防止剧烈反应。

⑤ 注意反应釜有无异常振动和声响，如发现故障，应检查修理并及时消除。

⑥ 清洗密封液系统、密封液储罐及视镜，必要时置换密封液。

⑦ 定期对设备进行状态监控。

⑧ 定期对设备润滑油进行化验。

⑨ 检查及消除跑、冒、滴、漏缺陷，紧固松动的螺栓，检查密封液液位，及时补加。

（2）搪玻璃反应釜在正常使用中的注意事项

① 要严防金属硬物掉入设备内，运转时要防止设备振动，检修时按化工厂搪玻璃反应釜维护检修规程执行。

② 尽量避免冷罐加热料和热罐加冷料，严防温度骤冷骤热。

③ 尽量避免酸碱液介质交替使用，否则将会使搪玻璃表面失去光泽而被腐蚀。

④ 严防夹套内进入酸液（如果清洗夹套一定要用酸液，不能用 pH<2 的酸液），酸液进入夹套会产生氢效应，引起搪玻璃表面像鱼鳞片一样大面积脱落。一般清洗夹套可用2%的次氯酸钠溶液，最后用水清洗夹套。

⑤ 出料釜底堵塞时，可用非金属棒轻轻疏通，禁止用金属工具铲打。对黏在罐内表面上的反应物料要及时清洗，不宜用金属工具，以防损坏搪玻璃衬里。

二、固定床反应器的操作与维护

1. 固定床反应器的操作

（1）温度调节　催化剂床层温度是反应部分最重要的工艺参数。提高反应温度可使反应速率加快，组分含量增加，产率增高。但反应温度的提高，使催化剂表面积炭结焦速率加快，影响使用寿命。所以，温度的调节控制十分重要。

① 控制反应器入口温度。以加热炉式换热器提供热源的反应，要严格控制反应器入口物料的温度，即控制加热炉出口温度或换热器终温，这是装置重要的工艺指标。如果有两股以上物料同时进反应器，则还可以调节两股物料的比例，达到反应器入口温度恒定的要求。如加氢裂化反应器可以通过加大循环氢量或减少新鲜进料，来降低反应器的入口温度。

② 控制反应床层间的冷却介质量。如加氢裂化过程是急剧的放热反应，如热量不及时移走，将使催化剂温度升高。而催化剂床层温度的升高，又加速了反应的进行，如此循环，会使反应器温度在短时间急剧升高，引起反应失控，造成严重的操作事故。正常的操作中，用调节冷氢量来降低床层温度。

③ 原料组成的变化会引起温度的变化。原料组成发生变化，反应热也会变化，从而会引起床层温度的变化。如原料组分或杂质增多，都会引起床层温度的变化。一般来说，原料变重，温度升高；而原料含水量增加，则床层温度会上下波动。

④ 反应器初期与末期的温度变化。通常在开工初期，催化剂的活性较高，反应温度可

低一些。随着开工时间的延续,催化剂活性有所下降,为保证相对稳定的反应速率,可以在允许范围内适当提高反应温度。

⑤ 反应温度的限制。化工反应器规定反应器床层任何一点温度超过正常温度某一限度时即应停止进料;超过正常温度极限值时,则要采用紧急措施,启动高压放空系统。因为压力下降,反应剧烈程度减缓,使温度不致进一步剧升,造成反应失控。

(2) 催化剂器内再生操作 器内再生即反应物料停止进反应器后,催化剂保留在反应器内,而将再生介质通入反应器,进行再生操作。这种再生方式,避免了催化剂的装卸,缩短了再生时间,是一种广泛使用的方式。

再生前首先降温,遵循"先降温后降量"的原则,严格按照工艺要求的降温速率进行。温度降到规定要求,并停止进料后,就可以用惰性气体,一般是工业氮气,对系统进行吹扫,将反应系统的烃类气体和氢气吹扫干净。经化验,反应器出口的气体内烃类和氢气的含量小于1%即可。

2. 固定床反应器常见故障及处理方法

固定床催化反应器常见的故障有温度偏高或者偏低、压力偏高或者偏低、进料管或者出料管被堵塞等。当温度偏高时可以增大移热速率或减小供热速率,当温度偏低时可减小移热速率或增大供热速率。压力与温度关系密切,当压力偏高或者偏低时,可通过温度调节,或改变进出口阀开度;当压力超高时,打开固定床反应器前后放空阀。当加热剂阀或冷却剂阀卡住时,打开蒸汽或冷却水旁路阀;当进料管或出料管被堵塞时,用蒸汽或者氮气吹扫等。

固定床催化反应器的常见故障、原因分析及操作处理方法见表 7-6。

表 7-6 固定床催化反应器的常见故障、原因分析及操作处理方法

序号	异常现象	原因分析及判断	操作处理方法
1	炉顶温度波动	①燃料波动 ②仪表失灵 ③烟囱挡板滑至炉膛负压波动 ④蒸汽流量波动 ⑤喷嘴局部堵塞 ⑥炉管破裂(烟囱冒黑烟)	①调节并稳定燃料供应压力 ②检查仪表,切换手控 ③调整挡板至正常位置 ④调节并稳定流量 ⑤清理堵塞喷嘴后,重新点火 ⑥按事故处理,不正常停车
2	一段反应器进口温度波动	①物料量波动 ②过热水蒸气波动 ③仪表失灵	①调整物料量 ②调整并稳定水蒸气过热温度 ③检修仪表,切换手控
3	反应器压力升高	①催化剂固定床阻力增加 ②水蒸气流量加大 ③进口管堵塞 ④盐水冷凝器出口冻结	①检查床层催化剂烧结或粉碎,限期更换 ②调整流量 ③停车清理,疏通管道 ④调节或切断盐水解冻,严重时用水蒸气冲刷解冻
4	火焰突然熄灭	①燃料气或燃料油压力下降 ②燃料中含有大量水分 ③喷嘴堵塞 ④管道或过滤器堵塞	①调整压力或按断燃料处理 ②油储罐放存水后重新点火 ③疏通喷嘴 ④清洗管道或过滤器
5	炉膛回火	①烟挡板突然关闭 ②熄火后,余气未抽净又点火 ③炉膛温度偏低 ④炉顶温度仪表失灵 ⑤燃料带水严重	①调节挡板开启角度并固定 ②抽净余气,分析合格后,再点火 ③提高炉膛温度 ④检查仪表 ⑤排净存水

3. 维护要点

（1）生产期间维护　要严格控制各项工艺指标，防止超温、超压运行，循环气体应控制在最佳范围，应特别注意有毒气体含量不得超过指标。升、降温度及升、降压力速率应严格按规定执行。调节催化剂层温度，不能过猛，要注意防止气体倒流。定期检查设备各连接处及阀门管道等，消除跑、冒、滴、漏及振动等不正常现象。在操作、停车或充氮气期间均应检查壁温，严禁塔壁超温。运行期间不得进行修理工作，不许带压紧固螺栓，不得调整安全阀，按规定定期校验压力表。主螺栓应定期加润滑剂，其他螺栓和紧固件也应定期涂防腐油脂。

（2）停车期间维护　无论短期停产还是长期停产，都需要进行以下维护：

① 检查和校验压力表。

② 用超声波检测厚度仪器测定与容器相连接管道、管件的壁厚。

③ 检查各紧固件有无松动现象；检查反应器外表面、防腐层是否完好，对表面的锈蚀情况（深度、分布位置），要绘制简图予以记载。

④ 短期停车时，反应器必须保持正压，防止空气流入烧坏催化剂。

⑤ 长期停车检修，还必须做定期检修停反应器所做的各项检查。

三、流化床反应器的操作与维护

1. 流化床反应器的操作

（1）开车前准备

① 熟悉设备的结构、性能，并熟悉设备操作规程。

② 检查反应器及附属设备、指示仪表、安全阀、管路及阀门等是否符合安全要求。

③ 检查水、电、气等公用工程是否符合要求。

（2）正常开车

① 投运公用工程系统、仪表和电气系统。

② 通入氮气置换反应系统。

③ 按工艺要求先将床层升温到合适温度，进行催化剂的活化。

④ 用被间接加热的空气（或氮气）加热反应器，以便赶走反应器内的湿气。

⑤ 用热空气（或氮气）将催化剂由储罐输送到反应器。

⑥ 当催化剂颗粒封住一级旋风分离器料腿时，从反应器底部通热空气（或氮气），催化剂量继续加到规定量的 $1/2 \sim 2/3$，停止输送催化剂。

⑦ 应适当加大流态化热风，继续加热床层。

⑧ 当床温达到可以投料反应的温度时，开始投料，调整换热系统。

⑨ 当反应和换热系统都调整到正常的操作状态后，再逐步将未加入的 $1/3 \sim 1/2$ 催化剂送入床内，并逐渐把反应操作调整到要求的工艺状况。

⑩ 反应运行中，随时做好相应记录，发现异常现象时及时采取措施。

（3）正常停车

① 减负荷，关小原料气量，调节换热系统。

② 关闭原料气，打开放空系统，改通氮气，充氮气。

③ 钝化催化剂，降温，卸催化剂，并转移到储罐。

④ 关闭各种阀门、仪表、电源。

2. 流化床反应器的故障处理与维护

流化床催化反应器常见故障及处理方法见表 7-7。

表 7-7 流化床催化反应器常见故障及处理方法

序号	故障现象	故障原因	处理方法
1	出料气体夹带催化剂	旋风分离器堵塞	调节进料摩尔比及压力、温度,如无效,则停车处理
2	回收催化剂管线堵塞	反应器保温、伴热不良,蛇管内热水温度低,反应器内产生冷凝水,导致催化剂结块	加强保温及伴热效果,提高蛇管内热水温度
3	回收催化剂插入管阀门腐蚀穿孔	反应器保温、伴热不良,蛇管内热水温度低,反应器内产生冷凝水	不停车带压堵漏,如无法修补,则应停车,更换新件
4	蛇管泄漏	制造质量差,腐蚀、冲刷或停车时保护不良	立即停车,倒空,进行修补或更换冷却蛇管
5	大法兰泄漏	垫片变形,螺栓预紧力不均匀	紧法兰螺栓或更换垫片
6	反应器流化状态不良	分布器或挡板被催化剂堵塞	重新调整进料摩尔比,如无效,停车清理分布板或挡板

小结

本模块简要介绍了反应设备的主要类型、结构特点、适用场合、日常运行操作、常见故障和排查方式等内容。

反应设备是为化学反应提供空间和条件的设备,按其结构特征不同可分为釜式反应器、塔式反应器、管式反应器、固定床反应器和流化床反应器等。

反应釜的主要特征是搅拌,立式容器中心反应釜是最典型的结构形式,包括釜体、传热装置、传动和搅拌装置、轴封装置、支承等。传热装置的作用是保证反应必需的温度条件,常见的换热方式有夹套式和蛇管。搅拌装置是实现搅拌的工作部件,包括搅拌器、搅拌轴等。搅拌形式一般有锚式、桨式、涡轮式、推进式或框式等。传动装置通常设置在反应釜顶盖(上封头)上,带动搅拌器运转,多采用立式布置。一般包括电动机、减速器、联轴器、搅拌轴及机座等。

固定床反应器是装填有固体催化剂或固体反应物用以实现多相反应过程的一种反应器,其特点是填充的床层静止不动。按反应过程中是否与环境发生热交换,可分为绝热式和换热式。流化床反应器的特点是催化剂颗粒床层呈流态化,根据流速的不同可呈现固定床、流化床和稀相输送床三个不同的阶段。塔式反应器包括板式塔反应器、填料塔反应器、鼓泡塔反应器、喷雾塔反应器等。

 拓展阅读

催化裂化工程技术奠基人——陈俊武

陈俊武,1927 年出生于北京。他从小受到良好教育,练就了心算和速记的天赋,有着"神童"之赞誉。中学时期,陈俊武对化学知识产生了浓厚兴趣。1944 年,17 岁的陈俊武以优异成绩考入北京大学工学院化工系。

1949年新中国成立，陈俊武放弃在大城市工作的机会，主动要求到生活条件艰苦的抚顺，从事人造石油项目设计与生产工作。他一头扎进车间，研究设备、推算数据，衣服上常常油渍斑斑……他改良蒸汽喷射器，每天能为厂里节约几百度电；他改造炼油设备，使加工能力一下子提高了20%。青年陈俊武逐渐脱颖而出，成了厂里的劳动模范。

1959年国庆前夕，怀着振兴祖国石油工业的理想，陈俊武作为全国劳模，第一次走进了人民大会堂。

1961年冬，34岁的陈俊武受命担任我国第一套流化催化裂化装置的设计师。他研究资料、分析计算、对比论证，边学边干、边干边学，紧张工作3个多月后，完成了主要技术方案。上百套仪表，数千个大小阀门，近两万米粗细管线，都要在设计中做到准确无误。在陈俊武的带领下，1963年1000多张设计图纸完工，1964年开始施工备产。1965年5月5日，抚顺石油二厂60万吨/年流化催化裂化装置，在朝阳下展现出钢筋铁骨的雄姿。历经4年多的艰苦攻关，这个由我国自主开发、自行设计、自行施工安装的装置一次投产成功！这次成功，不仅带动了我国炼油技术向前跨越20年，接近当时世界先进水平，而且打破了西方的垄断，一举扭转了我国依赖"洋油"的被动局面，霍然打开了共和国能源新局面，被誉为新中国炼油工业的第一朵"金花"！

1978年，陈俊武担任洛阳炼油设计院副院长兼总工程师，由他指导设计的中国第一套快速床流化催化裂化装置在乌鲁木齐炼油厂试运成功，第一套120万吨/年全提升管流化催化裂化装置在浙江镇海炼油厂开车成功。1982年，按照他提出的技术方案建设的兰州炼油厂50万吨/年同轴催化裂化装置投产，该设计1984年荣获全国优秀设计金奖，1985年荣获国家科技进步一等奖。1985年，具有自主知识产权的渣油催化裂化技术在石家庄炼油厂实现产业化，1987年，这一技术再次荣获国家科技进步一等奖。1989年，由他设计的既有同轴结构、又有高效再生的100万吨/年催化裂化装置在上海炼油厂建成投产，1994年该技术获得我国催化裂化工程技术领域的第一个发明专利授权。

1990年，陈俊武被授予"全国工程勘察设计大师"称号；1991年，当选为中国科学院化学部学部委员（院士）。

鉴于陈俊武的杰出贡献和崇高精神，在新中国成立70周年之际，中央宣传部等部委先后授予陈俊武"最美奋斗者"和"时代楷模"称号，号召干部群众特别是广大知识分子向他学习。

思考与练习

一、多选题

1. 固定床反应器又称填充床反应器，是装填有（　　）或（　　）用以实现多相反应过程的一种反应器。

A. 固体催化剂　　　　　　　　B. 固体反应物
C. 填料　　　　　　　　　　　D. 载体

2. 流化床的结构一般由主体、（　　）等组成。
A. 气体分布装置　　　　　　　　　　B. 内部构件
C. 换热装置　　　　　　　　　　　　D. 气-固分离装置
3. 沟流现象产生的原因主要有（　　）。
A. 颗粒的粒度很细（粒径小于40m），密度大，潮湿且易黏结
B. 气体流速小
C. 气体分布板设计不好，布气不均
D. 床层过薄
4. 塔式反应器从结构上来说，主要分为（　　）。
A. 板式塔　　　　B. 填料塔　　　　C. 鼓泡塔　　　　D. 喷雾塔
5. 反应釜超温、超压的原因包括（　　）。
A. 仪表失灵，控制不严格
B. 误操作，原料配比不当，产生剧烈的放热反应
C. 因传热或搅拌性能不佳，发生副反应
D. 进气阀失灵，进气压力过大，压力高

二、判断题

1. 轴封是指搅拌轴与顶盖之间的密封，是搅拌反应器的重要组成部分。　　（　　）
2. 固定床中间间接换热式只适用于换热量要求不太大的情况。　　（　　）
3. 离心挡板使粒子在床中心稀而近壁处浓，向心挡板使粒子在半径的1/2处浓度小，床中心和近壁处浓度大。　　（　　）
4. 夹套式立管式反应器特点是将一束立管安装在一个加热套筒内，以节省地面。　　（　　）
5. 尽量避免酸碱液介质交替使用，否则将会使搪玻璃表面失去光泽而被腐蚀。（　　）
6. 固定床反应器短期停车时，反应器必须保持正压，防止空气流入烧坏催化剂。　　（　　）

三、简答题

1. 搅拌反应器有哪些主要部分？各部分的作用是什么？
2. 夹套传热和蛇管传热各有什么特点？
3. 搅拌器的结构形式有哪些？各适用于哪些场合？
4. 简述填料密封的结构组成和工作原理。
5. 固定床反应器分为哪几种类型？其结构有何特点？
6. 常见的不正常流化床有哪几种？对流化床的操作有何影响？
7. 如何优化流化床反应器的操作条件？
8. 流化床操作中常见故障有哪些？该如何处理？
9. 管式反应器的传热方式有哪几种？有什么区别？

四、案例分析

乙酸乙酯是应用最广的脂肪酸酯之一，是一种快干性溶剂，具有优异的溶解能力，是极

好的工业溶剂，也可用于柱层析的洗脱剂。乙酸乙酯生产过程中，可由乙酸和乙醇在催化剂的作用下发生酯化反应所得，原料乙酸和乙醇及催化剂通过离心泵压入反应釜中，釜温由夹套中的蒸汽、冷却水及蛇管中的冷却水控制，通过控制反应釜温来控制反应速度，来获得较高的收率及确保反应过程安全。但在操作过程中，反应釜温度升高，内部压力增大，反应釜出现超温事故，该如何处理？

 思路点拨

　　打开冷却水，打开高压冷却水阀；关闭搅拌器，使反应速率下降；如果气压过高，打开放空阀。

模块八 泵

 学习目标

知识目标

了解泵的基本结构和工作原理；了解泵的分类和常用标准；掌握离心泵的汽蚀及预防；掌握离心泵的密封、润滑、常见故障及排除方法；了解其他类型的泵、典型化工用泵的特点和选用要求。

技能目标

能对离心泵进行操作与维护；能判断离心泵的常见故障及得出解决方法；能够根据不同工况的需要选择各种不同类型化工泵及其注意事项。

素质目标

树立绿色、环保、安全理念，培养工匠精神。本着"服务企业、注重实效、提升水平"的原则和"科学是第一生产力、人才是第一资源"的思想，学生树立创新意识、团结协作精神，并将所学应用到中国特色社会主义建设中，为国家发展贡献力量。

化工生产中的原料、半成品和成品多数是液体，而将原料制成半成品或成品要经过复杂的工艺过程。泵在化工流程中输送液体并提供化学反应所需要的压力及流量，是实现化工生产连续化的重要设备之一。离心泵在大型化工厂中使用最普遍，台数在有些企业中达数百台，占机器设备中相当大的比重；除了在高压小流量或计量时常用往复泵、液体含气时常用旋涡泵和容积泵、高黏度介质常用转子泵外，其余场合，绝大多数使用离心泵。据统计，在化工生产（包括石油化工）装置中，离心泵的使用量占泵总量的 70%～80%。

单元一 泵的类型和主要性能参数

泵是对流体加压和输送的机器，它把原动机的机械能或其他能源的能量变为液体的能量。泵的正常运行是保证正常生产的关键，如果泵发生故障就会影响生产，甚至造成半停产或全停产而造成重大经济损失。因此，泵的维护及修理在化工生产过程中占有极为重要的地位。

随着化学工业的迅速发展，对化工用泵的品种要求越来越多，技术要求也越来越高。近年来国内外化工用泵正向大型化、高速化、特殊化和系列化方向发展，以适应化工生产装置大型化的发展和输送液体特殊性的要求。

一、泵的应用与分类

泵是一种通用设备，不仅在石油和化工生产中使用，在国民经济的其他部门也应用广泛，如农业中的给排水泵、电力部门中的冷凝水泵等。由于泵的用途很广泛，被输送液体的性质有时差异大，为了满足不同场合对泵性能的要求，我们要正确地选用泵。泵的种类繁多，分类方法也各不相同，下面介绍几种常见的分类方式。

1. 按工作原理分类

（1）容积式泵　容积式泵依靠连续或间歇地改变工作容积来输送液体。根据工作容积改变的方式分为往复和转子泵。根据工作部件结构可分为：活塞泵、柱塞泵、齿轮泵、计量泵、螺杆泵、滑片泵、隔膜泵、软管泵、蠕动泵和水环泵等。

（2）叶片式泵

叶片式泵依靠叶片带动液体高速回转而把机械能传递给所输送的液体。根据泵的叶片和流道结构，可分为离心泵、轴流泵、混流泵、高速泵、旋涡泵等。

（3）其他类型的泵

其他类型泵如磁力泵、喷射泵、水锤泵等，它们的作用原理各不相同，其中磁力泵是利用电磁力的作用输送液体；喷射泵是依靠高速流体的动能转变为静压能来输送液体。

2. 按泵的压力（扬程）分类

高压泵：总扬程在 600m 以上。

中压泵：总扬程为 200～600m。

低压泵：总扬程低于 200m。

3. 按泵的用途分类

有进料泵、回流泵、真空泵、塔底泵、试压泵、锅炉给水泵、循环泵、产品泵、注入泵、排污泵、燃料油泵、深井泵、水环泵、液下泵、注水泵、化工流程泵、消防泵、润滑油泵和封液泵等。

4. 按泵的介质分类

有清水泵、污水泵、泥浆泵、砂泵、灰渣泵、耐酸泵、碱泵、冷油泵、热油泵、低温泵、液氮泵、油浆泵、分子泵、卫生泵、塑料泵等。

5. 按原动机分类

有电动机驱动泵、汽轮机驱动泵、内燃机驱动泵和压缩空气驱动泵。

二、泵的特性及适用范围

各种泵的特性和适用范围不同，常用泵的特性及适用范围如表 8-1 所示。转子泵适用于小流量、高压力的场合；离心泵适用于大流量，但扬程不太高的场合。离心泵转速高、体积小、重量轻、效率高、流量大、结构简单、性能平稳、容易操作和维修，但启动前需要灌泵，且液体的黏度对泵的性能影响较大。

表 8-1 泵的特性及适用范围

指标		叶片泵			容积泵	
		离心泵	轴流泵	旋涡泵	往复泵	转子泵
流量	均匀性	均匀			不均匀	较均匀
	稳定性	不恒定,随管路情况变化而变化			恒定	
	范围/(m³/h)	1.6~30000	150~245000	0.4~10	0~600	1~600
扬程	特点	对应一定流量,只能达到一定的扬程			对应一定流量可达到不同扬程,由管路系统确定	
	范围	10~2600m	2~20m	8~150m	0.2~100MPa	0.2~60MPa
效率	特点	在设计最高点,偏离愈远,效率愈低			扬程高时,效率降低较小	扬程高时,效率降低大
	范围（最高点）	0.5~0.8	0.7~0.9	0.25~0.5	0.7~0.85	0.6~0.8
结构特点		结构简单,造价低,体积小,重量轻,安装检修方便			结构复杂,振动大,造价高	同离心泵
操作与维护	流量调节方法	进口节流/改变转速	出口节流/改变叶片安装角度	不能用出口阀调节,只能用旁路阀	同旋涡泵,还可添加转速和行程	同旋涡泵
	自吸作用	一般没有	没有	部分有	有	有
	维修	简便			比较复杂	简便
适用范围		黏度较低的各种介质	特别适用于大流量,低扬程/黏度较低的介质	特别适用于小流量,较高压力,低黏度清洁介质	适用于高压力,小流量清洁介质（悬浮液或无泄漏可用隔膜泵）	适用于中低压力,中小流量,尤其适用黏性高介质

三、泵的主要性能参数

输送介质的物理化学性能直接影响泵的性能、材料和结构，是泵选型、采购时需要考虑的重要因素。介质的物理化学性能包括：介质名称、介质特性（如腐蚀性、磨蚀性、毒性等）、固体颗粒含量及颗粒大小、密度、黏度、汽化压力等；必要时还应列出介质中的气体含量，说明介质是否易结晶等。

1. 工艺参数

工艺参数是泵最重要的参数，根据工艺流程和操作变化范围而确定，包括以下几种参数。

(1) 流量 Q 流量是指工艺装置生产中，单位时间内泵输送的介质量。工艺人员一般应给出正常、最小和最大流量值，泵数据表上往往只给出正常和额定流量；选用泵时，要求额定流量不小于装置的最大流量，或取正常流量的 1.1~1.15 倍。

(2) 扬程 H 指工艺装置所需的扬程值，也称计算扬程。一般要求泵的额定扬程为装置所需扬程的 1.05~1.1 倍。

(3) 进口压力 P_s 和出口压力 P_d 进、出口压力指进、出接管法兰处的压力，进、出口压力的大小影响到壳体的耐压和轴封的要求。

(4) 温度 T 指泵的进口介质温度，一般应给出工艺过程中泵进口介质的正常、最低和最高温度。

(5) 装置汽蚀余量 NPSHa 由泵装置（以液体在额定流量和正常泵送温度为准）确定

的汽蚀余量，也称为有效汽蚀余量或可用汽蚀余量（以米液柱计）。其大小由吸液管路系统的参数和管路中流量所决定，而与泵的结构无关。

（6）操作状态　操作状态分连续操作和间歇操作两种。

2. 现场条件

现场条件包括泵的安装位置（室内、室外），环境温度，相对湿度，大气压力，大气腐蚀状况及危险区域的划分等级等条件。

单元二　离心泵

一、离心泵的结构、类型及编号

离心泵作为泵的一种类型，是极广泛的一类泵，在国民经济的各个部门中得到了广泛的应用。它是靠一个或数个工作叶轮的旋转运动来抽送液体或使液体产生压力。

1. 离心泵的结构

离心泵的基本结构如图 8-1 所示，由叶轮、壳体、密封环、平衡装置、轴密封装置、泵轴及轴承等组成。

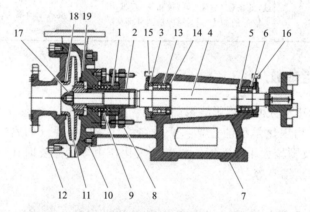

图 8-1　单级单吸悬臂式离心泵

1,8—填料压盖；2—轴套；3—轴承压盖；4—泵轴；5,14—轴承定位套；6,13—轴承；7—托架；9—填料；10—泵体；11—叶轮；12—泵盖；15,16—注油器；17—叶轮锁紧螺母；18,19—密封环

2. 离心泵的分类

（1）按叶轮级数分类

单级泵（图 8-1）只有一片叶轮。

多级泵（图 8-2）即在泵轴上有两个或两个以上的叶轮，这时泵的总扬程为 n 个叶轮产生的扬程之和。

（2）按液体吸入方式分类

单吸式（图 8-1），叶轮一侧有吸入口。

双吸式（图 8-3），从叶轮两侧吸入介质。它的流量比单级泵大一倍，可以近似看作是

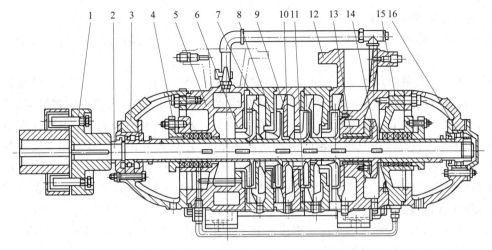

图 8-2　D 型多级离心水泵

1—销弹性轴器部件；2—轴；3—滚动轴承；4—填料压盖；5—吸入段；6—密封环；7—中段；8—叶轮；9—导叶；10—导叶套；11—拉紧螺栓；12—吐出段；13—平衡套（环）；14—平衡盘；15—填料函体；16—轴

两个单吸泵叶轮背靠背地放在了一起。图 8-4 是单吸泵和双吸泵介质流动示意图。

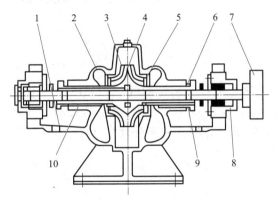

图 8-3　双吸泵结构示意

1—泵体常；2—泵盖；3—叶轮；4—轴；
5—双吸密封环；6—轴套；7—联轴器；
8—轴承体；9—填料压盖；10—填料

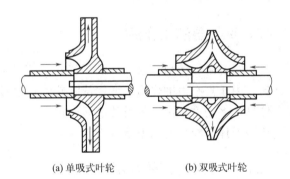

(a) 单吸式叶轮　　(b) 双吸式叶轮

图 8-4　单吸泵与双吸泵的
叶轮及介质流动示意图

（3）按泵轴位置分类　有卧式泵（图 8-5）和立式泵（图 8-6）之分。

图 8-5　卧式泵

图 8-6　立式泵

3. 离心泵的型号编制

我国离心泵系列产品有 B 型、S 型、D 型、F 型、J 型和 Y 型。我国泵类产品型号编制主要由四个部分组成。

第一部分代表泵的基本结构、特征、用途及材料等等。例如，B 代表单级单吸悬臂式离心泵，D 代表节段式多级泵，DG 代表节段式多级锅炉给水泵，DL 代表立轴多级泵，DS 代表首级用双吸叶轮的节段式多级泵，F 代表耐腐蚀泵，JC 代表长轴深井泵，KD 代表中开式多级泵，KDS 代表首级用双吸叶轮的中开式多级泵，QJ 代表井用潜水泵，QX 代表单相干式下泵式潜水泵，QS 代表充水上泵式潜水泵，QY 代表充油上泵式潜水泵，R 代表热水泵，S 代表单级双吸式离心泵，WB 代表高扬程横轴污水泵，Y 代表液压泵，YG 代表管道式液压泵，ZB 代表自吸式离心泵。

第二部分代表泵的吸入口直径，单位为毫米，用阿拉伯数字表示，如 80、90 等。

第三部分代表泵的扬程及级数，用 m 为单位的阿拉伯数字表示。

第四部分代表泵的变形产品，用大写的汉语拼音字母 A、B 分别表示叶轮经第一次、第二次切割等。

例如：250D-60×6 表示进出口公称直径为 250mm，单级扬程为 60m 水柱，级数为 6 级的分段式多级离心泵。再如：100R-37A 表示进出口公称直径为 100mm，扬程为 37m 水柱，叶轮经第一次切割的热水离心泵。

二、离心泵的工作原理

离心泵运转前，泵内充满了液体。当叶轮高速旋转时，叶轮带动叶片间的液体一道旋转，由于离心力的作用，液体从叶轮中心被甩向叶轮边缘，其压力和速度都有所提高。当液体进入涡壳后，由于流道的水断面扩大，速度逐渐降低，并将其一部分动能转变为静压能，于是液体以较大的压力被甩出。

三、离心泵的主要零部件

1. 叶轮

叶轮是将原动机输入的机械能传递给液体，提高液体流量的核心部件。叶轮有闭式、半开式、开式三种形式，如图 8-7 所示。闭式叶轮由叶片、前盖板、后盖板组成；半开式叶轮由叶片和后盖板组成；开式叶轮只有叶片，无前后盖板，闭式叶轮效率较高，开式叶轮效率最低，半开式和开式叶轮适合于输送含杂质的液体。

2. 轴封装置

轴封是旋转的轴和固定的泵体间的密封。主要是为了防止高压液体从泵中漏出，以及防止空气进入泵内，是用于隔绝输送介质与泵体，防止介质泄漏的密封装置。

最常见的轴封方式有填料密封（图 8-8）和机械密封（图 8-9）。填料密封结构简单，价格低，但密封效果差；机械密封结构复杂，精密，造价高，但密封效果好。因此，机械密封主要用在一些密封要求较高的场合，如输送酸、碱、易燃、易爆、有毒、有害等液体。随着时代进步和技术发展，机械密封的使用越来越多。

3. 密封环

密封环的作用是防止泵的内泄漏和外泄漏，由耐磨材料制作，镶于叶轮前后盖板和泵壳上，磨损后可以更换。

(a) 闭式叶轮　　　　　　　(b) 半开式叶轮　　　　　　　(c) 开式叶轮

图 8-7　离心泵叶轮

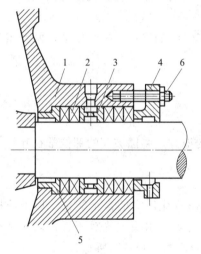

图 8-8　填料密封装置

1—填料箱；2—填料；3—水封环；
4—填料压盖；5—底衬套；6—螺栓

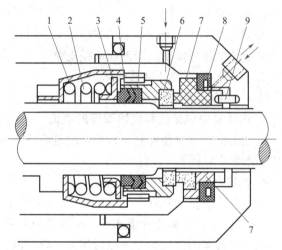

图 8-9　机械密封装置

1—传动座；2—弹簧；3—推环；4—密封垫圈；5—动环密
封圈；6—动环；7—静环；8—静环密封圈；9—防转销

4. 轴和轴承

泵轴一端固定叶轮，另一端装配联轴器，根据泵的大小，轴承可选用滚动轴承和滑动轴承。

5. 泵壳

泵壳有轴向剖分式和径向剖分式两种结构，大多数单级离心泵的泵壳都是蜗壳式的，多级离心泵的径向剖分泵壳一般为环形壳体或圆形壳体。

6. 联轴器

离心泵的联轴器有刚性联轴器与弹性联轴器两大类，其中刚性联轴器主要有凸缘联轴器、爪型联轴器（图 8-10）；弹性联轴器主要有弹性柱销联轴器、膜片联轴器（图 8-11）。

图 8-10 爪型联轴器

图 8-11 膜片联轴器

四、离心泵的汽蚀及预防

1. 汽蚀现象

液体在一定温度下,由于某种原因使泵的进口处的压力低于液体在该温度下的汽化压力(即饱和蒸汽压),液体开始汽化而产生汽泡,并随液流进入高压区时,汽泡破裂,周围液体迅速填充原汽泡空穴,产生水力冲击。这种汽泡的产生、发展和破裂现象就称为汽蚀。

2. 汽蚀危害性

① 汽泡破裂时,液体质点互相冲击、产生 600~25000Hz 的噪声及机组振动,两者相互激励使泵产生强烈振动,即汽蚀共振现象。

② 过流部件剥蚀及腐蚀破坏。

③ 泵性能突然下降。

3. 汽蚀发生的部位和腐蚀破坏的部位

汽蚀发生的部位在叶轮进口处,或是液体高速流动的地方,腐蚀破坏的部位常在叶轮出口或压水室出口处。

4. 汽蚀参数

(1) 汽蚀余量 $NPSH$　泵吸入口处单位质量液体超出汽化压力的富余能量(以米液柱计),称汽蚀余量,其值等于从基准面算起的泵吸入口的总吸入水头(绝对压力,以米液柱计)减去该液体的汽化压力(绝对压力,以米液柱计),计算如式(8-1)所示。

$$NPSH = \frac{p_s}{\rho g} + \frac{u_s^2}{2g} - \frac{p_V}{\rho g} \tag{8-1}$$

式中　p_s——从基准面算起的泵吸入口压力,Pa;

p_V——液体在该温度下的汽化压力,Pa;

u_s——泵吸入口平均流速,m/s;

ρ——液体密度,kg/m³。

基准面按以下两种原则取定位置。

① ISO 标准、GB 标准规定:基准面为通过叶轮叶片进口边的外端所描绘的圆的中心的水平面。对于多级泵以第一级叶轮为基准,对于立式双吸泵以上部叶片为基准。

② API 标准规定:对卧式泵,其基准面是泵轴中心线;对立式管道泵,其基准面是泵吸入口中心线;对其他立式泵,其基准面是基础的顶面。

(2) 装置汽蚀余量 $NPSH_a$　由泵装置系统(以液体在额定流量和正常泵送温度下为准)确定的汽蚀余量,称装置汽蚀余量,也称为有效汽蚀余量或可用汽蚀余量(以米液柱计),其大小由吸液管路系统的参数和管路中流量所决定,而与泵的结构无关。

(3) 必需汽蚀余量 $NPSH_r$ 由泵厂根据试验（通常用20℃的清水在额定流量下测定）确定的汽蚀余量，称泵的必需汽蚀余量（以米液柱计）。

必需汽蚀余量在吸入法兰处测定并换算到基准面。在比较 $NPSH_a$ 和 $NPSH_r$ 值时应注意基准面是否一致，如不一致应换算至同一基准面。

(4) 吸上真空度 H 吸上真空度 H 是从泵基准面算起的泵吸入口的真空度（以米液柱计），也称吸上真空高度。H 与 $NPSH_r$ 值的换算如式(8-2)所示。

$$NPSH_r = 10 - Hs \tag{8-2}$$

(5) 泵的安装高度 s 泵的安装高度 s 也称泵的吸液高度，是指泵的基准面至吸入液面之间的高度差。

(6) 汽蚀曲线 $NPSH_a$ 和 $NPSH_r$ 均随流量的变化而变化。一般 $NPSH_r$ 随流量的增加而增大，而 $NPSH_a$ 则随流量的增加而减小；泵厂提供的泵性能曲线上一般应有 $NPSH_r$-Q 曲线。

(7) 离心泵的 $NPSH_a$ 安全裕量 S 为确保不发生汽蚀，离心泵的 $NPSH_a$ 必须有一个安全裕量 S，满足 $NPSH_a - NPSH_r \geqslant S$；对于一般的离心泵，$S$ 取 0.6~1.0m。但是对于一些特殊用途或条件下使用的离心泵，S 值需按表8-2选取。

表8-2 离心泵汽蚀余量的安全裕量 S

序号	泵的类型和用途	安全裕量 S/m	注解
1	锅炉给水泵、锅炉给水循环泵和卧式冷凝器热冷凝液泵	2.1	7、9、13
2	减压塔釜液泵	2.1	4、6、7、9、10、11、12、13
3	立式和卧式表面冷凝器热冷凝液泵	0.3	5、7、8、9、13
4	常温常压冷却水泵	0.6	1、2、5、9、13
5	吸入压力<70kPa(G)的泵	0.6	5、7、9、13
6	多级泵和双吸叶轮泵	0.6	9、13
7	自动启动泵	0.6	9、13
8	吸收塔釜液泵和送液温度在 15.5~205℃ 之间 CO 汽提塔泵	2.1	9、13
9	其他用途的泵,如将容器架高提高 $NPSH_a$ 的泵	0.6	9、13
10	用于输送平衡液体和蒸汽分压下的液体的泵	吸入管损失 25%，最小 0.3m,最大 1.2m	5、9、13
11	用于输送非平衡液体的泵	0.6	3、9、13

注：1. 在计算装置汽蚀余量 $NPSH_a$ 时，不应考虑冷却水泵吸入管口以上的浸没液柱头。
2. 对立式或卧式冷却水泵的浸没深度由机泵专业确定。
3. 如果液体中有溶解气体时，则假定液体处于它的平衡压力和温度下，即容器压力等于蒸汽压力。
4. $NPSH_a$ 计算，不要考虑汽提蒸汽的裕量。
5. 总的摩擦损失应限定在 0.304m 液柱头以内。
6. 吸入管内径应按单位压力降小于 23kPa（每 10m 管）来确定。
7. 这些泵进口应安装"T"形过滤器。
8. 这些泵的吸入管道从容器分别引出。
9. 双吸叶轮泵必须配有管道分配系统，以避免液流分配得不均匀。
10. 按每项工程的管道布置来确定该工程的减压塔用一根还是两根釜液排出管。
11. 减压塔釜液泵应布置在距吸入容器最近的地方。
12. 一般来说，减压塔釜液泵不应作为公用的备用泵。在无法避免这样做的地方，作为备用的泵，必须力求靠近减压塔釜液泵。减压塔釜液操作决定泵的位置，而不影响备用泵的功能。
13. 异径管的计算公式可以用来计算一般卧式冷却水泵装置吸入管的摩擦损失。

(8) 汽蚀比转数 C 汽蚀比转数是泵在最佳工况下泵的吸入特性参数，其计算方法如式(8-3)所示。

$$C = \frac{5.62n\sqrt{Q}}{NPSH_r^{3/4}} \quad (8-3)$$

式中 n——泵的转速，r/min；
　　　Q——泵的额定流量，m^3/s（双吸为 $1/2Q$）。

当两台泵符合几何相似和运动相似时，C 值相等。C 值作为汽蚀相似准数，标志泵抗汽蚀性能的水平。相同流量下，C 值越大，$NPSH_r$ 就越小，泵的抗汽蚀性能越好，常见离心泵的汽蚀比转数见表8-3。

表 8-3 离心泵的汽蚀比转数 C 值

$Q/(m^3/h)$	6	20	60	100	150	200	300	>300
C 值($n=2900$r/min)	400~450	550~600	750~800	900~1000	1000~1100	1100~1200	1200~1300	1250~1350
C 值($n=1450$r/min)	—	—	—	550~600	650~700	700~750	750~850	850~1000

我国和俄罗斯用汽蚀比转数 C 表示泵的吸入特性，英国、美国、日本等国是用吸入比转数 S 表示，二者的意义相同，其换算关系见表8-4。

表 8-4 汽蚀比转数值和吸入比转数值的换算关系

参数	$C = \frac{5.62n\sqrt{Q}}{NPSH_r^{3/4}}$		$S = \frac{n\sqrt{Q}}{NPSH_r^{3/4}}$	
	中国、俄罗斯	日本	美国	英国
Q	m^3/s	m^3/min	Imp. gal	U.S. gal
n	r/min	r/min	r/min	r/min
$NPSH_r$	m	m	m	m
换算值	1	1.38	8.4	9.21

5. 汽蚀的预防

离心泵工作时不允许汽蚀产生，因此必须保证 $NPSH_a - NPSH_r > S$。当 $NPSH_a$ 不能满足此要求时，可采取买方（用户）设法提高 $NPSH_a$ 值，或卖方（泵生产厂家）设法降低 $NPSH_r$ 值的方法予以解决，详见表8-5。

表 8-5 汽蚀预防的方法

	方法	优点	缺点	备注
买方采取的方法	降低泵的安装高度或提高吸液面位置或降低泵的安装位置，必要时采用倒灌方式	可选用效率较高，维修方便的泵	增加安装费用	此法最好且方便，建议尽可能采用
	减小吸入管路的阻力，如加大管径，减少管路附件、底阀、弯管、闸阀等	可改进吸入条件，提高主泵效率	增加投资费用（指管径大）	—
	增加一台升压泵	可降低主泵价格，提高主泵效率	增加设备和管路维修量增大	—

续表

	方法	优点	缺点	备注
买方采取的方法	降低泵送液体温度,以降低汽化压力	可选用效率较高,维修方便的泵	需增加冷却系统	—
	避免在进口管路采用阀节流	避免局部阻力损失	—	—
	在流量、扬程相同情况下,采用双吸泵,其$NPSH_r$值小	—	—	有时也可考虑采用
卖方采取的方法	提高流道表面光洁度,对流道进行打磨和清理	方法简单	加工成本上升	经常采用
	加大叶轮进口处直径,以降低进口流速	方法简单	回流的可能性增大,不利于稳定运转	一般很少采用
	降低泵的转速	简单易行	同样流量、扬程下,低速泵价格高、效率低	一般很少采用
	在泵进口增加诱导轮	简单易行	泵的最大工作范围有所缩小	经常采用
	对叶片可调的混流泵、轴流泵,可采用调节叶片安装角度的方法	—	—	经常采用
	过流部件采用耐汽蚀的材料,如硬质合金、青铜、18-8Cr-Ni钢等	泵的结构、性能曲线均不变	材料成本上升	较少采用

五、离心泵的操作与维护

1. 离心泵的操作

(1) 试车前的检查

① 试转驱动机的转向,应与泵旋转方向一致,然后连好联轴器。
② 泵进液置换,排出泵内空气,加热或冷却泵体,使泵体温度与液体温度一致。
③ 检查轴封密封情况,应无渗漏。
④ 润滑油位或油压应符合要求,冷却水系统畅通,各接头不松不漏。
⑤ 盘车应无轻重不均感觉,各部件连接螺栓无松动。
上述各项检查完毕后,按照开车操作步骤,启动驱动机进行试车考核。

(2) 合格标准

① 轴承温度:滚动轴承最高不超过70℃,滑动轴承最高不超过65℃。
② 轴密封泄漏:填料密封滴漏每分钟为5～10滴,机械密封滴漏每分钟不超过2滴;轴承架振动要符合表8-6规定。

表8-6 轴承架振动允许值

转速/(r/min)	≤750	1500	<3000
振幅/mm	<0.15	<0.10	<0.06

③ 运转情况:转动平稳无杂音。

④ 性能、流量、压力平稳，达到铭牌出力或满足生产需要。

⑤ 功率、电流不超过额定值。

(3) 启动及停车操作

① 启动前检查，润滑油量是否满足要求，油质有无变色；盘车检查是否灵活，有无摩擦和卡死现象。

② 启动操作，灌液置换排净吸入管和泵内空气。打开入口阀门和出口旁通阀后启动泵，当出口压力升到正常工作压力之上，然后打开出口阀，并入系统；转动正常后关闭出口旁通阀，若泵未设出口旁通阀，启动后闭阀运转时间不能过久，否则会使泵内液体汽化，造成损坏。

③ 停车，正常停泵后迅速关闭出口阀。打开排放阀，然后再关闭进口阀。注意关开阀门顺序，防止泵壳憋压，造成密封泄漏，甚至损坏泵壳。在寒冷地区，冬季泵内液体必须排尽，防止冻裂泵壳。

2. 离心泵的检修与维护

离心泵结构形式不同，其拆卸程序和方法也有所异。以下主要介绍几种典型结构离心泵的拆卸程序和方法：

(1) 单级单吸悬臂式离心泵 以图 8-1 为例说明拆卸程序和方法。

① 泵盖的拆卸 先卸下泵盖与壳体的连接螺母，然后用手锤敲击（应在敲击处垫以方木）或用顶丝向内拧，使泵盖松动后即可取下。

② 叶轮的拆卸 拧下叶轮螺母，用木锤或铜锤沿叶轮四周轻轻敲击即可卸下；若叶轮已锈在轴上，可先用煤油浸泡后再拆卸。

③ 壳体的拆卸 先卸下壳体与托架间的连接螺母，取下壳体。再把与它连接的填料压盖卸下，取出壳体内的填料。

④ 泵轴的拆卸 先卸下托架前后轴承压盖，再用方木由泵轴的前方向后敲打，即可把泵轴取下。

⑤ 拆卸过程中，应注意不使轴损坏，拆出的键及其他小零件应编号存放，以免弄错。

(2) 单级双吸中开式离心泵 以图 8-12 为例，说明拆卸的程序和方法。

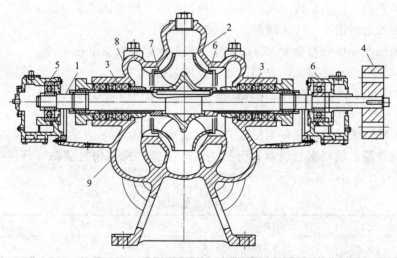

图 8-12 单级双吸中开式离心泵结构示意

1—轴；2—叶轮；3—轴套；4—联轴器；5—轴承；6—密封环；7—泵盖；8—泵体；9—轴承座

泵大盖的拆卸：拧下泵两侧填料压盖与泵壳之间的连接螺母，将填料压盖向两侧拉开，拆下壳体与泵盖之间的连接螺母与定位销钉，用顶丝顶开泵盖后即可取下泵盖。

转子部件的拆卸：

① 卸下泵两端轴承体，然后取出转子部件放于木板上（注意不得碰伤叶轮和轴颈）。

② 依次取出轴承、填料压盖、填料环及填料套。

③ 取出叶轮两侧的吸入口环。

④ 拧下轴套的两端背帽，拆下轴套。

⑤ 用压力机将叶轮压出。若无压力机，则可用图 8-13 所示方法冲击取出；如果转子部件不是每个零件都要更换或检查时，就不必全拆。

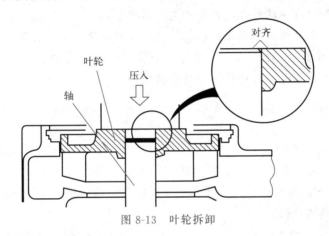

图 8-13　叶轮拆卸

⑥ 拆卸过程中，相同零件若继续使用，应作好各自安装的方位标记，以免产生误装。

（3）中开式多级离心泵　拆卸程序和方法，可参照上述步骤及方法进行。

（4）立式多级筒袋式离心泵　如图 8-14 所示，它用于介质温度低，扬程高，装置汽蚀余量小，泵进、出口压力高等工作环境。拆卸的程序和方法：

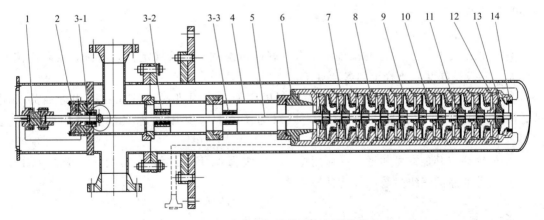

图 8-14　立式多级筒袋式离心泵结构

1—联轴器；2—机械密封；3—石墨轴承；4—中间连接筒；5—轴；6—泵壳连接套；7—中间泵壳；8—泵壳耐磨环；9—中间叶轮；10—泵壳石墨轴承；11—开口固定环；12—进口泵壳；13—首级叶轮；14—首级泵壳耐磨环

① 拆除联轴器及电机螺栓，吊离电机并用枕木垫平放置。

② 拆除机封冷却水进出管及机封平衡管。

③ 拆除联轴器，拆除轴承座与泵座连接螺栓，固定转轴后顺时针旋转轴承套并使其与轴螺纹脱落，吊离轴承座。

④ 拆除机封冷却水压盖及机封静环压盖，取出机械密封动、静环。

⑤ 拆除泵进出口管法兰螺栓及泵体和筒体连接螺栓，吊离泵体并用枕木垫平放置。

⑥ 拆除紧固泵壳的12颗锁紧螺栓，拆卸第一级进口壳体。

⑦ 拆除叶轮锁紧背帽，拆卸第一级叶轮。然后依次拆卸各级泵壳及叶轮，最后将轴抽出并小心摆放，防止弯曲。

⑧ 泵组装程序按拆卸相反程序进行，组装时应确认有关缺陷问题已经查清并已解决，测量的各零部件及配合部位的数据应符合相关技术要求。

（5）定期维护　定期维护是对泵进行有计划的检查修理，是防止事故影响生产的有效方法。正常规定3～6个月一小修，6～12个月一中修，18～24个月一大修。各泵的检修周期应根据各泵的实际运行情况，备件质量以及经验而定。

六、离心泵的润滑

1. 润滑油的检查和更换

离心泵在运行中应定期检查轴承室油杯中的油位、油色和轴承温度，及时补充润滑油（润滑脂）及作其他相应处理。检修中更换了轴承应在设备运行一周后更新润滑油（润滑脂）一次，正常后每季换油一次。

2. 润滑油（脂）的使用标准

为了保证润滑油在轴承之间形成良好的油膜，要求在巡回检查时，观察检查润滑油的温度、油色、油位变化情况，保证润滑油在滚动轴承之间形成可靠的油膜。按规定定期检查润滑油的油质、油色变化，当润滑油观察明显变化或分析油质出现问题时应予以更换。润滑油（润滑脂）使用必须严格按离心泵润滑标准，执行设备所用润滑油的规格、数量、润滑点、加油时间及换油周期。

3. 润滑油的"三级过滤"

坚持"三级过滤"。过滤时按规定配有良好的过滤网，并按规定检查清洗，发现缺陷及时处理。三级过滤网要符合下列各项规定：

① 冷冻机油、压缩机油、透平油、通用机床油、车用机油或其他黏度相近油品所用过滤网，一级为60目，二级为80目，三级为100目，其中冷冻机油需采用非铜质过滤网。

② 齿轮油或其他黏度相近油品所用滤网，一级为40目，二级为60目，三级为80目。

③ 特种油品的三级过滤应按特殊规定执行。

七、离心泵的常见故障及消除方法

离心泵的故障通常是由于产品质量有问题，选型及安装不正确，操作维护不当，或因转动件长期磨损等原因引起的，发现故障后应及时消除，否则会造成事故。离心泵常见故障及排除方法列于表8-7，以供参考。

表 8-7　常见的故障及其消除方法

序号	故障现象	故障原因	消除方法
1	启运负荷太大	(1)启动时没有关闭排出管上的阀门 (2)填料压得太紧,使润滑液进不去,摩擦大	(1)关闭出口阀门,重新启动 (2)放松填料
2	运转中消耗功率太大	(1)泵体内转动部分发生摩擦,如叶轮与口环或壳体的摩擦 (2)泵内吸入其他杂物 (3)轴承部分磨损或损坏 (4)填料压得过紧,机械密封压缩量过大 (5)流量增加 (6)转速增加	(1)检查泵零件,并加以修理;调整叶轮与泵壳的径向对中和轴向位置 (2)拆卸清洗 (3)更换轴承 (4)放松填料压盖,减小机封压缩量 (5)适当关小出口阀门 (6)降低转速
3	压力表及真空表的指针剧烈振动	(1)开车前泵内灌液不足 (2)吸入管或仪表漏气 (3)吸入口没有浸在液中	(1)停车将泵内灌满液 (2)检查吸入管和仪表,并消除漏气处或堵住漏气部分 (3)降低吸入量,使之浸入液中
4	泵不吸液进口真空度增高	(1)进口阀没有打开 (2)进口过滤器堵塞 (3)吸入管阻力太大 (4)吸入高度太高	(1)检查进口阀 (2)清洗过滤器 (3)清洗或更换吸入管 (4)适当降低吸入高度
5	压力表虽有压力,但排不出液	(1)排出管阻力太大 (2)出口阀或止逆阀损坏 (3)泵的转向不对 (4)叶轮流道堵塞	(1)检修排出管 (2)检查出口阀、止逆阀 (3)检查发动机转向 (4)清洗叶轮
6	流量不够	(1)吸入滤网部分堵塞 (2)口环磨损,与叶轮配合间隙过大 (3)出口阀门开度不够 (4)排液管路漏液 (5)有杂物混入泵中,叶轮及流道被堵 (6)进口阀或底阀太小 (7)吸入压力太低	(1)清洗过滤网 (2)更换口环 (3)适当开大出口阀 (4)查漏修理 (5)拆卸清洗 (6)更换大的进口阀或底阀 (7)提高入口压力
7	振动	(1)泵转子或驱动机转子不平衡 (2)联轴器结合不良 (3)轴承损坏或磨损、松动 (4)地脚螺栓松动 (5)轴弯曲 (6)基础不坚固 (7)管路支架不牢 (8)转动部分有摩擦 (9)转动部分零件松弛或破裂 (10)泵内有空气或液体汽化	(1)检调泵转子和驱动机转子平衡 (2)找正联轴器,更换损坏零件 (3)更换或修理轴承 (4)拧紧地脚螺栓 (5)校直或更换轴 (6)加固基础 (7)检查并加强管路支架 (8)查出原因,消除摩擦 (9)更换松动和破裂零件 (10)排除泵内空气或蒸汽,重新充液
8	有噪声	(1)流量太大 (2)轴承损坏 (3)吸入阀侧有空气渗入 (4)液温过高	(1)适当关闭出口阀 (2)更换轴承 (3)检查吸入管路有无漏气,或适当紧压填料盖 (4)降低液温,或增高吸入压力
9	轴封装置泄漏	(1)密封元件材料选用不当 (2)摩擦副严重磨损 (3)动静环不吻合 (4)摩擦副过大,静环破裂 (5)密封圈损坏	(1)向供泵单位说明介质情况,配以适当的密封件 (2)更换磨损部件,并调整弹簧压力 (3)重新调整密封组合件 (4)整泵拆卸并静环,使之与轴垂直度误差<0.10,按要求装密封组合件 (5)更换密封圈

续表

序号	故障现象	故障原因	消除方法
10	轴承发热	(1)润滑油过多 (2)润滑油过少 (3)润滑油变质 (4)机组不同心 (5)振动	(1)减油 (2)加油 (3)排去并清洗油池再加新油 (4)检查并调整泵和原动机的对中 (5)检查转子组件的动平衡或在较小流量处运转

单元三 其他类型泵

一、其他类型泵简述

其他类型的泵，主要包括：旋涡泵、混流泵、轴流泵、往复泵、转子泵（齿轮泵/螺杆泵）、磁力泵、屏蔽泵等。

1. 混流泵

泵内液体的流动介于离心泵与轴流泵之间，液体倾向流出叶轮，即液体的流动方向相对叶轮既有径向速度，也有轴向速度，性能界于离心泵与轴流泵之间，称为混流泵，其结构如图 8-15 所示。此类泵流量提高，扬程减小；有更高比转数，$n_s = 300 \sim 500$，$D_2/D_1 = 1.1 \sim 1.2$。

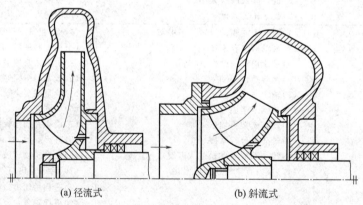

(a) 径流式　　　　(b) 斜流式

图 8-15　混流泵的叶轮流动

2. 轴流泵

轴流泵是流量大、扬程低、比转数高的叶片式泵，轴流泵的液流沿转轴方向流动；轴流泵为大流量、低扬程，叶轮为开式叶轮，启动功率很大，启动时不能关闭排出闸阀。此类泵流量提高，扬程减小；有特高比转数，$n_s = 500 \sim 1000$，$D_2/D_1 = 1$。

轴流泵的过流部件由进水管、开式叶轮、导叶、出水管和泵轴等组成，如图 8-16 所示。

轴流泵工作示意

3. 往复泵

往复泵包括活塞泵和柱塞泵，适用于输送流量较小、压力较高的各种介质。当流量小于 $1000^3/h$，排出压力大于 10MPa 时，有较高的效率和运行特性。

往复泵的组成

（1）工作原理　活塞在外力作用下向右移动，泵内体积增大，压强减小，排出阀受压关闭，吸入阀则因泵外液体的压力而打开，液体吸入泵内，如图 8-17 所示。

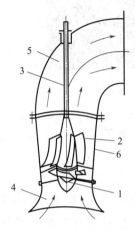

图 8-16　轴流泵的结构
1—叶轮；2—导叶；3—泵轴；
4—进水管；5—弯管；6—外壳

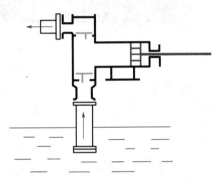

图 8-17　往复泵泵头工作原理

当活塞向左移动时，泵内液体受到活塞的挤压而压强增高，吸入阀受压关闭，排出阀则被顶开，液体排出泵外；活塞不断往复运动，液体便间断地忽而吸入，忽而排出。它的流量是不均匀的。

（2）往复泵的分类

① 根据液力端特点分类，其中按工作机构可分为活塞泵、柱塞泵和隔膜泵；按作用特点可分为单作用泵、双作用泵和差动泵；按缸数可分为单缸泵、双缸泵和多缸泵。

② 根据动力端特点可分为曲柄连杆机构、直轴偏心轮机构等。

③ 根据驱动特点可分为电动往复泵、蒸汽往复泵和手动泵等。

④ 根据排出压力大小可分为低压泵（$P_d \leqslant 4MPa$）、中压泵（$4MPa < P_d < 32MPa$）、高压泵（$32MPa < P_d < 100MPa$）和超高压泵（$P_d \geqslant 100MPa$）。

⑤ 根据活塞（或柱塞）每分钟往复次数 n 可分为低速泵（$n \leqslant 80r/min$）、中速泵（$80r/min < n < 250r/min$）、高速泵（$250r/min \leqslant n < 550r/min$）和超高速泵（$n \geqslant 550r/min$）。

（3）隔膜计量泵　隔膜计量泵属于往复泵的一种，也称为隔膜比例泵，如图 8-18 所示，通常用在精确计量的地方，且计量的稳定性精度误差在 ±1% 之间。隔膜计量泵主要用于化工、石油、炼油、食品、造纸、原子能技术、热电厂、塑料、医药、饮水、污水处理、环境保护、纺织和矿山等生产和研究部门，定量输送腐蚀、易燃、易挥发剧毒液体和放射性液体等。

4. 齿轮泵

齿轮泵为一种常见的转子泵，结构如图 8-19 所示，泵壳中一对啮合的齿轮，其中一个

图 8-18 双隔膜泵

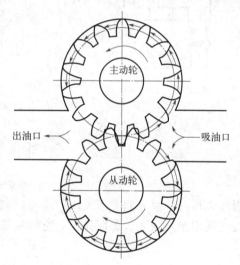

图 8-19 齿轮泵的结构

是主动齿轮,另一个为从动齿轮,由主动齿轮啮合带动旋转。齿轮与泵壳、齿轮与齿轮之间间隙较小,当齿轮沿图 8-19 所示箭头方向旋转时,齿轮逐渐脱离啮合的右侧吸液腔室中,齿轮间密闭容积空间变大,形成局部真空,液体在压差作用下吸入吸液腔室,随着齿轮旋转,液体分两路在齿轮与泵壳之间被齿轮推动前进,送到左侧排液腔室,在排液腔中两齿轮逐渐啮合容积变小,齿轮间的液体被挤出排液口。

齿轮泵是转子泵的一种,具有结构紧凑、体积小、重量轻的优点;但振动较大、效率低、维护成本高。齿轮泵一般自带安全阀,当排压过高时,安全阀开启,使高压液体返回吸入口。齿轮泵常常用于输送无腐蚀性的油类等黏性介质,不适用于输送含有固体颗粒的液体及高挥发性、低闪点的液体。

齿轮泵的齿轮形式有正齿轮、人字齿轮和螺旋齿轮,其中采用人字齿轮和螺旋齿轮的泵运转平稳,应用较为广泛,但是小型齿轮泵仍多采用正齿轮。齿轮泵分为外齿轮泵和内齿轮泵两种,其结构分别见图 8-20、图 8-21,其性能特征见表 8-8。

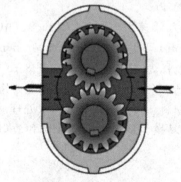

图 8-20 外齿轮泵的结构

图 8-21 内齿轮泵的结构

表 8-8　外齿轮泵与内齿轮泵的性能比较

性能	外齿轮泵	内齿轮泵
出口压力/MPa	<4	非润滑性介质<0.7 润滑性介质<1.7
流量/(m³/h)	<7	<341
特点	运动件多,维修费用高	运动件数量少,维修费用低
价格	相对较低	相对较高

5. 螺杆泵

螺杆泵属于容积式转子泵，泵运转时，螺杆一边旋转一边啮合，液体被一个或几个螺杆上的螺旋槽带动，沿着轴向排出。

螺杆泵分为单螺杆、双螺杆和三螺杆，其特点为：结构紧凑、流量及压力基本无脉动、运行平稳、使用寿命长、效率高，适用的液体种类和黏度范围广泛。缺点是：制造加工要求高，工作特性对介质黏度变化比较敏感，图 8-22 为单螺杆离心泵的结构，各种螺杆泵的性能对比见表 8-9。

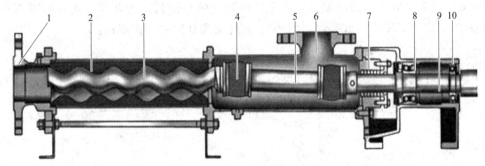

图 8-22　单螺杆离心泵的结构

1—排出体；2—定子；3—转子；4—万向节；5—中间轴；6—吸入室；7—轴封件；8—轴承；9—传动轴；10—轴承体

表 8-9　螺杆泵的类型及性能对比

类型	结构	特点	性能参数	应用
单螺杆泵	螺旋转子在特殊的双头螺旋定子内偏心的转动(定子为柔性)，能沿泵中心线来回摆动，与定子始终保持啮合	①可输送含固体颗粒的液体 ②可用于任何黏度的液体，尤其适用于高黏性和非牛顿流体 ③工作温度受定子材料限制	流量可达 150m³/h，压力可达 20MPa	用于糖蜜、果肉、淀粉、巧克力浆、油漆、柏油、石蜡、泥浆、陶土等
双螺杆泵	有两根同样大小的螺杆轴，一根为主动轴，另一根为从动轴，通过齿轮传动达到同步旋转	①螺杆与泵体,以及螺杆之间保持 0.05～0.15mm 间隙，磨损小，寿命长 ②轴封只受吸入压力作用泄漏量小 ③与三螺杆相比，对杂质不敏感	压力一般约 1.4MPa，对于黏性液体最大为 7MPa，黏度不高的液体可达 3MPa。流量一般为 6～600m³/h，最大 1600m³/h；液体黏度不得大于 1500mm²/s	用于润滑油、润滑脂、原油、柏油、燃料油及其他高黏性油

续表

类型	结构	特点	性能参数	应用
三螺杆泵	由一根主动螺杆和两根与之相啮合的从动螺杆构成	①主动螺杆直接驱动从动螺杆,无需齿轮传动,结构简单 ②泵体本身即作为螺杆的轴承,无需再安装径向轴承 ③螺杆不承受弯曲载荷,可制作得很长,因此可获得高压力 ④不宜输送含 600μm 以上固体杂质液体 ⑤可高速运转,是一种体积小、大流量的泵,容积效率高 ⑥密封腔室与吸入压力相通,泄漏少	压力可达 70MPa,流量可达 2000m^3/h,使用黏度为 5～250mm^2/s 的介质	适宜于输送润滑油、重油、轻油及原油等;也可用于甘油及黏胶等高黏性药液的输送和加压

6. 真空泵

真空泵是一种输送气体的液体机械。它依靠叶轮的旋转把机械能传递给工作液体(旋转液环),又通过液体对气体的压缩,把能量传递给气体,使其压力升高,达到抽吸真空的目的。分为往复式、回转式和射流式,图 8-23 为射流式真空泵工作原理。

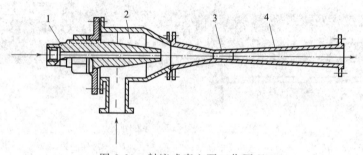

图 8-23 射流式真空泵工作原理
1—喷嘴;2—吸入室;3—混合管;4—扩散管

其中最为常用的是水环式真空泵,水环式真空泵用来抽吸不含固体颗粒的气体,使被抽系统中形成真空。工作介质一般为常温清水,如选用适当材料,也可以用于泵送酸、碱等其他介质液体。

水环真空泵有结构简单和使用、维护方便等优点。但水环真空泵的效率低,一般为 30%～50%,最高可达 55%。由于受工作介质汽化压力的限制,水环真空泵不能用于高真空泵的场合,水环真空泵的真空度可达 90%～98%。

7. 无泄漏泵

在化工、医药等行业,输送易燃、易爆、易挥发、有毒、有腐蚀以及贵重液体时,要求不允许有泄漏。磁力驱动泵(简称磁力泵)与同属于无轴端密封结构的屏蔽泵一样,结构上只有静密封而无动密封,用于输送液体时能确保无泄漏。

(1) 磁力泵 磁力泵传动与一切磁传动原理一样,是利用磁体能吸引铁磁物质以及磁体或磁场之间有磁力作用的特性;而非铁磁物质不影响或很少影响磁力的大小,通过无接触地透过非磁导体(隔离套)进行动力传输,这种传动装置称为磁性联轴器。电动机通过联轴器和外磁钢连在一起,叶轮和内磁钢连在一起。在外磁钢和内磁钢之间设有全密封的隔离套,将内、外磁钢完全隔开,使内磁钢处于介质之中,电动机的转轴通过磁钢间磁极的吸力直接带动叶轮同步转动。

标准磁力泵由泵体、叶轮、内磁钢、外磁钢、隔离套、泵内轴、泵外轴、滑动轴承、滚动轴承、联轴器、电机、底座等组成(小型的磁力泵,将外磁钢与电机轴直接连在一起,省去泵外轴、滚动轴承和联轴器等部件),如图8-24所示。泵体、叶轮与密封泵相似;磁性联轴器由内磁钢(含导环和包套)、外磁钢(含导环)及隔离套组成,是磁力泵的核心部件。磁性联轴器的结构、磁路设计及其各零部件的材料,关系到磁力泵的可靠性、磁传动效率及寿命。

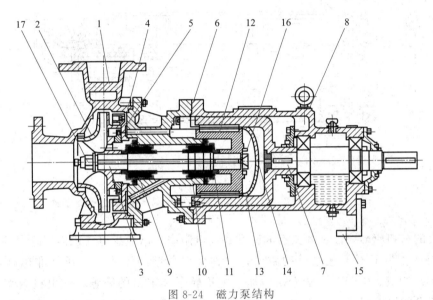

图 8-24 磁力泵结构

1—泵体;2—叶轮;3—泵轴;4—支撑盘;5—平衡盘;6—泵盖;7—驱动轴;8—悬架体;9—轴套;10—滑动轴承组件;11—止推盘组件;12—内转子组件;13—外转子组件;14—隔离套;15—辅助支架;16—圆螺母;17—叶轮螺母

① 磁力泵的优点

a. 由于传动轴不需穿入泵壳,而是利用磁场透过空气隙和隔离套薄壁传动扭矩,带动内转子,因此从根本上消除了轴封的泄漏通道,实现了完全密封。

b. 传递动力时有过载保护作用。

c. 除磁性材料与磁路设计有较高要求之外,其余部分技术要求不高。

d. 磁力泵的维护和检修工作量小。

② 磁力泵的缺点

a. 磁力泵的效率比普通离心泵低。

b. 对防单面泄漏的隔离套的材料及制造要求较高。如材料选择不当或制造质量差时,隔离套经不起内外磁钢的摩擦很容易磨损,而一旦破裂,输送的介质就会外溢。

c. 磁力泵由于受到材料及磁性传动的限制,因此国内一般只用于输送120℃以下、压力不高的介质。

d. 由于隔离套材料的耐磨性一般较差,因此磁力泵一般输送不含固体颗粒的介质。

e. 联轴器对中要求高,对中不当时,会导致进口处轴承的损坏和防单面泄漏隔离套的磨损。

(2) 屏蔽泵　屏蔽泵也属于无密封离心泵的一种,泵和驱动电机被封闭在一个被泵送介质充满的压力容器内,此压力容器只有静密封,运行中能达到完全无泄漏。屏蔽泵和电机连在一起,电机的转子和泵的叶轮固定在同一根旋转轴上,利用屏蔽套将电动机的转子和定子隔开,转子在被输送的介质中运行,其动力通过定子磁场传递给转子,其结构如图 8-25 所示。

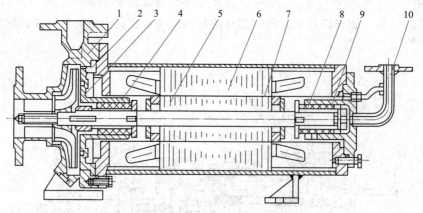

图 8-25　屏蔽泵的结构示意图
1—泵体；2—叶轮；3—后端盖；4—前导轴承；5—转子；6—定子；
7—屏蔽套；8—后导轴承；9—后盖板；10—循环管

屏蔽套的材料应耐腐蚀,并具有非磁性和高电阻率,以减少电动机因屏蔽套存在而产生额外功率消耗。为了不干扰电机的磁场,这种金属薄壁圆筒采用奥氏体非磁性材料（如 1Cr18Ni9Ti）制成。由于有屏蔽套,增加了电机转子和定子的间隙,使电机效率下降,因此要求屏蔽套的壁要很薄,一般为 0.3~0.8mm。屏蔽套加工制造较困难,是屏蔽泵生产的关键问题之一。

屏蔽泵的轴承,经常是用非金属材料如石墨等制造。泵工作叶轮等引起的轴向力都由轴承来承受。电机的尾端,装有轴承报警器,当轴承受损后,轴承报警器的传感器堵头被磨穿,报警器内部泄压,压力表指示到零（红线处说明石墨套已磨损到不能使用的地步,必须换新套。）

屏蔽泵的优点：

a. 全封闭,结构上没有动密封,只有在泵的外壳处有静密封,因此泵运行中可完全无泄漏,特别适合输送易燃、易爆、贵重液体和有毒、腐蚀性及放射性液体。

b. 安全性高,转子和定子各有一个屏蔽套,使电机转子和定子不与介质接触；屏蔽套破裂也不会产生外漏的风险。

c. 结构紧凑占地少,对底座和基础要求低；没有联轴器的对中问题,安装容易费用低,日常维护工作量少,维修费用低。

d. 泵运转平稳,噪声低,由于无滚动轴承,不需要加润滑油。

屏蔽泵的缺点：

a. 由于屏蔽泵采用滑动轴承,且由被输送的介质来润滑,故润滑性差的介质不宜采用屏蔽泵输送。一般适合于屏蔽泵的介质黏度范围为 0.1~20cP。

b. 屏蔽泵的效率通常低于单端面机械密封离心泵,与双端面机械密封离心泵效率大致相当。

c. 长时间在小流量情况下运转,泵效率较低,会导致发热、使流体蒸发造成泵干摩擦,引起滑动轴承损坏。

(3) 屏蔽泵与磁力驱动泵 屏蔽泵与磁力驱动泵结构对比如图 8-26 所示,其性能对比见表 8-10。

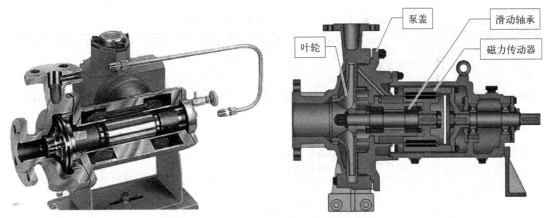

图 8-26 屏蔽泵与磁力驱动泵结构对比

表 8-10 屏蔽泵与磁力驱动泵性能对比

项目		磁力驱动泵	屏蔽泵
隔离套(或屏蔽套)厚度		较厚,近 3 倍于屏蔽泵的厚度,涡流损耗大,直接承压	较薄,涡流损耗小,由定子、铁芯和加强套承压
隔离套(或屏蔽套)破坏的后果		介质漏向大气	有第二防泄漏套(电机外壳)可阻止介质漏向大气
效率		稍低	稍低
制造技术和设备		要求较低	要求较高
驱动机		标准电机或汽轮机等	专用电机
噪声		稍大(电机带风扇)	稍小(电机不带风扇)
轴向长度		较长	较短,体积小,结构紧凑
联轴器		有联轴器,需对中找正	无联轴器,叶轮直连
轴承磨损监视器		处于使用阶段	有
价格		基本相近	基本相近
正常维护检修		较容易	容易(仅更换轴承)
适用范围	启动	重载困难,稀土温度 350℃	良好
	高低温、高压	一般不适用	有专用型号
	含固体颗粒的介质	一般不适用于含固体颗粒较高的场合,尤其不适用于含铁离子的场合	有专用于含固体颗粒介质的型号(需外部清洗冲洗液)
	高熔点易结晶介质	一般不适用	有专用型号
	强腐蚀性介质	良好(塑料)	不适用(由于屏蔽套限制)

二、典型化工用泵的特点和选用要求

1. 化工用泵的特点

化工生产工艺流程中的典型用泵有进料泵、回流泵、塔底泵、循环泵、产品泵、注入泵、补给泵、冲洗泵、排污泵、燃料油泵、润滑油泵和封液泵等,其特点和选用要求见表 8-11。

表 8-11 典型化工用泵的特点和选用要求

泵名称	特点	选用要求
进料泵(包括原料泵和中间给料泵)	(1)流量稳定 (2)一般扬程较高 (3)有些原料黏度较大或含固体颗粒 (4)泵入口温度一般为常温,但某些中间给料泵的入口温度也可大于100℃ (5)工作时不能停车	(1)一般选用离心泵 (2)扬程很高时,可考虑用容积式泵或高速泵 (3)泵的备用率为100%
回流泵(包括塔顶、中段及塔底回流泵)	(1)流量变动范围大,扬程较低 (2)泵入口温度不高,一般为30~60℃ (3)工作可靠性要求高	(1)一般选用单级离心泵 (2)泵的备用率为50%~100%
塔底泵	(1)流量变动范围大(一般用液位控制流量) (2)流量较大 (3)泵入口温度较高,一般大于100℃ (4)液体一般处于气液两相态,$NPSH_a$ 小 (5)工作可靠性要求高 (6)工作条件苛刻,一般有污垢沉淀	(1)一般选单级离心泵,流量大时,可选用双吸泵 (2)选用低汽蚀余量泵,并采用必要的灌注头 (3)泵的备用率为100%
循环泵	(1)流量稳定,扬程较低 (2)介质种类繁多	(1)选用单级离心泵 (2)按介质选泵的型号和材料 (3)泵的备用率为50%~100%
产品泵	(1)流量较小 (2)扬程较低 (3)泵入口温度低(塔顶产品一般为常温,中间抽出和塔底产品温度稍高) (4)某些产品泵间断操作	(1)宜选用单级离心泵 (2)对纯度高或贵重产品,要求密封可靠,泵的备用率为100%;对一般产品,备用率为50%~100%。对间断操作的产品泵,一般不设备用泵
注入泵	(1)流量很小,计量要求严格 (2)常温下工作 (3)排压较高 (4)注入介质为化学药品,往往有腐蚀性	(1)选用柱塞或隔膜计量泵注入泵 (2)对有腐蚀性介质,泵的过流元件通常采用耐腐蚀材料
排污泵	(1)流量较小,扬程较低 (2)污水中往往有腐蚀性介质和磨蚀性颗粒 (3)连续输送时要求控制流量	(1)选用污水泵、渣浆泵 (2)泵备用率100% (3)常需采用耐腐蚀材料
燃料油泵	(1)流量较小,泵出口压力稳定(一般为1.0~1.2MPa) (2)黏度较高 (3)泵入口温度一般不高	(1)一般可选用转子泵或离心泵 (2)由于黏度较高,一般需加温输送 (3)泵的备用率为100%
润滑油泵和封液泵	(1)润滑油压力一般为0.1~0.2MPa (2)机械密封封液压力一般比密封腔压力高0.05~0.15MPa	(1)一般均随主机配套供应 (2)一般均为螺杆泵和齿轮泵,但离心压缩机组的集中供油往往使用离心泵

2. 化工用泵的选用要求

① 输送介质的物理化学性能直接影响泵的性能、材料和结构　选型时需要考虑的重要因素，介质的物理化学性能包括介质名称、介质特性（如腐蚀性、磨蚀性、毒性等）、固体颗粒含量及颗粒大小、密度、黏度、汽化压力等，必要时还应列出介质中的气体含量，说明介质是否易结晶等。

② 工艺参数　工艺参数是泵选型的最重要依据，应根据工艺流程和操作变化范围慎重确定。

a. 流量 Q：流量是指工艺装置生产中，要求泵输送的介质量，工艺人员一般应给出正常、最小和最大流量。泵数据表上往往只给出正常和额定流量。选泵时，要求额定流量不小于装置的最大流量，或取正常流量的 1.1~1.15 倍。

b. 扬程 H：指工艺装置所需的扬程值，也称计算扬程。一般要求泵的额定扬程为装置所需扬程的 1.05~1.1 倍。

c. 进口压力 P_s 和出口压力 P_d：进、出口压力指泵进出接管法兰处的压力，进、出口压力的大小影响到壳体的耐压和轴封的要求。

d. 温度 T：指泵进口介质温度，一般应给出工艺过程中泵进口介质的正常、最低和最高温度。

e. 装置汽蚀余量 $NPSH_a$：也称有效汽蚀余量。

f. 操作状态：操作状态分连续操作和间歇操作两种。

③ 现场条件　现场条件包括泵的安装位置（室内、室外），环境温度，相对湿度，大气压力，大气腐蚀状况及危险区域的划分等级等条件。

④ 泵类型的选择　泵的类型应根据装置的工艺参数、输送介质的物理和化学性质、操作周期和泵的结构特性等因素合理选择。根据该选用表可以初步确定符合装置参数和介质特性要求的泵类型，除以下情况外，应尽可能选用离心泵。

a. 有计量要求时，选用计量泵。

b. 扬程要求很高，流量很小且无合适小流量高扬程离心泵可选用时，可选用往复泵；如汽蚀要求不高时也可选用旋涡泵。

c. 扬程很低，流量很大时，可选用轴流泵和混流泵。

d. 介质黏度较大（大于 650~1000 mm^2/s）时，可考虑选用转子泵或往复泵；黏度特别大时，可选用特殊设计的高黏度转子泵和高黏度往复泵。

e. 介质含气量>5%，流量较小且黏度小于 37.4 mm^2/s 时，可选用旋涡泵。如允许流量有脉动，可选用往复泵。

f. 对启动频繁或灌泵不便的场合，应选用具有自吸性能的泵，如自吸式离心泵、自吸式旋涡泵、容积式泵等。

⑤ 泵系列和材料的选择　泵的系列是指泵厂生产的同一类结构和用途的泵，如 IS 型清水泵，ZA 型化工流程泵等。当泵的类型确定后，可以根据工艺参数和介质特性来选择泵的系列和材料。如确定选用离心泵后，可进一步确定以下项目：

a. 根据介质特性决定选用哪种特性泵，如清水泵、耐腐蚀泵，或化工流程泵和杂质泵等。介质为剧毒、贵重或有放射性等不允许泄漏物质时，应考虑选用无泄漏泵（如屏蔽泵、磁力泵）或带有泄漏液收集和泄漏报警的双端面机械密封。如介质为液化烃等易挥发液体应选择低汽蚀余量泵，如筒袋式泵等。

b. 根据现场安装条件选用卧式泵、立式泵（含液下泵、管道泵）。

c. 根据流量大小选用单吸泵、双吸泵，或小流量离心泵。

d. 根据扬程高低选用单级泵、多级泵，或高速离心泵等。

以上各项确定后即可根据各类泵中不同系列泵的特点及生产厂的条件，选择合适的泵系列及生产厂。如确定选用单级卧式化工流程泵，可考虑选用大连海特、大连（唯科），以及国内通用设计的化工流程泵等等。

e. 最后根据装置的特点及泵的工艺参数，决定选用哪一类制造、检验标准。如要求较高时，可选 API 610 标准，要求一般时，可选 GB 5656（ISO 5199）或 ANSI B73.1M 标准。

f. 如确定选用计量泵后，应进一步参考以下项目：当介质为易燃、易爆、剧毒及贵重液体时，常选用隔膜计量泵；为防止隔膜破裂时，介质与液压油混合引起事故，可选用双隔膜计量泵并带隔膜破裂报警装置。流量调节一般为手动，如需自动调节时可选用电动或气动调节方式。

3. 泵选用标准及规范

泵选用标准和规范见表 8-12。

表 8-12 泵选用标准、规范

泵类型	标准、规范	泵类型	标准、规范
离心泵	API 610 石油、重化学和气体工业用离心泵	计量泵	API 675 计量泵
			GB 9236 计量泵技术条件
	ANSLI B73.1M 化工用卧式端吸式离心泵技术规范		GB 7783 计量泵试验方法
	ANSI B73.2M 化工用管道泵技术规范	往复泵	API 674 往复泵
			GB 9234 机动往复泵技术条件
	ISO 2858 端吸式离心泵标记、性能、尺寸		GB 7784 机动往复泵试验方法
	GB 3215 炼厂、化工及石油化工流程用离心泵通用技术条件		JB 1053 一般蒸汽往复泵技术条件
			GB 9235 蒸汽往复泵试验方法
	GB 3216 离心泵、混流泵、轴流泵和旋涡泵试验方法	转子泵	API 675 转子泵
			GB 10885 单螺杆泵技术条件
			GB 10887 三螺杆泵技术条件
	GB 5656 离心泵技术条件		GB 9064 螺杆泵试验方法

小结

泵主要分为叶片式泵、容积泵、其他类型泵。主要性能参数包括工艺参数、现场条件。

离心泵的基本结构，由叶轮、壳体、密封环、平衡装置、轴密封装置、泵轴及轴承组成。主要零部件包括叶轮、轴端密封、密封环、泵轴和轴承、泵壳、联轴器。

离心泵存在汽蚀现象，必须加以预防，确保其运行中的安全。离心泵运行中应遵循正确的操作和润滑，定期的维护，规范化的检修，并对常见的故障进行及时排除。

其他类型泵简述，化工用泵的特点和选用要求。

拓展阅读

泵行业技术的创新与未来的展望

"绿色能源"和"低碳生活"的概念正受到越来越多的关注,各国竞相开展以风能、太阳能、生物能、地热能、海洋能等可再生"绿色能源"为主的研究和应用。泵行业的发展与国家出台的能源行业息息相关,因此泵制造及研发一定要紧跟国家乃至全球的能源发展方向,不断优化和完善泵产品的结构,主动将泵产品覆盖未来的市场发展方向,才能更好在未来市场的激烈竞争中发展壮大,并服务于整个社会。未来在我国的国防领域、航空航天领域、原子能领域、服务领域,各种类型泵都广泛应用,并发挥越来越大的作用。查阅相关资料判断图 8-27 中的泵是什么类型,图中显示了哪些主要结构?

图 8-27 泵

思考与练习

一、选择题

1. 通用离心泵的轴封采用（　　）。
   A. 填料密封　　　　B. 迷宫密封　　　　C. 机械密封　　　　D. 静密封
2. 汽蚀是一种比较复杂的（　　）现象。
   A. 物理　　　　　　B. 化学　　　　　　C. 电化学　　　　　D. 破坏
3. 要使离心泵正常工作,必须让有效汽蚀余量（　　）泵的必需的最小汽蚀余量。
   A. 大于　　　　　　B. 大于或等于　　　C. 小于　　　　　　D. 小于或等于
4. 磁力泵和屏蔽泵都属于（　　）泵。
   A. 机械密封　　　　B. 无泄漏　　　　　C. 填料密封　　　　D. 容积式
5. 通用离心泵的轴封采用（　　）。
   A. 填料密封　　　　B. 迷宫密封　　　　C. 机械密封　　　　D. 静密封

6. 汽蚀是一种比较复杂的（　　）现象。
A. 物理　　　　　B. 化学　　　　　C. 电化学　　　　　D. 破坏

二、判断题

1. 油泵的种类很多，结构也各不相同，但其工作原理都是工作空间的容积由大减小而压油，工作空间的容积由小增大而进油。（　　）
2. 离心泵是依靠高速旋转的叶轮使液体获得压头的。（　　）
3. 一套机械密封最少有两个密封点，包括：动环与静环密封，静环与压盖密封。（　　）
4. 离心泵在启动前必须灌满液体，同时关闭进水口。（　　）
5. 弹性联轴器的主要作用是减小泵或压缩机振动。（　　）
6. 机械密封是一种旋转轴用的接触式动密封，它是在流体介质和弹性元件的作用下，两个垂直于轴心线的密封端面紧贴着相互旋转，从而达到密封的目的。（　　）

三、简答题

1. 离心泵的叶轮按其结构形式可分为哪些？
2. 离心泵的机械密封组件由什么组成？
3. 螺杆泵分为单螺杆、双螺杆和三螺杆，其特点为什么？
4. 往复泵适用及不适用场合有哪些？
5. 离心泵汽蚀的机理是什么？有哪些防范措施？

四、案例分析

随着城市现代化推进，城市化进程不断加快，城市人口越来越多，因此城市高层楼房如雨后春笋拔地而起，但是由此也给城市高楼层住户带来了一些困惑，如家用水流小，压力不足等问题，当你住在30层楼时，如何保证家用水的流量和压力？

 思路点拨

从泵的选型入手，需要考虑泵的类型、流量、扬程等因素，还需要考虑安装及泵本身的重量。

模块九 化工管道与阀门

 学习目标

知识目标

了解化工管道与阀门的基本结构、常用材料和基本要求；了解化工管道与阀门的分类和常用标准；了解管道布置、管道制作、安装和连接；了解阀门安装与检修；掌握化工管道的管径计算及参数确定方法；了解化工管道的使用与维护；了解阀门常见故障及排除方法。

技能目标

能进行压力管道的判定，确定压力管道的分级分类；能进行管道安装施工与维护检修工作；能进行阀门安装、日常维护与检修工作；能排除化工管道与阀门的一般故障。

素质目标

培养自我学习能力，养成爱岗敬业、严格遵守操作规程的职业道德，建立管道工程技术理念，密切联系生产实际，将理论知识和操作技能有机地结合起来，侧重自身职业能力的培养，增加作为"化工人"的责任感、荣誉感和职业自信。

化工装置建设会消耗大量资源、能源，并且施工周期较长，投资较大，技术含量较高，是一个系统工程。其中，化工管道的作用是将反应器、换热器、塔、储罐、机泵等多种化工设备相互连通，使原料、中间产物、产品等介质在不同设备之间输送；阀门在化工管道中具有控制和隔离的作用，可根据化工装置实际运行情况对管道内部流量控制和调整。

单元一 化工管道

化工管道是化工生产中所使用的各种管路的总称，其主要作用是输送和控制流体介质。化工管道一般由管子、管件、阀门、管架等组成。化工管道内的介质通常都具有一定的温度和压力，因此化工管道一般属于压力管道的范畴。工程设计建设中采用管道分类（级）的办法，对化工管道提出不同的设计、制造和施工验收要求，以保证管道均能在其设计条件下安全可靠地运行，并能合理分类管道组成件品种，简化管道系统的备品备件。

一、管道分类

1. 管道的公称尺寸和公称压力

（1）公称尺寸　管道的公称尺寸是用于管道系统元件的字母和数字组合的尺寸标识。它由公称尺寸的标记 DN 后跟一个无因次的整数数字组成，如外径为 89mm 的无缝钢管的公称尺寸标记为 DN80。

一般情况下公称尺寸的数值既不是管道元件的内径，也不是管道元件的外径，而是与管道元件的外径相接近的一个整数值。管道元件的公称尺寸也称为公称通径或公称直径，三者的含义完全相同。优先选用的公称尺寸系列如表 9-1 所示。

表 9-1 管道元件公称尺寸优先选用 DN 数值

DN6	DN100	DN700	DN2200
DN8	DN125	DN800	DN2400
DN10	DN150	DN900	DN2600
DN15	DN200	DN1000	DN2800
DN20	DN250	DN1100	DN3000
DN25	DN300	DN1200	DN3200
DN32	DN350	DN1400	DN3400
DN40	DN400	DN1500	DN3600
DN50	DN450	DN1600	DN3800
DN65	DN500	DN1800	DN4000
DN80	DN600	DN2000	

（2）公称压力　管道的公称压力是管道系统元件的力学性能和尺寸特性相关的字母和数字组合的标识，由字母 PN 或 Class 和后跟无量纲数字组成，如公称压力为 1.6MPa 的管道元件标记为 PN16。具有相同 PN 或 Class 数值和 DN 数值的所有管道元件同与其相配的法兰具有相同的连接尺寸，PN 和 Class 见表 9-2。

表 9-2 管道元件公称压力数值

PN 系列	Class 系列	PN 系列	Class 系列
PN2.5	Class25	PN250	Class900
PN6	Class75	PN320	Class1500
PN10	Class125	PN400	Class2000
PN16	Class150	—	Class2500
PN25	Class250	—	Class3000
PN40	Class300	—	Class4500
PN63	Class400(不推荐使用)	—	Class6000
PN100	Class600	—	Class9000
PN160	Class800		

2. 管道分类

（1）按管道材质分类　化工管道可分为金属管道和非金属管道，例如，碳钢管、不锈钢管、合金钢管、铜管、铝管等金属材料管道；混凝土管、石棉水泥管、陶瓷管等无机非金属材料管道；塑料管、玻璃钢管、橡胶管等有机非金属材料管道。

（2）按管道设计压力分类　按管道设计压力可分为真空管道、低压管道、中压管道、高压管道和超高压管道。化工装置内管道输送介质的压力范围很广，从负压到数百兆帕。化工管道以设计压力为主要参数进行分级。

(3) 按管道输送介质的温度分类　按管道输送介质温度可分为低温管道、常温管道、中温管道和高温管道。

(4) 按管道输送介质的性质分类　按管道输送介质的性质可分为给水排水管道、压缩空气管道、氢气管道、氧气管道、乙炔管道、热力管道、燃气管道、燃油管道、剧毒流体管道、有毒流体管道、酸碱管道、锅炉管道、制冷管道、净化纯气管道、纯水管道等。

3. 管道分级

(1) 压力管道的定义　化工管道输送的介质具有火灾危险性及毒性，高温高压，大多属于压力管道范畴。更具体地说，同时具有下列属性的管道可判定为压力管道，要对其进行安全监察。

具有以下两列属性的管道不属于压力管道。

① 公称直径小于150mm，且其最高工作压力小于1.6MPa（表压）的输送无毒、不可燃、无腐蚀性气体的管道；

② 设备本体所属管道。

从以上规定可见输送常温水的管道被排除在监察范围之外，至于输送危险性相对较小的管道，如压缩空气、氮气、惰性气体等无毒、不可燃、无腐蚀性气体，仅限于其管道的公称直径≥150mm 或其最高工作压力≥1.6MPa 时，才属于压力管道的监察范围。

(2) 按《压力管道规范　工业管道》划分　在 GB/T 20801—2020《压力管道规范　工业管道》中，压力管道按其危害程度和安全等级划分为 GC1、GC2、GC3 三级。

① 符合下列条件之一的压力管道应划分为 GC1 级：

输送《危险化学品目录（2015版）》中规定的毒性程度为急性毒性类别1介质、急性毒性类别2气体介质和工作温度高于标准沸点的急性毒性类别2液体介质的压力管道；

输送 GB 50160—2008《石油化工企业设计防火规范》、GB 50016—2014《建筑设计防火规范》中规定的火灾危险性为甲、乙类可燃气体或甲类可燃液体（包括液化烃），且设计压力大于或等于 4.0MPa 的压力管道；

输送流体介质并且设计压力大于或者等于 10.0MPa，或者设计压力大于或者等于 4.0MPa 且设计温度大于或者等于 400℃ 的压力管道。

② 符合下列条件的压力管道（包括制冷管道）应划分为 GC2 级：

介质毒性或易燃性危害和危害程度、设计压力和设计温度低于 GC1 级的压力管道。

③ 符合下列条件的压力管道应划分为 GC3 级：

输送无毒、不可燃、无腐蚀性液体介质，设计压力小于或者等于 1.0MPa 且设计温度大于-20℃但不大于 185℃ 的压力管道。

(3) 按相关验收规范要求划分　在验收规范中，按石油化工金属管道输送的介质和设计条件划分管道分级，详见表 9-3。

表 9-3　石油化工管道分级

序号	管道级别	输送介质	设计条件	
			设计压力 P/MPa	设计温度 t/℃
1	SHA1	(1)《危险化学品目录(2015版)》中规定的毒性程度为急性毒性类别1的气体或液体、急性毒性类别2气体和最高工作温度高于其标准沸点的液体	—	—

续表

序号	管道级别	输送介质	设计条件 设计压力 P/MPa	设计条件 设计温度 t/℃
1	SHA1	(2)除(1)项外的极度危害介质、高度危害介质、中度危害介质和轻度危害介质	$P \geqslant 10$	—
			$4 \leqslant P < 10$	$t \geqslant 400$
			—	$t < -29$
2	SHA2	(3)除(1)项外的极度危害介质、高度危害介质、中度危害介质和轻度危害介质	$4 \leqslant P < 10$	$-29 \leqslant t < 400$
		(4)除(1)项外的极度危害介质和高度危害介质	$P < 4$	$t \geqslant -29$
3	SHA3	(5)中度危害介质	$P < 4$	$t \geqslant -29$
		(6)轻度危害介质	$P < 4$	$t \geqslant 400$
4	SHA4	(7)轻度危害介质	$P < 4$	$-29 \leqslant t < 400$
5	SHB1	(8)甲类可燃气体、乙类可燃气体或甲类可燃液体(包括液化烃)	$P \geqslant 4$	—
			—	$t < -29$
		(9)乙类可燃液体或丙类可燃液体	$P \geqslant 10$	—
			$4 \leqslant P < 10$	$t \geqslant 400$
			—	$t < -29$
6	SHB2	(10)甲类可燃气体、乙类可燃气体或甲类可燃液体(包括液化烃)	$P < 4$	$t \geqslant 400$
		(11)甲 A 类可燃液体	$P < 4$	$-29 \leqslant t < 400$
		(12)乙类可燃液体或丙类可燃液体	$4 \leqslant P < 10$	$-29 \leqslant t < 400$
7	SHB3	(13)甲类可燃气体、乙类可燃气体或甲 B 类可燃液体	$P < 4$	$-29 \leqslant t < 400$
		(14)乙类可燃液体	$P < 4$	$t \geqslant -29$
		(15)丙类可燃液体	$P < 4$	$t \geqslant 400$
8	SHB4	(16)丙类可燃液体	$P < 4$	$-29 \leqslant t < 400$
9	SHC1	(17)无毒、非可燃介质	$P \geqslant 10$	—
			—	$t < -29$
10	SHC2	(18)无毒、非可燃介质	$4 \leqslant P < 10$	$t \geqslant 400$
11	SHC3	(19)无毒、非可燃介质	$4 \leqslant P < 10$	$-29 \leqslant t < 400$
			$1 < P < 4$	$t \geqslant 400$
12	SHC4	(20)无毒、非可燃介质	$1 < P < 4$	$-29 \leqslant t < 400$
			$P \leqslant 1$	$t \geqslant 185$
			$P \leqslant 1$	$-29 \leqslant t \leqslant -20$
13	SHC5	(21)无毒、非可燃介质	$P \leqslant 1$	$-20 < t < 185$

注：1. 有毒介质危害程度等级可参考 GBZ 230—2010《职业性接触毒物危害程度分级》、HG/T 20660—2017《压力容器中化学介质毒性危害和爆炸危险程度分类标准》执行。

2. 可燃介质火灾危险性分类可参考 GB 50160—2008《石油化工企业设计防火规范》(2018 年版)、GB 50016—2014《建筑设计防火规范》(2018 年版)执行。

3. 管道级别代码的含义为：SH 代表石油化工行业，A 为有毒介质，B 为可燃介质，数字为管道质量检查等级。

4. 截至 2023 年 3 月，SHA、SHB 按 SH/T 3501—2021《石油化工有毒、可燃介质钢制管道工程施工及验收规范》要求划分；SHC 按 GB 50517—2010《石油化工金属管道工程施工质量验收规范》要求划分。

二、管道布置

1. 管道布置设计原则

① 符合管道及仪表流程图（PID）的设计要求，并应做到安全可靠、经济合理、美观整齐，并满足施工、操作、维修等方面的要求。

② 必须遵守安全及环保的法规，对防火、防爆、安全防护、环保要求等条件进行检查，以便管道布置能满足安全生产的要求。

③ 布置应使管道系统具有必要的柔性。在保证管道柔性及管道对设备、机泵管口作用力和力矩不超过允许数值的情况下，应使管道最短。

2. 管道布置要求

① 管道敷设方式有地下敷设、地上架空敷设两种，应依据管道内介质特性、工艺要求、生产安全、厂区地形、施工及检维修需要等因素综合确定敷设方式。

② 输送具有高毒或强腐蚀性介质的管道，应采用地上敷设方式。

③ 压力管道宜采用架空敷设方式。

④ 在符合技术、安全要求的条件下，地下管线宜共沟或同槽敷设，地上管线宜共架、多层布置。

⑤ 严禁在铁路线路下平行敷设地下管线、管沟。

⑥ 地下管线直埋时，不得平行上下重叠敷设。

3. 典型化工设备的管道布置

（1）塔的管道布置

① 塔的管道一般可分为塔顶管道、塔体侧面管道和塔底管道，一般都是沿塔体敷设的，如图9-1所示。管道侧一般靠近管廊，检修侧要留有通道及检修空间。

② 塔体侧面管道一般有回流、进料、侧线采出、再沸器入口、再沸器蒸汽返回管道等。为使阀门关闭后无积液，上述这些管道上的阀门宜与塔体开口直接相连接，如图9-2所示。

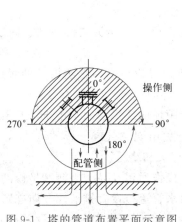

图9-1 塔的管道布置平面示意图

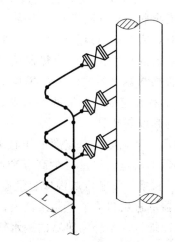

图9-2 防止阀门上部积液

③ 塔底管道的操作温度一般较高，管道布置时，其柔性应满足有关标准或规范的要求。塔底管线应引至塔裙或底座外，塔裙座内严禁设置法兰或仪表接头等部件。塔底到塔底泵的

管道在水平管段上不得有袋形,应是"步步低",以免塔底泵产生汽蚀现象。塔底管道上的隔断阀应尽量靠近塔体,并便于操作。

④ 特殊要求的管道与塔孔可直接焊接而不采用法兰连接,以减少泄漏。

其他符合管道布置的规定要求。

(2) 容器的管道布置

① 容器周围的空间,与塔类似,也分为维修所需的检修侧、管道布置所需的管道侧,如图 9-3 所示。

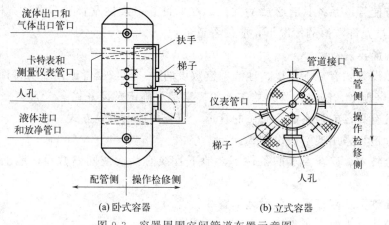

图 9-3　容器周围空间管道布置示意图

② 卧式容器的大口径管道要优先考虑布置,进口管线及管口与出口管线及管口距离尽量远。

③ 从立式容器上部管口下来的管道和大口径管道应优先配管。

④ 当容器出口管道与泵相连时,出口管道尽量靠近泵侧,使其阻力降最小,且满足管道柔性要求。

⑤ 保护设备的安全阀安装位置宜靠近容器主管线位置;若安全阀安装在远离容器处,要对容器到安全阀入口管线进行压力降核算,阻力降小于安全阀设定压力的 3%;多个安全阀相邻安装时,安全阀出口管线汇总后进入放空系统。

(3) 换热器的管道布置　换热器按结构分类,可分为浮头式换热器、固定管板式换热器、U 形管板换热器、板式换热器等。

① 换热器存在定期检修清洗的需求,管道和阀门的布置不影响设备抽管束,不应妨碍设备的法兰拆卸或安装。

② 换热器的基础标高,应满足其下部排液管距地面或平台面不小于 150mm。

③ 换热器的管道,尽量减少高点和低点,避免出现"气袋"或"液袋",高点设放空,低点设放净;在换热设备区域内应尽量避免管道交叉和绕行。

④ 换热器的进出口管道上测量仪表,应靠近操作通道及易于观测和检修的地方安装。

⑤ 在寒冷地区,室外换热器的进水管道与出水管道应设置排液阀和防冻跨线。

⑥ 为了换热器的检修,或避免在换热器上焊支架时壳体变形影响设备抽芯检修,故换热器顶部避免敷设管线。

(4) 泵的管道布置

① 泵的进出口管道的管径一般比泵管口大一个等级,且进出管道上均需设置切断阀。

② 为防止杂物进入泵体损坏叶轮，在泵进口管道上设置过滤器，其安装位置应在泵入口异径管至切断阀之间。

③ 泵出口管道上设置压力表，应安装在泵出口与第一个切断阀之间的管道上且易于观察之处；为了防止泵没有启动时物料倒流，在泵出口管道上应安装止回阀。

④ 泵管道系统柔性分析应满足泵制造商关于管口受力的要求，这是泵管道布置设计的依据，当缺少制造厂相关数据时，离心泵管口允许受力值可按 API 610 规定。

⑤ 管道布置应满足必需汽蚀余量的要求，即 $NPSH_a > NPSH_r$。

⑥ 泵管道布置不得影响起重机械的运行；输送腐蚀性介质的管道，不应布置在泵和电机上方；泵上方应留有检修、拆卸泵所需的空间。

三、管道安装和连接

1. 一般规定

① 压力管道的制造、制作和安装单位应具有符合压力管道安全监察有关法规要求的行政许可证，管道制作和安装单位应建立相应的质量保证体系。

② 管道的制作和安装应按设计文件及 GB/T 20801—2020《压力管道规范　工业管道》的规定进行。当需要修改设计文件及工程材料代用时，应征得原设计单位同意，且出具书面文件。

③ 管道的制作和安装单位工作过程中需要保留管道元件、焊接、热处理、检查与试验等相关信息。

④ 管道的制作和安装单位应建立并妥善保存必要的施工记录及证明文件。管道安装工程竣工后，制作和安装单位应向业主至少提交管道安装竣工图（含管道轴测图、设计修改文件和材料代用单）、管道配件和焊接材料的产品合格证、质量证明书、试验报告、管道制作与安装检查记录和检验、管道安装质量证明书等。

2. 管道安装

（1）化工管道安装前施工条件

① 现场条件。与管道有关的土建工程和钢结构工程经检查合格，满足安装要求并办理了交接手续。临时供水、供电、供气等设施已满足安装施工要求。

② 管道安装前应具备的开工条件。工程设计图纸及其他技术文件完整齐全，已按程序进行了工程交底和图纸会审；施工组织设计和施工方案已批准，并已进行了技术和安全交底；施工人员已按有关规定考核合格；已办理工程开工手续；用于管道安装施工的机械、工器具应安全可靠，计量器具应检定合格并在有效期内；已制订相应的职业健康安全及环境保护应急预案。

（2）化工管道安装的施工程序　管道安装工程一般施工程序：施工准备→测量定位→支架制作安装→管道预制安装→仪表安装→试压清洗→防腐保温→调试及试运行→交工验收。

（3）管道安装技术要点

① 管道的坡度、坡向及管道组成件的安装方向符合设计规定。

② 埋地管道安装应在支承地基或基础检验合格后进行，埋地管道防腐层的施工应在管道安装前进行。

③ 管道连接时，不得强力对口，端面的间隙、偏差、错口或不同心等缺陷不得采用加热管子、加偏垫等方法消除。

④ 管道与大型设备或动设备连接，应在设备安装定位并紧固地脚螺栓后进行。

⑤ 大型储罐的管道与泵或其他有独立基础的设备连接，应在储罐液压（充水）试验合格后安装，或在储罐液压（充水）试验及基础沉降后，再进行储罐接口处法兰的连接。

其他方面符合规定要求，应用时查阅 GB/T 20801—2020《压力管道规范　工业管道》。

3. 管道连接

管道的连接有焊接、法兰连接、螺纹连接和承插连接 4 种，化工管道中以焊接连接和法兰连接应用最多。

（1）管道焊接　焊接是指根据被焊工件的材质，通过加压或加热，或两者并用，并且用或不用填充材料，使工件的材质达到原子间的结合而形成永久性连接的工艺过程。所有压力管道，如煤气、蒸汽、空气等管道尽量采用焊接。

（2）法兰连接　管道法兰连接是把两个管道、管件或器材，先各自固定在一个法兰盘上，然后在两个法兰盘之间加上法兰垫，用螺栓将两个法兰盘拉紧使其紧密结合起来的一种可拆卸的接头，适用于大管径、密封性要求高的管道连接。法兰连接的主要特点是拆卸方便、强度高、密封性能好。

（3）螺纹连接　螺纹连接常用白漆加麻丝或四氟膜缠绕在螺纹表面，然后将螺纹配合拧紧，主要依靠锥管螺纹的咬合和在螺纹之间加敷的密封材料来达到密封。螺纹连接需要活接头、三通、管箍、丝堵等多种配件，施工工序烦琐，但接头处可以拆卸，且密封可靠性较低，容易发生泄漏，主要用于生产或生活水、供暖设施的管道上。

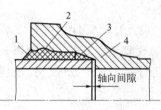

图 9-4　承插式连接
1—插口；2—水泥或铅；
3—油麻绳；4—承口

（4）承插连接　承插连接主要用于铸铁管、陶瓷管、混凝土管及塑料管的连接，适用于压力不大，密封性要求不高的场合。

承插式连接结构如图 9-4 所示。承插连接时，在插口和承口接头处应留有一定的轴间间隙，以便于补偿管路受热后的伸长。为了增加承插连接的密封性，在承口和插口之间的环形间隙中，应填充油麻绳或石棉水泥等填料，在填料外面的接口处应涂一层沥青防腐层，以增加抗蚀性。

4. 管道试压

化工管道安装和连接后，需要进行系统试压，以检测管道系统的强度和严密性。

（1）工业管道系统试验的主要类型　根据管道系统不同的使用要求，主要有压力试验、泄漏性试验、真空度试验。

① 压力试验。以液体或气体为介质，对管道逐步加压到试验压力，以检查管道系统的强度和严密性。

② 泄漏性试验。以气体为介质，在设计压力下，采用发泡剂、显色剂、气体分子感测仪或其他专门手段等检查管道系统中的泄漏点。

③ 真空度试验。对管道抽真空，使管道系统内部成为负压，以检验管道系统在规定时间内的增压率。

（2）管道系统试验前应具备的条件　管道已按试验方案进行了加固，待试管道与无关系统已用盲板或其他隔离措施隔开。当设计未考虑充水负荷或生产不允许痕迹水存在时，经建设单位批准后，方得以按规定的气压试验代替液压试验。未考虑充水负荷或生产不允许痕迹水存在时，经建设单位批准后，可按规定的气压试验代替液压试验。

管道上的安全阀、爆破片及仪表元件等已拆下或加以隔离。

（3）管道压力试验的一般规定　压力试验是以液体或气体为介质，对管道逐步加压到试验压力，以检验管道强度和严密性的试验。压力试验宜以液体为试验介质，当管道的设计压力小于或等于0.6MPa时，可采用气体为试验介质，但应采取可靠、有效的安全措施。

当在管道上进行修补或增添物件时，应重新进行压力试验。经设计或建设单位同意，对采取了预防措施并能保证结构完好的小修和增添物件，可不重新进行压力试验。压力试验合格后，应填写"管道系统压力试验和泄漏性试验记录"。

四、管道配件

在化工管道中，除了作为主体的直管外，还设置有弯头、三通、异径管、法兰、盲板等配件，用来改变管道方向，接出支管，改变管径以及封闭管路等，以满足生产工艺和安装检修的需要。通常把管道中各种配件总称为管件。

1. 弯头

弯头的作用主要是用来改变管道的走向。弯头可用直管弯曲而成，也可用管子组焊，还可用铸造或锻造的方法来制造。弯头的常用材料为碳钢和合金钢。弯头形状常有45°、60°、90°、180°等，如图9-5所示。

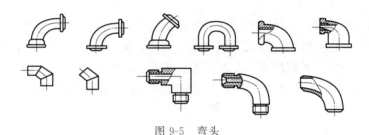

图9-5　弯头

2. 三通

当管道之间需要连通或分流时，其接头处的管件称为三通。三通可用铸造或锻造方法制造，也可组焊而成。根据接入管的角度和旁路管径的不同，可分为正三通、斜三通。接头处的管件除三通外，还有四通、Y形管等，如图9-6所示。

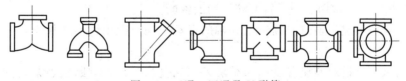

图9-6　三通、四通及Y形管

3. 短管与异径管

为了安装、拆卸的方便，在化工管道中通常装有短管，如图9-7所示。短管两端面直径

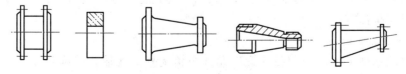

图9-7　短管与异径管

相同的叫等径管,两端面直径不同的叫异径管。短管与管子的连接通常采用法兰或螺纹连接方式,也可采用焊接。

4. 法兰与盲板

为了管道安装和检修的需要,管道中需装设管道法兰。管法兰已标准化,使用时可根据公称压力和公称直径选取。具体见第四章,法兰已作了全面介绍。

5. 其他管件

弯管:在常温或加热条件下将管子弯制成所需要弧度的管段。
管箍:用于连接两根管段的带有内螺纹或承口的管件。
接头:用于连接管段,便于装拆管道上其他管件和阀门等的管接头。
短节:带外螺纹的直通管件。
丝堵(管堵):用于堵塞管子端部的外螺纹管件,有方头管堵、六角管堵等。
管帽(封头):与管子端部焊接或螺纹连接的帽状管件。
垫片:用在管法兰处,为防止流体泄漏,设置在静密封面之间的密封元件。
紧固件:用在管法兰处,起紧固和连接作用的机械零件,如螺栓、螺柱、螺母、垫圈等。

五、管道的使用与维护

化工管道的可靠性首先取决于其设计、制造和安装的质量,但如果由于操作不当或维护不力,往往会引起管道失效而降低其使用性能和寿命,甚至引发事故。操作人员应熟悉本岗位化工管道的技术特性、系统结构、工艺流程、工艺指标和可能发生的事故及应对措施,并要做到"四懂三会",即要懂原理、懂性能、懂结构、懂用途和会使用、会维护保养、会排除故障。

1. 管道的检查方法

管道系统在各种外力、输送介质和周围环境因素的作用下,逐渐产生变形、磨损、腐蚀、泄漏和振动,从而影响管道系统的整体性能。在管道系统正常运行过程中,或基本不影响管道系统正常运行的情况下,可通过以下方法来观察、测试、掌握系统的运行状况,判断可能产生故障的部位,预报信息,安排计划。管道系统的检查方法如下。

① 直接观察。通过现场观察,获得第一手资料,这种方法依赖于操作人员的丰富经验,并借助于一定的仪器,常用于跑、冒、滴、漏的诊断。

② 振动、噪声监测。通过监测发生异常的振动、噪声现象,预测故障发生的部位和影响的范围。

③ 温度测量。通过对介质温度和保温层表面温度的测量,判断管道系统的运行情况和保温效果。

④ 压力测量。通过对介质压力的测量,判断管道系统的运行情况和管网有无泄漏。

⑤ 管道壁厚测量。通过测厚仪测定管子的腐蚀、腐蚀量、减薄情况。

通过上述观察测量,随时掌握管道的运行情况和运行状态,预测可能产生故障的特点和部位,以便确定维修方案。

2. 管道系统的巡检

化工企业应根据工艺流程和各装置单元分布情况划分区域,明确职责,做到每一条管道、每个阀门、每个管架等都有专人负责,不允许出现无人管辖的管段。同时要制订严格的压力管道巡回检查制度，明确检查人员、检查时间、检查部位、应检查的项目，操作人员和维修人员均按照各自的责任和要求定期按巡回检查路线完成每个部位、每个项目的检查，并做好巡回检查记录。尤其是对于新建装置或单元，由于可能存在设计、制造和安装方面的问题，在运行初期，问题就会暴露出来，此时的巡检更为重要，检查中一旦发现异常情况，应立即汇报和处理。

3. 管道的常规检修

（1）积垢的清理　管道的内表面接触各种不同的工艺介质，极易黏结、淤积、沉积各种物料，甚至造成管道的堵塞。目前常用的除垢方法有机械清洗、化学清洗和高压水清洗。

机械清洗法：使用简单工具的手工清洗，能够清除所有污垢，尤其是化学非溶性积垢。

化学清洗法：利用化学溶液与管道内壁的污垢作用而除垢的方法。这种方法具有很高的效率，尤其适用于管道系统的清洗。

高压水射流清洗：用高压水流冲击力除垢的方法，可用于管道内壁、管束的外空间等积垢的清理。高压水射流冲洗法效率高，不污染环境，因此目前和化学清洗法一样得到广泛应用。

（2）壁厚减薄的修理　管道经过一段时间的运行，最常见的缺陷就是局部管壁减薄。因腐蚀凹陷及介质冲刷所造成的局部壁厚减薄可视情节轻重采用补焊或局部换管处理。补焊焊材应与母材相适应。换管的材料必须与原有管材相配，即材料相同，强度级别、焊接性能相近，并据此确定焊接前后的热处理工艺。

（3）其他缺陷的修理　管壁上形成的裂纹、焊缝的未熔合、未焊透、超标（表面凹凸不平、尺寸超高等）、气孔、夹渣等可进行打磨、铲除并补焊。气孔等体积性缺陷若经长期使用仍不发展的可不予修理。

高压管道的螺栓、螺母的局部毛刺、伤痕可作修磨，但当伤痕累计超过一圈螺纹时，应按规定更换。

单元二　阀门

阀门是使管道和设备内的介质（液体、气体、粉末）流动或停止并能控制其流量的机械产品，在化工生产中使用广泛、作用重要，给化工生产带来许多便捷之处。

一、阀门的分类和型号

1. 阀门的分类

阀门在化工生产中有着非常广泛的应用，其种类繁多，名称也不统一，可按用途划分，也可按结构特征划分，还可按阀体材料划分等。

（1）按用途分类　分为通用阀门和专用阀门。通用阀有截止阀、闸阀、球阀、旋塞、蝶阀、止回阀、减压阀、节流阀、三通旋塞阀、安全阀、溢流阀等。专用阀有计量阀、放空阀、排污阀等。

（2）按结构特征分类　按结构特征分截门阀、旋塞阀、闸门形、旋启形、蝶阀、滑阀等。

（3）按压力分类　按压力分为真空阀、低压阀、中压阀、高压阀，公称压力 PN 在 10～100MPa 的阀门和超高压阀。

(4) 按工作温度分类 按工作温度分为超低温阀、低温阀、常温阀、中温阀、高温阀。

(5) 按连接方法分类 按连接方法分为螺纹连接阀门、法兰连接阀门、焊接连接阀门、卡箍连接阀门、卡套连接阀门、对夹连接阀门。

(6) 按阀体材料分类 按阀体材料分为金属材料阀门、非金属材料阀门、金属阀体衬里阀门。

(7) 按驱动方式分类 按驱动方式分为手动阀门、动力驱动阀门、自动阀门。

2. 阀门的型号

阀门的型号用来表示阀类、驱动及连接形式、密封圈材料和公称压力等要素。

由于阀门种类繁多,为了制造和使用方便,国家对阀门产品型号的编制方法做了统一规定。阀门产品的型号编制按 JB/T 308—2004《阀门 型号编制方法》执行,如图9-8所示。

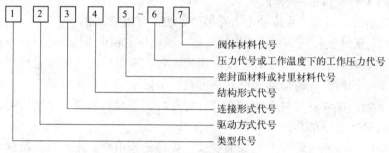

图9-8 阀门型号编制方法

(1) 阀门类型代号 阀门类型代号用汉语拼音字母表示,详见表9-4。

表9-4 阀门类型代号

阀门类型	代号	阀门类型	代号
闸阀	Z	球阀	Q
截止阀	J	蝶阀	D
节流阀	L	隔膜阀	G
旋塞阀	X	减压阀	Y
止回阀	H	疏水阀	S
安全阀	A		

(2) 阀门传动方式代号 阀门传动方式代号用阿拉伯数字表示,详见表9-5。

表9-5 阀门传动方式代号

传动类型	代号	传动类型	代号
电磁场	0	锥齿轮	5
电磁-液动	1	气动	6
电-液动	2	液动	7
蜗轮	3	气-液动	8
直齿圆柱齿轮	4	电动	9

(3) 阀门连接方式代号 阀门连接方式代号用阿拉伯数字表示阀门与管道或设备接口的连接形式,详见表9-6。

表 9-6 阀门连接方式代号

连接形式	代号	连接形式	代号
内螺纹	1	对夹	7
外螺纹	2	卡箍	8
法兰	4	卡套	9
焊接	6		

（4）阀门结构形式代号　阀门结构形式代号用阿拉伯数字表示，由于阀门类型较多，其结构形式代号按阀门的种类分别表示，同一阿拉伯数码（代号），对于不同类型的阀门，所代表的意义是不同的，详见表9-7。

表 9-7 阀门结构型式代号

类型	结构形式			代号	类型	结构形式		代号
截止阀和节流阀		直通式		1	旋塞阀	填料	直通式	3
		角式		4			T形三通式	4
		直流式		5			四通式	5
	平衡	直通式		6		油封	直通式	7
		角式		7			T形三通式	8
闸阀	明杆	楔式	弹性闸阀	0	安全阀	封闭	带散热片 全启式	0
			单闸板	1			微启式	1
			双闸板	2			全启式	2
		平行式	刚性 单闸板	3		弹簧	带扳手 全启式	4
			双闸板	4			双弹簧微启式	3
			单闸板	5		不封闭	微启式	7
	暗杆楔式		双闸板	6			全启式	8
球阀	浮动	直通式		1		带控制机构	微启式	5
		L形 三通式		4			全启式	6
		T形		5			脉冲式	9
	固定	直通式		7	减压阀	薄膜式		1
蝶阀		杠杆式		0		弹簧薄膜式		2
		垂直板式		1		活塞式		3
		斜板式		3		管纹管式		4
隔膜式		层脊式		1		杠杆式		5
		截止式		3	疏水阀	浮球阀		1
		闸板式		7		钟形浮子阀		5
止回阀和底阀	升降	直通式		1		脉冲式		8
		立式		2		热动力式		9
	旋启	单瓣式		4				
		多瓣式		5				
		双瓣式		6				

(5) 阀座密封面或衬里材料代号　阀座密封面或衬里材料代号用汉语拼音表示,详见表 9-8。

表 9-8　阀座密封面或衬里材料代号

密封面或衬里材料	代号	密封面或衬里材料	代号
铜合金	T	渗氮钢	D
橡胶	X	硬质合金	Y
尼龙塑料	N	衬胶	J
氟塑料	F	衬铅	Q
锡基轴承合金（巴氏合金）	B	搪瓷	C
合金钢	J	渗硼钢	P

(6) 压力代号　阀门采用兆帕单位（MPa）数值表示。当介质最高温度超过 425℃ 时,标注最高工作温度下的工作压力代号。压力等级采用磅级（lb）或 K 级单位的阀门,在型号编制时,应在压力代号栏后有 lb 或 K 的单位符号。

(7) 阀体材料代号　阀体材料代号用汉语拼音字母表示,详见表 9-9。

表 9-9　阀体材料代号

阀体材料	代号	阀体材料	代号
灰铸铁	Z	铬钼合金钢 CrMo	I
可锻铸铁	K	铬镍不锈耐酸钢 1Cr18Ni9Ti	P
球墨铸铁	Q	铬镍钼不锈耐酸钢 Cr18Ni12Mo2Ti	R
铜、铜合金	T	铬钼钒合金钢 12Cr1MoV	V
碳素钢	C		

二、常用阀门的结构及特点

1. 常用阀门类型

在化工企业生产中,为实现不同的控制流体输送过程,常用的阀门有闸阀、截止阀、蝶阀、球阀、止回阀、旋塞阀、安全阀、减压阀以及一些特殊用途的阀门。

(1) 闸阀　闸阀利用一块与流体方向垂直且可上下移动的平板来控制阀的启闭,如图 9-9 所示。

该种阀门由于阀杆的结构形式不同,可分为明杆式和暗杆式两种。一般情况下明杆式适用于腐蚀性介质及室内管道上;暗杆式适用于非腐蚀性介质及安装操作位置受限制的地方。

闸阀密封性能较好,流体阻力小,开启关闭力较小,适用范围比较广泛;闸阀也具有一定的调节流量的性能,并可从阀杆的升降高低看出阀的开度大小。闸阀主要用在大直径的给水、压缩空气、石油及天然气和含有粒状固体及黏度较大的介质管道上。

(2) 截止阀　利用装在阀杆下面的阀盘与阀体的突缘部分相配合来控制阀的启闭,称为截止阀,如图 9-10 所示。

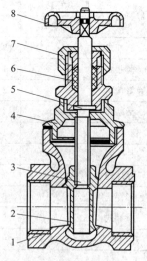

图 9-9　闸阀
1—阀座；2—闸板；3—阀杆；
4—阀盖；5—止推凸肩；6—填料；
7—填料压盖；8—手轮

截止阀的主要启闭零件是阀盘与阀座,改变阀盘与阀座间的距离,即可改变通道截面的大小,使流体的流速改变或截断通道。为了能严密地截断流体,阀盘与阀座间应研磨配合,也可用装有软质的垫片材料或嵌镶耐磨蚀的材料制作密封圈,并且阀盘应采用活动连接,这样可以保证阀盘能正确地坐落在阀座上,使两者密封表面达到严密贴合。

由于截止阀的阀体内腔两侧不对称,安装时要注意介质流向是下进上出。

(3) 蝶阀 启闭件为蝶板,绕固定轴转动的阀门为蝶阀,如图 9-11 所示。特点是结构简单、体积小、重量轻,节省材料,安装空间小,而且驱动力矩小,操作简便、迅速等。

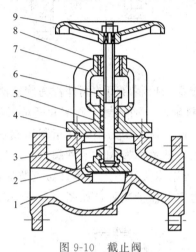 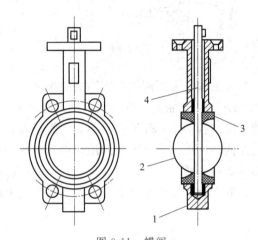

图 9-10 截止阀 　　　　　　　　　图 9-11 蝶阀
1—阀座;2—阀盘;3—阀杆;4—阀盖;5—填料;　　1—阀体;2—蝶板;3—密封圈;4—阀杆
6—填料压盖;7—轭;8—螺母;9—手轮

随着蝶阀制造技术发展迅速,使用品种也在不断扩大,并向高温、高压、大口径、高密封、长寿命、优良的调节性以及一阀多功能的方向发展,其密封性及安全可靠性均达到了较高的水平,并已部分取代了截止阀、闸阀和球阀。蝶阀广泛应用于给水、油品、燃气等管路。

(4) 球阀 球阀利用一个中间开孔的球体作阀芯,靠旋转球体来控制阀的开启和关闭。该阀也和旋塞一样可做成直通、三通或四通的,是近几年发展较快的阀门之一,如图 9-12 所示。

球阀结构简单、体积小、零件少、重量轻,开关迅速,操作方便,流体阻力小,制作精度要求高。球阀适用于水、油品、天然气及酸类介质,但由于密封结构及材料的限制,目前生产的球阀不宜在高温介质中使用。

球阀结构及运行原理

(5) 止回阀 止回阀是一种自动开闭的阀门,在阀体内有一阀盘或摇板,当介质顺流时,阀盘或摇板即升起打开;当介质倒流时,阀盘或摇板即自动关闭,故称为止回阀,如图 9-13 所示。根据结构不同又分为升降式和旋启式两大类。升降式止回阀的阀盘垂直于阀体通道作升降运动,一般应安装在水平管道上,立式的升降式止回阀应安装在垂直管道上;旋启式止回阀的摇板围绕密封面做旋转运动,一般应安装在水平管道上,小口径管道也可安装在垂直管道上。

止回阀一般适用于清净介质,对固体颗粒和黏度较大的介质不适用。升降式止回阀的密封性能较旋启式止回阀好,但旋启式止回阀流体阻力又比升降式止回阀小,一般旋启式止回阀多用于大口径管道上。

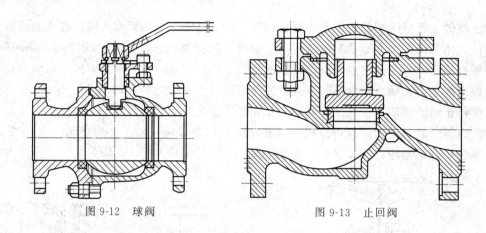

图 9-12　球阀　　　　　　　图 9-13　止回阀

(6) 旋塞阀　利用阀件内所插的中央穿孔的锥形栓塞来控制启闭的阀件称为旋塞阀，如图 9-14 所示。由于密封面的形式不同，旋塞又分为填料旋塞、油密封式旋塞和无填料旋塞。

旋塞阀结构简单，外形尺寸小，启闭迅速，操作方便，流体阻力小，便于制作成三通路或四通路阀门，可作为分配换向用，但其密封面易磨损，开关力较大。该种阀门不适用于输送高温、高压介质（如蒸汽），只适用于一般低温、低压流体做开闭用，不宜做调节流量用。

(7) 安全阀　安全阀是安装在设备及管道上的压力安全保护装置，如图 9-15 所示。

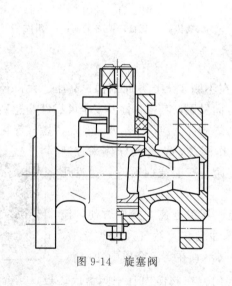
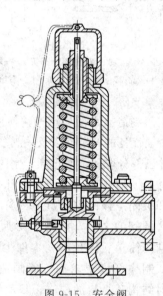

图 9-14　旋塞阀　　　　　　　图 9-15　安全阀

安全阀在生产使用过程中，当系统内的压力超过允许值之前，必须密封可靠，无泄漏现象发生；当设备或管道内压力升高，超过设定值时，安全阀立即自动开启，继而全量排放，使压力下降，以防止设备或管道内压力继续升高；当压力降低到规定值时，安全阀应及时关闭回座，并保证密封不漏，从而保护生产系统在正常压力下安全运行。

2. 常用阀门的安装

(1) 阀门安装前的检验

① 阀门外观检查。阀门应完好，开启机构应灵活，阀门应无歪斜、变形、卡涩现象，标牌应齐全。

② 阀门应进行壳体压力试验和密封试验：

a) 阀门壳体试验压力和密封试验应以洁净水为介质，不锈钢阀门试验时，水中的氯离子含量不得超过 25×10^{-6}。

b) 阀门的壳体试验压力为阀门在 20℃ 时最大允许工作压力的 1.5 倍，密封试验压力为阀门在 20℃ 时最大允许工作压力的 1.1 倍，试验持续时间不得少于 5min，无特殊规定时，试验温度为 5~40℃，低于 5℃ 时，应采取升温措施。

c) 安全阀的校验应按照现行国家标准《安全阀安全技术监察规程》TSG ZF001—2006 和设计文件的规定进行整定压力调整和密封试验，委托有资质的检验机构完成，安全阀校验应做好记录、铅封，并出具校验报告。

(2) 阀门安装　阀门安装应符合下列规定：

① 阀门安装前，应按设计文件核对其型号，并应按介质流向确定其安装方向；检查阀门填料，其压盖螺栓应留有调节裕量。

② 搬运阀门时不允许随手抛掷，以免损坏和变形。堆放时，碳钢阀门与不锈钢阀门及有色金属阀门应分开放置。吊装时，钢丝绳索应拴在阀体与阀盖的连接法兰处，切勿拴在手轮或阀杆上，以防损坏阀杆和手轮。

③ 明杆阀门不能直接埋地敷设，以防锈蚀阀杆，只能在有盖地沟内安装，阀门应安装在检查、拆装、维修及操用方便的位置。

④ 阀门安装位置不应妨碍设备、管道及阀门本身的拆装、维修和操作。安装高度应方便操作、维修。

⑤ 水平管道最好将阀门垂直向上或将阀杆安装在上半圆范围内，不得将阀杆朝下安装。垂直管道上的阀门阀杆、手轮必须顺着操作巡回线方向安装。有条件时，阀门应尽可能集中安装，以便操作。

⑥ 对于有方向性的阀门，安装时应根据管道的介质流向确定其安装方向。如安装截止阀时，应使介质自阀盘下面流向上面，俗称低进高出；安装旋塞、闸板阀时，允许介质从任一端流出；安装止回阀时，必须特别注意介质的流向，保证阀盘能自动开启。重要的场合还要在阀体外明显地标注箭头，指示介质流动方向。对于旋启式止回阀，应保证其插板的旋转枢轴装在水平位置。对于升降式止回阀、杠杆式安全阀和减压阀，应使阀盘中心线与水平面相互垂直。

⑦ 当阀门与金属管道以法兰或螺纹方式连接时，阀门应在关闭状态下安装；以焊接方式连接时，阀门应在开启状态下安装，对接焊缝底层宜采用氩弧焊。当非金属管道采用电熔连接或热熔连接时，接头附近的阀门应处于开启状态。

⑧ 安全阀应垂直安装；安全阀的出口管道应接向安全地点；在安全阀的进、出管道上设置截止阀时，应加铅封，且应锁定在全开启状态。

三、阀门的操作、维护与检修

1. 阀门的操作

(1) 手动阀门的操作　手动阀门是通过手柄、手轮操作的阀门，是设备和化工管道上普遍使用的阀门。

阀门的手轮、手柄的大小是按正常人力设计的，因此，在阀门使用上规定，不允许操作者借助杠杆或长扳手开启或关闭阀门。对于手轮、手柄的直径（长度）小于 320mm 的，只允许一个人操作,直径等于或超过320mm的手轮,允许两人共同操作,或者允许一人借助适当的杠杆。

对于用丝杠启闭的阀门,特别是暗杆式,常见的如截止阀、闸阀等,在关闭或全开时,要退回半扣或四分之一扣,使螺纹更好地密合,避免扭得太紧损坏阀件。

(2) 自动阀门的操作　自动阀门就是指阀门动作时,不需外力的作用,阀门自己可以动作。最常用的有安全阀、止回阀、减压阀和疏水阀等。

自动阀门都可以自动操作,不用人工管理,节省人力,稳妥可靠。

(3) 遥控阀门的操作　遥控阀就是远距离控制启闭的阀门。使用这种阀门,可把很多阀门启闭控制安设在一个操作台上,便于集中控制,操作方便,节省人力,较少的人在操作台上就可以控制整个装置或车间的全部操作。对于易燃易爆的石油化工生产装置,从安全角度考虑,应用很广泛。

遥控阀可分为电动、气动和液压驱动三大类。它不是靠手动,而是靠电动、电磁动、气动和液动等来开闭阀门的。

(4) 操作中的注意事项　阀门操作正确与否,直接影响使用寿命,关系到设备和化工装置平衡生产、安全生产。在操作时,应注意旋转方向、阀门电动装置不发生误操作、高温阀门开启后需紧固螺栓、开闭要慢、不允许敲打等。

2. 阀门的检修

阀门检修一般由阀门拆卸解体、缺陷检查及处理、阀门组装、水压试验工序组成。

(1) 阀门缺陷检查及处理

① 填料室的检修。阀门填料应定期更换,小型阀门只要将绳状填料按顺时针方向顺阀杆装入填料室内,上紧压盖螺母即可。大型阀门填料最好采用方形断面,也可采用圆形的,压入前应预先切成圈,接头必须平整、无空隙、无突起现象。

② 密封件的检修。密封件的故障主要是指密封面泄漏和密封圈根部泄漏,俗称内漏,不易被发现。密封面上微小的刻痕或轻微不平可以研磨消除,如刻痕较深或磨损,则应车去一层再进行研磨或者更换。

③ 密封面的研磨是阀门维修过程中的一项主要工作。一般研磨时,可以消除零件表面上0.05mm的不平度及沟纹。若要加工大于0.05mm的不平度及沟纹时,则要先用砂轮磨削或车床车削后再进行研磨加工。

(2) 阀门水压试验　阀门在修理之前和重新组装之后要进行水压试验,水压试验分为强度试验和严密性试验。阀门的强度和严密性试验应用洁净水进行。当工作介质为轻质石油产品或温度大于120℃的石油蒸馏产品的阀门,应用煤油进行试验。试验可在阀件试压检查台上进行,如图9-16所示。

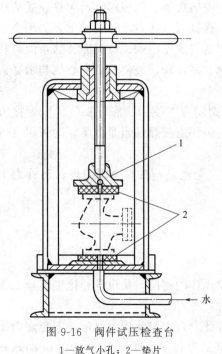

图9-16　阀件试压检查台
1—放气小孔；2—垫片

四、阀门常见故障及排除方法

阀门常见故障及排除方法见表9-10。

表 9-10　阀门常见故障及排除方法

常见故障	故障原因	排除方法
密封件损坏	密封件材料选择不当	改用适当材料
密封圈不严密	(1)阀座与阀体(或密封圈与密封件)配合不严密 (2)阀座与阀体螺纹加工不良,导致阀座倾斜 (3)拧紧阀座时用力不当	(1)修理密封圈 (2)如无法修补则应更换 (3)拧紧阀座时,用力适当
密封面损坏	(1)闭路阀门经常当做调节阀用,高流速介质的冲刷侵蚀使密封面迅速磨损 (2)阀门安装前,没有很好清理阀体内腔的污垢与尘土;安装时有焊渣、铁锈或其他机械杂质进入,介质中含有固体颗粒夹杂物使密封面压伤,造成划痕、凹痕等缺陷	(1)不应将闭路阀门作调节阀使用 (2)严格遵守安装规程,研磨密封面
阀杆升降不灵活	(1)螺纹表面粗糙度不合要求 (2)阀杆与阀杆衬套采用同一种材料或材料选择不当 (3)润滑不当 (4)明杆阀门装在地下,阀杆产生锈蚀 (5)螺纹磨损	(1)螺纹表面粗糙度应符合设计要求 (2)应采用不同材料,宜用黄铜、青铜或不锈钢作衬套材料 (3)采用纯净的石墨粉润滑 (4)在地下应尽量装暗杆阀门 (5)更换新阀杆衬套
填料室泄漏	(1)填料室内装入整根填料 (2)阀杆有椭圆度或划痕、凹坑等缺陷 (3)填料室里有油,高温时油被烧焦,使填料收缩,油变成积炭刮伤阀杆	(1)正确装填填料 (2)修整或更换阀杆,杆面粗糙度应不低于 6.3μm (3)介质温度超过 100℃时,不宜采用油浸填料,而采用石墨填料
安全阀或减压阀的弹簧损坏	(1)弹簧材料选择不当 (2)弹簧制造质量不合格	(1)更换弹簧材料 (2)采用优质优良的弹簧

  小结

化工管道一般属于压力管道范畴,依据介质特性及温度、压力条件进行分类分级;依据国家、部委颁发的规范、标准,进行化工管道及阀门的布置、安装、施工工作。化工管道及阀门的日常维护及检修,可提高其在使用期间的安全可靠性;操作人员应熟悉本岗位化工管道及阀门的技术特性、系统结构、工艺流程、工艺指标和可能发生的事故及应对措施,并要做到"四懂三会",即要懂原理、懂性能、懂结构、懂用途和会使用、会维护保养、会排除故障。

  拓展阅读

西气东输四线管道工程

西气东输四线管道工程是国家"十四五"石油天然气发展规划重点工程,建设现场位于新疆维吾尔自治区哈密市。

2023 年 2 月,随着气温不断回升,西气东输四线管道工程的建设者以"高起点、高标准、高速度、高质量、高效益"为目标,全力推动项目建设。计划于 2024 年 10 月,全线具备投产条件。届时西气东输管道系统年输送能力可达千亿立方米,将有效增强我国管网系统供气可靠性和灵活性,提升能源输送抗风险能力。图 9-17 为无人机航拍的西气东输工程四线哈密段施工现场。

图 9-17　西气东输工程四线哈密段施工现场

西气东输四线工程按照统一规划、分步实施的原则分段建设。吐鲁番—哈密—中卫段是该工程的核心组成部分，全长 1745km，途经新疆、甘肃、宁夏 3 省（自治区）17 县（市），其中，哈密段全部位于戈壁荒漠，沿途经过冲洪积平原、雅丹地貌、山间洼地、剥蚀缓丘及中低山等复杂地貌，高度落差最大 70m，部分施工区段位于百里风区，春季风速最高时每秒超过了 20m。建设单位通过配置优势资源、合理分配机械设备等举措，确保风季施工安全，精准把握项目建设节点，按期完成百里风区的施工任务。

建设单位通过技术创新，积极推进焊接机组标准化建设，切实提升焊接机组质量安全管理水平，并通过设置智能化小屋、焊棚内安装摄像头等工艺技术，对施工数据的全过程采集，实现全生命周期数据成果移交。西气东输四线焊接作业采用全自动焊接，防腐补口采用全自动化喷砂、除锈补口相关作业，确保防腐补口的质量。此外，施工现场采用全数字化监控，包括焊接电流、电压输出速度、预热温度等关键数据都实现全部上传和过程管控，确保了焊接全过程质量管控。

西气东输四线是连接中亚和中国的又一条能源战略大通道，是推动共建新时代绿色能源丝绸之路的重大举措，建成后，将与西气东输二线、三线联合运行。届时，西气东输管道系统年输送能力可达千亿立方米，可有效畅通塔里木国产气资源后路，缓解西气东输系统冬季高峰月紧张负荷状态，进一步促进东西部地区能源结构优化，助力管道沿线经济社会发展和绿色低碳转型。

思考与练习

一、选择题

1. 一般化工管路由管子、管件、阀门、支管架、_____ 及其他附件所组成。
   A. 化工设备　　　B. 化工机器　　　C. 法兰　　　D. 仪表装置
2. 地下管线综合布置原则中不正确的是_____。
   A. 管径小的管线让管径大的管线
   B. 自流管线让压力管线
   C. 检修方便或次数少的管线让检修不方便或次数多的管线

D. 临时性的管线让永久性的管线
3. 不属于管道系统的检查有_____。
A. 重量测量　　　　　　　　　　B. 振动、噪声监测
C. 压力测量　　　　　　　　　　D. 管道壁厚测量
4. 化工管件中，管件的作用是_____。
A. 连接管子　　　　　　　　　　B. 改变管路方向
C. 接出支管和封闭管路　　　　　D. A、B、C 全部包括
5. 安全阀的校验应按照现行国家标准和设计文件的规定进行整定压力调整和密封试验，委托_____完成，安全阀校验应做好记录、铅封，并出具校验报告。
A. 有资质的检验机构　　　　　　B. 制造商
C. 检测检验机构　　　　　　　　D. 生产企业

二、判断题

1. 输送具有高毒或强腐蚀性介质的管道，应采用地下敷设方式。（　　）
2. 当阀门与金属管道以法兰或螺纹方式连接时，阀门应在开启状态下安装；以焊接方式连接时，阀门应在关闭状态下安装，对接焊缝底层宜采用氩弧焊。当非金属管道采用电熔连接或热熔连接时，接头附近的阀门应处于关闭状态。（　　）
3. 在阀门型号 H41T-16 中，4 表示法兰连接。（　　）
4. 安全阀在设备正常工作时是处于关闭状态的。（　　）
5. 安全阀通过阀片的破裂来泄放介质，以降低容器内的压力，防止爆炸。（　　）

三、简答题

1. 简述化工管道安装的一般施工程序。
2. 简述阀门型号的编制方法及代号含义。
3. 简述化工管道系统的检查方法。
4. 管道压力试验的一般规定有哪些？
5. 描述压力管道的定义。

四、案例分析

某企业的丙烯酸甲/乙装置安装一根液相甲醇进料管线，公称直径为 DN80，操作温度 30℃，操作压力 0.56MPa（G），设计温度 60℃，设计压力 1.0MPa（G），请判断该管线是否为压力管道，分别写出管道级别/压力管道级别，说明甲醇管道安装的施工程序及管道试压相关内容。

思路点拨

　　首先对照压力管道条件判断其是否属于压力管道，然后根据已给条件写出级别，最后根据试压要求写出试压内容。

参 考 文 献

[1] 王绍良. 化工设备基础. 3版. 北京：化学工业出版社，2019.
[2] 潘传九. 化工设备机械基础. 3版. 北京：化学工业出版社，2018.
[3] 邹修敏. 化工机械基础. 北京：化学工业出版社，2022.
[4] 边秀娟，庞思红. 机械基础. 2版. 北京：化学工业出版社，2018.
[5] 赵忠宪. 化工设备基础. 北京：化学工业出版社，2020.
[6] 李琴. 化工设备. 北京：化学工业出版社，2021.
[7] 吴广河. 金属材料与热处理. 北京：北京理工大学出版社，2018.
[8] 董俊华. 化工设备机械基础. 5版. 北京：化学工业出版社，2019.
[9] 陈国桓. 化工机械基础. 3版. 北京：化学工业出版社，2021.
[10] 马金才，葛亮. 化工设备操作与维护. 3版. 北京：化学工业出版社，2021.
[11] 马秉骞. 化工设备使用与维护. 3版. 北京：高等教育出版社，2019.
[12] 高安全. 化工设备机械基础. 3版. 北京：化学工业出版社，2015.
[13] 宋岢岢. 压力管道设计及工程实例. 3版. 北京：化学工业出版社，2022.